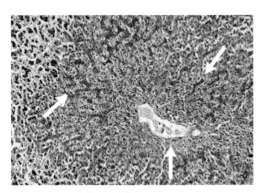

彩图2-1 犬肝淤血

彩图2-2 犬的槟榔肝

彩图2-3 犬肺淤血

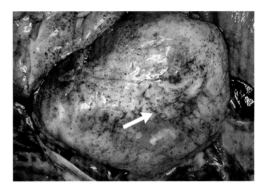

彩图2-6 犬心外膜的点状出血

彩图2-8 犬肺血栓

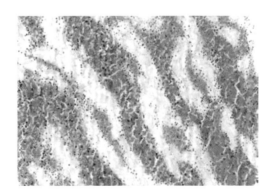

彩图2-9 混合血栓

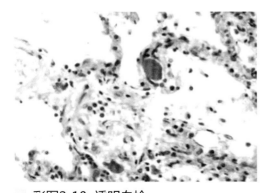

彩图2-10 透明血栓

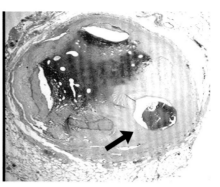

彩图2 - 11 血栓的再通

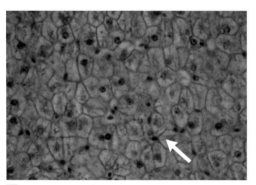

彩图2-12 血栓阻塞血管

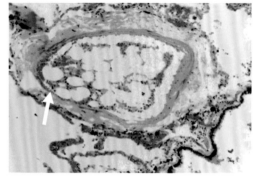

彩图2-14 脂肪性栓塞

彩图5-1 肝细胞肿胀（张桂云供图）

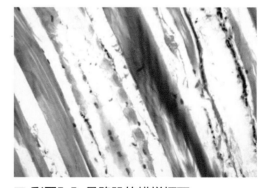

彩图5-2 犬肝脂变

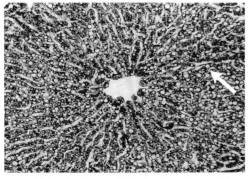

彩图5-3 肝脏脂肪变性（这是在石蜡切片中被脂溶剂溶解的脂肪滴）

彩图5-5 骨骼肌的蜡样坏死

彩图5-6 液化性坏死（叶晓敏供图）

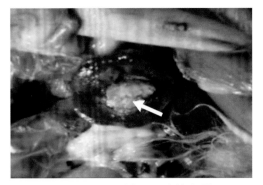

彩图5-7 犬肾盂结石（李德印供图）

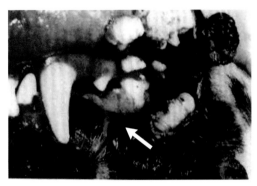

彩图10-2 犬的乳头状瘤

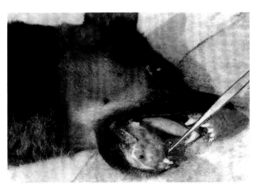

彩图10-3 犬口腔鳞状细胞癌

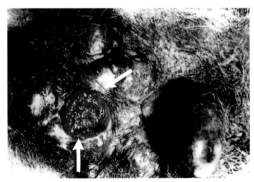

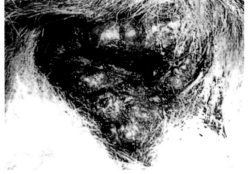

彩图10-4 犬的乳腺肿瘤

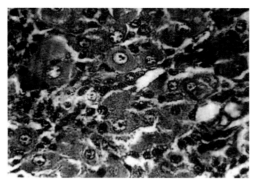

彩图10-5 犬的直肠腺瘤

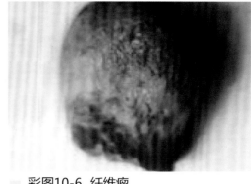

彩图10-6 纤维瘤

彩图10-7 犬眼睑的脂肪瘤

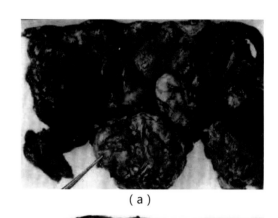

（a）

（b）

彩图10-8 犬的网膜脂肪瘤

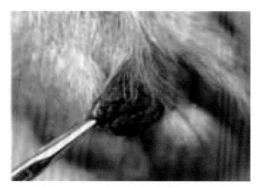

彩图10-10 犬的黑色素瘤

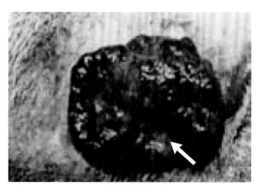

彩图10-11 猫的黑色素瘤

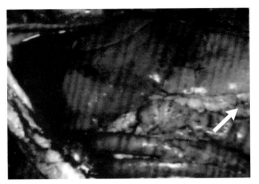

彩图17-1　大肠杆菌病腹腔有多量淡红色腹水肠管出血

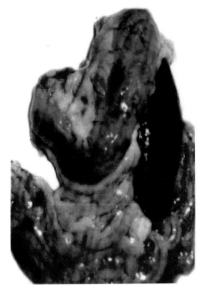

彩图17-2　大肠杆菌病胃壁有出血斑脾脏肿大出血

彩图17-3　大肠杆菌病肝脏出血（附着有纤维素块）

彩图17-4　大肠杆菌病出血性纤维素性肺炎

彩图17-5　沙门菌病胃黏膜出血内容物呈焦油状

彩图17-6 沙门菌病肠管黏膜严重出血

彩图17-7 沙门菌病急性型肝脏呈黑红色

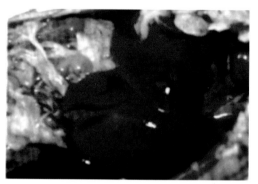

彩图17-8 沙门菌病亚急性型呈淤血与脂肪变性的肝脏

彩图17-9 沙门菌病脾肿大2～3倍呈黑红色

彩图17-11 犬结核菌病肺部有大小不等的结核结节，大结节中心部干酪样坏死

彩图17-10 沙门菌病肾脏肿胀出血

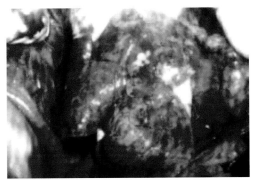

彩图17-12 巴氏杆菌病肺出血呈大理石样

彩图17-13 巴氏杆菌病肾实质出血

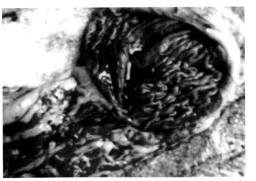

彩图17-14 巴氏杆菌病胃黏膜弥漫性出血

彩图17-15 链球菌病脾脏肿大2～3倍

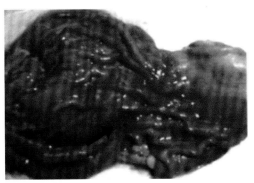

彩图17-16 链球菌病胃黏膜弥漫性出血

彩图17-17 链球菌病肺大面积出血

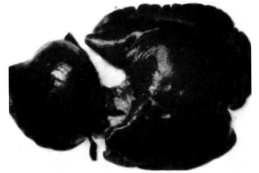

彩图17-18 链球菌病肝脏肿大出血边缘坏死

彩图17-19 钩端螺旋体病眼结膜黄染

彩图17-20 钩端螺旋体病口腔黏膜黄染

彩图17-21 钩端螺旋体病肝肿大呈黄褐色（针尖大的出血点）

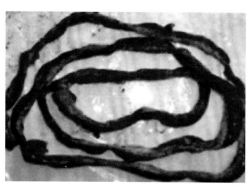

彩图17-22 钩端螺旋体病肠黏膜出血

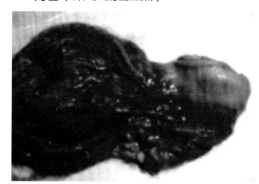

彩图17-23 钩端螺旋体病胃黏膜水肿

彩图17-24 钩端螺旋体病肺脏有大面积出血斑

彩图17-25 犬瘟热时眼结膜炎流出的脓性分泌物

彩图17-26 犬瘟热时口腔炎症

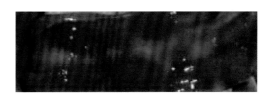

彩图17-27 犬瘟热时肠黏膜出血肠壁变薄

彩图17-28 犬瘟热时脾脏的红色梗死

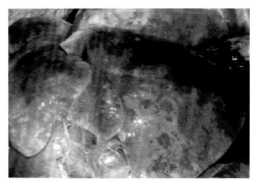

彩图17-29 犬瘟热时肺脏出现淤血水肿

彩图17-30 细小病毒性肠炎肠黏膜严重剥脱出血

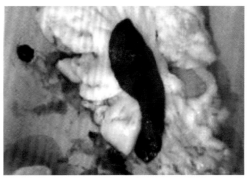

彩图17-31 细小病毒性肠炎脾脏有出血斑

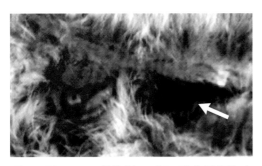

彩图17-32 传染性肝炎肝肿大呈黑红色

彩图17-33 传染性肝炎肝肿大有出血斑点

彩图17-34 传染性肝炎胃肠黏膜弥漫性出血

彩图17-35 传染性肝炎蓝眼病

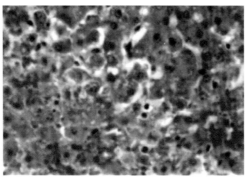

彩图17-36 传染性肝炎肝细胞内核内包涵体

彩图17-37 犬传染性支气管炎胃肺部轻度出血

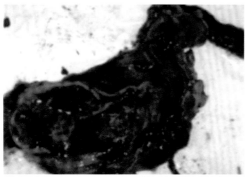

彩图17-38 冠状病毒病胃内有污红色液体

彩图17-39 冠状病毒病胃黏膜出血

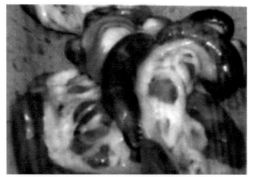

彩图17-40 冠状病毒病肠管内有出血性内容物

彩图17-41 冠状病毒病肝肿大出血

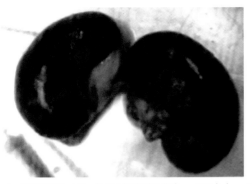

彩图17-42 犬疱疹病毒感染，肾肿大、出血

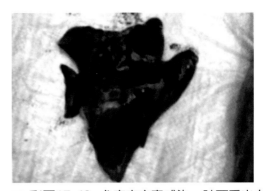

彩图17-43 犬疱疹病毒感染，肺严重出血

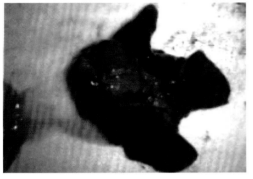

彩图17-44 犬疱疹病毒感染，心脏外膜出血、肺脏出血

彩图17-45 犬疱疹病毒感染，肝脏出血

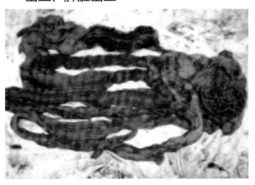

彩图17-46 猫瘟热肠管黏膜出血

彩图17-47 猫瘟热脾脏肿大

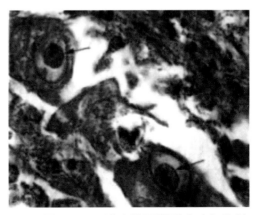

彩图17-48 猫瘟热肠黏膜上皮细胞核内包涵体

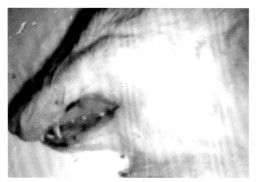

彩图17-49　犬血液梨形虫病病犬口腔黏膜黄染

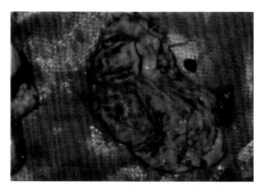

彩图17-50　弓形虫病胃肠黏膜出血溃疡

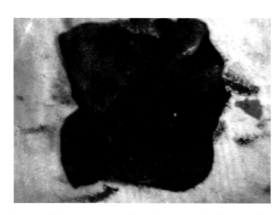

彩图17-51　弓形虫病肺脏有大小不一的灰白色结节

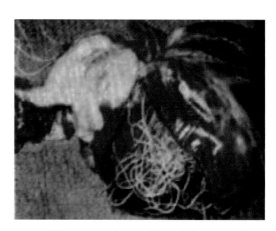

彩图17-52　犬恶心丝虫病心脏中犬的恶心丝虫成虫

特配线上资源与服务
让病理学习嗨起来

建议使用二维码配合本书学习

 ppt课件助教学
重点知识归纳总结，可实现随时随地学习，提高学习效果

 电子彩图辨细节
手机端查看彩图，便于细节比对，加强知识理解与记忆

 同类好书涨知识
国家规划教材 宠物养护系列精品图书

 养护经验共借鉴
与宠物养护爱好者一起交流吧

开启线上阅读之旅

微信扫描本页二维码
添加出版社公众号
点击获取您需要的资源或者服务

"十二五"职业教育国家规划教材

经全国职业教育教材审定委员会审定

宠物病理

第二版

杜护华　李进军　主编

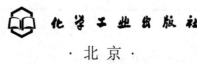

化学工业出版社

·北京·

内 容 提 要

本书结合宠物临床实际需求，主要介绍了宠物疾病的病理理论及宠物病理实践操作技能等内容。全书主要包括：第一章至第十章比较详细地介绍宠物病理的形态、结构和病理生理发生、发展过程的一般规律；第十一章至第十七章重点介绍宠物系统病理，特别注重病理形态、结构变化的阐述，以便学生更好地掌握常见宠物病理变化的剖检和实验室检查技术；第十八章主要介绍宠物尸体剖检技术及各种病理材料的采取、包装、保存和运送；实训操作项目围绕岗位技能需求，突出动手能力，特别注重基本技能的训练，可操作性强。本书结合宠物临床实际，适当反映了我国宠物病理研究的新进展和教学新成果，可满足高职高专技能型、综合型人才培养的需要。

本书图文并茂，二维码中提供有宠物病理彩色图片和教学课件，方便直观教学。

本书既可作为高职高专院校宠物类、畜牧兽医、动物防疫与检疫等专业的教材，也可供兽医临床工作者以及动物检疫与动物性食品卫生检验人员参考。

微信扫码立领

- 读课件　助通关
- 查彩图　辨细节
- 养宠物　多交流

图书在版编目（CIP）数据

宠物病理/杜护华，李进军主编．—2版．—北京：化学工业出版社，2016.1（2024.11重印）

"十二五"职业教育国家规划教材

ISBN 978-7-122-25691-1

Ⅰ．①宠…　Ⅱ．①杜…②李…　Ⅲ．①兽医学-病理学-职业教育-教材　Ⅳ．①S852.3

中国版本图书馆 CIP 数据核字（2015）第 272348 号

责任编辑：梁静丽　迟　蕾　李植峰　　　　装帧设计：史利平
责任校对：边　涛

出版发行：化学工业出版社（北京市东城区青年湖南街 13 号　邮政编码 100011）
印　　装：三河市双峰印刷装订有限公司
787mm×1092mm　1/16　印张 14¾　彩插 6　字数 427 千字　2024 年 11 月北京第 2 版第 11 次印刷

购书咨询：010-64518888　　　　　　　　售后服务：010-64518899
网　　址：http://www.cip.com.cn

凡购买本书，如有缺损质量问题，本社销售中心负责调换。

定　　价：45.00 元　　　　　　　　　　　　　版权所有　违者必究

《宠物病理》（第二版）编审人员名单

主　　编　杜护华　李进军

副 主 编　任　玲　张桂云

编　　者　（按照姓名汉语拼音排列）

　　　　　杜护华（黑龙江生物科技职业学院）

　　　　　李进军（怀化职业技术学院）

　　　　　刘德成（辽宁职业学院）

　　　　　刘素贞（温州科技职业技术学院）

　　　　　莫胜军（黑龙江生物科技职业学院）

　　　　　任　玲（黑龙江职业学院）

　　　　　王海花（河南牧业经济学院）

　　　　　张桂云（河南牧业经济学院）

　　　　　张海峰（黑龙江省农科院畜牧所）

　　　　　赵　彬（江苏农林职业技术学院）

主　　审　陈宏智（信阳农林学院）

　　　　　丁岚峰（黑龙江民族职业学院）

　　《宠物病理》（第二版）有幸入选"十二五"职业教育国家规划教材，结合《国家中长期教育改革和发展规划纲要（2010—2020年）》《教育部关于"十二五"职业教育教材建设的若干意见》等文件精神，总结第一版教材在教学工作中的不足，通过编委研讨，我们确定教材修订基本原则如下：结合宠物类专业教学改革，修改完善第一版教材中不适合实践技能训练的部分；结合宠物临床及行业发展，更新陈旧的内容；反映宠物行业新技术新成果的应用。意在通过修订工作，使本版教材更符合宠物教学及临床医学的发展。

　　第二版教材在保留原版教材特色的基础上，为了使学生学习预习范围明确，以及增强学生学习的主动性，在每章前设置了课前准备项目；为了丰富宠物病理内容和增强宠物临床诊疗的针对性，增添了宠物疫病病理相关内容。与第一版教材相比，本版教材在《宠物病理》原黑龙江省级精品课网络平台的基础上，进一步建立健全了《宠物病理》网络课程建设。为方便师生使用，本书配套光盘内容整合了数字资源平台的内容，包括学习课件、案例、模拟题库、病理图片等学习资料，方便了学生课下自主学习。

　　本版教材编写分工如下：杜护华编写绪论、第一章；任玲编写第二章；刘素贞编写第三章、第四章；张桂云编写第五章；李进军编写第六章；莫胜军编写第七章、第八章、第九章和第十七章；赵彬编写第十章；王海花编写第十一章、第十二章；张海峰编写第十三章、第十四章、第十五章、第十六章；刘德成编写第十八章、实训操作项目。全书由杜护华统稿，莫胜军协助了统稿工作。

　　修订过程中承蒙信阳农林学院陈宏智教授、黑龙江民族职业学院丁岚峰教授担任主审，他们对教材的结构体系和内容等方面提出了宝贵意见，各位编者所在单位对修订工作给予了大力支持，相关教师在审稿中也提出了宝贵意见，在此一并表示诚挚的谢意。

限于业务水平，时间仓促，本书不足及疏漏之处在所难免，我们恳切希望兄弟院校的师生和广大读者予以批评指正，以便今后进一步修改、补充和完善。

编　者

2015 年 12 月

第一版 前言

　　本教材是在《教育部关于加强高职高专教育人才培养工作的意见》《关于加强高职高专教育教材建设的若干意见》《关于全面提高高等职业教育教学质量的若干意见》等文件精神的指导下，依据黑龙江省《宠物病理》精品课程以及 10 所院校宠物病理课程改革思路编写的。

　　在编写过程中突破以往本专科教材的传统模式，以符合现代教学规律和教学目标的高职高专教材。理论上以应用技术为主要内容，实验实训方面注重培养学生的实践动手能力，力图理论结合实际。本教材比较客观地、全面翔实地反映目前我国宠物病理教学的新进展和新教学成果。

　　第一章至第十章比较详细地介绍宠物病理的形态、结构和病理生理发生、发展过程的一般规律；在编写各种宠物系统病理时，特别注重病理形态、结构变化的阐述，这样会使学生更好地掌握常见宠物病理变化的剖检和实验室检查技术；在编写实验实训内容时，围绕岗位技能，突出动手能力，特别注重基本技能的训练，实验实训内容可操作性强，并做到理论联系实际，以满足高职高专技能型、综合型人才的需要。

　　本书由来自全国 10 所院校的骨干教师与多家宠物医院的专家联合编写。具体编写分工如下：杜护华编写绪论，第一章；任玲编写第二章；刘素贞编写第三章和第四章；张桂云编写第五章；李进军编写第六章；蔡皓璠编写第七章、第八章和第九章；刘海侠编写第十章；王海花编写第十一章、第十二章；张海峰编写第十三章、第十四章、第十五章、第十六章；刘德成编写第十七章，项目一至十三。全书由杜护华统稿，张海峰协助了统稿工作。

　　编写工作中，承蒙化学工业出版社的指导；教材由信阳农业高等专科学校陈宏智教授、黑龙江民族职业学院丁岚峰教授主审，并对结构体系和内容等方面提出了宝贵意见；编者和主审所在学校对编写工作给予了大力支持；相关教师在审稿中也提出了宝贵意见，在此一并表示诚挚的谢意。

　　由于宠物医疗行业在我国尚处于起步发展阶段，宠物病理的资料较少，加之编者水平所限，书中不足之处在所难免，恳请专家和读者赐教指正。

编　者
2011 年 8 月

目录

微信扫码立领

● 读课件　助通关
● 查彩图　辨细节
● 养宠物　多交流

绪　　论

【知识目标】　了解《宠物病理》主要讲述的内容、任务，以及本课程在本专业中所处的地位；明确本课程教学的基本内容、学习任务与目标。

【技能目标】　能正确理解《宠物病理》实践所需的材料、实验方法及学习本课程的指导思想；并能够运用正确的学习方法学好《宠物病理》课程。

微信扫码立领
- 读课件　助通关
- 查彩图　辨细节
- 养宠物　多交流

【课前准备】　学生应复习《动物解剖生理》《动物微生物》《动物药理》相关知识；初步认识病理及病理的任务、内容和在动物医学专业中的地位。

一、宠物病理的研究内容和任务

　　宠物病理是研究宠物疾病发生、发展规律的一门课程，也就是通过观察和分析患病宠物机体的形态、代谢和机能的变化，来研究宠物疾病的发病原因、发生及发展规律，从而阐明疾病本质的一门动物病理的分支学科。其任务是探讨宠物疾病的发生机理和本质，为预防、诊断和治疗宠物疾病提供理论依据和技术支持。

　　宠物病理包括宠物病理生理和宠物病理解剖两部分。宠物病理生理着重研究疾病发展过程中宠物机体所发生的机能和代谢方面的变化；宠物病理解剖着重研究疾病过程中宠物形态结构方面的变化。二者是研究同一对象（患病宠物）的两方面，是相辅相成、不可分割的。例如，当宠物机体生理机能发生障碍时，必然要引起器官、组织、细胞的形态结构的变化，甚至可能导致整个机体正常生命活动的障碍而发生疾病。

二、宠物病理在宠物类专业中的地位

　　宠物病理是具有临床性质的专业基础课程，因为它既可作为基础理论知识为临床课程奠定坚实的基础，又可作为应用科学直接参与疾病的诊断和防治。因而宠物病理课被形象地比喻为宠物基础医学课程与宠物临床医学课程之间的"基础桥梁课程"。

　　随着自然科学的发展，医学科学逐渐形成了许多分支学科，它们的共同目的和任务就是从不同角度、用不同方法去研究正常和患病机体的生命活动，为防治疾病，保障人和动物健康服务。宠物病理除侧重从形态学角度研究疾病外，也研究疾病的病因学、发病学以及形态改变与功能变化及临床表现的关系。因此，宠物病理与基础医学课程中的解剖生理、组织胚胎、生物化学、寄生虫、微生物等课程均有密切的联系，也是学习宠物临床医学的重要基础。

　　宠物病理与临床医学之间的密切联系，明显地表现在对疾病的研究和诊断上。临床医学除运用各种临床诊断、检验、治疗等方法对疾病进行诊治外，往往还必须借助于宠物病理的研究方法如活体组织检查、尸体剖检以及宠物实验等来对疾病进行观察研究，提高临床工作的水平和诊断结果的准确性。宠物病理则除进行实验研究（实验病理）外，也必须密切联系临床，直接从患病机体去研究疾病，否则也不利于宠物病理本身的发展。

三、宠物病理的研究材料及方法

1. 宠物病理研究材料的来源

宠物病理研究的材料主要来自以下几个方面。

（1）患病宠物及尸体　运用病理学手段和方法来检查患病宠物或其尸体的病理变化，来研究疾病的发生发展规律。

（2）实验宠物　在实验宠物身上人为地复制疾病，以全面地对代谢、机能和形态结构的变化进行系统深入的观察研究。

（3）活体组织　运用切除、穿刺或刮取等方法从患病机体采取病变组织进行宠物病理观察。

（4）临床观察　直接观察患病动物的临床病症并收集实验室诊断的各种指标，可获得患病宠物的机能、代谢等方面的病理变化。另外组织培养、细胞培养等也常用于宠物病理的研究。

2. 宠物病理的研究方法

（1）尸体剖检　对死亡宠物的尸体进行病理剖检（尸检）是宠物病理的基本研究方法之一。尸体剖检不仅可以直接观察疾病的病理改变，从而明确对疾病的诊断，查明死亡原因，帮助临床探讨、验证诊断和治疗是否正确、恰当，以总结经验，提高临床工作的质量，而且还能及时发现和确诊某些传染病、地方病、流行病，为防治措施提供依据。同时还可通过大量尸体剖检积累常见病、多发病以及其他疾病的病理材料，为研究这些疾病的病理和防治措施提供证据。所以说尸体剖检是研究疾病的极其重要的方法和手段，各种宠物病理材料是研究疾病的最为宝贵的材料。

（2）活体组织检查　用局部切除、钳取、穿刺，以及搔刮、摘除等手术方法，从患病宠物活体采取病变组织进行病理检查，以确定诊断，称为活体组织检查，简称活检。这是被广泛采用的检查诊断方法。这种方法的优点在于组织新鲜，能基本保持病变的真相，有利于进行组织学、细胞化学及超微结构和组织培养等研究。在临床上，这种检查方法有助于及时准确地对疾病做出诊断和进行疗效判断。特别是各种性质、原因不明的肿瘤等疾患，能够准确而及时地诊断，对提出治疗方案和预后都具有十分重要的意义。

（3）宠物实验　运用宠物实验的方法，可以在适宜动物身上复制某些宠物疾病的模型，以便研究者可以根据需要，对其进行任何方式的观察研究，例如可以分阶段地进行连续取材检查，以了解该疾病或某一病理过程的发生发展经过等。此外，还可利用动物实验研究某些疾病的病因、发病机制以及药物或其他因素对疾病的疗效和影响等。

（4）组织培养与细胞培养　将某种组织或单细胞用适宜的培养基在体外加以培养，以观察细胞、组织病变的发生发展，如肿瘤的生长、细胞的癌变、病毒的复制、染色体的变异等。此外，也可以对其施加诸如射线、药物等外来因子，以观察其对细胞、组织的影响等。这种方法的优点是，可以较方便地在体外观察研究各种疾病或病变过程，研究加以影响的方法，而且周期短、见效快，可以节省研究时间，是很好的研究方法之一。但缺点是孤立的体外环境毕竟与各部分间互相联系、互相影响的体内整体环境不同，所以研究结果与体内过程是存在差异的。

（5）宠物病理的观察方法　近年来，随着学科的发展，宠物病理的研究手段已远远超越了传统的形态观察，而采用了许多新方法、新技术，从而使研究工作得到了进一步的深化，但形态学及形态学方法仍不失为基本的研究方法。现将常用的方法简述如下。

① 大体观察　主要运用肉眼或辅之以放大镜、量尺等各种辅助工具，对病检材料及其病变性状（大小、形态、色泽、重量、表面及切面状态、病灶特征及坚硬度等）进行细致的观察和检测。这种方法简便易行，大体观察可以看到病变的整体形态和许多重要性状，它具有微观观察不能取代的优势，因此不能片面地只注重显微观察及其他高技术检查，它们各有长处，一定要配合使用。

② 显微观察　将病变组织制成厚约数微米的切片，经不同方法染色后用显微镜观察其细微病变，从而千百倍地提高了肉眼观察的分辨能力，加深了对疾病和病变的认识，是最常用的观察、研究疾病的手段之一。同时，由于各种疾病和病变往往本身具有一定程度的组织形态特征，故常可借助显微观察来诊断疾病。

四、学习宠物病理的指导思想和方法

宠物病理是一门实践性很强的应用性课程，学习时必须以辩证唯物主义的观点和方法为指导，去观察和分析疾病过程中的病理变化，才有可能正确认识疾病的本质，判断其发展和预后。在学习中应注意以下几点。

1. 树立实践第一的观点

宠物病理的一切理论知识都来自对患病宠物的观察和试验材料的积累。病理学的理论知识和基本技能必须在实践中加以理解和掌握，要有实践、认识、再实践、再认识的观点。

2. 局部和整体辩证统一的观点

宠物机体是一个完整的统一体，它通过神经与体液的调节，使全身各部分保持密切联系。疾病过程中局部发生了病变，势必影响其他部分甚至全身；而全身状态也会影响局部的病理过程。因此，机体出现的任何病理变化都应视为机体的整体反应，脱离整体的局部病变是不存在的。

3. 发展变化的观点

人们所看到的病理标本，只是复杂病理过程的某一时刻的病理变化，并非它的全貌。因此，在观察病理变化时，都必须以发展的观点去分析和理解病变，既要看清它的现状，也要想到它的过去与发展趋势，这样才能比较全面地认识疾病的本质。

4. 纵横联系，归纳比较

按教材章节内容顺序纵向联系，如总论与各论的知识点是密切相关的。总论概括了疾病发生时的共同病理变化、基本病理过程等发生发展规律，各论则是在总论的基础上分系统地讲述各种特定疾病的特殊规律。因此，要掌握好总论，深入理解各论。

宠物病理的概念、病变和疾病之间都密切相关，学生往往会感觉到"剪不断，理还乱"，应使学生学会进行横向联系，即把性质相近或有密切联系的内容汇集起来，进行归纳对比。

5. 着重理解，形象记忆

宠物病理理论性强，内容多而抽象，初学者极易混淆有关知识。往往这些概念和基本理论又是重点和难点，需要花大力气去理解和掌握。所以学生要先弄清这些概念本身的含义。然后还要注意与相关概念和理论的联系和区别。同时。宠物病理很多理论知识点是可以借助图形来理解和加以区别的。

6. 学会总结，综合分析

要使所学知识不断巩固和深化，总结和复习是必不可缺的环节。以上所讲"纵横联系，归纳比较"，本身就是对知识进行科学总结、综合的过程。学生要学好宠物病理，必须经过认真深入思考、综合、分析这一过程。学习过程中，重视病例讨论这一教学环节，对教师给出的病例要充分准备。自己先列出讨论提纲，或用图示标出疾病发生、发展过程；多进行病例分析，不但能很好地总结、巩固理论知识，更有助于尽快提高病理与临床思维的能力。

【本章小结】

宠物病理是由宠物病理解剖和宠物病理生理组成。宠物病理是宠物养护与疾病防治专业基础专业课程，它是以宠物解剖生理、动物生物化学、宠物药理、动物微生物等课程为基础的，同时它又是宠物临床诊断、宠物内科疾病、宠物外科、宠物产科、宠物传染病、宠物寄生虫等课程的基础课程。所以宠物病理具有承上启下的作用，它是一门基础桥梁课程，为临床课程的学习和临床诊断提供理论依据。宠物病理的研究材料及方法有：尸体病理剖检、病理组织切片观察、活体组织观察、影像检查等。

【思考题】

1. 什么是宠物病理？
2. 宠物病理在宠物类专业中的地位？
3. 宠物病理的主要任务及方法？

第一章　疾病概论

【知识目标】　掌握疾病发生的原因、发展规律、经过和转归；了解应激反应与疾病的关系。

【技能目标】　收集疾病的病因，并运用疾病发生发展的一般规律，为推断疾病的经过和转归提供理论依据。

【课前准备】　学习一些关于"疾病""疾病过程"的科普知识，初步认识疾病、疾病原因、疾病发生的规律、疾病的经过与转归；初步认识应激。

第一节　疾病的概述

一、健康

健康即机体在生命活动过程中，通过神经、体液调节使各器官的机能、代谢和形态结构维持着正常的协调关系，而机体与变化着的外界环境也保持着相对一致，即机体内外协调统一。

健康不等于没有疾病。从健康到疾病是量变累积到质变的过程，二者之间存在量变过程，即所说的亚健康状态，无疾病特征性变化。例如对于有些宠物来说，长期饲喂单一的饲料，缺乏锻炼，以至于身体弱不禁风，体力和适应环境的能力很差，这种动物虽没有检查出疾病，但是不健康。

二、疾病

疾病就是由致病因素引起损伤与机体抗损伤的复杂斗争的过程，同时宠物的运动和观赏性能下降，也就是机体在致病因素作用下稳定状态破坏，代谢、机能紊乱和形态结构损伤。其表现既有机体与致病因素作斗争的全身性反应，也有各器官或组织形态结构、机能活动和物质代谢等方面的损伤性变化。

概括起来疾病具有以下特点。

① 疾病是由于在一定条件下致病因素作用于机体的结果　任何疾病都有它的原因，没有原因的疾病是不存在的。尽管现在还有一些疾病的原因没有弄清楚，但随着科学的进展和人们认识水平的不断提高，这些疾病的原因是最终会被揭示的。

② 内外环境的协调统一　机体与外界环境的统一和体内各器官系统的协调活动是动物健康的标志。疾病的发生意味着这种协调活动被破坏。

③ 疾病是损伤与抗损伤之间一种复杂矛盾的斗争的过程　在致病因素的作用下，机体内发生了机能、代谢和形态结构上的障碍或损伤；与此同时，也必然出现抗损伤的生理性反应，借以抵抗和消除致病因素及其所造成的损伤。损伤与抗损伤复杂斗争贯穿于疾病过程的始终。

④ 各种能力降低是宠物患病的标志之一　患病时由于机体的适应能力降低，机体内部的机能、代谢和形态结构发生障碍或破坏，必然导致宠物各种能力的下降，如生理能力下降会引起消化、呼吸、心血管、泌尿、繁殖力降低，宠物不愿活动致使观赏性降低等。

三、衰老

1. 衰老的概念

衰老是指生物体随着年龄的增长而发生的退行性变化的总和，表现为机体机能活动的进行性下降，机体维持内环境恒定和对环境的适应能力逐渐降低。生物的个体发育均经生长、发育、衰老和死亡几个阶段，因此，衰老是生命的一种表现形式，是生命发展的必然。

在机体成熟后，机体各器官系统会随着年龄的增长而逐渐退变，如神经元、心肌和骨骼肌细胞在性成熟后死一个少一个，意味着衰老的开始；而分裂细胞，如肠上皮、皮肤和肝细胞则以细胞增殖周期延长为老化指标。因此，退变可以发生在生命的早期或晚期，一般统称为老化，而将在生命晚期出现的退变称为衰老。两者的含义虽有区别，但常被混用。

按衰老的发生机制可将衰老分为生理性衰老和病理性衰老。单纯的衰老应属于生理性衰老范畴，但比较罕见，而较常见的是病理性衰老。衰老过程中易患老年性疾病，老年性疾病又加速衰老过程，所以病理性衰老往往提前，表现为早衰。犬易发生的老年性疾病有膀胱结石，母犬易发生子宫和乳腺肿瘤。

2. 宠物的寿命

动物的寿命一般以平均预期寿命表示。动物的平均寿命由以下方式来推算。

① 根据个体的大小　一般来说，个体越大，代谢越低，寿命越长，如犬 18 年、猫 15 年、大鼠 3 年、虎皮鹦鹉 7 年、龟 100 年以上。

② 根据脑的重量　脑重同体重的比例，与寿命有一定的关系，大脑相对重者寿命较长，因为脑重者内环境的调节机制较好。

③ 根据心跳快慢　心跳越快寿命越短。一生中总心跳次数是恒定的，在 5 亿～10 亿次。如小鼠的寿命为 1.5 年，每分钟心跳 1000 次，一生心跳 5 亿多次；大象寿命 70 年，每分钟心跳 20 次，一生心跳 7 亿多次。

④ 根据性成熟期　灵长类寿命为性成熟期的 6 倍，啮齿类为 30～50 倍。

⑤ 根据生长期　一般哺乳动物的寿命为生长期的 5～7 倍，人类生长期为 20～25 年，平均寿命应为 100～175 岁［也可用生长期与生命期的比推算，人类的生长期与生命期之比为 1：(7～8)，人的寿命可活到 140～160 岁］。

⑥ 根据细胞分裂代数和时间　平均寿命为细胞分裂代数和分裂间隔时间的乘积。寿命长的动物细胞分裂代数较寿命短的动物多。龟寿命为 175 年，其细胞分裂代数为 90～125 次；人胚肺成纤维细胞分裂代数为 50 次，每次分裂间隔为 2.4 年，人寿命应为 120 岁左右。

寿命的长短和一生中各阶段的划分，均需以年龄表示。由于同龄个体衰老程度有很大差异，因而又提出一种生理年龄，也称生物学年龄，表示实际的老化情况。

如上所述，不同物种的寿命差别悬殊，即使同一种动物中不同个体的寿命也有很大差别。一般来说，雄性动物的寿命比雌性动物短。自然寿命主要由遗传因素决定，不过后天因素，特别是不良环境与疾病，常可促使机体衰老，寿命缩短。

第二节　疾病发生的原因

病因就是引起疾病的各种因素，统称为病因，也称为致病因素。任何疾病都有其原因，不存在没有原因的疾病。研究病因的目的，是为了正确理解疾病的本质及其发生的规律，以制定有效的防治措施。

病因学是研究导致疾病发生的所有因素包括原因和条件的科学分支，是研究疾病发生的原因与条件及其作用规律的科学。即探讨疾病是因何发生的，是指作用于机体的众多因素中，能引起疾病并赋予该病特征的因素。归纳起来病因可分为外界致病因素（外因）和内部致病因素（内因）。

宠物疾病的原因可分为外因（环境因素）和内因（机体因素）两大类。

1. 疾病发生的外因

引起疾病发生的外界致病因素很多，通常把它分为机械性的原因、物理性的原因、化学性的原因、生物性的原因和营养性的原因五大类。

（1）机械性致病因素　指具有一定动能的机械性外力因素作用于机体而引起的损伤。如锐器及钝器的打击，爆炸的冲击波，机体的震荡等，都可以引起机体的各种损伤和障碍。机体内部的机械性因素有肿瘤、寄生虫、结石等造成的压迫、堵塞。

机械力的致病作用特点：①对组织不具有选择性；②无潜伏期及前驱期，或很短；③只能引起疾病的发生，不参与疾病的进一步发展；④机械力的强度、性质、作用部位、作用的时间及作用范围决定着引起损伤的性质和程度，很少受机体影响；⑤转归的方式常为病理状态。

（2）物理性致病因素　属于物理性致病因素有高温（烧伤、灼伤）、温热（日灼病、热射病）、低温（冻伤）、电流（雷击伤、交流电损伤）、电离辐射（放射线灼伤）等，这些因素达到一定强度或作用的时间较长时，都可以使机体发生物理性损伤。

（3）化学性致病因素　存在于外界的对机体有致病作用的化学因素种类很多，比较重要的有强酸、强碱、重金属盐类、农药、化学毒剂、毒草等。化学性致病因素也可来自体内，如各种病理性代谢有毒产物。

化学性毒素的来源主要是各种化学有毒污物；高密度集约化饲养，舍内产生的氨气和其他有毒气体；饲料调制不当，保管不当，引起霉败变质，产生有毒物质；体内腐败发酵分解产物的吸收。

化学性致病因素的特点：①有短暂的潜伏期；②对机体的毒害作用有一定的选择性；③作用的结果不仅取决于其性质、结构、剂量、溶解性，并取决于作用部位和机体状态；④能损伤机体，也能被机体中和、解毒和排除，在排泄过程中有可能使排泄器官受损。

（4）生物性致病因素　生物性致病因素指致病的微生物和寄生虫等。侵入机体的微生物，主要通过产生有害的毒性物质，如外毒素、内毒素、溶血素、杀白细胞素、溶纤维蛋白素和蛋白分解酶等而造成病理性损伤，同时也可对机体产生机械性损伤。寄生虫则通过机械性堵塞，产生毒素、破坏组织、掠夺营养以及引起过敏反应而危害机体。

生物性致病因素作用的主要特点：①其致病作用常有一定的选择性，表现在具有比较严格的传染径路、侵入门户和作用部位；②致病作用不仅决定于其产生的内外毒素和各种特殊的毒性物质，而且也决定于机体的抵抗力及感受性；③引起的疾病有一定的特异性，如相对恒定的潜伏期、比较规律的病程、特殊的病理变化和临床症状，以及特异性的免疫现象等；④生物性致病因素侵入机体后，作用于整个疾病过程，并且其数量和毒力不断发生变化，有些病原体并随排泄物、分泌物、渗出物排出体外，因而具有传染性。

生物性致病因素是传染病与寄生虫病等群发病的主要原因，是当前影响宠物临床的主要问题之一。

（5）营养性致病因素　除上述各项致病因素外，当宠物喂养管理不当，特别是饲料中各种营养因素供应不平衡（过剩或不足），宠物的营养需要不能得到合理的补充和调剂时，也常可引起动物疾病的发生。

① 营养供给过剩　宠物对于构成机体的主要物质如蛋白质、脂肪、糖、盐、水和维生素等长期缺乏和不足时均可招致疾病的发生。但是，如果这些营养因素摄取过多或过剩时，也会带来极为不良的后果。如蛋白质摄入过剩时，部分可在体内蓄积致使血液酸度升高，而引起酸中毒，尿液酸度也增高，可继发肾脏机能障碍或者骨软症。脂肪摄取过多，可引起脂肪沉着，脂肪沉着的脏器其机能可发生障碍；胆固醇过剩蓄积可造成细胞物质代谢障碍，生活力减退，也是动脉硬化的原因。

② 营养供给不足　宠物日粮中营养物质缺乏，可造成宠物饥饿。饥饿分为两种，一种是营养物质供给完全断绝称为绝对饥饿，另一种是营养供给减少称为部分饥饿。绝对饥饿可使组织成

分中的糖原消耗、脂肪萎缩、蛋白质分解加强、肌肉消瘦，最后常因动物营养极度衰竭而死亡。部分饥饿可发生在日粮摄入量减少，细胞生活力减退，低蛋白血症，可引起贫血、组织渗透压降低、体腔和全身水肿等。

2. 疾病发生的内因

宠物疾病的发生除外因外，其内因也极为重要。所谓内因就是机体本身的生理状态，大致可包括两个方面：一方面是机体对致病因素损伤作用的敏感性，即机体的感受性；另一方面机体也具有防御致病作用的能力，即所谓抵抗力。疾病发生的根本原因，就在于机体对致病因素具有感受性和机体抵抗力。

机体对致病因素的易感性和防御能力既与机体各器官的结构机能和代谢特点以及防御机构的机能状态有关，也与机体一般特性即宠物的种属、品种和个体反应性等有关。

（1）防御功能及免疫功能降低

① 屏障功能　如黏膜、皮肤、骨骼、肌肉、脑膜、胎盘等功能降低。

② 网状内皮系统　各种防御细胞的吞噬和杀菌作用降低。

③ 肝脏　解毒功能下降。

④ 排除功能　如呕吐、腹泻、呼吸道黏膜纤毛运动而引起的咳嗽，以及泌尿功能降低等。

⑤ 特异性免疫反应　在防止和对抗感染的过程中起着十分重要的作用。

（2）营养状况　如营养性不良或营养过剩都会引发的一些疾病。

（3）种属因素　如犬得犬瘟热，而不得猪瘟；鸟不得炭疽等。

（4）遗传因素　如犬的髋关节发育不良等遗传疾病。

（5）年龄与性别　如幼龄、老龄宠物易患肠道性疾病，老龄宠物易患神经性障碍疾病，雌性动物易患白血病等。

（6）宠物应激机能下降　应激机能下降致使宠物维持机体与外界环境间的相对平衡能力降低，对外界环境的适应能力降低。应激能力降低时，就会引起应激性疾病。如机体受到创伤、烧伤、失血、剧痛、中毒、缺氧、剧烈的温度变化、噪声、恐惧、捕捉、运输等刺激时，由于内分泌、神经机能紊乱，而引起应激反应，导致发病。

3. 内因和外因的辩证关系

任何疾病的发生，都不是单一原因所引起，而是外因和内因相互作用的结果。在疾病的发生发展过程中，外因是疾病发生的重要条件，内因是疾病发生的根本依据。在外因的诱导或作用下，动物体就会发病。疾病是发生在动物体上的，如果仅有疾病的外因，而宠物机体的抗损伤能力足以抗御外因的损伤作用，那么宠物不发病或仅轻微发病。

因此，外因是条件，外因必须通过内因才起作用。在疾病过程中，内因起决定性作用。外界致病因素必须冲破动物体的防御屏障，超过动物的抗损伤和调节能力，才可以使机体发病。所以，疾病能否发生，取决于动物体的状况。即使发生了疾病，疾病的性质、轻重、发展和结局也随内因的不同而有差异。

4. 自然环境及社会因素对疾病发生的影响

自然环境是指各种气候、季节、地理区域等环境状况变化会引起疾病，如寒冷的冬天易发呼吸道疾病等。社会因素也会影响疾病的发生发展，如非典型性肺炎、甲型 H1N1 等防控过程。

第三节　疾病发生发展的规律

疾病发生发展的规律就是研究疾病在发生、发展过程中共同遵守的一般规律和机理，也称为发病学（也称发病机理）。

一、疾病发生发展的规律

研究疾病的发生、发展规律，首先必须阐明致病因素如何作用于机体。既要强调病因的作用，又要重视宠物机体抗损伤能力与致病因素积极斗争的过程。

1. 致病因素在疾病过程中作用的一般规律

事实上致病因素与疾病经过的关系是很复杂的，最常见的形式有以下几种。

（1）致病因素在疾病过程中始终起作用　属于这类形式的疾病，如果病因消除，机体就会恢复健康，但这类疾病并不太多。例如，无合并症的疥癣病等。

（2）致病因素只对疾病发生起发生作用　引起机体损伤后即消失，但疾病仍继续发展，甚至往往引起严重后果。属于这类疾病的有各种机械性外伤、冻伤、烧伤、骨折等。

（3）致病因素侵入机体的初期不具致病作用　但随着本身的数量和质量上的变化，以及机体抵抗力的下降，则可使之发病。当该病进行到一定阶段，原始病因的作用可以逐渐减弱，甚至完全消失，但疾病不一定痊愈。大多数传染病都属于此类。

（4）致病因素侵入机体后通过削弱机体的抵抗力而发挥致病作用　或者通过改变机体的反应性，因而为新的病因的侵害创造了有利条件，从而引起新的疾病伴发或继发，例如，机体感冒后而引发的肺炎。

2. 疾病发生损伤的一般规律

致病因素沿着一定的途径在体内扩散，并以一定的方式作用于机体，引起疾病的发生和发展。致病因素一方面能直接造成机体病理的损伤，另一方面又可引起机体一系列损伤反应。

（1）致病因素对组织的直接作用　致病因素直接作用于组织，引起组织发生损伤，局部发生形态结构和生理机能的改变，使组织出现变性和坏死等变化。如机械性因素、温度、强酸强碱、细菌和病毒等作用，会直接引起宠物机体发生不同程度的损伤，而导致锐钝器伤、烫伤、烧伤、毛囊炎等。

（2）致病因素对体液的作用　致病因素作用下，体液会发生一系列的变化，如失血、脱水等。体液因素中，激素对体液的作用最为重要，如垂体后叶素的抗利尿素、肾上腺皮质激素等都会使体液发生不同的变化。

致病因素还可通过体液而起作用，引起机体发生病理变化和机能障碍。例如，有毒物质亚硝酸盐进入机体后，使血液中的血红蛋白氧化成为变性血红蛋白（高铁血红蛋白）后失去了结合氧的能力，使机体由于缺氧而呼吸困难甚至死亡。

（3）神经系统在疾病发生过程中的作用

① 致病因素直接作用于神经系统　感染、中毒等疾病过程，而引起动物神经性症状，如痉挛、抽搐等。

② 神经反射作用　致病因素可以作用于神经系统或神经反射弧的各个环节，使神经反射活动障碍，引起疾病。如中毒过程中，会反射性地引起宠物出现呕吐、腹泻；缺氧会引起动物呼吸的加强加快。

（4）细胞和分子机理　由于致病因素直接作用于组织细胞，造成某些细胞功能、代谢障碍，引起细胞自稳调节紊乱。如DNA的遗传性变异引起的疾病称分子病。

3. 疾病发展过程中的一般规律

（1）损伤与抗损伤的斗争贯穿于疾病发展的始终　在致病因素作用下，机体的生理机能、代谢发生改变，形态结构发生损伤；同时也引起机体出现一系列防御、适应和代偿等抗损伤反应。损伤与抗损伤的复杂斗争过程中，推动着疾病的发生与发展，贯穿于疾病发展始终；损伤与抗损伤反应，在一定条件下又可互相转化，同时这两者斗争的结果，决定着疾病的发展方向。如肠炎时，排稀便，会把细菌、毒素排出，有利于抗损伤反应，向康复方向发展；另外，过度腹泻，会出现脱水、酸中毒而恶化。

（2）疾病过程中的因果转化规律　因果转化是疾病发生发展的基本规律之一，任何疾病都遵循这一规律。在原发病因的作用下，会产生病理变化，这种病理变化会成为新的病因而引起新的病理变化，这种原因与结果交替进行，形成链锁式的发展过程。

原因→结果，如病因→感冒→康复。

原因→结果（新原因）→（新）结果，如病因→感冒→肺炎→恶化。

（3）疾病过程中局部与整体的关系　疾病过程中，局部病变对全身可产生影响，而全身的功能状态对局部病变也产生影响。如伤口愈合与整个机体营养状况（如缺乏营养及维生素）之间的关系。在治疗疾病过程中，要兼顾局部与整体，这样才能促进机体的康复。

二、病因在机体内的蔓延途径

致病刺激物在突破机体外部屏障与内部的阻挡后通常可以经以下三种途径进行蔓延。

1. 组织蔓延

致病刺激物从侵入部位沿组织逐渐蔓延。有连续蔓延、管内蔓延和接触蔓延三种形式。例如，喉气管炎沿气管、支气管扩散引起支气管炎或支气管性肺炎，就是由管内蔓延形成的。

2. 体液蔓延

致病刺激物随血液或淋巴液由一处扩散至他处，甚至散布至全身各器官，此种情况，前者称为血源性蔓延，后者称为淋巴源性蔓延。此类扩散速度快，例如，败血症等多为体液扩散。

3. 神经蔓延

可分为刺激蔓延和刺激物蔓延两种。刺激物沿神经干内的淋巴间隙蔓延，如狂犬病病毒和破伤风毒素即属于刺激物扩散方式；有时刺激物作用于神经，引起冲动，传至相应中枢，使中枢机能改变，因而引起相应器官机能的改变，此种通过反射途径扩散的方式称为刺激扩散。

必须指出，上述三种方式在疾病发生过程中都不是孤立的，而是相互关联的，其中通过神经反射的作用，是疾病发生的最基本最重要的方式，因为，致病因素对组织的直接作用或通过体液作用，都必须同时通过神经反射而产生致病。

第四节　疾病的经过和转归

一、疾病的经过

根据疾病过程，一般把疾病分为潜伏期、前驱期、临床明显期、转归期四个时期。

1. 潜伏期

是指致病因素作用于机体，至机体出现一般症状前段时期。如犬瘟热一般为 3～6d 或数小时；犬细小病毒是 3～5d，时间长的可达 7～14d。

2. 前驱期

从疾病的一般症状出现开始，到疾病的全部症状出现为止。如精神沉郁、食欲减退、呼吸及脉搏的变化、体温升高等。

3. 临床明显期

此期为疾病特异病症表现出来的阶段。从前驱期后到该病的特征性症状逐渐明显地表现出来这段时期称为临床明显期。是疾病的高峰阶段，在诊断上具有重要意义。如犬肠炎型的细小病毒出现的持续性高热、番茄样血便（发出特殊难闻的腥臭味）。

4. 转归期

一般指动物康复或死亡。

二、疾病的转归

疾病的转归可分为完全康复、不完全康复和死亡三种情况。

1. 完全康复

这种转归通常称为痊愈，是指患病机体的机能和代谢障碍消除，形态结构的损伤得到修复，机体内部各器官系统之间及机体与体外环境之间的协调关系得到完全恢复，动物的生产力也恢复正常。

2. 不完全康复

不完全康复是指疾病的主要症状已经消失，致病因素对机体的损害作用已经停止，但是机体的机能、代谢障碍和形态结构的损伤未完全康复，往往遗留下某些持久性的、不再变化的损伤残迹，这种情况称为病理状态。此时机体是借助于代偿作用来维持正常生命活动的，例如，心内膜炎后所形成的心瓣膜闭锁不全。不完全康复的机体，其机能负荷不适当地增加或机体状态发生改变时，可因代偿失调而致疾病"再发"。

3. 死亡

死亡是生命活动的终止，完整机体的解体。由于近年对生命本质认识的深化，已经提出了新的死亡概念和死亡标准，死亡已成为一门内容丰富的新兴学科，对宠物而言，尤其如此。

生命的本质是机体内同化作用和异化作用不断运动演化过程，死亡则是这一运动过程的终止。死亡既是生命活动由量变到质变的突变，又是生命活动发展的必然结局。"生"包含着"死"，无生则无死。

（1）死亡的种类　死亡分为生理性和病理性两种。生理性死亡是由于机体各器官的自然老化所致，又称为老死（衰老死亡）。但实际上生理性死亡是很少见的，绝大多数属于病理性死亡，病理性死亡的原因归纳起来有以下 3 类。

① 急性死亡　由于电击、中毒、创伤、窒息等各种意外所引起的急性死亡，这类死亡由于死前各种器官多无严重的器质性损害和机体的过度消耗，如及时抢救，有可能复苏。

② 重要器官引起的死亡　如脑、心、肝等不可恢复性损害。

③ 慢性消耗性疾病引起的死亡　如恶性肿瘤、结核病、营养不良等引起的机体极度衰竭死亡前，由于各种重要器官的生理机能，尤其是免疫防御机能已遭到严重的破坏，故复苏比较困难。

（2）死亡发生的阶段　多数情况下，死亡的发生是机体从健康的"活"状态过渡到"死"状态的渐进性过程，传统上把这个过程分为濒死期、临床死亡期及生物学死亡期 3 个阶段。

① 濒死期　此期机体各系统的机能发生严重障碍，脑干以上的中枢神经系统处于深度的抑制状态，表现为反射迟钝、感觉消失、心跳微弱、呼吸时断时续或出现周期性呼吸、括约肌松弛、粪尿失禁。

② 临床死亡期　此期的主要标志为心跳和呼吸的完全停止、反射消失、延髓处于深度的抑制状态，但各种组织仍然进行着微弱的代谢过程。

因重要器官的代谢过程在濒死期及临床死亡期尚未停止，此时若采取急救措施，机体有可能复活，称为死亡的可逆时期。一般可持续 5～6min。此期是复苏的关键阶段。

③ 生物学死亡期　此时从大脑皮层开始到整个神经系统及其他各个器官系统的新陈代谢相继停止，并出现不可逆的变化，整个机体已不可能复活。

现代医学提出脑死亡的概念，脑死亡是指全脑功能（包括大脑皮层和脑干）的永久性丧失。脑死亡是整体死亡的判定标志，是整体功能的永久性停止。

第五节　应激反应及其与疾病发生的关系

一、应激反应的概念

所谓应激反应或简称为应激，是指机体对各种内、外界刺激因素所引起的全身性、非特异性、适应性反应的过程，应激的最直接表现即精神紧张。任何刺激只要达到一定的程度，除了可以引起与刺激因素直接相关的特异性变化（如冷引起的寒战、冻伤，中毒时引起的特殊毒性作用等）外，还会出现以交感-肾上腺髓质和下丘脑-垂体-肾上腺皮质轴兴奋为主的神经内分泌反应及一系列有机体机能的变化（如心跳加快、血压升高、肌肉紧张、分解代谢加快、血浆中某些蛋白的浓度升高等）。应激的主要意义是抗损伤，是机体的非特异性适应性保护机制。应激是机体维持正常生命活动必不可少的生理反应，其本质是防御反应，但反应过强或持续过久，会对机体造成伤害，甚至引起应激性疾病或成为许多疾病的诱因。

机体受突然因素刺激而发生的应激称为急性应激，长期持续性的紧张状态则被称为慢性应激。按应激的结果可分为生理性应激和病理性应激，机体能够适应外界刺激，并能够维持生理平衡的，称为生理性应激；而导致机体发生一系列代谢紊乱和结构损伤，甚至发生疾病的称为病理性应激。

引发应激的因素即为应激原，是指能引起全身性适应综合征或局限性适应综合征的各种因素的总称。任何刺激只要达到一定的强度，都可成为应激原。在宠物喂养过程中应激原随处可见，如惊吓、捕捉、运输、寒冷、温热、拥挤、混群、缺氧、感染、营养缺乏、缺水、断料、喂养管理的突然改变、环境变化、过劳、饲喂人员变化、创伤、疼痛、中毒等。

当前存在着许多有关应激的生物学理论，主要的有两个：一个是汉斯·薛利的适应综合征理论；另一个是遗传发生论。

1. 适应综合征理论

加拿大生理学家薛利将应激称为"全身适应综合征"，认为应激过程可分为三期。①动员期或警觉期。第一次出现应激时，在一个很短的时间内，生物体会产生一个低于正常水平的抗拒，此时，一方面动物由于应激原的刺激会出现损伤现象，如神经系统抑制、肌肉松弛、毛细血管壁通透性升高、血压和体温下降等；另一方面机体在进行抗损伤的动员，如肾上腺活动增强、皮质肥大、血压升高、嗜中性粒白细胞增多等，如果防御性反应有效，警觉就会消退，生物体恢复到正常活动。大多数短期的应激都会在这个阶段得到解决，并很快过渡到第二期，这种短时应激也可以被称为急性应激反应。②抵抗期。如果有机体不能控制外界因素的作用，或者第一阶段的反应没能排除危机，应激仍然持续，那么有机体需要全身性的动员。这时有机体对应激原已获得最大适应能力，损伤现象减轻或消失，如果机体的适应能力良好，则代谢开始加强并开始恢复，否则，会进入第三期。③衰竭期。由于应激原过强或持续时间过长，机体的抵抗力和适应能力逐渐消失，机体内环境逐渐失衡，器官机能逐渐衰退甚至休克、死亡。在一般的情况下，应激只引起第一期、第二期的变化，只有严重应激反应才进入第三期。

该理论的主要内容可以归纳为以下几点。

① 稳态　所有生物有机体都有一个先天的驱动力，以保持体内的平衡状态。这种保持内部平衡的过程就是稳态。一旦有了稳态，那么维持体内平衡就成为一个毕生的任务。

② 防御性和自我保护性　应激原如果是病菌或过度的工作要求，会破坏内部的平衡状态，无论应激原是愉快的，还是不愉快的，生物体都会用非特异性生理唤醒来对应激原做出反应，这种反应是防御性的和自我保护性的。

③ 应激原的强度和持续时间　对应激的适应是按阶段发生的，各阶段的时间进程和进度依赖于抗拒的成功程度，而这种成功程度则与应激原的强度和持续时间有关。

④ 适应能量　有机体储存着有限的适应能量，一旦能量用尽，有机体则缺乏应付持续应激的能力，接下去的就是死亡。

2. 遗传发生论

该理论认为，抵抗应激的能力依赖于面临危机时所使用的应对策略，除此之外，还有一些与个体遗传有关的因素也会影响抗拒，称之为生理倾向因素，也可被比作阈限因素。这些因素通过先天器官的优劣，决定疾病的危险性、反应的兴奋性，并以此影响有机体的抗拒能力。遗传发生理论的研究，试图在基因型与表现型之间建立一种联系，基因型会影响自主神经系统、紧急反应系统的平衡。抗拒应激最重要的器官是肾脏、心血管系统、消化系统以及神经系统。

二、应激时机体的神经与内分泌反应

应激发生时，机体的神经系统和内分泌系统相互作用，共同发生一系列的反应。

1. 蓝斑-去甲肾上腺素能神经元（LC-NE）

（1）应激时蓝斑-去甲肾上腺素能神经元（LC-NE）的中枢整合和调控作用　LC-NE 的主要

作用是引起与应激相关的情绪反应，其中枢整合部位主要位于脑桥蓝斑，蓝斑是应激时最敏感的脑区，NE 具有广泛的上、下行纤维联系。其上行纤维投射到新皮质、边缘系统和杏仁核，与应激时的情绪反应有关；下行纤维投射到脊髓侧角，引起交感-肾上腺髓质反应和儿茶酚胺的分泌；另外，LC-NE 部分上行纤维投射到下丘脑室旁核，引起促肾上腺皮质激素释放激素（CRH）和肾上腺皮质激素释放激素（ACTH）的释放，从而可使动物发生一系列的如血压和血糖升高、血凝加速、呼吸加深加快等机能代谢变化。

（2）应激的基本效应

① 中枢效应　应激时蓝斑-去甲肾上腺素能神经元（LC-NE）的中枢效应主要是引起兴奋、警觉及紧张、焦虑等情绪反应。这些与上述脑区中去甲肾上腺素的释放有关。

② 交感-肾上腺髓质系统的外周效应　应激时蓝斑-去甲肾上腺素能神经元（LC-NE）的外周效应主要表现为血浆肾上腺素、去甲肾上腺素和多巴胺浓度迅速增高，介导一系列的代谢和心血管变化，如心功能增强、血液重分布、血糖升高。增加的激素浓度什么时候恢复正常，要根据不同应激时情况的不同而异。

（3）机体的代谢、功能改变　交感-肾上腺髓质系统的强烈兴奋主要参与调控机体对应激的急性反应，从而有利于其动员全身使之投入到对应激原的反应中。

2. 下丘脑-垂体-肾上腺皮质系统（HPA）

（1）下丘脑-垂体-肾上腺皮质系统（HPA）的基本单元组成　下丘脑-垂体-肾上腺皮质系统（HPA）轴是由下丘脑的室旁核（PVN）、腺垂体和肾上腺皮质组成。下丘脑的室旁核（PVN）为中枢位点，上行至杏仁核、边缘系统、海马结构，下行主要通过激素调控腺垂体和肾上腺皮质的功能。

（2）应激时下丘脑-垂体-肾上腺皮质系统（HPA）轴的基本效应

① 中枢效应　应激时，HPA 轴兴奋，释放促肾上腺皮质激素释放因子（CRF），CRF 刺激 ACTH 的分泌增加，进而使血浆糖皮质激素（GC）浓度升高，GC 浓度增加是下丘脑-垂体-肾上腺皮质系统（HPA）轴激活的关键环节，上述过程也是应激时最核心的神经内分泌反应。

适量 CRF 增加可促进机体对应激的适应，使机体产生兴奋或愉快感；但过量 CRF 增加会造成适应障碍，出现焦虑、抑郁和食欲不振等，这也是重症慢性发病动物都会出现的共同表现。

CRF 能促进内啡肽的释放。CRF 促进 LC-NE 的活性，与 LC-NE 轴形成交互影响。

GC 的分泌反过来又抑制 CRF 和 ACTH 的释放，即负反馈调节机制。另外，下丘脑在释放 CRF 的同时，还释放精氨酸加压素（AVP），AVP 可以加强 CRF 的作用。

② 外周效应（应激时糖皮质激素分泌增多的生理意义）

a. GC 促进蛋白质分解和糖异生。糖皮质激素有促进蛋白质分解和糖异生的作用，从而可以补充肝糖原的储备；GC 还能抑制外周组织对葡萄糖的利用，从而提高血糖水平，保证重要器官的葡萄糖供应。

b. GC 可提高心血管对儿茶酚胺的敏感性。GC 提高心血管对儿茶酚胺的敏感性表现为对血压的维持起允许作用。所谓"允许作用"，是指某些激素本身并不能产生某种生理作用，但它的存在可使另一种激素的作用明显增强，即对另一激素的作用起调节、支持作用。

c. GC 能抑制多种炎性介质和细胞因子的生成、释放和激活。

d. GC 还能稳定溶酶体膜和减轻有害因素对细胞的损伤作用。

3. 其他激素反应

（1）分泌增加的激素

① 胰高血糖素　这与交感神经兴奋、血液中儿茶酚胺浓度升高有关。胰高血糖素可以促进糖原异生和肝糖原的分解，形成应激性高血糖，以适应应激反应的需要。

② 抗利尿激素　可以促进肾小管对水分的重吸收，减少尿量，维持内环境的稳定，还能促进小血管的收缩。

另外，分泌增加的激素还有 β-内啡肽、醛固酮等。

（2）分泌减少的激素　分泌减少的激素有胰岛素（应激时，激活胰岛 B 细胞 α 受体，使胰岛素分泌减少）、促甲状腺素释放激素、促甲状腺素、生长激素（CH）等。

急性应激时生长激素（CH）分泌增多。CH的作用是：促进脂肪的分解和动员；抑制组织对葡萄糖的利用，升高血糖；促进氨基酸合成蛋白质，在这一点上它可以对抗皮质醇促进蛋白质分解的作用，因而对组织有保护作用。但慢性应激，尤其是慢性心理应激时CH分泌减少，且可导致靶组织对胰岛素样生长因子1（IGF-1）产生抵抗，在幼龄动物可引起生长发育迟缓，并常伴有行为异常，如精神沉郁、异食癖等，解除应激状态后，血浆中CH浓度会很快回升，生长发育也随之加速。

三、应激时机体机能代谢的变化

1. 物质代谢变化

应激时机体物质代谢发生相应变化，总的特点是代谢率升高、分解增加、合成减少。具体表现在以下几方面。

（1）高代谢率（超高代谢）　严重应激时，由于GC分泌增加，机体脂肪动员明显加强，外周肌肉组织分解旺盛，使代谢率升高十分显著。当机体处于分解代谢状态时，造成物质代谢的负平衡。所以，患病动物会出现消瘦、衰弱、抵抗力下降等一些症状。

（2）糖代谢的变化　应激时，由于胰岛素的相对不足和机体对葡萄糖的利用减少，以及儿茶酚胺、胰高血糖素、生长激素、肾上腺糖皮质激素等会促进糖原分解和糖原异生，易出现血糖升高，有的还会出现糖尿和高乳酸血症等。

（3）脂肪代谢的变化　应激时由于肾上腺素、去甲肾上腺素、胰高血糖素等激素增多，脂肪的动员和分解加强，因而血中游离脂肪酸和酮体有不同程度的增加，同时组织对脂肪酸的利用增加。严重创伤后，机体所消耗的能量有$75\%\sim95\%$来自脂肪的氧化。

（4）蛋白质代谢的变化　应激时，蛋白质分解代谢加强，合成减弱，尿氮排出增加，时间久时会出现负氮平衡和体重减轻。

（5）电解质和酸碱平衡紊乱　由于发生应激时抗利尿激素和醛固酮的分泌增加，增加了机体钠和水的重吸收，机体会发生水、钠潴留，尿量由此减少。由于少尿且不能充分排出，又可产生代谢性酸中毒。

上述这些代谢变化的防御意义在于为机体应付"紧急情况"提供足够的能量，但如果应激持续的时间很长，则动物可因消耗过多而变得消瘦和体重减轻，负氮平衡还可使动物发生贫血、创面愈合迟缓和抵抗力降低等不良后果。

2. 心血管系统的变化

应激时，主要出现交感-肾上腺髓质系统兴奋所引起的心率加快、心收缩力加强、外周总阻力增高以及血液的重分布等变化，有利于提高心输出量、升高血压、保证心和脑及骨骼肌的血液供应，因而有十分重要的防御代偿意义。但同时，也有使皮肤、腹腔内脏和肾缺血、缺氧，引起酸中毒；心肌耗氧量增多引发心室纤颤等心律失常；持续血管收缩诱发高血压等不利影响。

3. 消化系统的变化

应激时，消化系统功能障碍者较为常见。较常见、明显的变化是由应激引起的消化道溃疡、食欲不振、胃肠黏膜急性出血、糜烂等。原因可能是由于肾上腺皮质激素分泌过多，加强了迷走神经对胃酸分泌的促进作用，减少了黏液的分泌，使黏膜表面的上皮细胞脱落加速，减少了蛋白质的合成，降低了上皮细胞的更新率，黏膜再生能力下降，从而变薄、易损伤。严重应激时，微循环缺血，胃肠黏膜上皮细胞变性、坏死，易受胃酸和蛋白酶的消化而出血、糜烂或溃疡。

4. 免疫功能的变化

应激时免疫功能的改变，主要表现为细胞免疫功能降低，单核巨噬细胞系统的吞噬能力降低，炎症反应减弱，这些变化主要与糖皮质激素分泌增加有关。

5. 血液系统的变化

急性应激时，血液凝固性和纤溶活性暂时增强，全血和血浆黏度增高，红细胞沉降率增快。

由于儿茶酚胺释放增多可直接引起血小板的第一相聚集，同时，还能促进腺苷二磷酸（ADP）的释放，引起第二相聚集。有时，在大手术后、外伤、过激的肌肉运动、情绪激动等情况下，由于儿茶酚胺的释放增多作用于血管内皮细胞，使其释放出纤维蛋白溶酶原致活物，从而导致纤溶活性升高。应激的上述改变，既有抗感染、抗损伤出血的有利方面，也有促进血栓、弥散性血管内凝血（DIC）发生的不利因素。

6. 中枢神经系统（CNS）的病变

首先，要明确 CNS 是应激反应的调控中枢，同时，CNS 也明显受到应激反应的影响。机体对各种应激原的反应常包括生理反应和心理反应。心理反应主要通过大脑边缘系统调控。

HPA 轴的适度兴奋有助于维持良好的情绪，HPA 轴的过度兴奋或不足都可以引起 CNS 的功能障碍，出现抑郁、厌食等临床症状。

应激时 CNS 的多巴胺能神经元、5-羟色胺（5-HT）能神经元、γ-氨基丁酸能神经元以及脑内阿片肽能神经元等都有相应的变化，并参与应激时的神经精神反应的发生，其过度反应会导致精神、行为障碍的发生。

7. 细胞反应

细胞对多种应激原，特别是对非心理性应激原，可表现出细胞内信号传导、相关基因激活和蛋白表达等生物学反应。

（1）急性期反应蛋白　急性期反应是指许多疾病，尤其是发生传染性疾病、外伤性疾病、炎症和免疫性疾病时，在短时间内（数小时至数天），机体发生的以防御反应为主的非特异性反应。

急性期反应蛋白（APP）是指炎症、感染、组织损伤时血浆中某些浓度迅速升高的蛋白质。另外，有少数蛋白在急性期反应时会减少，称为负急性期反应蛋白，如白蛋白、前白蛋白、运铁蛋白等。

① 急性期反应蛋白（APP）的来源　APP 主要在肝脏内合成，单核细胞、内皮细胞和成纤维细胞也可以少量合成。最早发现的 APP 是 C-反应蛋白，因它能与肺炎双球菌的荚膜成分 C-多糖体起反应而得名。

② 急性期反应蛋白（APP）的分类

a. 蛋白酶抑制蛋白，如 α_1-抗胰蛋白酶等。创伤、感染时，体内蛋白水解酶增多，引起组织损伤。

b. 凝血与纤溶相关蛋白，如凝血酶原、纤溶酶原、纤维蛋白原、凝血因子Ⅷ等都增多。

c. 补体成分，如 C_1、C_2、C_3、C_4、C_5 等因子减少。

d. 转运蛋白，如血浆铜蓝蛋白、血红素结合蛋白、结合珠蛋白等增多。血浆铜蓝蛋白可活化 SOD，有利于清除自由基和减少组织损伤。

e. 其他蛋白质，如 C-反应蛋白（CRP）、血清淀粉样 A 蛋白、纤连蛋白（FN）、α_1-酸性糖蛋白等，在应激发生时都会增加。

③ 急性期反应蛋白（APP）的生物学功能　应激时 APP 中的蛋白酶抑制蛋白生成和释放都增多，可减少组织的损伤。

纤维蛋白原形成的纤维蛋白在炎症区组织间隙有利于阻止病原体及其毒性产物的扩散。

C-反应蛋白（CRP）与细菌细胞壁结合后，起抗体样调理作用，可激活补体经典途径，促进吞噬细胞的功能。

可抑制血小板磷脂酶，减少炎症介质的生成和释放，具有清除异物和坏死组织的作用。

血清淀粉样 A 蛋白可促使损伤细胞修复。

（2）热休克蛋白（HSP）　热休克蛋白是指细胞在应激原特别是环境高温诱导下所生成的一组蛋白质。它的主要功能在于稳定细胞结构，修复被损伤的前核糖体，提高细胞对应激原的耐受性。HSP 在细胞内含量很高，约为细胞总蛋白质的 5%。

HSP 是一个大家族，根据 HSP 相对分子质量的大小，主要有 HSP110、HSP90、HSP70、HSP60 和小分子 HSP 等，其中大多数 HSP 是细胞的结构蛋白。

① HSP 的分类与基本功能　结构性 HSP 正常时存在细胞内，是细胞的结构蛋白。其基本功能是帮助新生的蛋白质进行正确的折叠、移位、维持以及降解，因此被称为"分子伴娘（molecular chaperone）"。

诱生性 HSP 在应激时可以诱导生成或合成增加。其基本功能与应激时受损蛋白质的修复或移除有关，保护细胞免受严重损伤，加速修复。

② HSP 的基本结构与功能的关系　HSP 的 N 端为一具有 ATP 酶活性的高度保守序列，C 端为一相对可变的基质识别序列。C 端基质的识别序列可以与受损蛋白质的疏水结构区结合（未受损蛋白质疏水结构区不暴露）。因为，在热应激或其他应激原作用下，会使细胞的蛋白质变性或新生蛋白质折叠出现错误，暴露出其疏水区。这样 HSP 与受损蛋白质的疏水区结合的同时，消耗 ATP 和促进受损蛋白质恢复正确折叠。

在应激时 HSP 的生成会增多，修复被损伤的蛋白，使细胞维持正常的生理功能，从而提高细胞对应激原的耐受性。

【本章小结】

宠物疾病发生主要有外部致病因素和宠物机体内部致病因素两类。外部致病因素主要为生物致病因素、化学致病因素、物理致病因素、机械致病因素、营养因素等；机体的内部因素有机体的防御机能、宠物的营养状态、年龄、性别、遗传、内分泌等因素。

致病因素的致病特点：致病因素对组织细胞直接作用；致病因素改变神经调节机能；致病因素改变体液调节机能；致病因素对细胞和分子损伤。

疾病的一般规律：疾病过程中损伤与抗损伤的斗争与转化规律；疾病发展过程中的因果转化规律；疾病过程中局部与整体的关系规律。

【思考题】

1. 什么是疾病？
2. 外界致病因素有哪些？
3. 疾病过程主要有哪些规律？
4. 什么是应激？应激引起宠物机体发生了哪些变化？
5. 病例分析

病例一：一只 2 岁、黄白色、本地犬，外界骤烈降温后来就诊，测得体温 39.6℃，呼吸 42 次/分，心跳 85 次/分。食欲下降，吞咽困难，精神萎靡不振等。检查发现：咽喉肿胀、潮红色，轻轻刺激咽喉部，表现躲闪、痛苦。

病例二：一只 3 岁、黑色犬，确诊为犬瘟热，测得体温 39.9℃，呼吸 46 次/分，心跳 90 次/分。经积极治疗，3 天后死亡。剖检后发现：眼睑水肿，结膜红色并多量的脓性眼眵，足垫过度角化、龟裂样硬掌垫现象。肺脏淤血，有出血斑块，胸腔中有浆液性或脓性液体。胃黏膜潮红，卡他性或出血性肠炎，大肠有多量液体，直肠黏膜皱襞出血，膀胱黏膜充血，常有点状或条状出血，心肌扩张，心外膜下有出血点。肝肿大暗红，边缘钝圆。肠黏膜明显增厚。肾肿大。脑膜充血，脑膜下有少量水肿液浸润，脑室扩张及脑脊液增多等非特异性脑炎变化。全身淋巴结髓样肿胀。脾肿大、淤血。

用本章学习的知识分析这两个病例中，疾病的特征（分析病因、损伤与抗损伤之间的关系），疾病的发生、发展的规律性。

微信扫码立领

- 读课件　助通关
- 查彩图　辨细节
- 养宠物　多交流

第二章　局部血液循环障碍

【知识目标】　了解各种局部血液循环障碍的发生原因、分类及其对机体的影响；掌握充血、淤血、出血、贫血、血栓形成和梗死病理变化过程及特点。

【技能目标】　能够准确识别和辨认各种血液循环障碍的眼观与组织学变化特点，以及常见器官、组织的充血、淤血、出血等局部血液循环障碍性病变。

【课前准备】　引导学生对日常生活常见到的充血、出血、贫血的感性认识；初步认识血栓的形成、血栓、梗死的过程。

　　血液循环是指血液在心血管系统内周而复始的流动过程。机体通过血液循环将氧、各种营养物质及激素不断地运送到全身各器官、组织，同时也不断地运走机体产生的 CO_2 及代谢产物，从而保证机体物质代谢的正常进行和维持机体内环境的稳定。可见，血液循环是动物维持生命活动的重要保证。一旦血液循环发生障碍，会造成相应的器官发生机能、代谢紊乱和形态结构的改变。

　　血液循环障碍是临床常见的一类基本病理过程，分为全身血液循环障碍和局部血液循环障碍两种。全身血液循环障碍是由于心脏、血管系统机能紊乱和血液的质、量发生改变的结果。局部血液循环障碍是局部器官、组织的血液含量改变（如充血、贫血），血管内容物改变（如血栓形成、栓塞），血管壁的通透性或完整性改变（如出血）等。而局部和全身密切相关，局部血液循环障碍影响全身，全身血液循环障碍又在局部表现。如冠状动脉内出现血栓是局部血液循环障碍，可引起心脏机能减弱，导致全身血液循环障碍。心脏机能不全的全身血液循环障碍，又可引起肺脏、肝脏、肾脏及可视黏膜淤血。

　　本章主要讨论局部血液循环障碍，即充血、淤血、出血、贫血、血栓形成、栓塞、梗死。

第一节　充　　血

　　充血是指局部器官或组织的血管内含血量比正常增多的现象。根据发生机理不同将其分为动脉性充血和静脉性充血两种，两者的特点不同，动脉性充血与静脉性充血的鉴别见表 2-1。

表 2-1　动脉性充血与静脉性充血的鉴别

鉴别项目	动脉性充血	静脉性充血
颜色	鲜红色	暗红色、皮肤及黏膜呈蓝紫色
体积	轻度增大	体积肿大
机能代谢	代谢旺盛、机能增强	机能代谢减弱
温度	增高	降低
病变范围	一般范围局限	范围一般较大，有时波及全身
发生的血管	小动脉和毛细血管	小静脉和毛细血管
影响	发生快，易消退，也见于生理条件	易继发引起水肿、出血，实质细胞萎缩、变性、坏死

一、动脉性充血

局部组织或器官内的小动脉及毛细血管扩张，血液灌流量增多，而静脉血液回流量正常，致使该组织或器官的含血量增多，称为动脉性充血，简称充血。

1. 原因及发生机理

充血分为生理性充血和病理性充血。

（1）生理性充血　在生理情况下，组织器官机能活动增强时，小动脉和毛细血管扩张而引起充血。如采食后的胃肠道黏膜充血，妊娠时的子宫充血，运动时骨骼肌充血等，这都是由于生理性代谢增强引起局部充血。

（2）病理性充血　在致病因素作用下，引起局部组织器官的充血。

能够引起病理性充血的原因很多，有机械性、化学性、物理性和生物性等致病因素作用到机体的一定部位，只要达到一定时间、一定强度，都能够引起局部充血。这些因素引起充血发生的机理如下。

① 神经性充血　致病因素作用于血管壁的感受器，使调节小动脉管壁平滑肌的两种神经兴奋性发生改变，反射引起血管舒张神经兴奋，而血管的收缩神经兴奋性降低，动脉血管反射性扩张充血。另外，当皮肤受到刺激时，还能通过轴突反射引起皮肤小动脉扩张充血。此外，组织分解产生的生物活性物质如组胺、5-羟色胺、激肽、腺苷等可直接作用于血管壁，使血管壁平滑肌的紧张度弛缓，导致血管扩张充血。如炎症初期出现的充血属于此种类型充血。

② 侧支性充血　某动脉有一分支内出现血栓、栓塞或被肿瘤、异物等压迫，使动脉血管腔狭窄或阻塞，引起血液循环发生障碍，其邻近的动脉吻合支则发生反射性的扩张充血，形成侧支循环，代偿受阻血管的供血不足，保证组织血液供应，称为侧支性充血。它具有代偿作用，对减少组织损伤和恢复功能有重要意义。

③ 贫血后充血　局部组织器官长时间受到压迫发生贫血，当这种压力突然解除后，该部小动脉发生反射性扩张充血，称贫血后充血或减压后充血。例如宠物发生胃肠臌气或腹水时，由于腹腔内压升高，胃肠及其他器官的血管受到压迫，血液被挤到腹腔以外的血管中，造成腹腔内的器官发生贫血。如此时对胃肠进行穿刺治疗，快速排放腹腔内气体或液体，引起腹腔内压突然降低，血液大量涌入腹腔器官的血管内，使血管急剧扩张，腹腔器官由贫血转为充血。由于循环血液大量涌入腹腔器官内，腹腔外器官发生缺血，严重时引起脑组织急性缺血，导致动物死亡。故实施胃肠穿刺放气或放水时，要注意放气或放水的速度，减压的速度要缓慢，避免造成不良后果。

2. 病理变化

（1）眼观　发生充血的组织器官由于小动脉和毛细血管扩张，动脉血液量增多，血流加快，红细胞内氧合血红蛋白增多，故充血组织器官呈鲜红色，体积轻度肿大。由于动脉血液供应增多，氧和营养充足，所以组织内物质代谢旺盛，产热量增加，局部温度升高，机能增强，位于皮肤黏膜血管明显可见。

（2）镜检　充血组织的小动脉和毛细血管扩张，血管内充满红细胞。

另外应注意，动物死亡后受两方面因素的影响，局部充血表现不明显。一方面，动物死亡时，血管发生痉挛性收缩，使扩张的小动脉变为空虚状态；另一方面，动物死亡时心力衰竭导致全身性淤血，而血管内的血液受重力学影响而下沉，发生坠积性淤血而掩盖了生前充血现象。所以动物死亡后，局部充血现象表现不明显。

3. 结局和影响

充血是机体的防御、适应性反应。一般轻度短时充血，对机体是有利的。充血能使局部组织血流加快，血量增多，供给局部组织大量的氧、营养物质和抗体，局部组织防御能力增强；同时也加快局部的代谢产物及病理产物的排出，有利于病因清除和受损组织的修复。兽医临床上，依据此原理，常用理疗、热敷和局部涂擦刺激剂等方法治疗宠物的某些疾病。

充血部位不同、时间不同，对机体的影响不同。一般短时间的充血，消除病因后可快速恢复正常。若病因持续作用，充血时间过长，导致血管壁紧张性下降或丧失，血流缓慢，进而引起淤血。严重的充血，可引起局部血管过度扩张，血管内压过高引起血管破裂，造成出血。充血发生在一般的器官影响不大，但如果脑组织发生充血会引起颅内压升高或脑出血，宠物出现神经症状甚至死亡。

二、静脉性充血（淤血）

当静脉血液回流受阻时，血液淤积在小静脉及毛细血管内，致使局部组织或器官的静脉血液量增多，称为静脉性充血，简称为淤血。淤血是临床多见的一种病理变化。

1. 原因及发生机理

淤血分为全身性淤血和局部性淤血。全身性淤血是由于心脏机能障碍及胸膜和肺脏的疾病时，静脉血液回流受阻而引起的。如心包炎时，心舒张不全，影响静脉血液回流导致淤血。心力衰竭时，心肌收缩力减弱，心输出量减少，心腔积血，导致静脉血回流心脏受阻而淤积在静脉系统。左心衰竭可导致肺淤血，右心衰竭可导致全身性淤血。胸膜炎症时，胸腔内蓄积大量炎性渗出物，使胸内压升高，同时胸壁的疼痛限制胸廓的扩张，从而造成心舒张不全，静脉血回流受阻，导致全身性淤血。

局部性淤血发生的原因有以下几个方面。

（1）静脉血管受压迫　静脉血管受压使其管腔发生狭窄或闭塞，血液回流受阻可导致相应的器官和组织发生淤血。这是临床最多见的一种淤血原因。如肿瘤、脓肿、严重水肿、寄生虫包囊等直接压迫引起相应器官淤血；肠扭转、肠套叠对肠系膜静脉的压迫引起相应的肠系膜及肠管发生淤血；治疗骨折时绷带包扎过紧对肢体静脉造成压迫，使局部肢体发生淤血；肝硬变时肝静脉分支受增生肝实质结节压迫引起门静脉所属器官发生淤血。

（2）静脉血管阻塞　见于静脉血栓、栓塞或静脉炎造成血管壁增厚，使静脉血管腔狭窄或阻塞，引起相应组织、器官淤血。但是静脉的分支多，只有当静脉血管腔阻塞而血液又不能充分地通过侧支回流时，才发生淤血。

（3）静脉血管壁的舒缩机能发生障碍　见于静脉血管受冷或某些化学物质刺激，使血管壁的运动神经发生麻痹，引起血管壁松弛，管径扩张，血流缓慢而导致淤血。

2. 病理变化

（1）眼观　淤血时由于局部组织器官小静脉和毛细血管扩张，静脉血液量增多，静脉压升高，组织液回流受阻，故淤血组织器官体积肿大。同时静脉血液增多，血液中氧合血红蛋白减少，还原血红蛋白增多，淤血器官呈暗红色，皮肤及可视黏膜淤血时呈蓝紫色，称为发绀。淤血使血流缓慢，局部组织缺氧，营养供给不足，机能代谢减弱，产热减少。另外，局部血流淤滞，毛细血管扩张，使得散热增加，局部表面温度降低。淤血时局部静脉和毛细血管内压升高，加上血管壁缺氧，引起血管通透性增强，使血液的液体成分大量外渗入组织内，造成淤血性水肿。严重时，红细胞渗入组织内，造成淤血性出血。长期的淤血，组织由于缺氧、营养物质供给不足及代谢产物的堆积，可引起实质细胞萎缩、变性或坏死，间质的结缔组织增生，淤血组织器官质地变硬，造成淤血性硬化。

（2）镜检　淤血组织内小静脉和毛细血管扩张，充满红细胞，小血管周围间隙及结缔组织间蓄积有水肿液。较长时间的淤血，可见器官的实质细胞萎缩、变性、甚至坏死及结缔组织增生。

3. 常见器官淤血的病理变化

由于各器官的结构和机能不同，发生淤血的表现不尽相同，将临床上常见器官淤血的病理变化叙述如下。

（1）肝淤血　肝淤血主要见于右心衰竭的病例。急性肝淤血，肝体积肿大，被膜紧张，重量增加，边缘钝圆，呈暗紫红色，切面流出多量暗红色凝固不良的血液。镜检时，可见肝小叶中央静脉和窦状隙高度扩张，充满红细胞。 彩图 2-1 所示肝小叶中央静脉及肝窦明显扩张，充满红细胞，肝细胞索受压萎缩。病程稍久，肝小叶中央区的肝细胞由于受到扩张的窦状隙的压迫发生萎缩，而肝小叶周边的肝细胞由于缺氧发生脂肪变性，这样肝脏的切面肝小叶的中央部由于淤血呈暗红色，周边由于脂肪变性呈黄色，出现红、黄相间如槟榔状的花纹，故称为"槟榔肝"（ 彩图2-2 ）。慢性肝淤血继续发展，肝实质细胞发生萎缩、消失，间质结缔组织增生，网状纤维胶原化，使肝组织硬化，发生淤血性肝硬化。长期的淤血可导致肝脏机能下降，糖、脂肪和蛋白质代谢障碍，肝脏的解毒机能降低，导致机体发生自体中毒。

　　（2）肺淤血　　肺淤血主要见于左心衰竭和肺静脉回流受阻的病例。急性肺淤血，肺脏呈暗紫红色，体积膨大，被膜紧张光滑，重量增加，切面流出大量暗红色混有泡沫的血样液体。取小块淤血肺组织投入水中呈半沉状态。如淤血稍久，血液成分大量渗入肺泡腔、支气管和肺间质中，肺小叶间质增宽，支气管内有大量淡红色泡沫样液体（ 彩图2-3 ）。

　　镜检时，肺小静脉和肺泡壁毛细血管高度扩张，充满大量红细胞，肺泡腔内有淡红色液体、少量红细胞和脱落的肺泡上皮细胞。慢性肺淤血时，在肺泡腔内可见吞噬有红细胞或含铁血黄素的茶褐色的巨噬细胞，此类细胞多见于左心心力衰竭的病例，故称心力衰竭细胞（图 2-4、图 2-5）。若长期慢性肺淤血，引起肺间质结缔组织增生，肺脏变硬，称为肺硬化，如同时伴有肺出血，红细胞分解成含铁血黄素使肺组织呈黄褐色，称肺脏褐色硬化。

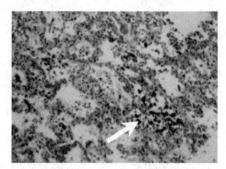 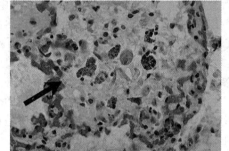

图 2-4　低倍镜下犬的慢性肺淤血　　　　　图 2-5　高倍镜下犬的慢性肺淤血
（肺泡壁毛细血管扩张淤血，肺泡腔内可见浆液、红细胞等）

　　（3）脾淤血　　急性脾淤血时，脾脏体积肿大明显，被膜紧张，边缘钝圆，呈暗红色，切面隆起，结构模糊，刮过量增多。慢性脾淤血时，由于网状纤维胶原化，脾小梁增生，脾脏体积变小，质地变硬，表面凸凹不平。

　　（4）肾淤血　　右心衰竭时常伴发肾淤血。眼观：肾脏体积肿大，呈暗红色或蓝紫色，皮质和髓质界限明显。肾淤血时通过肾脏的血流量减少，肾小球的滤过机能降低，出现尿量减少。

　　（5）胃肠淤血　　右心衰竭、肝淤血和肝硬化都可导致胃肠淤血。眼观：胃肠浆膜静脉扩张，黏膜呈暗红色，严重淤血时，胃肠壁和肠系膜水肿，胃肠壁增厚、皱襞消失，如伴有红细胞渗出，黏膜呈红色。

　　4. 淤血对机体的影响

　　淤血的时间和发生部位及程度不同，对机体的影响也不一样。短时间淤血，只要除去病因，淤血可以解除，对机体影响不大。如淤血病因持续存在，又不能及时建立侧支循环，局部组织代谢产物蓄积，从而损害毛细血管，使其通透性增高，加上淤血时小静脉和毛细血管内流体静力压升高，导致局部组织发生水肿，严重时甚至发生渗出性出血。长时间的淤血，由于缺氧和营养物质供应不足和代谢中间产物堆积，还可以引起实质细胞萎缩、变性和坏死。如慢性肝淤血会造成槟榔肝。在实质萎缩的同时，间质细胞增生，引起器官发生淤血性硬化。根据发生部位不同产生的后果不同，如肺淤血严重时，表现呼吸困难，心功能障碍，甚至窒息死亡。

　　但由于静脉常有丰富的吻合支，当某一静脉发生阻塞或受压时，其吻合支可以及时扩张，有助于局部血液回流，起代偿作用。这种通过吻合支的血液回流，称为侧支循环。侧支循环在一定程度上具有代偿作用，当淤血的程度超过侧支所能代偿的范围，将会出现淤血所致的各种病理变化。

第二节 出　　血

血液流出心脏或血管之外，称为出血。血液流出到体表外，称为外出血；血液流入组织间隙、体腔或腔管状器官内，称为内出血。

一、原因及发生机理

根据出血发生原因及机理不同将其分为破裂性出血和渗出性出血两类。

1. 破裂性出血

破裂性出血指心脏和血管壁的完整性被破坏引起的出血，可发生于心脏、动脉、静脉和毛细血管。发生的主要原因如下。

① 血管机械性损伤　如咬伤、刺伤、枪伤、挫伤、擦伤时，血液通过损伤的血管壁流到血管外。

② 血管周围病变侵蚀　如肿瘤、炎症、溃疡、酸、碱等腐蚀作用造成血管破裂性出血。如慢性胃溃疡的溃疡底的血管被病变侵蚀引起胃出血。

③ 心脏或血管本身发生的病变　如心肌梗死、脉管炎、血管硬化、血管瘤、静脉曲张等，当剧烈运动或血压突然升高，均可引起破裂性出血。

2. 渗出性出血

渗出性出血是指微血管和毛细血管通透性增高，红细胞通过扩大的血管内皮细胞间隙和受损的血管基底膜，渗出到血管腔外。渗出性出血是临床上最常见的出血。发生的原因如下。

① 血管壁的损伤或缺陷　如细菌或病毒感染、中毒性疾病等可直接造成毛细血管壁损伤；淤血、缺氧等使毛细血管内皮细胞变性；在维生素 C 缺乏的情况下，毛细血管基底膜破裂、毛细血管周围胶原减少及内皮细胞连接处分开而导致毛细血管壁通透性升高。上述因素都可引起血管壁通透性增强而发生渗出性出血。

② 血小板减少和功能障碍　正常的血小板在修复受损的毛细血管的内皮、促进止血和加速血液凝固过程中起着重要作用，血小板减少到一定的数量时可引起渗出性出血。如白血病、再生障碍性贫血可引起血小板生成减少；血管内弥漫性凝血、细菌的毒素等可使血小板过多消耗或破坏，从而引起渗出性出血。此外，血小板的结构和功能缺陷也能引起渗出性出血。

③ 凝血因子缺乏　如维生素 K 缺乏、重度的肝炎及肝脏硬化时凝血因子合成障碍；在弥漫性血管内凝血时，凝血因子过度消耗，都可导致凝血障碍引起渗出性出血。

二、病理变化

出血的病理变化可因血管种类、出血部位、出血原因及组织的不同而异。

1. 破裂性出血

动脉破裂出血时，血液呈鲜红色，血流速度快、血流量大，不易凝固，呈喷射状；静脉破裂出血时，血液呈暗红色，血流速度较快，血流量大，不易凝固，呈线状；毛细血管破裂出血时，血液呈暗红色，易凝固。血管破裂时，如流出的血液蓄积于体腔内，称为积血。如胸腔积血、心包积血和腹腔积血等。在积血的体腔内可见到数量不等的血液或凝血块。如大量血液聚集在组织间隙并压挤周围组织形成局限性血液团块，称为血肿。如皮下的血肿、肾脏被膜下的血肿等。在临床上，血肿很易与肿瘤相混，血肿早期一般呈暗红色，后因红细胞崩解，血红蛋白分解为含铁血黄素和橙色血质，颜色变为淡黄色，血肿一般逐渐缩小，而肿瘤一般颜色不变，体积逐渐增大，必要时可穿刺检查。

2. 渗出性出血

如出血灶如针尖大或米粒大，一般直径在 1mm 以内，称为淤点或出血点；如出血灶如豆粒大小或更大些，直径在 1～10mm 内，称为淤斑或出血斑。淤点和淤斑主要见于皮肤、黏膜、浆膜和实质器官表面，见 彩图 2-6 。如血液弥散于组织间隙，出血灶呈大片的暗红色，称为出血性浸润。当机体有全身性渗出性出血倾向，称出血性素质。出血性素质时表现为全身皮肤、黏膜、浆膜及各内脏器官表面可见出血点。少量的组织内出血，只能通过镜检来确定。

出血部位的颜色通常随出血时间的延长有所改变，新鲜出血灶呈红色；陈旧出血灶呈暗红色；稍后红细胞被破坏，血红蛋白被分解，出血部位呈黄褐色；当出血部位的分解产物被吞噬吸收后，出血部位的痕迹消失。

3. 临床常见的出血

如消化道出血，血液经口排出到体外称为呕血或吐血；血液随粪便排出到体外，称为便血，如胃和小肠出血时，粪便为黑色。泌尿器官出血时，血液随尿液排出，称为血尿。尿液呈淡红色或红色，显微镜观察，尿液中有红细胞。肺和气管出血，血液被咳出体外，称为咯血。咯痰中带血。

注意，充血和出血的区别，动物生前或刚死亡不久，充血指压退色，出血指压不退色，出血灶界限较明显。但实际上在某一病变组织内充血与出血往往同时存在，所以充血与出血的鉴别有时很困难。

三、出血对机体的影响

出血的原因、出血部位、出血量的不同对机体造成的影响不同。一般小血管的破裂性出血，由于受损的血管可发生反射性收缩使管径变小，同时在血管破裂处血液凝固形成血栓，出血可自行停止，对机体影响不大。流入组织内的少量血液，红细胞可被巨噬细胞吞噬运走，出血完全被吸收，对机体无影响。机体较大的血肿，很难被吸收，血肿可被新生的肉芽组织取代而发生机化或血肿周围形成结缔组织包囊。破裂性出血的出血过程迅速，如在短时间内丧失循环血量的20％～25％时，可引起出血性休克，甚至危及生命。渗出性出血比较缓慢，出血量较少，一般不会引起严重后果。但出现广泛的渗出性出血，如肝硬变时由于门静脉血压升高可造成胃肠黏膜广泛性渗出性出血，一时多量的出血也可导致出血性休克。

发生在生命重要器官的出血，即使出血量少也可造成严重后果。如心脏破裂引起心包内出血，可导致急性心功能不全；脑出血，如出血发生在脑干，神经中枢受压迫导致死亡；脑内囊出血引起对侧肢体偏瘫；视网膜出血引起视力减退甚至失明。长期持续的少量出血，可导致机体发生贫血。

第三节 贫 血

贫血有两种情况，一种是由局部血液循环障碍引起的局部贫血，另一种是由血液中红细胞的数量及血红蛋白的含量改变引起的全身性贫血。

一、局部贫血

局部组织或器官的动脉血液供应不足或断绝，称局部贫血。如局部组织或器官完全没有血液输入，称为局部缺血。

1. 原因及发生机理

（1）小动脉痉挛性贫血 当机体受寒冷、惊恐、剧痛刺激和某些化学物质（如肾上腺素、麦角碱）作用，使缩血管神经兴奋性增高，反射地引起局部小动脉血管壁平滑肌发生痉挛性收缩，造成小动脉管腔持续性的狭窄，引起局部血液流入减少，甚至血流完全停止而导致贫血。如冠状动脉痉挛造成心肌缺血。

（2）动脉压迫性贫血　局部组织或器官的小动脉受到机械性外力的压迫，输入血量减少，引起局部贫血。如大宠物发生生产瘫痪时，侧卧部血管受到压迫，造成局部组织贫血。宠物因肿瘤、腹水、脓肿及绷带包扎过紧等都可压迫动脉，导致管腔变小，输入血量减少而引起局部贫血。

（3）动脉阻塞性贫血　动脉内血栓、异物性栓塞、动脉内膜炎及动脉硬化时，都可造成动脉血管内腔狭窄或阻塞，局部供血减少而发生贫血。

（4）代偿性贫血　机体某一局部组织发生充血流入的血量增多，其他部位组织器官会出现代偿性贫血。如急速排出胸水或腹水时，胸腔内压或腹腔内压突然降低，血液大量快速流入胸腔或腹腔的脏器内，可引起脑组织的贫血。

2. 病理变化

局部组织器官因含血量减少，器官体积变小，显露出器官固有的颜色，如皮肤、黏膜呈苍白色，肺呈灰白色，肝呈褐色。质地柔软，被膜皱缩，切面的血液量减少。由于局部供血不足，发生缺氧，机能代谢减弱，局部温度降低。如缺血持久，可导致实质细胞萎缩、变性，甚至发生坏死。

3. 结局和对机体的影响

贫血对机体的影响因贫血程度、持续时间长短、组织器官对缺氧的耐受性、侧支循环建立的情况不同而不同。如短时间轻度贫血，消除病因后可完全恢复。贫血后如能及时建立起侧支循环进行代偿，则无明显影响。相反，如贫血持续时间长，又不能及时建立侧支循环，贫血的组织因缺氧和营养物质供给不足，发生物质代谢障碍，则可导致组织细胞发生萎缩、变性；当血流供给完全中断后，可使组织发生坏死。体内不同器官、组织对缺氧耐受性不同，如神经细胞对缺氧最敏感，脑组织血流停止5～10min就可产生不可逆变化，导致严重后果；其次，心肌对缺氧敏感；而皮肤、肌肉和结缔组织对缺氧有较强的耐受性。

二、全身性贫血

全身性贫血是指循环血液中红细胞的总量减少或单位容积血液内红细胞数或血红蛋白含量低于正常。贫血一般不是独立的疾病，而是很多疾病过程中出现的病症。贫血时除红细胞和血红蛋白含量减少外，红细胞的形态也会发生改变。

1. 贫血的分类

（1）根据红细胞平均血红蛋白浓度分类

① 低色素性贫血　此型贫血的红细胞平均血红蛋白浓度❶低于正常。主要见于缺铁性贫血、慢性失血性贫血等。

② 正色素性贫血　此型贫血的红细胞平均血红蛋白浓度正常或高于正常。主要见于溶血性贫血、急性失血性贫血等。

（2）根据红细胞体积大小分类

① 小红细胞性贫血　此型贫血的红细胞平均体积❷变小。

② 正常红细胞性贫血　此型贫血的红细胞平均体积正常。

③ 大红细胞性贫血　此型贫血的红细胞平均体积变大。

（3）根据贫血发生的原因和机理分类　贫血可分为失血性贫血、溶血性贫血、营养不良性贫血、再生障碍性贫血。这种分类最常用。各型贫血的特点见表2-2。

2. 贫血的原因及发生机理

（1）失血性贫血　失血性贫血是由于失血造成红细胞大量丧失所引起的一种贫血。根据失血

---

❶ 红细胞平均血红蛋白浓度（MCHC）＝每升血液中血红蛋白/每升血液中红细胞的压积×100％。

❷ 红细胞平均体积（MCV）＝每升血液中红细胞压积/每立方毫米血液中红细胞数。

表 2-2　各型贫血的特点

特点	失血性贫血		溶血性贫血	营养不良性贫血	再生障碍性贫血
	急性	慢性			
原因	创伤、肝脾破裂、产后大失血等	寄生虫病、胃肠道溃疡及出血	溶血性微生物、毒物、物理性溶血、免疫性及遗传性溶血	长期缺乏蛋白质、铁、铜、钴、维生素B_{12}及叶酸等	传染病、某些中毒、放射性物质等
红细胞数	减少		减少	略减少	减少
血红蛋白含量	降低		降低	降低	降低
血象的变化	红细胞基本正常,后期可见网织红细胞、有核红细胞、多染性红细胞	红细胞染色淡,大小不均,严重时有异型红细胞	网织红细胞、有核红细胞增多,出现多染性红细胞	红细胞淡染,体积变小,有时呈异型性	红细胞大小不均,出现异型红细胞,血小板和白细胞也减少
骨髓象的变化	红骨髓增生伴有红细胞生成增多		红骨髓增生伴有红细胞生成增多	红骨髓增生,但红细胞生成障碍	红骨髓减少或消失,红细胞生成减少
剖检变化	皮肤、黏膜苍白,管状骨骨体的红骨髓区扩大		皮肤、黏膜黄染,实质器官变性,脾脏肿大	消瘦、水肿、呈恶病质状	皮肤、黏膜有出血和感染

的速度可分为急性失血性贫血和慢性失血性贫血两种类型。

① 急性失血性贫血　见于各种急性的大出血,如严重的创伤引起的急性大出血、内脏器官(肝、脾)破裂引起的出血和产后子宫大出血等。

急性大失血时,由于短时间内血液总量减少,红细胞大量丧失,超过机体的代偿限度,在一定时间内红细胞得不到补充而引起贫血。在急性失血的初期,只是血液总量减少,而单位容积血液内红细胞数和血红蛋白量仍为正常。此时的贫血为正色素性贫血。失血数小时或1～2d后,由于失血引起循环血量减少,血压降低,刺激颈动脉窦和主动脉弓的压力感受器,通过加压反射,引起交感神经兴奋及儿茶酚胺分泌增多,引起血管收缩,促使肝、脾、皮下及肌肉内储存的血液释放并参与到外周血液循环。同时,由于失血后血管内流体静压降低,导致组织液不断渗入血管,从而补充了血容量的不足,使循环血液量逐渐恢复。但血液被稀释,单位容积血液内红细胞数和血红蛋白含量均降低,但红细胞平均血红蛋白的浓度正常。由于贫血红细胞减少,机体缺氧,刺激肾脏产生红细胞生成酶,使脾脏内的促红细胞生成素原转化为促红细胞生成素,导致体内促红细胞生成素增多,促使骨髓造血机能增强,结果在外周血液中可见发育各阶段的红细胞,如网织红细胞、多染性红细胞及有核红细胞等。失血后骨髓造血机能增强,体内铁需要量增加,又因失血伴有铁的丧失,如此时铁供应相对不足或体内铁耗尽,血红蛋白的合成速度较红细胞再生速度慢,红细胞内血红蛋白的含量减少,红细胞的体积变小,红细胞平均血红蛋白浓度低于正常,继发低色素性贫血,外周血液中可见淡染红细胞。剖检可见,皮肤、黏膜呈苍白色,脾脏体积缩小、切面红髓减少,管状骨骨体中红骨髓再生,将黄骨髓取代。

② 慢性失血性贫血　见于反复长期失血性疾病。如体内的寄生虫病(肝片吸虫、血吸虫、球虫病、犬钩虫等)、出血性胃肠炎、胃肠道溃疡等。

慢性失血性贫血初期,由于失血量少,丧失的红细胞数量不多,失去的红细胞通过骨髓造血机能增强可以代偿恢复,故贫血症状不明显。但由于长期反复的失血,使铁丧失过多,可引起缺铁性贫血。一般为小细胞性、低色素性贫血,外周血液中红细胞大小不均、形态异常(如椭圆形、梨形、哑铃形等)。严重时,骨髓造血机能衰竭,肝脏和脾脏内出现髓外造血灶。剖检可见,皮肤、黏膜呈苍白色,浆膜、黏膜上有出血点,血液稀薄,皮下组织水肿及腔积水,管状骨骨体中可见红骨髓再生。

(2)溶血性贫血　溶血性贫血是由于红细胞破坏过多引起的贫血。正常情况下,自然衰老是红细胞被破坏的主要原因。溶血是指红细胞寿命缩短,提前被破坏。引起溶血的因素很多,主要包括生物性因素、化学性因素、物理性因素、免疫性因素、遗传性因素等。这些因素引起贫血的机理如下。

① 生物性因素　某些微生物如溶血性链球菌、葡萄球菌、溶血性梭菌、产气荚膜杆菌等，都能够产生溶血毒素使红细胞膜破坏引起溶血。某些血液寄生虫如焦虫、锥虫、边虫、附红细胞体等通过机械性的损伤、产生的毒素和代谢产物破坏红细胞引起溶血。

② 化学性因素　化学性的毒物如苯、苯肼、蛇毒、胆酸盐、皂苷、蓖麻籽、铅、砷、铜等。其中，苯和苯肼除可直接溶解红细胞外，还可使骨髓的造血机能发生障碍引起贫血。苯肼能使红细胞的还原型谷胱甘肽含量减少及谷胱甘肽过氧化物酶活性降低，从而导致血红蛋白变性引起溶血。苯的化合物能使珠蛋白变性，从而引起红细胞的崩解。蛇毒中含有卵磷脂酶可水解红细胞膜上的卵磷脂从而产生溶血作用。皂苷可与红细胞膜上的胆固醇结合，使细胞膜的通透性增强，水和 Na^+ 大量渗入红细胞造成红细胞崩解引起溶血。蓖麻籽含有蓖麻素具有强大的溶血作用。胆酸盐可破坏红细胞膜的脂质结构引起红细胞的溶解。铅可影响红细胞内外的 K^+、Na^+ 交换，使细胞内的 K^+ 大量渗出，水和 Na^+ 进入红细胞增多，使红细胞发生崩解引起溶血。

③ 物理性因素　常见有高温、电离辐射、低渗溶液等。高温可直接损伤红细胞膜，溶解细胞膜的脂质，使红细胞的通透性和脆性增加，从而破坏红细胞。电离辐射可直接破坏红细胞，还可使红细胞膜的脆性增加，产生溶血作用。低渗溶液能降低血浆渗透压，导致红细胞吸水膨胀崩解。

④ 免疫性因素　机体通过免疫机制使红细胞破坏引起溶血。如异型输血、新生幼龄动物溶血性疾病及某些药物所致的溶血性贫血均与免疫有关。异型输血性溶血是由于血型系统不符，供血者的红细胞进入受血者体内，可被受血者体内产生的相应抗体破坏，产生溶血。新生幼龄动物溶血性疾病是由于新生幼龄动物的红细胞与母体的抗红细胞抗体发生免疫反应所致。父系雄性动物的血型与雌性动物的不同，则胎儿血型与雌性宠物血型不合，胎儿红细胞经胎盘向母体血流渗漏时，使母体产生抗胎儿红细胞抗体，初生幼龄动物通过吸吮初乳摄入母源抗体，抗体与幼龄动物红细胞结合发生免疫反应，致使幼龄动物红细胞被破坏产生溶血。药物免疫性溶血是由于某些药物（如青霉素、链霉素、头孢霉素、磺胺等）进入体内后，在血浆中与蛋白质或红细胞结合后具有抗原性，刺激机体产生相应的抗体，通过抗原抗体反应，引起免疫性溶血。

⑤ 遗传性因素　由于遗传性血液病和代谢病，使红细胞发育异常，引起红细胞破坏增多。

溶血性贫血时血液总量一般无变化，但红细胞被大量破坏，所以单位容积血液内红细胞数和血红蛋白的含量减少。在缺氧和红细胞分解产物的作用下，骨髓的造血机能增强，外周血液中网织红细胞增多，可见到有核红细胞和多染性红细胞。溶血时红细胞破坏增多，血红蛋白释放增多，血液中间接胆红素增多，临床伴发黄疸，患病动物粪便和尿液中胆素原的含量增高，颜色加深。剖检可见，皮肤和黏膜黄染，呈黄白色，有出血点，实质器官变性，肝脏和脾脏肿大并有多量含铁血黄素的沉积。若骨髓造血机能增强，黄骨髓中可见红骨髓的再生。

（3）营养不良性贫血　营养不良性贫血是指机体缺乏造血所必需的营养物质引起的贫血。由于长期饲喂营养不全的食物或消化系统机能障碍造成营养物质吸收不足，导致造血必需的蛋白质、铁、钴、铜、维生素 B_{12} 和叶酸等物质缺乏而引起贫血。

正常情况下，骨髓生成红细胞时，需要有足够的蛋白质、铁、维生素、叶酸等物质，当这些物质缺乏时红细胞生成不足，从而引起贫血。

① 缺铁性贫血　临床上最常见的一型贫血。由于体内铁含量不足，导致血红蛋白合成障碍，从而引起的贫血。在正常情况下，饲料中的铁在胃酸作用下游离成 Fe^{2+} 和 Fe^{3+}，其中 Fe^{3+} 不易吸收，需还原为 Fe^{2+} 后才能被吸收。而 Fe^{2+} 吸收并进入血液，氧化为 Fe^{3+} 与运铁蛋白结合，一部分运送到骨髓中，用于合成血红蛋白中的血红素，还有部分以铁蛋白或含铁血黄素的形式储存在肝、脾、骨髓等部位。另外，红细胞衰老破坏后被巨噬细胞吞噬，血红蛋白分解释放出的铁储存于体内，反复用于血红蛋白的合成。机体缺铁的原因主要如下。a. 铁的摄入量不足，如长期采食含铁量低的食物，外源性的铁供应不足引起缺铁。b. 铁的吸收障碍，如慢性消化道疾病时

引起胃酸缺乏，降低铁的吸收；饲料中磷过多，在小肠内与铁形成不溶性磷酸铁，不易吸收引起缺铁；饲料中植酸多，造成铁的吸收障碍。c. 铁的需要量增加，如幼龄动物生长期、雌性动物妊娠期或泌乳期，机体的需铁量增加，必须通过外源性的铁进行补充，若铁供应不足可引起缺铁。d. 铁的丢失增加，如慢性失血时伴有失铁可引起缺铁。缺铁性贫血的特征，当机体缺铁时，血红素合成障碍，引起血红蛋白合成不足，外周血液中红细胞体积变小、血红蛋白的浓度低于正常，故又称为低色素小细胞性贫血。另外，缺铁时，血清铁的含量降低，这是此型贫血的又一特征。

② 蛋白质　是合成血红蛋白必需的成分。当饲料中缺乏蛋白质或胃肠消化机能障碍时，可引起蛋白质的吸收不足；慢性消耗性疾病如寄生虫病、恶性肿瘤性疾病等，造成蛋白质缺乏，骨髓造血机能降低引起贫血。

③ 铜　在血红蛋白合成与红细胞的成熟过程中起着促进作用，饲料中缺铜时，体内储存的铁不能有效地利用，血红蛋白的合成发生障碍从而引起贫血。

④ 维生素 B_{12} 和叶酸　是造血不可缺少的物质，当维生素 B_{12} 和叶酸缺乏时，可引起巨幼红细胞性贫血。维生素 B_{12} 和叶酸缺乏的原因及机理如下。

维生素 B_{12} 缺乏一般是由于吸收障碍造成的，维生素 B_{12} 只有与胃黏膜的壁细胞所分泌的"内因子"（是一种糖蛋白）结合，以复合物的形式被小肠吸收入血，在"内因子"缺乏或肠的吸收机能障碍时，可引起维生素 B_{12} 的缺乏。叶酸缺乏主要是摄入不足造成，宠物中除了犬的肠道微生物能够合成叶酸外，其他动物必须从饲料中补充，当供给不足时，可引起叶酸缺乏。

叶酸是一种水溶性 B 族维生素，在体内经二氢叶酸还原酶催化转变为四氢叶酸才具有活性，它是合成嘌呤类核苷酸和胸腺嘧啶核苷酸的辅酶。维生素 B_{12} 是 N_5-甲基四氢叶酸甲基转换酶的辅酶，此酶可催化 N_5-甲基四氢叶酸转化为四氢叶酸。可见维生素 B_{12} 和叶酸是体内 DNA 合成所需要的重要辅酶，当维生素 B_{12} 和叶酸缺乏时 DNA 的合成发生障碍，红细胞分裂"S"期（DNA 合成期）时间延长，由于胸腺嘧啶核苷酸合成不足，从而引起细胞核异常。但 RNA 的合成未受影响，胞浆内血红蛋白合成正常进行，使胞浆和胞核的发育不一致，从而出现巨幼红细胞，最后形成大红细胞。此型贫血的特征，骨髓造血组织内出现巨幼红细胞，故称为巨幼红细胞性贫血。外周血液中红细胞的平均体积增大，又称为大红细胞性贫血。

⑤ 钴　是维生素 B_{12} 的组成成分，钴缺乏可引起维生素 B_{12} 合成障碍。

营养不良性贫血一般病程长，动物消瘦，血液稀薄，血红蛋白含量低，血色变淡，血液中出现大红细胞和小红细胞。

（4）再生障碍性贫血　再生障碍性贫血是由于骨髓造血机能障碍，红细胞生成不足而引起的贫血。引起再生障碍性贫血的主要原因有：电离辐射、化学性毒物或药物的中毒、感染、骨髓的肿瘤和纤维化等。其作用机理如下。

① 造血机能抑制　化学性的毒物和药物如苯、砷、苯化合物、汞、氯霉素、一些农药和蕨类植物等可抑制红细胞的生成，导致造血机能障碍。某些传染病如结核病、传染性贫血等，因这些病原微生物及其在体内形成的有毒物质的作用，引起红细胞生成受抑制而发生贫血。

② 骨髓组织损伤　化学性毒物、电离辐射及感染等都可引起骨髓干细胞的损伤，使骨髓造血机能发生障碍。如在电离辐射中，一些放射性物质如镭、锶能抑制骨髓干细胞的分化增殖，同时损伤骨髓的基质细胞，引起造血机能障碍。骨髓造血组织被异常组织或细胞所占据，如骨髓的恶性肿瘤、骨髓的纤维化等，可使骨髓的造血机能降低或丧失，引起贫血。

③ 红细胞生成调节障碍　肾脏疾病如慢性肾机能衰竭时，促红细胞生成素减少，红细胞的生成得不到正常的调节而发生生成障碍，从而导致贫血。

再生障碍性贫血由于骨髓造血机能障碍，引起外周血液中红细胞数量呈进行性减少或消失，并有异型红细胞的出现。红细胞减少的同时，白细胞和血小板也减少，临床上出现皮肤、黏膜出血或感染等症状。血清中铁及铁蛋白含量增高（区别于缺铁性贫血），骨髓造血组织减少甚至消失，红骨髓被脂肪组织或结缔组织取代。

3. 全身性贫血对机体的影响

全身性贫血时，由于红细胞数和血红蛋白含量减少，血液对氧和CO_2运输障碍，引起机体缺氧，机体出现代偿适应性反应，同时又出现损伤性变化。在缺氧时，肾脏产生促红细胞生成素增多，骨髓的造血机能增强；皮下组织和内脏器官的小血管收缩，脑血管和冠状血管则舒张，血液重新分布；心脏机能增强，心输出量增加，血液流速加快；氧合血红蛋白解离增加等多种代偿使组织尽量获得更多的氧。但是，严重的长期贫血，由于缺血性的缺氧造成各器官系统发生相应的机能障碍。如神经系统机能减弱，对各系统机能的调节降低；胃肠道的消化吸收机能降低；心机能不全等。临床上动物会出现生长缓慢、精神沉郁、倦怠无力、食欲减退、消化不良、呼吸急促、脉搏增数、生产性能降低、抵抗力减弱等变化。严重时可导致动物死亡。

第四节　血栓形成

血栓形成就是在活体的心脏、血管内，血液成分发生析出，黏集或凝固形成固态物质的过程，称为血栓形成。所形成的固形质块，称为血栓。血栓与动物死后的凝血块是不同的，血栓是在血液流动状态下形成的。

血液中存在凝血系统和抗凝血系统（纤维蛋白溶解系统），这两个系统处于平衡状态。正常情况下，血液在血管中流动是不发生凝固的。生理状态下，血液中的凝血因子不断地被激活，产生少量的凝血酶，在心、血管内膜上会有微量纤维蛋白沉着。心血管上由于有纤维蛋白出现，又可不断激活血液中的纤维蛋白溶解系统，迅速溶解纤维蛋白，同时被激活的凝血因子被吞噬细胞系统吞噬，使血液不再凝固。血液中凝血系统和纤维蛋白溶解系统的动态平衡，这即可保证血液有潜在的可凝固性，又保证了血液的液体状态，从而保证了血液正常运行。如在某些因素的影响下，血液中这种凝血系统和抗凝血系统的平衡被破坏，触发了机体的凝血过程，血液便可在心脏或血管内发生黏集或凝固，从而形成血栓。

一、血栓形成的条件和机理

病理情况下，凝血与抗凝血的动态平衡被破坏，血液在心、血管内凝集，形成血栓。血栓形成的条件很多，大致归纳有如下三个方面。

1. 心、血管内膜受损

正常情况下，完整的心、血管内皮细胞可合成和释放抗凝血作用的酶、合成抑制血小板黏集的前列腺素，有抗凝血作用。同时，完整的心、血管内皮光滑，可降低血液的黏滞性，阻碍血小板在血管管壁上黏滞，从而保证血液畅通。当心血管内膜损伤后，一方面，血管内膜表面变得粗糙不平，有利于血小板沉积和黏附，损伤的内皮细胞和已黏附的血小板会释放出腺苷二磷酸（ADP）及血小板因子，可促使血小板进一步黏集。另一方面，损伤的内皮细胞发生变性、坏死及脱落，内膜下胶原纤维暴露，可以激活血液中的凝血因子Ⅻ，从而激活内源性凝血系统。同时，损伤的内膜可以释放组织凝血因子，这样外源性的凝血系统又被激活。机体的凝血系统被激活，从而促使血液凝固，导致形成血栓。

心、血管内膜损伤是血栓形成的基本条件。各种物理、化学、生物性致病因素如创伤、反复同部位静脉注射、心内膜炎、血管的缝合和结扎、静脉内膜炎、小动脉的炎症等都可以造成心、血管内膜损伤，导致血栓形成。

2. 血流状态的改变

血流状态改变是指血流缓慢和血流中产生旋涡运动。在正常情况下，血液在血管内流动分轴流和边流。血小板、血细胞在血管的中央部流动称为轴流。血浆在血管周边流动形成边流，这种规律性的血流，将血液的有形成分和血管壁隔绝，防止血小板与血管内膜的接触。当血流缓慢或出现旋涡时，一方面，血液中轴流和边流的界限消失，血小板从轴流进入到边流，血小板可以接触到血管内膜并为血小板黏附提供了机会。另一方面，血流缓慢和产生旋涡，被激活的凝血因子和凝血酶不能很快地被稀释和冲走，在局部的浓度升高。同时，血流缓慢还能引起缺氧，血管内皮细胞会发生变性坏死，内皮细胞合成和释放抗凝血因子的能力减弱，内皮下暴露的胶原纤维又可激活内源性、外源性凝血系统，为血栓形成创造了条件。

血流缓慢和产生旋涡是血栓形成的重要条件，因此静脉发生血栓比动脉发生血栓多，如心力衰竭时，静脉和毛细血管血流缓慢，易形成血栓。静脉比动脉易形成血栓，除血流缓慢外，还因静脉内有静脉瓣，静脉瓣内的血流不但缓慢，而且呈旋涡状。此外，血液通过毛细血管到静脉后，血液的黏滞性有所增加等因素决定静脉内易形成血栓。心脏和动脉血管内的血流较快，一般不易形成血栓，但在动脉瘤、心血管内膜炎时血流缓慢及出现旋涡时也可并发血栓形成。

3. 血液性质的改变

血液的性质改变是指血液的凝固性增高。由于血液中血小板数量增多、凝血因子增多、纤维蛋白原增加等，导致血液凝固性增高，为血栓形成创造了条件。如弥漫性血管内凝血时，体内凝血系统被激活，使血液凝固性增高；严重的创伤和大手术后，血液中血小板数量增多、黏性增高，凝血因子含量增加，此时血液易凝固形成血栓。

上述三个条件，在血栓形成过程中往往是同时存在，并相互影响，促进血栓形成。但在血栓形成的不同阶段，所起的作用有所不同，应作具体分析。

二、血栓形成的过程

血栓形成过程包括血小板、白细胞析出、黏集和血液凝固两个过程，见图2-7。

具备血栓形成的条件后，首先是血小板从轴流不断析出，附着于损伤的血管内膜上，由于血小板表面有黏多糖，与血管内皮下的胶原结合，可使血小板紧密附在血管壁上。血小板逐渐增多，黏集成堆，形成血小板堆积物，并有少量的白细胞附于血小板堆积物上。损伤的内皮细胞和黏集的血小板释放出腺苷二磷酸（ADP），ADP从而促进血流中的血小板不断地黏集在已黏集的血小板上，如此反复进行，血小板堆积物逐渐变大，形成小丘状，从而阻挡血液使之出现旋涡，更增加了血小板和白细胞析出并黏附在血管壁上，这样就形成了以血小板为主要成分的灰白色血栓，即血栓的头部。

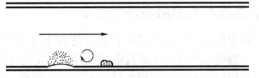

(a) 血管内膜粗糙，血小板黏集成堆，使局部血流形成漩涡

血栓头部形成后，血小板继续不断地析出、黏集，血小板堆积物在血管腔内不断增大，沿血流方向又形成新的血小板堆积物，这样就形成有分支的、形如珊瑚状的血小板梁，其表面黏附许多白细胞。血小板梁间的血流逐渐变慢，局部凝血因子的浓度逐渐增高，血液中的凝血系统被激活，使纤维蛋白原转变为纤维蛋白，纤维蛋白在血小板梁间形成网状结构，纤维蛋白网可以网罗白细胞和大量红细胞，形成红白相间的表面呈波纹状的混合性血栓，即血栓体部。血栓体逐渐增大并沿着血管方向延伸，血管腔大部分或完全被阻塞，导致局部血流极度缓慢或接近停止，血液在管腔内迅速凝固，形成暗红色的红色血栓，即血栓尾部。

(b) 血小板继续黏集形成血小板梁，小梁周围有白细胞黏附

(c) 血小板梁间形成纤维素网，网眼中充满红细胞

(d) 血管腔阻塞，局部血流停滞，血液发生凝固

图2-7 血栓形成过程模式图

三、血栓的种类

1. 白色血栓

白色血栓多形成于心脏和动脉系统，由于心脏和动脉的血流速度较快，局部释放的凝血因子被血流迅速运走，血液不易发生凝固，所以形成这种以血小板和白细胞为主要成分的血栓。眼观，呈灰白色，浑浊干燥，质地较硬，较牢固地黏附于血管壁上，不易被流速较快的血液冲走。镜下，主要有血小板，多量白细胞和少量纤维蛋白网。

2. 红色血栓

红色血栓是以血液凝固为主形成的，多发生于血流缓慢且凝固性高的情况，这样血液可迅速凝固，形成暗红色血栓。多见于静脉。

（1）眼观　呈暗红色团块或圆柱状，新形成的血栓表面光滑，湿润有弹性。与死后的凝血块相同，很难区别（ 彩图 2-8 ）。

（2）镜检　主要有大量的纤维蛋白网，网眼内有大量红细胞和少量白细胞。

3. 混合血栓

混合血栓是血小板析出、黏集和血液凝固反复出现形成的。眼观，红白相间的层状结构，表面呈波纹状。镜下，淡红色无结构的血小板梁，血小板梁间充满纤维蛋白和多量红细胞（ 彩图 2-9 ）。

4. 透明血栓

透明血栓主要发生于微循环的小静脉、微静脉和毛细血管内，是由纤维蛋白沉积和血小板黏集形成的均质透明的微小血栓，只能在显微镜下见到，又称为微血栓（ 彩图 2-10 ）。多见于药物过敏、中毒病、创伤、休克等病理过程中，常出现于许多器官、组织的微循环血管内，引起一系列病变和严重后果。

四、血栓与死后凝血块的区别

以血液凝固为主形成的新鲜红色血栓与动物死亡后凝血块很难区别。但血栓形成一段时间后，血栓内的水分逐渐被吸收和纤维蛋白发生收缩，血栓表面变得粗糙不平，干燥脆弱，失去弹性，牢固附着于心内膜或血管壁上，不易剥离。而动物死亡后的凝血块为暗红色，表面湿润光滑，结构一致，柔软有弹性，与心血管壁不粘连，容易剥离。如果动物的死亡经过较长，凝血块上层出现鸡脂样的淡黄色。可见血栓与动物死后的凝血块是不同的。血栓与死后凝血块的区别见表 2-3。

表 2-3　血栓与死后凝血块的区别

区别项目	血　　　栓	死后凝血块
表面	表面干燥、粗糙、无光泽	表面湿润、光滑
与血管壁的关系	与心血管壁粘连,不易剥离,血管壁粗糙	易与血管壁分离,血管壁光滑
硬度	缺乏弹性,脆弱易碎	柔软富有弹性
颜色	色泽混杂,有红色、灰白色和红白相间	呈均匀的暗红色,上层为鸡脂样淡黄色
镜下的结构	血小板增多呈层状排列,纤维蛋白呈网状	血小板不增多,散在,纤维蛋白细小,低倍镜下很难观察到

五、血栓的结局

血栓在活体内形成后，会出现如下变化。

1. 血栓软化、溶解

血栓形成后，血栓内的纤维蛋白溶解酶系统被激活产生纤溶酶，同时血栓内的白细胞崩解释放蛋白溶解酶，使血栓中的纤维蛋白变为可溶性的多肽，使血栓溶解软化。在血栓溶解软化过程中，较小的血栓可完全被溶解吸收，较大的血栓软化后可脱落形成小的栓子，随血流运行，造成血管阻塞。

2. 血栓的机化和再通

较大的血栓在短时间内不能被溶解，数天后从血管壁新生出肉芽组织向血栓内生长，肉芽组织逐渐取代血栓，称为血栓的机化。机化后的血栓与血管壁紧密相连，不再脱落，有时在血栓机化过程中，由于血栓的溶解和肉芽组织的成熟收缩，使血栓与血管壁间及血栓内部形成裂隙，血管内皮细胞增生覆盖于裂隙的表面，形成新的管腔，这样形成与原血管相通的一个或数个小血管，使阻塞的血管重新部分恢复血流的现象，称为血栓再通。见 彩图 2-11 、 彩图 2-12 。

3. 血栓的钙化

少数的血栓不能发生溶解和机化，由钙盐沉积而发生钙化，形成血管内坚硬的结石。如静脉结石、动脉结石。

六、血栓对机体的影响

血栓对机体的影响表现在两方面，对机体有利的一面，如血管破裂时，在破裂血管处能及时形成血栓，可及时止血。另外在炎症时，炎灶周围形成血栓，可防止病原体扩散。

多数情况下血栓对机体是不利的。①血管阻塞。血管内有血栓形成可阻断血流引起血液循环障碍，如动脉性血栓，血管完全阻塞，引起局部组织缺血性梗死；血管不完全阻塞，局部组织也会由于缺血出现萎缩或变性。静脉性血栓会引起淤血、水肿及坏死。生命重要器官，如心脏和脑部形成血栓因相应机能障碍导致严重后果。②造成栓塞。血栓在溶解软化的过程中可以脱落形成栓子，随血流运行，阻塞在较小的血管内造成栓塞。如血栓内有病原体，随栓子的运行可造成病原体的扩散。③继发瓣膜病。心瓣膜上的血栓机化后造成瓣膜的肥厚或皱缩，引起瓣膜口狭窄或瓣膜关闭不全，影响心脏功能，导致全身性血液循环障碍。④微循环障碍。微循环的小血管内形成大量的微血栓，可引起组织器官的坏死和机能障碍，同时由于凝血因子和血小板的大量消耗，还可引起全身性出血和休克。

第五节　栓　塞

循环血流中出现不溶于血液的异常物质，随血流运行，阻塞相应血管的过程，称为栓塞。阻塞血管的不溶性物质称为栓子。最常见的栓子是脱落的血栓，另外脂肪、空气也可造成栓塞。

一、栓子运行的途径

在一般情况下，栓子运行的途径与血流的方向是一致。根据栓子的来源和血流运行的规律，可初步确定阻塞血管的部位（图 2-13）。

① 来自肺静脉、左心或大循环动脉系统的栓子，随动脉血流从较大的动脉流入到较小的动脉，在全身各器官小动脉分支处发生栓塞，这种栓塞常发生于脑、肾脏和脾脏。

② 来自右心及大循环静脉系统的栓子，随静脉血流运行，经右心室进入肺动脉，在肺动脉的大小分支处形成栓塞。

③ 来自胃、肠、脾静脉的门脉系统的栓子，随血流经肝门入肝，在肝脏的门静脉分支处形成栓塞。

特殊的情况，如房间隔或室间隔出现缺损，右心的栓子可通过缺损部进入左心，再进入体循环，随动脉血流运行，在各器官小动脉分支形成栓塞；或左心的栓子进入右心，在肺动脉的分支处

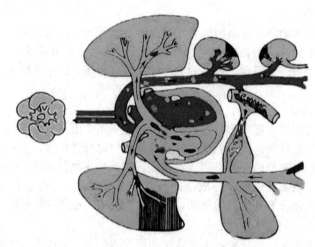

图 2-13　栓子运行的模式图

形成栓塞。罕见的情况，如胸内压或腹内压骤然升高时，下腔静脉内的栓子可发生逆向运行到下腔静脉所属的分支处形成栓塞。

二、栓塞的种类及对机体的影响

1. 血栓性栓塞

血栓性栓塞是血栓在软化过程中脱落引起的，是最常见的一类栓塞。这类栓塞对机体的影响，与栓子的大小、数目、阻塞的部位及能否建立侧支循环有密切关系。

来自大循环静脉系统和右心的血栓性栓子，一般引起肺动脉的栓塞，如栓子较小，可阻塞肺动脉的小分支，多在肺下叶，对机体无太大影响，由于肺动脉和支气管动脉间有丰富吻合支，此时侧支循环发挥作用，保证该区肺组织的供血。但在栓塞前，如肺组织发生严重淤血，此时侧支循环不能充分发挥作用，可引起肺组织发生出血性梗死。如栓子较大或数目较多可阻塞肺动脉的主干或大分支，造成严重的后果，常引起宠物出现呼吸困难、发绀、休克，甚至急性呼吸衰竭导致突然死亡。

来自左心和动脉系统的血栓性栓子常在脑、肾、脾等器官发生栓塞，如阻塞的动脉能有效地建立侧支循环，无太大影响。如缺乏有效的侧支循环，引起局部发生贫血性梗死，如果发生在心脏冠状动脉或脑动脉分支的栓塞除导致梗死外，还会反射性引起心血管或脑血管的痉挛，造成宠物突然死亡。

2. 空气性栓塞

多量空气迅速进入循环血液中形成气泡并阻塞心血管，称为空气性栓塞。

空气性栓塞多发生于大静脉血管的损伤时，如头颈手术、胸壁和肺部创伤时损伤静脉，可在吸气时，因静脉腔内的负压使空气沿静脉破裂口而被吸入静脉，形成气体性栓子。如气体量极少，气体溶解在血液中并被组织吸收，不会产生栓塞。如大量的空气进入静脉，随血流进入右心，在心脏搏动时，可将空气和心脏内的血液搅拌形成大量的泡沫，泡沫状的液体有压缩性，充满心腔不易被排出，从而阻碍了静脉血液的回流和向肺动脉输出，造成严重的循环障碍，甚至导致宠物死亡。另外，静脉注射时也可误将空气带入血流引起空气性栓塞。

3. 脂肪性栓塞

脂肪滴进入循环血流并阻塞血管，称为脂肪性栓塞。 彩图 2-14 所示犬肺小动脉的管腔内可见骨髓脂肪组织。

脂肪性栓塞多发生于骨折或骨手术时，此时会有小静脉和毛细血管的破裂，骨髓中的脂肪滴可侵入破裂的血管从而进入循环血流。脂肪滴随静脉血流，从右心进入肺脏，如脂肪滴较小，可通过肺泡壁毛细血管，经肺静脉和左心到达全身各器官引起栓塞，如在心脏的冠状动脉和脑血管内形成栓塞，可造成严重后果。如脂肪滴较大，造成肺部毛细血管阻塞，引起肺水肿、出血，宠物出现呼吸困难。

4. 寄生虫性栓塞

某些寄生虫的虫体或虫卵进入循环血流，引起血管阻塞，称为寄生虫性栓塞。如旋毛虫侵入肠壁淋巴管，经胸导管进入血流，引起寄生虫性栓塞。

5. 其他栓塞

组织外伤或坏死的情况下，破损的组织碎片或细胞团可进入循环血流引起组织性栓塞。恶性肿瘤

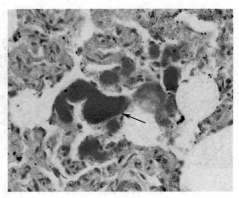

图 2-15　细菌性栓塞

细胞也可侵入血管随血流运行并阻塞血管，造成组织性栓塞，还可导致肿瘤的转移。机体内感染灶的病原菌，可能以单纯菌团的形式或与坏死组织混杂，进入血液循环引起细菌性栓塞（图 2-15），同时还会导致病原菌的散播。

第六节　梗　　死

局部组织或器官因动脉供血中断而引起组织或细胞的死亡，称为梗死。主要是由于动脉血管阻塞了，又不能及时建立侧支循环，引起组织发生缺血性坏死。

一、梗死的原因和发生机理

任何能造成血管闭塞而导致组织缺血的原因均可引起梗死。

1. 血管阻塞

动脉血管阻塞是导致梗死最常见的原因。多见于在动脉血管内形成血栓和出现栓塞。如心冠状动脉内出现血栓会引起心肌梗死。脑动脉硬化诱发血栓形成，可引起脑梗死。动脉内血栓性栓塞可引起肾脏、脾脏和肺脏等器官梗死。

2. 血管受压

由于血管受肿瘤或其他机械性压迫而致管腔闭塞时可引起局部组织梗死。如肠套叠、肠扭转和嵌顿性疝时肠系膜静脉受压引起血液回流受阻和动脉受压引起输入血量减少，局部肠管发生血液循环障碍可造成肠梗死。

3. 动脉持续性痉挛

动脉痉挛可引起或加重局部缺血，通常在动脉血管有病变基础，同时又发生持续性的血管痉挛，加重局部组织缺血导致梗死。在心冠状动脉已硬化，如冠状动脉发生痉挛，就可能引起心肌梗死。

二、梗死的类型及病理变化

根据梗死灶内含血液量的不同，将梗死分为贫血性梗死和出血性梗死。

1. 贫血性梗死

贫血性梗死多发生于组织结构致密、侧支循环不丰富的实质器官，如肾、心、脑等。这样的器官发生动脉阻塞时，血流断绝，同时血管分支及邻近的血管发生痉挛性收缩，将局部原有的血液挤出，梗死灶含血量减少，颜色呈灰白色，所以又称为白色梗死。病理变化如下。

（1）眼观　梗死是局部组织坏死，梗死灶的形状与该器官血管分布是一致的，多数器官动脉血管呈锥体形分支，故其梗死灶也呈锥体形，尖端朝向血管阻塞部位，底部位于器官表面，切面

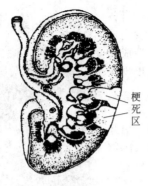

梗死区

图 2-16　肾动脉分支栓塞及肾贫血性
梗死（模式图）

呈锥形或楔形，如肾脏、脾脏的贫血性梗死灶都为锥体形（图 2-16～图 2-19）。由于心冠状动脉分支不规则，心脏的梗死灶呈不规则的地图状（图 2-20）。由于肠系膜血管呈扇形分支，肠管的梗死灶呈节段状。梗死一般为凝固性坏死，呈灰白色，浑浊而干燥，结构模糊。形成的初期，由于梗死灶内细胞变性、坏死及含水分较多，使局部组织肿胀，梗死灶的表面稍隆起。逐渐，梗死灶周围的组织发生炎性反应，在梗死灶与正常组织交界处形成一条明显的充血和出血带。后期，梗死灶被肉芽组织取代而机化和形成瘢痕组织，此时梗死灶呈白色，质地变坚实致密，表面凹陷。但有些器官的梗死灶，如脑的梗死灶不呈凝固性坏死，而为液化性坏死（图 2-21），故梗死灶变软，后期在梗死灶周围有神经胶质细胞增生形成的包囊。

图 2-17　肾的贫血性梗死　　　　　　　　图 2-18　脾贫血性梗死

（2）镜检　梗死组织原组织结构轮廓尚可辨认，但微细结构模糊不清，实质细胞肿胀，胞浆呈颗粒状，胞核浓缩、碎裂、溶解或消失（图 2-19）。

2. 出血性梗死

出血性梗死多见于组织结构疏松、血管吻合支丰富的组织器官，如肺脏和肠管等器官。出血性梗死的发生除具备动脉阻塞而引起血流中断外，同时伴有静脉高度淤血，使静脉和毛细血管内压升高，尽管血管吻合支丰富，也难以建立起有效的侧支循环，局部组织会发生缺血性坏死。血液淤积在静脉内，由于缺氧血管壁发生损伤，其通透性增强，血液由淤血的毛细血管漏出，造成出血使梗死灶呈暗红色，所以又称为红色梗死。如肺脏，有肺动脉和支气管动脉双重血液供应，两者之间有丰富的吻合支，在肺循环正常的条件下，肺动脉分支阻塞就可借助支气管动脉吻合支向该部肺组织供血，不会引起肺脏梗死。但在左心功能不全时，肺脏发生高度淤血，导致肺静脉内压升高，当肺动脉分支阻塞时，凭支气管动脉的压力难以克服肺静脉阻力，则侧支循环无法建立，局部肺组织会

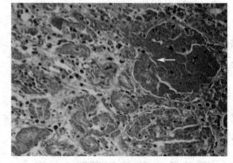

图 2-19　肾贫血性梗死电镜病理
（细胞核大部分已消失，仅保留原来的肾小球和肾小管轮廓）

发生出血性梗死。肠的出血性梗死多见于肠套叠、肠扭转、嵌顿性疝等。

（1）眼观　梗死灶呈暗红色，与周围组织界限不如贫血性梗死明显，早期切面湿润，后期干燥。

（2）镜检　除有组织细胞坏死外，还有大量红细胞弥散存在（图 2-22、图 2-23）。

3. 贫血性梗死与出血性梗死的区别

贫血性梗死与出血性梗死的区别见表 2-4。

图 2-20　犬心肌梗死

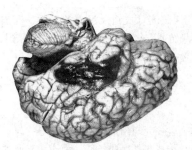

图 2-21　犬脑梗死

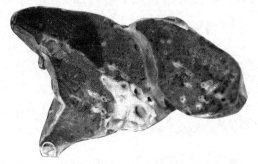

图 2-22　犬肺的出血性梗死

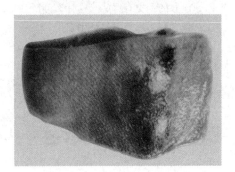

图 2-23　脾出血性梗死

表 2-4　贫血性梗死与出血性梗死的区别

项　　目		贫血性梗死	出血性梗死
梗死灶	形状	梗死灶呈锥体形,尖向器官内,底位于器官表面,切面呈锥形或楔形	同贫血性梗死
	颜色	灰白色	暗红色
	外观	有炎性反应带,与正常组织分界明显	梗死灶突起,与正常组织区分不明显
组织学变化		梗死组织原组织结构模糊不清,周边有充血、出血,梗死灶内无红细胞	组织细胞坏死,梗死灶内弥散有大量红细胞

三、梗死对机体的影响

　　梗死对机体的影响取决于梗死发生的部位、梗死灶的大小及梗死灶内是否有病原微生物。一般小梗死灶,病灶周围的血管扩张充血,并有白细胞和巨噬细胞渗出,坏死组织可被溶解吸收,病灶被肉芽组织所取代发生机化;大的梗死灶不能完全被肉芽组织取代时,肉芽组织将其包裹。但生命重要器官的梗死,会造成严重的后果,如心肌梗死可影响心功能,严重者可致心功能不全甚至猝死。大脑梗死,可引起相应部位麻痹,严重的可直接引起死亡。若梗死灶内有病原菌,可引起继发感染。

【本章小结】

　　血液循环障碍是临床常见的一种病理过程,分为全身血液循环障碍和局部血液循环障碍两种。全身血液循环障碍是由于心脏、血管系统机能紊乱和血液的质、量发生改变的结果。局部血液循环障碍是局部器官、组织的血液含量改变(如充血、贫血),血管内容物改变(如血栓形成、栓塞),血管壁的通透性或完整性改变(如出血)等。而局部和全身密切相关,局部血液循环障碍影响全身,全身血液循环障碍又在局部表现。

本章重点论述了充血及淤血的概念、原因及病理变化；出血的概念、类型及病理变化；贫血的类型、概念及病理变化；血栓形成的概念、原因、血栓形成过程、血栓的类型及结局；栓塞的概念、种类；梗死的概念、类型及病理变化。

【思考题】

1. 贫血性梗死与出血性梗死的病变有何不同？

2. 血栓形成包括哪些条件，为什么能促进血栓形成？常见的血栓有哪些？

3. 槟榔肝、肺脏褐色硬化是如何形成的？

4. 栓塞的种类有哪些？为什么静脉注射时要排除注射器内的空气？

5. 破裂性出血与渗出性出血的病变各有何特点？

6. 血栓与动物死后凝血块如何进行鉴别？

7. 在临床上如何鉴别宠物的出血与充血？

8. 如何区别动脉性充血和静脉性充血？

9. 病例分析：有一只2岁白色吉娃犬，在玩耍时，不慎碰洒一杯开水，将其腹部烫伤，皮肤并未损坏，局部呈鲜红色，轻微肿胀；在逃跑过程中，被铁钉将右前肢腕部刮破皮，流出血液。烫伤处在第三天，变成暗红色。用本章学过的病理知识解释出现的病理现象。

微信扫码立领

• 读课件　助通关

• 查彩图　辨细节

• 养宠物　多交流

第三章 水、盐代谢与酸碱平衡障碍

【知识目标】 掌握水肿、脱水和酸中毒类型、临床特征及病理过程。
【技能目标】 能够识别水肿、脱水和酸中毒类型及临床病理变化特征。
【课前准备】 引导学生对日常生活常见到的水肿、脱水病理现象的感性认识；初步认识酸中毒。

第一节 水 肿

体液是由各种无机物和有机物以水为溶剂形成的水溶液，总量占动物体重的 $60\%\sim70\%$，包括占体液总量 2/3 的细胞内液和占体液总量 1/3 的细胞外液。细胞内液是大多数生化反应进行的场所，而细胞外液是组织细胞摄取营养、排除代谢产物、赖以生存的内环境，主要包括血浆和细胞间液（即组织液），以及脑脊髓液与胸腔、腹腔、关节腔、胃肠道等处的液体。体液的总量、分布、渗透压和酸碱度的相对稳定，是维持机体正常生命活动的重要基础。各种原因引起的这种稳定失衡，便会导致水代谢紊乱和酸碱平衡紊乱，各器官系统机能发生障碍，甚至导致机体死亡。

一、水肿的概念

等渗性体液在细胞间隙或者体腔内积聚过多称为水肿。当水肿液在浆膜腔内积聚时称"积水"，常见的有胸腔积水、腹腔积水、心包积水等。积水是水肿的一种特殊表现形式。皮下水肿成为"浮肿"。细胞内液增多称为"细胞水肿"。

水肿不是一种独立性疾病，而是伴随许多疾病过程的共同病理过程。例如犬传染性肝炎在胸腹下有时可见皮下炎性水肿。近年来有犬Ⅱ型副流感病毒感染脑组织引起脑脊髓炎、脑室积水等病变的报道。

二、水肿的类型

水肿的分类方法有许多种，常见的有以下几种。

1. 根据水肿发生范围的不同

可分为局部性水肿和全身性水肿。

局部性水肿局限于某个组织或某个器官，水肿部位常与疾病的主要病变部位相一致，如皮下水肿、脑水肿、淋巴水肿、血管神经性水肿和炎性水肿等。

全身性水肿是机体多处同时或先后发生水肿，水肿发生的部位是疾病过程中全身性变化的部分表现，如心性水肿、肾性水肿、营养不良性水肿等。

2. 根据水肿发生部位的不同

可分为喉头水肿、脑水肿、肺水肿、腹水等。

3. 根据水肿发生病因的不同

可分为心性水肿、肝性水肿、肾性水肿、营养不良性水肿、中毒性水肿和炎性水肿等。

（1）心性水肿 一种是左心衰竭引起的肺水肿；另一种是右心衰竭引起的全身性水肿。

（2）肝性水肿 主要见于肝硬变，可引起全身性水肿，还可导致腹水。

（3）肾性水肿　当肾功能不全或肾炎时，也可引起全身性水肿。

（4）营养不良性水肿　又称恶病质性水肿，动物除全身性水肿外，还伴有机体消瘦、贫血等。

（5）中毒性水肿和炎性水肿　指机体受某些毒物或致炎因子的影响引起的水肿。常伴有局部充血、肿胀现象。

4. 根据水肿发生外观程度的不同

可分为隐性水肿和显性水肿。

（1）隐性水肿　临床上除体重有所增加外，其他眼观表现不明显。

（2）显性水肿　临床上可见局部肿胀、体积增大、重量增加、紧张度增加、弹性降低、局部温度降低、颜色变浅等。

三、水肿发生的原因和机理

正常动物机体内组织液量是相对稳定的，当机体受到不同的病因影响，血管内外液体交换失去平衡，或肾小球-肾小管平衡紊乱，导致组织液生成大于回流或钠、水在体内潴留而引起水肿。

1. 血管内外液体交换失衡引起组织液生成过多

组织液的生成受血管壁内外的流体静压（血压和组织液压）、胶体渗透压（血浆胶体渗透压和组织胶体渗透压）、血管壁通透性和淋巴回流等因素的影响。

生理状态下，血液中的液体成分在毛细血管动脉端经血管壁进入组织间隙，在静脉端通过血管壁和淋巴回流进入血液，细胞间液的生成与回流保持动态平衡，如图 3-1 所示，血管内外通过这种循环交换营养物质。其中血浆胶体渗透压和组织液压是使组织液回流的动力，而血压和组织渗透压能促进组织液生成。

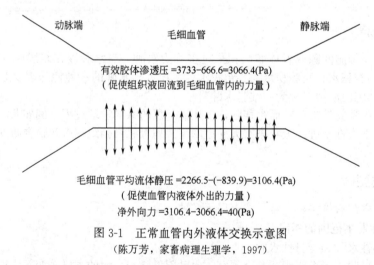

图 3-1　正常血管内外液体交换示意图

（陈万芳，家畜病理生理学，1997）

病理状态下，这些因素相互之间的动态平衡发生异常，导致组织液生成过多、回流减少，过多积聚在组织间隙引起水肿。组织液生成大于回流的原因如下。

（1）毛细血管流体静压升高　当毛细血管流体静压升高时，动脉端血液中液体成分的有效滤过压增大，组织液生成增多，如果超过淋巴回流的代偿能力则发生水肿。动脉充血（炎症时）和局部性或全身性静脉压升高（血栓阻塞、肿瘤或者肿物压迫、心力衰竭）是导致毛细血管流体静压升高的主要原因。

（2）组织液渗透压升高　组织液胶体渗透压具有阻止组织间液进入血液和淋巴回流入血的功能，当其升高时，组织液大量在组织间隙潴留发生水肿。组织液胶体渗透压升高多见于炎症病灶，因炎症时局部组织代谢加强，大分子蛋白被分解成小分子蛋白，另外病灶周边组织细胞大量坏死、崩解，毛细血管通透性增大，大量血浆蛋白渗透到组织间隙促使组织液渗透压升高。

（3）血浆胶体渗透压降低　血浆胶体渗透压是组织液回流入血管的主要动力之一，其主要由血浆中的白蛋白浓度来维持，正常犬的血浆白蛋白含量为 $35.7g/L$。当机体发生严重营养不良或肝功能不全时，可导致血浆白蛋白合成障碍；肾功能不全时，大量白蛋白可随尿丢失，这些都会引起血浆胶体渗透压降低，引起毛细血管动脉端有效滤过压增大，静脉端有效滤过压降低，液体返回血管动力不足而在组织内潴留发生水肿。临床上常见于胃肠道、肝脏、肾脏疾病。

（4）微血管壁通透性增强　正常时，毛细血管壁只有小分子物质（水、无机盐、葡萄糖等）可通过。当毛细血管和微静脉受到损伤使其通透性增强时，血浆蛋白质可从血管壁大量滤出，引起血浆胶体渗透压降低、组织液胶体渗透压升高而导致水肿。细菌毒素、创伤、烧伤、冻伤、化学性损伤、缺氧、酸中毒等因素，可直接损伤毛细血管和微静脉管壁；另外，在变态反应和炎症过程中产生的组胺、缓激肽等多种生理活性物质，可引起血管内皮细胞收缩，细胞间隙扩大使管壁通透性增高。

（5）淋巴回流受阻　组织液中大约 1/10 正常时可经毛细淋巴管回流入血，从毛细血管动脉端滤出的少量蛋白质也主要随淋巴循环返回到血液。临床上发生淋巴管炎或淋巴管受到肿瘤、肿物压迫时，造成淋巴回流受阻，带来组织液过多积聚；另外，从毛细血管漏出的蛋白质使胶体渗透压升高，促进水肿形成。淋巴回流障碍可见于老龄犬、猫发生严重心功能不全而引起静脉淤血或静脉压升高，以及寄生虫、淋巴管痉挛导致的淋巴回流受阻等。

2. 球-管失衡导致钠、水在体内潴留

正常情况下，肾小球滤出的水、钠总量中只有 0.5%～1% 被排出，绝大部分被肾小管重吸收，其中 60%～80% 的水和钠由近曲小管重吸收，余者由远曲小管和集合管重吸收。近曲小管重吸收钠是一个主动需能过程，而远曲小管和集合管重吸收水和钠则受抗利尿激素（ADH）、醛固酮、心钠素等激素的调节。肾小球滤出量与肾小管重吸收量之间的相对平衡称为球-管平衡。这种平衡关系被破坏引起球-管失平衡，常见的有肾小球滤过率降低和肾小管对水、钠重吸收增加两种情况。

（1）肾小球滤过率降低　肾小髓的病变，例如急性肾小球性肾炎，由于肾小球毛细血管内皮细胞增生、肿胀，有时伴发基底膜增厚，可引起原发性肾小球滤过率降低。心功能不全、休克、肝硬变大量腹水形成时，由于有效循环血量和肾灌流量明显减少，可引起继发性肾小球滤过率降低。

（2）肾小管对水、钠重吸收增加　当有效循环血量减少时，如心功能不全搏出血量不足，可通过主动脉弓和颈动脉窦压力感受器反射地引起交感神经兴奋，导致肾内血管收缩，由于出球小动脉收缩比球小动脉收缩更明显，可使肾小球毛细血管中非蛋白物质滤出增多，致使流经近曲小管周围毛细血管中的血浆蛋白质浓度相对升高，而流体静压明显下降，故能促进近曲小管重吸收水、钠增多。

3. 几种常见的水肿及发生机理

不同类型的水肿，由于原因不同，其发生机理亦不同，现将一些常见水肿的发生机理介绍如下。

（1）心性水肿　心性水肿是指由于心功能不全而引起的全身性或局部性水肿。其发生原因和机理如下。

① 水、钠潴留　心功能不全时心脏泵血能力减低，心输出量减少，导致肾血流量减少，进而肾小球滤过率降低；有效循环血量减少，肾远曲小管和集合管对水、钠的重吸收增多，球-管失平衡造成水、钠在体内潴留。

② 毛细血管流体静压升高　心输出量降低导致静脉回流动力不足，引起毛细血管流体静压升高。左心功能不全易发生肺水肿，右心功能不全可引起全身性水肿，尤其在机体的低垂部分，如肉垂、阴囊、四肢、胸腹下部等处，由于重力作用毛细血管流体静压更高，水肿明显。

另外，右心功能不全可引起胃肠道、肝、脾等腹腔器官发生淤血和水肿，造成营养物质吸收障碍，白蛋白合成减少，导致血浆胶体渗透压降低；静脉回流障碍引起静脉压升高，妨碍淋巴回流。这些因素也能促进水肿的形成。

（2）肾性水肿　肾功能不全引起的水肿称为肾性水肿，以机体组织疏松部位表现明显。其发生原因和机理如下。

① 肾排水、排钠减少　急性肾小球性肾炎时，肾小球滤过率降低，但肾小管仍以正常速度重吸收水和钠，故可引起少尿或无尿。慢性肾小球性肾炎时，大量肾单位遭到破坏使滤过面积显著减少，也可引起水、钠潴留。

② 血浆胶体渗透压降低　肾小球毛细血管基底膜受损，通透性增高，大量血浆白蛋白滤出，当超出肾小管重吸收能力时，可形成蛋白尿而排出体外，使血浆胶体渗透压下降。这样可引起血液的液体成分向细胞间隙转移而导致血容量减少，后者又引起 ADH、醛固酮分泌增加，心钠素分泌减少而使水、钠重吸收增多。

（3）肝性水肿　肝性水肿是指肝功能不全引起的全身性水肿，常表现为腹腔积水增多。其发生与下列因素有关。

① 肝静脉回流受阻　肝硬变时肝组织大面积坏死和大量结缔组织增生，压迫肝静脉及其分支，造成静脉回流受阻。窦状隙内压上升引起过多液体滤出。当超过肝内淋巴回流的代偿能力时，可经肝被膜渗入腹腔内形成腹水。同时肝静脉回流受阻又可导致门静脉高压，肠系膜毛细血管流体静压随之升高，液体由毛细血管滤出明显增多，也促进腹水形成。

② 血浆胶体渗透压降低　严重的肝功能不全，如重症肝炎、肝硬变等，肝细胞合成白蛋白障碍，导致血浆胶体渗透压降低。

③ 钠、水潴留　肝功能不全时，对抗利尿激素和醛固酮等激素的灭活功能降低，使远曲小管和集合管对水、钠重吸收增多。腹水出现时，血容量减少，导致水、钠潴留，加剧肝性水肿。

（4）肺水肿　肺水肿是指在肺泡腔及肺泡间隔内蓄积大量体液。其发生机理有以下几个方面。

① 肺泡壁毛细血管通透性增加　由各种化学性（如硝酸银、毒气）、生物性（某些细菌、病毒感染）因素引起的中毒性肺水肿，有害物质损伤肺泡壁毛细血管内皮和肺泡上皮，使其通透性升高，导致血液的液体成分甚至蛋白质渗入肺泡间隔和肺泡内。

② 肺毛细血管流体静压升高　左心功能不全、二尖瓣口狭窄可引起肺静脉回流受阻。

（5）脑水肿　脑水肿时眼观可见软脑膜充血，脑回变宽而扁平，脑沟变浅。脉络丛血管常呈淤血，脑室扩张，脑脊液增多。其发生机理有以下几个方面。

① 毛细血管通透性升高　脑组织发生炎症、出血、栓塞、梗死、外伤，可损伤脑组织毛细血管，导致毛细血管通透性升高，引起水肿的发生。

② 脑脊液循环障碍　脑炎、脑膜炎、肿瘤、寄生虫等均可引起脑室积水和脑室周围组织水肿。

③ 脑组织细胞膜功能障碍　缺氧、休克、脑动脉供血不足、尿毒症等均可引起脑细胞膜某些酶活性降低，导致细胞内水肿。

（6）营养不良性水肿　营养不良性水肿亦称恶病质性水肿，在慢性消耗性疾病（如严重的寄生虫病、慢性消化道疾病、恶性肿瘤等）和动物营养不良（缺乏蛋白性饲料或其他某些营养物质）时，机体缺乏蛋白质，造成低蛋白血症，引起血浆胶体渗透压降低而组织渗透压相对较高，导致水肿的发生。

四、水肿的病理变化

一般情况下，发生水肿的组织或器官体积增大，重量增加，实质器官的颜色变淡，被膜紧张，切面可见液体流出，切口处常外翻。不同组织或器官发生水肿，其病理变化特点也不相同。

1. 皮肤水肿

皮肤水肿的初期或水肿程度轻微时，水肿液与皮下疏松结缔组织中的凝胶网状物（胶原纤维和由透明质酸构成的凝胶基质等）结合而呈隐性水肿。随病情的发展，当细胞间液超过凝胶网状物结合能力时，会产生自由液体，扩散至组织细胞间，指压遗留压痕，称为凹陷性水肿。外观皮肤肿胀，颜色变浅，失去弹性，触之如生面团。切开皮肤有大量浅黄色液体流出，皮下组织呈淡黄色胶冻状。

在显微镜下观察，可见皮下组织细胞间隙增宽，细胞排列无序，胶原纤维肿胀，甚至崩解。结缔组织细胞、肌纤维、腺上皮细胞肿大，胞浆内出现水泡，甚至发生核消失（坏死）。腺上皮细胞大部分与基底膜分离，淋巴管扩张。苏木素-伊红染色后，水肿液可因蛋白质含量不同而呈深红色、淡红色或不着染（仅见于组织疏松或出现空隙）。

宠物因心脏疾病、肾病和肝脏疾病时，在四肢远端、腹部等低垂部位皮肤发生水肿现象。

2. 肺水肿

（1）眼观　当肺脏发生水肿时，肺脏体积增大，重量增加，质地变实，各肺叶的边缘变钝圆，肺胸膜紧张而有光泽，肺表面因高度淤血而呈暗红色。另外，可见肺间质增宽，肺切面呈紫红色，从支气管和细支气管内流出大量浅黄色或粉红色泡沫状液体。

（2）镜检　观察非炎症水肿时，可见肺泡壁毛细血管高度扩张，肺泡腔内出现大量粉红色的浆液，其中混有少量脱落的肺泡上皮细胞。肺间质因水肿液蓄积而增宽，结缔组织疏松呈网状，淋巴管扩张。在炎性水肿时，除发生上述病理变化外，还可见肺泡腔水肿液内集聚大量巨噬细胞，蛋白质含量也增多。慢性肺水肿，可见肺泡壁结缔组织大面积增生，有时病变肺组织发生纤维化。

许多宠物传染病都会伴发肺水肿，随着病程的延长或慢性消耗性疾病，肺水肿常导致肺结缔组织增生。

3. 脑水肿

（1）眼观　脑组织发生水肿时，可见软脑膜充血，脑回变宽、变扁平，脑沟变浅。脉络丛血管常淤血，脑室扩张，脑脊液增多，颜色变淡黄。

（2）镜检　可见软脑膜和脑实质内毛细血管充血，血管周围淋巴间隙扩张，充满水肿液。神经细胞肿胀，体积变大，胞浆内出现大小不等的水泡。核偏位，严重时可见核浓缩甚至消失。神经细胞内尼氏小体数量明显减少，细胞周围因水肿液积聚而出现空隙。

狂犬病、伪狂犬病等一些病毒常侵害脑组织，轻度则引起脑水肿，重则引起组织坏死。宠物脑组织发生水肿时，临床上常伴有神经症状，如共济失调、精神沉郁或兴奋、嗜睡等。

4. 实质器官水肿

（1）眼观　心脏、肾脏、肝脏等实质器官发生水肿时，器官的肿胀不明显，体重稍微增加，切开后不久切面可见大量水肿液渗出，切口呈外翻。病理变化通过显微镜能清楚可见。肝脏水肿时，水肿液主要蓄积于狄氏间隙内，使肝细胞索与窦状隙发生分离，间隙变大，肝索排列被打乱。

（2）镜检　心脏水肿时，水肿液出现于心肌纤维之间，心肌纤维彼此分离，受到挤压的心肌纤维可发生变性，因此，心脏质地变松软乏力，颜色稍淡。肾脏水肿时，水肿液蓄积在肾小管之间，使间隙扩大，有时导致肾小管上皮细胞变性并与基底膜分离。将肾脏表面被膜剥离，可见表面异常有光泽，切面同样有水肿液渗出，切口外翻。

宠物长期服用磺胺类药物能损坏肝脏和肾脏，引起水肿。

5. 浆膜腔积水

当浆膜腔发生积水时，水肿液一般为浅黄色透明状液体。浆膜小血管和毛细血管扩张充血。浆膜面湿润有光泽。如由于炎症所引起，水肿液内则含有较多蛋白质，同时混有渗出的炎性细胞、纤维蛋白和脱落的间皮细胞碎片，显浑浊状。另外可见浆膜肿胀，充血或出血，表面常被覆薄层或厚层呈网状的灰白色纤维蛋白。

在病理情况下，其他组织和器官也常发生水肿现象，如猫泛白细胞减少症可见肠系膜淋巴结水肿，猫麻疹病毒感染时呼吸系统病变明显，可见胸腔积水、严重肺水肿、肺淋巴结肿胀等。总之，不同疾病种类水肿常有发生，只不过病变发生的部位不同，临床上要注意识别。

五、水肿的结局和对机体的影响

水肿对机体的影响根据水肿发生的程度、持续时间、发生的部位和原因而不同。较短时间内的轻度水肿，当病因消除后，随着心血管功能的改善，水肿液可被吸收，发生水肿的组织或器官的形态结构和机能也能迅速恢复正常，故对整个机体的影响不是很大。如果水肿长期不能消除，病因不能及时根除，组织细胞与毛细血管间距离增大，组织细胞因缺氧、缺营养物质而发生变性，导致结缔组织增生、纤维化，最后即使病因去除，组织器官的结构和功能也难以恢复。

另外，机体重要器官发生水肿时，会造成严重后果甚至死亡。如宠物在高温天气患日射病伴发脑水肿，脑室内水肿液大量积聚，颅内压升高压迫脑组织，如果短时间内不采取有效的治疗和缓解措施，严重者几分钟之内可致动物死亡。

就广义而言，水肿对机体具有有利和不利两方面的影响。

1. 有利的影响

就炎性水肿而言，有利影响比较明显。如炎性水肿的水肿液能有效稀释毒素或其他有害物质；输送抗体、营养物质到炎症部位；水肿液中的蛋白质能吸附有害物质，阻碍其被吸收入血；纤维蛋白凝固可限制病原微生物在局部的扩散等。

实际上，水肿液就是组织液，不过其量比正常增多而已。可以把组织液称为储备形式的血浆，组织液增多或减少对调节动物的血量和血压起重要的作用（肾脏也起重要作用）。特别在肾脏有病时，水肿的形成对减轻血液循环的负担有一定的帮助作用。病犬心力衰竭时水肿液的形成起着降低静脉压、改变心肌收缩功能的作用。

2. 不利的影响

水肿对机体有害的影响程度可因水肿的严重程度、持续时间和发生部位的不同而异，轻度水肿一般影响不大，但长期水肿往往使组织器官发生难以恢复的病变，而重要器官的水肿会危及生命。水肿对机体的有害影响如下。

（1）器官功能障碍　水肿引起严重的器官功能障碍，如鼻腔黏膜水肿可导致呼吸困难；脑水肿使颅内压升高，可致神经系统机能障碍，出现运动失调等神经症状；心包积水妨碍心脏泵血机能；急性喉黏膜水肿可引起窒息；胃肠黏膜水肿可引起消化功能障碍等。

（2）组织营养供应障碍　由于水肿液的存在，使氧和营养物质从毛细血管到达组织细胞的距离增加，导致组织细胞营养不良。水肿组织缺血、缺氧、物质代谢发生障碍，对感染的抵抗力降低，容易继发感染，长期水肿会导致组织细胞变性、坏死，间质结缔组织增生，甚至导致器官硬化。

（3）组织细胞再生能力减弱　水肿组织血液循环障碍可引起组织细胞再生能力减弱，水肿部位的外伤或溃疡往往不易愈合。

第二节　脱　水

水和无机盐是构成细胞内液和细胞外液必不可少的组成部分，并参与体内许多重要生物化学过程。在电解质组成上，细胞外液和细胞内液各不相同。细胞外液中的电解质，阳离子以 Na^+ 为主，占阳离子总量的 90% 以上，是影响细胞外液渗透压的主要因素；阴离子以 Cl^-、HCO_3^- 为主，Cl^- 可被 HCO_3^-、PO_4^- 等阴离子所代替。细胞内液的电解质，阳离子是以 K^+ 为主，阴离子以 PO_4^- 和蛋白质为主。生理情况下，体液的组成、容量及分布都维持在一定的适宜范围内，使体液的电解质浓度、渗透压和 pH 等理化特性在一定范围内保持着相对稳定，处于动态平衡。而在病理情况下，水和电解质代谢紊乱可引起体液容量、组成和分布的改变，影响机体的各种生理活动。另外，机体各器官系统的健康与否也会影响水和电解质代谢。

一、脱水的概念与类型

脱水就是在某些病理因素下，机体由于水和电解质的摄入不足或丧失过多，而引起细胞外液总量减少的现象。脱水是水和电解质代谢紊乱的一种病理过程，机体丢失水分的同时，也伴有电解质（主要是 Na^+）的丢失。脱水发生时水和电解质丢失的比例不同，引起血浆渗透压不同。

根据脱水时血浆渗透压的不同变化，可将脱水分为：高渗性脱水、等渗性脱水和低渗性脱水。临床上，随着病程的进展、病理条件、治疗方法等的变化，这三种脱水可以相互转化。如等渗性脱水时宠物大量补水后，可转变为低渗性脱水；等渗性脱水时，由于水分不断通过皮肤和肺蒸发，可转变为高渗性脱水。在治疗过程中要注意观察分析各型脱水的临床表现特征。

1. 高渗性脱水

又称为缺水性脱水、单纯性脱水，是以水的丢失为主，而电解质丢失较少的一种脱水类型。高渗性脱水的主要特点是细胞外液高渗，血浆渗透压升高，细胞内液外流，细胞脱水皱缩，临床上宠物表现为口渴、尿少和尿的密度增高。

高渗性脱水的病理过程主导因素是血浆渗透压升高，主要见于以下病理情况。

（1）饮水不足　宠物长途旅行未能得到充足饮水或因各种原因造成的水源缺乏、断绝而饮水不足，还见于呼吸系统疾病引起的咽部水肿、消化道阻塞、破伤风引起的牙关紧闭等情况，这些外部环境变化或者宠物本身的疾病因素导致宠物脱水一般程度较轻，体征变化不明显。短时间内宠物常出现粪便干硬、尿量减少病症。

（2）体液丧失过多　可见于胃扩张、肠梗阻、长距离奔跑大量排汗及剧烈呼吸等，也可见于服用过量利尿剂造成大量水分随尿排出，而造成高渗性脱水。这些情况引起的脱水程度视病程而定，病程长则脱水对机体的影响比较严重。

2. 低渗性脱水

又称为缺盐性脱水，与高渗性脱水相区别的是，低渗性脱水是以电解质的丢失为主，失水少于失盐的一种脱水类型。临床上宠物最初多尿，尿的相对密度降低，后期少尿，无明显渴感。病理特点为血浆渗透压降低，血浆容量及组织间液减少，血液浓稠，细胞肿胀。

低渗性脱水的病理过程主导因素是血浆渗透压降低，主要见于以下病理情况。

当体液大量丧失如大量失血、出汗、呕吐或腹泻后，水、盐均大量丧失，此时如仅补给糖水或饮水过多，而未补钠，就会引起低渗性脱水。

各种病因引起慢性肾功能不全时，肾小管分泌 H^+ 不足或重吸收 Na^+ 减少，使 Na^+ 排出增多。或在宠物疾病治疗过程中长期使用利尿剂时，醛固酮分泌减少，抑制肾小管对钠离子的重吸收，大量钠经尿液排出，导致低渗性脱水。

3. 等渗性脱水

又称为混合型脱水，脱水时水和电解质同时大量丢失，机体丧失等渗性体液，血浆渗透压基本不变。这种类型的脱水在临床上最为常见。

等渗性脱水多发生于呕吐、腹泻、肠炎时，如犬细小病毒病、变质食物中毒等疾病，由于肠内消化液分泌增多和剧烈腹泻而丢失大量消化液；也常见于肠变位、肠梗阻时，出现剧烈而持续的腹痛，临床上可见宠物大量出汗，肠内消化液分泌增多，大量漏出液进入腹腔所致；此外，大面积烧伤、烫伤时大量血浆成分渗出，中暑和运动过量而引起的大出汗等，都能丧失大量水分和电解质，引起等渗性脱水。

二、脱水的病理过程及对机体的影响

1. 高渗性脱水

高渗性脱水水分丧失大于钠的丧失，故血浆渗透压升高，机体会引起一系列代偿适应反应，以保水排钠，维持细胞外液平衡状态。

（1）高渗脱水主要病理表现　由于血浆渗透压升高，为维持细胞内外液的稳定，细胞内水分转至细胞外，以降低血浆渗透压。由于血浆渗透压升高，刺激丘脑下部视上核的渗透压感应器，一方面反射性引起宠物机体渴感，促使其增加饮水；另一方面通过视上核垂体途径，使脑垂体后叶释放抗利尿激素，加强肾小管对水的重吸收，减少水分的排出，故尿量减少。血浆渗透压升高和血钾过高，引起肾上腺皮质分泌醛固酮减少，钠离子随尿排出增多，尿液密度增高，尿液变浓。

（2）机体出现的失偿反应　经过调节，使血浆渗透压升高，循环血量有所恢复。若不能及时消除病因，机体就会出现一系列失偿反应。①细胞外液渗透压升高导致细胞内液外移，如果脱水持续进行，造成细胞内严重脱水，细胞皱缩，胞内氧化酶活性降低，发生代谢障碍和酸中毒。如果脑细胞发生脱水，则会出现昏迷、运动不协调等神经症状，严重则引起宠物死亡。另外，细胞内液得不到补充，血液变浓稠，循环衰竭，导致细胞内物质代谢障碍，酸性代谢产物堆积，发生自体中毒。②脱水持续过久时，机体内各种腺体的分泌会减少，宠物口干舌燥、吞咽困难、食欲减退。同时从皮肤和呼吸器官蒸发的水分也减少，因而散热发生障碍，引起体温升高，称为脱水热。

2. 低渗性脱水

低渗性脱水早期，血浆渗透压降低作为主导因素，引起机体产生一系列代偿适应性反应，如恢复保钠排水，以及维持血浆渗透压等。

（1）低渗性脱水主要病理表现　①血浆渗透压降低同时可抑制丘脑下部视上核的渗透压感受器的兴奋性，宠物无明显渴感，同时使垂体后叶释放抗利尿激素减少，从而使肾小管对水分的重吸收减少，尿量增多；②血浆钠离子浓度降低，使得 Na^+/K^+ 下降，血浆容量和血浆渗透压降低，导致肾上腺皮质分泌醛固酮增多，促进肾小管对钠的重吸收作用，维持血浆渗透压，尿液密度下降；③血浆渗透压降低，会抑制抗利尿激素的分泌，远曲小管和集合管对水的重吸收减少，尿量增多。

（2）机体出现的失偿反应　通过调节，血浆渗透压能初步得以恢复。如果病因不能及时消除，低渗性脱水进一步发展，会出现一系列失偿反应，甚至引起严重的后果。①若组织间液中的 Na^+ 进入血液过多，会引起组织间液渗透压降低，细胞渗透压相对增高，组织间液进入细胞内而发生细胞水肿，导致细胞功能障碍；②水、盐从肾脏大量排出，造成血浆容量减少，血液浓稠，血流缓慢，血压下降，从而出现低血容量性休克；③组织间液显著减少导致宠物四肢无力，皮肤弹性减退，眼球内陷，静脉塌陷等症状；④循环血量下降使肾小球滤过率降低，尿量剧减，由于细胞水肿导致功能障碍，血液中非蛋白氮含量升高，代谢产物积留。严重者宠物因循环衰竭，自体中毒而死。

3. 等渗性脱水

等渗性脱水早期，由于水、盐同时等比例丧失，所以血浆渗透压一般保持不变，但随着病程的发展，水分不断地从呼吸道、皮肤等途径丢失，导致水分的丧失略多于盐的丧失，血浆渗透压出现升高，导致机体出现代偿适应反应。

（1）等渗性脱水主要病理表现　血浆渗透压升高，刺激丘脑下部视上核渗透压感受器，促使宠物饮水，同时通过视上核垂体反射性地引起抗利尿激素分泌增多，导致尿量减少。同时，血浆渗透压升高以及血钠浓度的相对升高，使得醛固酮分泌减少，以促使 Na^+ 排出增多。另外，血浆渗透压升高，可使组织间液和细胞内液的水分进入血液，以维持渗透压。

（2）机体出现的失偿反应　通过代偿反应，机体有所恢复。如果等渗性脱水继续发展，可能出现以下失偿反应。①由于失水略多于失盐，可出现高渗性脱水的口渴、尿少、细胞内脱水、循环衰竭以及酸中毒等症状；②由于失水的同时伴有钠的丧失，使进入血液的水分不能保持，因此又可能会出现低渗性脱水的低血容量性休克；③等渗性脱水时（如严重腹泻、呕吐），还可伴有钠、钾等电解质成分和碱储（$NaHCO_3$）的丧失，使血钠、血钾过低或加重酸中毒。

三、脱水的补液原则

等渗性脱水兼有高渗性脱水和低渗性脱水的综合特征。与高渗性脱水的不同之处在于其缺盐程度较重，与低渗性脱水的不同之处在于水分的丢失较多，故细胞外液渗透压变化不大。临床上不同类型的补液原则也不尽相同。首先应该分析脱水的原因和类型，再根据临床症状判断脱水程度，然后再确定补液量及补液中水和盐的比例。

1. 分析脱水的类型

在 3 种类型的脱水发展过程中，细胞外液的渗透压变化各不相同，所以测定血浆中钠离子的浓度是确定脱水类型的主要依据，同时可根据宠物脱水的临床表现特征，做出正确诊断。

2. 分析脱水程度确定补液量

临床上判断脱水的程度时，一般通过观察脱水的临床症状。不同程度的脱水，临床补液量不同。一般将脱水分为以下 3 级。

① 轻度脱水 轻度脱水时，患病宠物的临床症状不太明显，一般饮欲稍微增加，失水量一般仅占体重的 4％。

② 中度脱水 中度脱水时，宠物有渴感，常主动找水喝，少尿，皮肤和黏膜干燥，眼球内陷，失水量达到体重的 6％。

③ 重度脱水 重度脱水时，宠物口干舌燥，眼球深陷，脉搏微弱，静脉瘪陷，血液浓缩，四肢无力，常出现运动失调、昏迷等神经症状，失水量超过体重的 6％。

3. 确定补液中水盐的比例

根据脱水的类型来确定补液中水和盐的比例。一般高渗性脱水时以补充水分如 5％ 葡萄糖溶液为主，补液中水和盐的比例为 2∶1，即两份 5％ 葡萄糖溶液和一份生理盐水。低渗性脱水时以补盐为主，补液中水和盐的比例为 1∶2。等渗性脱水时，补液中水和盐的比例为 1∶1。

归纳起来补液的总原则应是：缺什么，补什么；缺多少，补多少。

第三节 酸 中 毒

在生命活动过程中，体内不可避免地产生酸性的代谢产物（碳酸、乳酸等），动物体液的酸碱度，即 H^+ 浓度，是用 pH 来表示的，正常动物机体的体液酸碱度（pH 值）总是稳定在一定范围之内。体液的 H^+ 主要来自体内代谢过程，其中，一部分 H^+ 是由糖、脂肪、蛋白质分子中的碳原子氧化产生的 CO_2 与水结合生成碳酸，从碳酸解离出的 H^+，称为呼吸性 H^+。碳酸可以分解生成水与 CO_2，CO_2 可通过呼吸变成气态的 CO_2 排出体外，故称碳酸为挥发性酸。其余的酸性产物则被称为非挥发性酸或固定酸，包括碳酸氢根、氨等。

正常状况下，体液的酸碱度维持在相对稳定的范围内，即 pH 值为 7.35～7.45。体液酸碱度的这种相对稳定性称为酸碱平衡，它是组织细胞进行正常生命活动的必要条件。机体内环境的酸碱度之所以能保持适宜和相对稳定，不受机体在代谢过程中不断产生的碳酸、乳酸、酮体等酸性物质和经常摄取的酸性或碱性食物的影响，是因为机体有一系列体液酸碱度调节机能，它们包括血液缓冲系统中和酸性废物，肾脏可以通过尿液排出多余的有机酸，呼吸会快速排掉很多酸性成分。

血液缓冲系统的调节主要指碳酸氢盐缓冲对（$NaHCO_3/H_2CO_3$）、磷酸盐缓冲对（NaH_2PO_4/NaH_2PO_4）、血浆蛋白缓冲对（Na-Pr/H-Pr）以及血红蛋白缓冲对（K-Hb/H-Hb）等，它们的缓冲作用能有效地将进入血液中的强酸转化为弱酸，例如：

$$HL + NaHCO_3 \longrightarrow NaL + H_2CO_3 \qquad OH^- + H_2CO_3 \longrightarrow HCO_3^- + H_2O$$
（乳酸）　　　　　（乳酸钠）　　　　（强碱）

肺可以通过改变呼吸运动的频率和幅度控制排出 CO_2 的量来调节血液中的 H_2CO_3 浓度。肾脏则靠肾小管上皮细胞向管内分泌氢和氨并重吸收钠和保留 HCO_3^- 的作用来调节血液中的 $NaHCO_3$

含量。机体通过上述几方面的调节作用，就可使体液的 pH 值维持在相对稳定的范围内。

虽然机体具有强大的缓冲系统和有效的调节机能，但在许多病理情况下，动物体内的酸性或碱性物质出现过多或过少，超出了上述调节范围和代偿能力，就会使这种平衡遭到破坏，引起酸碱平衡紊乱，产生酸中毒或碱中毒。

一、酸中毒的概念和类型

酸中毒就是由于酸性物质摄入过多或机体物质代谢过程中产生的酸性物质过多，而引起机体代谢紊乱的综合症状，也就是当体内 HCO_3^- 减少或 H_2CO_3 增多时，即 HCO_3^-/H_2CO_3 减少，引起血液的 pH 值降低，称为酸中毒。体内血液和组织中酸性物质的积聚，其实质是血液中氢离子浓度上升，pH 值下降。在正常情况下，血浆中 HCO_3^-/H_2CO_3 的值为 20/1，两者的绝对量有时有变化，但只要比值不变就能使血液 pH 值不发生明显变化。酸中毒时 HCO_3^-/H_2CO_3 值小于 20/1，pH 值下降；碱中毒时 HCO_3^-/H_2CO_3 值大于 20/1，pH 值升高。由于血液中的 HCO_3^- 含量易受代谢的影响，而 H_2CO_3 则受呼吸功能影响，所以通常把 HCO_3^- 含量原发性减少或原发性增多，称为代谢性酸中毒或碱中毒；把 H_2CO_3 含量原发性增多或减少，称为呼吸性酸中毒或碱中毒。

1. 代谢性酸中毒

在病理情况下，体内固定酸生成增多或碳酸氢钠丧失过多，使血浆 $NaHCO_3$ 原发性减少的病理过程，称为代谢性酸中毒。这是最常见的一种酸碱平衡紊乱。在临床上，发生代谢性酸中毒的病因可归纳为以下几种。

① 酸性物质生成过多　在许多疾病或病理过程中，如缺氧、发热、循环障碍、病原微生物及糖、脂肪、蛋白质的分解代谢加强，氧化不全产物如乳酸、丙酮酸、酮体、氨基酸等酸性物质生成增多，可引发酸中毒现象。

② 酸性物质排出障碍　酸性物质排出障碍一般发生在急性或慢性肾小球肾炎时，肾小球滤过率降低，导致酸性物质的滤出减少；或肾小管上皮细胞分泌氢和氨的功能降低，导致排酸障碍，影响 Na^+ 及 HCO_3^- 的重吸收，使尿液呈碱性。另外，使用某些药物如乙酰唑胺，可使肾小管上皮细胞内的碳酸酐酶活性受到抑制，H_2CO_3 生成障碍，导致 $NaHCO_3$ 重吸收减少，从而引起酸中毒。

③ 碱性物质丧失过多　宠物碱性物质丧失过多主要见于剧烈腹泻、肠扭转、肠梗阻等疾病时，如犬细小病毒病等，大量碱性物质被排出体外或蓄积在肠腔内，造成体内酸性物质相对增多。另外，大面积烧伤时，血浆内大量 $NaHCO_3$ 由烧伤创面渗出，导致机体大量丢失碱性物质引发代谢性酸中毒。

④ 输入过多的酸性物质　在治疗疾病时，输入过多的酸性药物如氯化铵、水杨酸等。

2. 呼吸性酸中毒

由于呼吸功能障碍导致 CO_2 排出困难，或因 CO_2 吸入过多而使血浆中 H_2CO_3 含量增高的病理过程，称为呼吸性酸中毒。

临床上引起呼吸性酸中毒的主要因素是体内生成 CO_2 排出障碍或 CO_2 吸入过多，使血浆 CO_2 分压升高，H_2CO_3 含量过多。CO_2 排出障碍发生于肺泡通气功能不足，一般由以下几个方面原因形成。

① CO_2 排出障碍　当呼吸中枢抑制、呼吸肌麻痹、呼吸道阻塞以及胸廓或肺部疾病时，因呼吸功能障碍而使 CO_2 呼出受阻。

② 血液循环障碍　当心功能不全时，由于全身淤血，CO_2 运输和排除障碍，使血液中 H_2CO_3 增多。

③ 吸入 CO_2 过多　宠物活动空间狭小、繁育场所密度过大、通风不良时，都可能导致宠物机体内血液中 CO_2 含量增高。

二、酸中毒的病理过程

当机体发生酸中毒或碱中毒时，机体都会通过各种缓冲途径和调节能力来进行代偿。代偿的结果，如果血液中的 H_2CO_3 及 HCO_3^- 的绝对值发生改变，而其比值仍维持 20/1，pH 值仍在正常范围内，则称为代偿性酸中毒或碱中毒；如果酸或碱中毒严重，超过机体的代偿能力，则 HCO_3^- 和 H_2CO_3 的含量及其比值均发生改变，pH 值超出正常范围，则称为失代偿性酸中毒或碱中毒。

1. 代谢性酸中毒

当宠物发生代谢性酸中毒时，机体产生一些代偿性调节适应环境变化，如体内的酸性物质增多时，血浆 H^+ 浓度升高可迅速被血浆缓冲体系中的 $NaHCO_3$ 所缓冲，使 H_2CO_3 增多，H_2CO_3 可解离为 H_2O 和 CO_2，使血浆 H^+ 浓度、CO_2 分压升高，刺激呼吸中枢，使呼吸加深加快，CO_2 排除增多，CO_2 分压降低。

当血液的 pH 值下降时，肾小管上皮细胞内碳酸酐酶和谷氨酰胺酶活性增高，向管腔内分泌氢和氨增多，使机体重吸收 $NaHCO_3$ 加强。

通过上述代偿反应，血浆中 $NaHCO_3$ 与 H_2CO_3 的含量减少，但两者的比值以及 pH 值保持不变，酸中毒得到代偿，故称为代偿性代谢性酸中毒。倘若体内酸性物质进一步增加，超过机体的代偿能力，酸中毒继续加重，$NaHCO_3$ 不断被消耗，使血浆 pH 值下降，就会形成失代偿性代谢性酸中毒，对机体产生不利影响。

2. 呼吸性酸中毒

由于呼吸性酸中毒常常由于呼吸功能障碍而引起，因此呼吸系统代偿能力减弱或失去作用。机体主要依靠以下 3 个方面的调节机制进行代偿反应。

① 血浆的缓冲调节作用　呼吸性酸中毒时血浆中 H_2CO_3 离解产生的 H^+ 主要由血浆蛋白缓冲对和磷酸盐缓冲对进行中和。

② 肾脏的排酸保碱调节作用　此时肾脏的排酸保碱作用与代谢性酸中毒时大致相同，主要表现为血液的 pH 值下降，使肾小管上皮细胞内碳酸酐酶和谷氨酰胺酶活性增高，向管腔内分泌氢和氨增多，机体重吸收 $NaHCO_3$ 能力加强。

③ 细胞内外离子交换机制　酸中毒时，除了细胞外 H^+、细胞内 K^+ 交换外，当血浆 CO_2 分压增高时，CO_2 弥散入红细胞增多，在红细胞碳酸酐酶的作用下形成 H_2CO_3，H_2CO_3 与血红蛋白缓冲对发生作用，使细胞内 HCO_3^- 浓度增高，HCO_3^- 由红细胞内向血浆内弥散使血浆的 $NaHCO_3$ 得到恢复，而血浆的 Cl^- 则进入红细胞，结果血 Cl^- 降低，而 HCO_3^- 得到补充。

通过以上代偿，使血浆 $NaHCO_3$ 含量升高，pH 值保持在正常范围内，称为代偿性呼吸性酸中毒。如果呼吸性酸中毒继续发展或在短期内迅速发展，血液中 H_2CO_3 含量急剧增多超过了机体的代偿能力，肾脏来不及代偿，就会使血液的 pH 值低于正常，形成失代偿性呼吸性酸中毒。

三、酸中毒对机体的影响

1. 代谢性酸中毒对机体的影响

在宠物发生失代偿性酸中毒时，血液中 H^+ 浓度对机体各系统特别是循环系统的影响最为明显。血液中 H^+ 浓度升高，导致心血管机能改变，循环和代谢机能障碍。一方面，血液中 H^+ 浓度升高可竞争性地抑制钙离子与肌钙蛋白结合，从而抑制心肌的兴奋-收缩偶联作用，使心肌收缩能力减弱，心肌松弛，心输出量减少，导致心脏传导阻滞和心室颤动。同时 H^+ 浓度升高使心肌氧化酶活性下降，造成心肌能量不足，进一步影响心肌纤维的正常功能。另一方面，血液中 H^+ 浓度升高还可减低外周血管对儿茶酚胺的反应性，使外周血管扩张，血压下降。

血液中 H^+ 浓度升高时，部分 H^+ 进入细胞内，而细胞内的 K^+ 转移至细胞外，使血钾增多。因此，酸中毒还经常伴发高钾血症，血钾升高会进一步引发急性心力衰竭。

同时，血液中 H^+ 浓度升高，使体内许多酶的活性减低，导致生物氧化过程障碍，特别是神经细胞内的氧化磷酸化过程障碍，反应活性减弱，使组织能量供应不足；另外，血液中 H^+ 浓度升高可使组织谷氨酸脱羧酶活性增强，γ-氨基丁酸增多，中枢神经系统活动受到高度抑制，宠物表现各种神经症状，如精神沉郁、反应迟钝、运动不协调，宠物甚至出现昏迷，临床上常因呼吸中枢和血管运动中枢麻痹而致死。

2. 呼吸性酸中毒对机体的影响

呼吸性酸中毒对机体的影响与代谢性酸中毒大致相似，不同的是呼吸性酸中毒伴发高碳酸血症，而高浓度的 CO_2 对神经系统具有麻醉作用；另外，高浓度的 CO_2 可使脑血管扩张，脑血流量大大增加，脑部血液循环障碍，并可发生脑水肿，使颅内压升高而出现神经症状，甚至导致宠物死亡。

不同类型酸中毒的病理过程及对机体的影响见图 3-2。

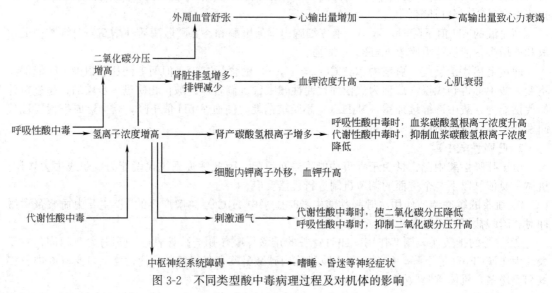

图 3-2　不同类型酸中毒病理过程及对机体的影响

四、酸中毒的治疗原则

1. 代谢性酸中毒治疗原则

① 防治原发病　积极防治引起代谢性酸中毒的原发病，纠正水、电解质紊乱，恢复有效循环血量，改善组织血液灌流状况，改善肾功能等。

② 给碱纠正代谢性酸中毒　严重酸中毒危及生命，则要及时给碱纠正。临床上先用 0.9%氯化钠、5%葡萄糖溶液纠正缺水和电解质紊乱。轻症酸中毒可自行纠正，不能纠正者再用碱性药物。

纠正代谢性酸中毒时补充碱量可用下式计算：

$$补充碱(mmol)=(正常\ CO_2CP^{①}-测定\ CO_2CP)\times 体重(kg)\times 0.2$$

临床上可先补给计算量的 1/3～1/2，再结合症状及血液化验结果，调整补碱量。在纠正酸中毒时大量 K^+ 转移至细胞内，引起低血钾，要随时注意纠治低钾。

严重肾功能衰竭引起的酸中毒，则需进行腹膜透析或血液透析方能纠正其水、电解质、酸碱平衡以及代谢尾产物潴留等紊乱。

2. 呼吸性酸中毒的治疗原则

① 积极治疗原发病　积极处理原发病，即消除呼吸性酸中毒的直接病因至关重要，如高热者应

---

① CO_2CP 指二氧化碳结合力。

适当降温、镇静；呼吸机应用不当所致者，应检查与调整吸入氧浓度、频率、潮气量等。

②对症治疗 临床上可通过各种措施改善肺泡通气，排出过多的 CO_2。对症治疗则是减少呼出和补充钙剂治疗或防止抽搐。根据宠物病情，可进行气管切开术，解除或缓解支气管痉挛，祛痰，给氧等措施。另外，辅助呼吸要适度，这是由于呼吸性酸中毒时 $NaHCO_3/H_2CO_3$ 中 H_2CO_3 原发性升高，$NaHCO_3$ 呈代偿性继发性升高。倘若通气过度则血浆 CO_2 分压会迅速下降，而 $NaHCO_3$ 仍维持在较高水平，则会转化为细胞外液碱中毒，同样情况也会在脑脊液中发生，给临床治疗带来极大的威胁，甚至会使病情恶化，因此临床处理中要适度辅助呼吸。

【本章小结】

过多的组织液积聚在组织间隙或体腔中称为水肿。水肿的发生机理包括组织液生成量大于回流（由毛细血管流体静压升高、血浆胶体渗透压降低、微血管壁通透性增高、淋巴回流受阻、组织液渗透压增高引起）和钠、水潴留（由肾小球滤过减少、肾小管重吸收增多引起）。常见的水肿有心性水肿、肝性水肿、肾性水肿、营养不良性水肿等，病理变化因组织器官不同而异。水肿对机体的影响可因水肿的严重程度、持续时间和发生部位的不同而异，轻度水肿和持续短时间的水肿，在病因去除后，水肿组织的形态结构和功能可恢复正常。长期水肿会继发结缔组织增生、器官硬化，而重要器官的水肿往往危及生命。

机体由于水和电解质的摄入不足或丧失过多，引起体液总量减少的现象，称为脱水。脱水是水和电解质代谢紊乱的一种常见病理过程，根据水和电解质的丢失比例不同可分为高渗性脱水、低渗性脱水和等渗性脱水。脱水的补液原则是缺什么，补什么；缺多少，补多少。

酸中毒是酸碱平衡紊乱的一种常见病理过程，根据病因可分为代谢性酸中毒、呼吸性酸中毒。体内固定酸增多或碳酸氢钠丧失过多，导致血浆 $NaHCO_3$ 原发性减少的病理过程，称为代谢性酸中毒。由于呼吸功能障碍，CO_2 排出障碍或 CO_2 吸入过多导致血浆 H_2CO_3 含量增高的病理过程，称为呼吸性酸中毒。对机体酸中毒必须进行纠正，补液原则为治疗原发病，辅以临床对症治疗，恢复机体酸碱平衡。

【思考题】

1. 简述心性水肿发生的机理。
2. 简述水肿对机体的影响。
3. 病犬罹患犬瘟热时，往往会上吐下泄，造成机体脱水，试述该脱水类型病理特征及补液原则。
4. 简述酸中毒的类型，机体出现哪些代偿适应反应？
5. 病例分析：一只北京犬（京巴），3岁，由于吃变质牛奶，2h 后出现腹泻，排出水样便，第二天，出现消瘦，皮肤弹性下降，眼球下陷，眼无神，呼吸 60 次/分（正常 10～30 次/分）。用本章学到的病理知识解释本病例出现的病理现象。

📱 微信扫码立领

- 读课件　助通关
- 查彩图　辨细节
- 养宠物　多交流

第四章 缺 氧

【知识目标】 掌握缺氧的类型及其病理表现特征。
【技能目标】 能够识别缺氧的类型及其病理表现特征。
【课前准备】 引导学生对日常生活常见到的缺氧病理现象的感性认识；初步认识缺氧。

一、缺氧的概念

氧是维持动物生命的必需物质。机体对氧的摄取和利用过程复杂，分为外呼吸（外界氧被吸入肺泡、弥散入血液）、气体运输和内呼吸（组织细胞摄取利用）三步骤，其中任何环节出现障碍都会引起缺氧，这种因机体氧的吸入不足、运输障碍或组织细胞对氧的利用能力降低，从而导致机体的代谢、功能和形态结构发生一系列的病理过程，称为缺氧。

缺氧时，组织细胞常出现无氧、少氧。血液中含氧情况，常用以下几个术语来描述。

1. 血氧分压（p_{O_2}）

血氧分压是指以物理状态溶解在血浆内的氧分子所产生的张力。动脉血氧分压取决于吸入气体的氧分压和肺的呼吸功能，而静脉血氧分压反映内呼吸状况。正常时动脉血氧分压为 12.93kPa，静脉血氧分压为 5.33kPa。

2. 血氧容量

血氧容量是指在体外 100ml 血液中血红蛋白（Hb）充分结合氧和溶解于血浆中氧的总量，它取决于血液中血红蛋白的数量及质量（结合氧的能力）。正常犬、猫的血氧容量为 20ml/100ml。

3. 血氧含量

血氧含量是指机体内 100ml 血液的实际带氧量，包括血红蛋白结合氧和血浆中物理溶解氧。氧含量取决于氧分压和血氧含量。动脉血氧含量为 19ml/100ml，静脉血氧含量为 14ml/100ml。

4. 血氧饱和度

血氧饱和度是指血氧含量与血氧容量的百分比，它反映了血红蛋白结合的氧量。正常时动脉血氧饱和度为 95%，静脉血氧饱和度为 70%。

二、缺氧的类型与病理变化

根据原因和血氧变化特点，缺氧可分为以下四种类型。

1. 低张性缺氧

低张性缺氧是由于外呼吸障碍引起组织供氧不足的缺氧，又称外呼吸性缺氧、低氧血症，表现为动脉血氧分压和血氧含量均降低。

临床上常见于大气中氧分压过低，如平原宠物初入高原、高空或拥挤通风不良的场所等；或者见于引起外呼吸障碍的各种疾病，如喉头水肿引起呼吸道狭窄或阻塞，胸腔、肺脏疾病，呼吸中枢抑制或麻痹性疾病。

低张性缺氧时动脉血氧分压、血氧含量和血氧饱和度均降低，而组织利用氧的功能正常，血氧容量正常，因此动-静脉血氧含量差（A-V 血氧含量差）降低或变化不明显。

2. 等张性缺氧

由于血红蛋白数量减少或性质改变，使动脉血氧含量（O_2）降低或氧合血红蛋白释放氧不足，导致供氧障碍性组织缺氧，又称血液性缺氧。临床上常见于各型贫血、Hb 性质改变引起的缺氧。

由于失血、营养不良、溶血和再生障碍等原因引起贫血时，血液中血红蛋白和红细胞数量减少，导致携带氧的能力降低，血氧容量和血氧含量降低，导致氧向组织弥散速度迅速减慢，供给组织的氧减少。血红蛋白变性常见于亚硝酸盐、过氧酸盐氧化剂、磺胺类药物、硝基苯化合物等中毒或一氧化碳中毒等，导致血红蛋白结合氧的能力降低。可分为以下两种情况。

（1）高铁血红蛋白症　亚硝酸盐等某些化学物质中毒时，血红蛋白中的二价铁（Fe^{2+}）在氧化剂作用下氧化成三价铁（Fe^{3+}），形成高铁血红蛋白（MHb，又称变性血红蛋白或羟化血红蛋白）症。一方面血红蛋白（Fe^{3+}）丧失携带氧的能力；另一方面提高剩余 $HbFe^{2+}$ 与 O_2 的亲和力，造成缺氧。

（2）一氧化碳（CO）中毒　CO 与血红蛋白亲和力比 O_2 与 Hb 亲和力大 210 倍，而 HbCO 解离速度却是 HbO_2 的 1/2100。Hb 与 CO 结合失去携氧能力，还抑制细胞内氧化酶的活性，减少氧的释放，另外氧与血红蛋白结合数量减少，从而造成组织严重缺氧。

贫血性缺氧时血氧饱和度正常，而动脉血氧含量和血氧容量均降低，氧向组织弥散速度减慢，导致动-静脉血氧含量差减小。血红蛋白变性所引起的缺氧时，血氧饱和度降低，动脉血氧容量和血氧饱和度均降低。

3. 循环性缺氧

由于组织器官血液量减少或流速减慢而引起的细胞供氧不足，又称为低血流性缺氧。包括缺血性缺氧（动脉血流入组织不足）和淤血性缺氧（静脉血回流受阻）。见于心力衰竭、休克等引起的全身性血液循环障碍或栓塞、痉挛、炎症等造成的局部血液循环障碍。

循环性缺氧时血氧饱和度、血氧容量、动脉血氧分压和动脉血氧含量均为正常，由于血流速度缓慢，氧被细胞利用增多，使得静脉血氧分压和血氧含量降低，导致动-静脉血氧含量差增大。

4. 组织性缺氧

组织性缺氧是外呼吸、血红蛋白与氧结合、血液携氧过程正常，但细胞不能利用氧，内呼吸环节发生障碍引起缺氧。由于组织细胞生物氧化过程障碍导致利用氧能力降低引起的缺氧，又称为组织中毒性缺氧。见于机体发生组织中毒、细胞损伤、维生素缺乏等。其机制如下。

（1）组织中毒　如氰化物中毒时，氰基（CN^-）可迅速与线粒体中氧化型细胞色素氧化酶上的 Fe^{3+} 结合，形成氰化高铁细胞色素氧化酶，失去接受并传递电子给氧原子以形成水，呼吸链中断，细胞利用氧障碍。硫化氢、砷化物等中毒也同样能导致机体缺氧。

（2）细胞损伤　当大量辐射或细菌毒素作用时，线粒体损伤而导致细胞利用氧障碍。

（3）维生素缺乏　例如缺乏硫胺素（维生素 B_1）、烟酰胺（维生素 B_5）和核黄素（维生素 B_2）等维生素时，导致线粒体功能障碍，呼吸酶合成障碍，导致细胞利用氧障碍。

组织性缺氧时，血氧饱和度、血氧容量、动脉血氧分压和动脉血氧含量正常，但细胞不能利用氧，导致动-静脉血氧含量差减小。

另外，当组织代谢增强时也会引起组织需氧量过多的相对缺氧，如剧烈运动、过度劳役、发热等。在临床上，缺氧也常表现为混合型。例如老龄犬心机能不全并发肺淤血和水肿时，混合出现循环性缺氧和呼吸性缺氧；因外伤导致感染性休克时主要是循环性缺氧，但微生物所产生的内毒素还可引起组织中毒而发生组织性缺氧。

各种类型缺氧时的血氧变化情况见表 4-1。

三、缺氧对机体的影响

缺氧不是一种单独的疾病，而是许多疾病的共同病理现象。缺氧对机体的影响，取决于缺氧发生的程度、速度、持续时间和机体的功能代谢状态。有些变化对生命活动起到有利的代偿作用，如血液循环的改变、呼吸加强和红细胞生成加速等；有些变化直接导致组织坏死或动物死亡，特别是脑、心脏等重要生命器官缺氧是导致动物死亡的最直接原因之一。

表 4-1　各种类型缺氧时的血氧变化情况

缺 氧 类 型	动脉血氧分压	血氧饱和度	血氧容量	血氧含量	动-静脉血氧含量差
低张性缺氧	↓	↓	—	↓	↓或—
等张性缺氧	—	—	↓	↓	↓
循环性缺氧	—	—	—	—	↑
组织性缺氧	—	—	—	—	↓

注：—正常；↓降低；↑升高。

【本章小结】

　　因组织供氧不足或用氧障碍，而导致代谢、功能和形态结构发生变化的病理过程称为缺氧。主要因氧的摄取和利用（外呼吸、气体运输和内呼吸）出现障碍引起，细分为低张性缺氧、等张性缺氧、循环性缺氧和组织性缺氧4类。轻度缺氧机体发生代偿性反应，严重则组织代谢障碍、机能紊乱甚至组织坏死或机体死亡。

【思考题】

　　1. 缺氧时机体有哪些反应？

　　2. 一只成年犬因腿部骨折大量出血而休克，试分析此时可能存在哪些缺氧类型？

　　3. 病例分析

病例一：一只白色犬，溺水而亡，剖检可见黏膜呈蓝紫色。

病例二：一只患心脏病的犬，会出现呼吸困难、呼吸加快，可视黏膜发绀。

用本章学到的知识解释这两个病例出现的病理过程。

微信扫码立领

- 读课件　助通关
- 查彩图　辨细节
- 养宠物　多交流

第五章 组织细胞的损伤、适应与修复

【知识目标】 掌握萎缩、变性（细胞肿胀、脂肪变性、槟榔肝、虎斑心）、坏死（凝固性坏死、液化性坏死、坏疽、脂肪坏死、凋落）的概念及病理变化特点；适应、代偿、化生、改建、再生、肥大、机化、包囊形成、钙化、结石和修复的概念及意义。
【技能目标】 识别萎缩、变性、坏死的大体病理变化；肉芽组织的眼观和镜检变化。
【课前准备】 学生初步认识萎缩、变性、坏死、修复、结石等病理现象；建议学生学习萎缩、变性、坏死、修复、结石的一些科普知识，对学生在课堂上掌握本章内容具有辅助作用。

在疾病发生、发展过程中，由于各种致病因素的作用，导致机体各种各样的损伤性变化，同时也激起机体发生一系列的修复性反应。机体的损伤与修复共同构成疾病发生的基本矛盾，贯穿于疾病过程的始终。虽然不同的疾病发生不同程度或不同类型的损伤性变化和修复性反应，但它们又有其共同的规律。认识这些规律对于了解疾病的发生、发展过程，防止和减轻组织损伤性变化的进展，促进疾病康复，有着重要的意义。本章着重阐述有关损伤、适应与修复的一些基本规律。

第一节 组织细胞的损伤

在病理情况下，由于各种致病因素的作用，组织、细胞物质代谢障碍，导致各种组织、器官的代谢、机能和形态发生一系列损伤性变化。根据组织和细胞损伤程度和形态特征，可将其分为萎缩、变性和坏死三种类型。萎缩和变性大多是一种可逆性损伤过程，一旦病因消除，仍可恢复正常的生命活动；而坏死则是细胞的死亡，是一种不可逆性的过程。

一、萎缩

萎缩就是发育正常的组织、器官或细胞，在病理过程中由于物质代谢障碍而导致的体积缩小及功能减退的过程，称为萎缩。萎缩发生的基础是组成该器官的实质细胞体积缩小或数量减少。

1. 萎缩的原因与类型

根据萎缩的发生原因，可分为生理性萎缩和病理性萎缩两类。

（1）生理性萎缩 是指宠物在生理状态下随着年龄的增长，某些组织或器官的生理功能自然减退和代谢过程逐渐降低而发生的一种萎缩。例如宠物的胸腺、乳腺、卵巢及睾丸等器官，当宠物生长到一定年龄后，即开始发生萎缩。

（2）病理性萎缩 是指组织或器官在致病因素作用下所发生的萎缩。根据病因和病变波及范围不同，可分为全身性萎缩和局部性萎缩两种。

① 全身性萎缩 多见于长期饲料营养不足、慢性消化道疾病以及严重的消耗性疾病（如结核、恶性肿瘤、寄生虫病等）。

② 局部性萎缩 是指由局部性原因引起的萎缩，根据发生的原因可分为以下几种。

a. 神经性萎缩。神经对局部组织、器官的代谢有调节作用。若中枢神经或外周神经发生损伤时，受其支配的组织和器官就会发生萎缩。

　　b. 废用性萎缩。是指宠物的某个肢体因骨折或关节疾患，长期不活动或活动受限时有关的肌肉、韧带和关节软骨发生的萎缩。

　　c. 压迫性萎缩。是指器官或组织受到机械性压迫而引起的萎缩。例如，肿瘤、寄生虫（棘球蚴、囊尾蚴）压迫邻近组织、器官引起的萎缩，如肾盂积尿压迫肾组织引起的肾萎缩。

　　d. 缺血性萎缩。是指体内小动脉发生不全阻塞时，由于血液供应不足，引起相应部位的组织萎缩。多见于动脉硬化、血栓形成或栓塞造成动脉内腔狭窄。

　　e. 激素性萎缩。是指因内分泌功能异常而引起相应组织器官的萎缩。例如，去势宠物的前列腺因得不到雄性激素的刺激而发生的萎缩。

　　2. 病理变化

　　全身性萎缩时，宠物由于发生全身性物质代谢障碍，往往表现精神沉郁、行动迟缓、全身进行性消瘦、严重贫血以及水肿等，呈全身恶病质状态，故又称为恶病质性萎缩。全身各组织器官发生萎缩的先后顺序呈一定的规律性，具有代偿适应意义。其中脂肪组织的萎缩发生最早、最显著，其次是肌肉，再次为肝、肾、脾及淋巴结、胃、肠等器官，而心、脑、内分泌腺等生命重要器官则萎缩发生得最晚且不明显。

　　① 眼观　可见皮下、腹膜下、网膜和肠系膜等处的脂肪完全消失，心脏冠状沟和肾脏周围的脂肪组织变成灰白色或淡灰色透明胶冻样，因此，又称为脂肪胶样萎缩。实质器官（如肝、脾、肾等）发生萎缩时，常见器官体积缩小，重量减轻，边缘锐薄，质地坚实，被膜皱缩，色泽变深。腔形器官（如胃、肠）发生萎缩时，腔壁变薄。

　　② 镜检　可见萎缩器官的实质细胞体积缩小或/和数量减少，胞浆致密浓染，胞核皱缩深染；间质组织在实质细胞萎缩的同时往往伴有一定程度的增生。在心肌纤维、肝细胞胞浆内常出现黄褐色、颗粒状的脂褐素，量多时使器官呈褐色，称褐色萎缩。

　　局部性萎缩的形态变化，与全身性萎缩时相应器官的变化相同。

　　3. 结局和影响

　　萎缩是细胞在一种特定的不良环境下，通过改变其形态、机能和代谢方式而呈现的一种适应现象，对机体来说是一种有益的适应性反应。一般来说，萎缩是一种可逆性病理过程，在消除病因后，萎缩的器官和组织可恢复其形态、机能及代谢。如病因继续作用，萎缩的细胞则逐渐死亡消失。

二、变性

　　变性就是由于组织、细胞物质代谢障碍而引起细胞或细胞间质内出现某些异常物质或正常物质积聚过多或位置异常的变化，称为变性。这些物质包括水分、糖类、脂类及蛋白质类等。变性细胞仍保持着一定的生命力，但功能往往降低。变性是一种可逆性的病理变化，病因消除后，大多可恢复正常。但变性继续加重，可导致细胞和组织的坏死。常见的变性有以下几种。

　　1. 细胞肿胀

　　细胞肿胀是指细胞内水分增多，胞浆内出现大量微细的蛋白颗粒或大小不等的水泡，是一种最常见的轻度细胞变性，眼观细胞肿胀的器官因体积肿大，色泽浑浊，失去固有的光泽，故又称浑浊肿胀，简称"浊肿"。这种变性主要发生在代谢旺盛、线粒体丰富的器官，如肝细胞、肾小管上皮细胞和心肌细胞等实质细胞，也可见于皮肤和黏膜的被覆上皮细胞。

　　（1）原因和机理　细胞肿胀最常见于缺氧、急性感染、发热、中毒和败血症等一些急性病理过程。上述致病因素可直接损伤细胞膜结构，也可破坏细胞内氧化酶系统，使三羧酸循环和氧化磷酸化发生障碍，ATP生成减少，因此钠泵因缺乏能量而失去主动泵出细胞内钠离子的能力，细胞内钠离子增多，形成高渗状态，于是水分进入细胞增多，细胞肿大，细胞浆中的线粒体因吸水而肿胀。

　　（2）病理变化

　　① 眼观　病变轻时肉眼不易辨认，严重时变性器官体积肿大，重量增加，被膜紧张，边缘

钝圆，色泽变淡，浑浊无光，质地脆弱；切面隆起，边缘外翻，结构模糊不清。

②镜检　如 彩图 5-1 所示，变性的肝细胞肿大，胞浆中出现大量红染的微细颗粒。胞核一般无明显变化，或稍显淡染。具有这种病变特征的细胞肿胀又称为颗粒变性。随着病变的发展，胞浆内水分进一步增多，出现大小不一的水泡。严重时，细胞崩解，胞浆聚集到一起，形成肉眼可见的水泡，称为水泡变性。

（3）结局和对机体的影响　细胞肿胀是一种可复性病变，当致病因素消除后，便可恢复正常。如果病变继续发展，可引起细胞发生水泡变性或脂肪变性，甚至导致细胞坏死。

发生细胞肿胀的组织器官功能降低，会给机体带来一定的不良影响。例如心脏发生细胞肿胀时，其收缩力减弱，进而引起全身性血液循环障碍，有时甚至造成急性心衰而死亡。轻度变性时，对机体影响不大。

2. 脂肪变性

脂肪变性是指非脂肪细胞的胞浆内出现大小不等的脂肪小滴的现象，简称脂变。脂变细胞内的脂滴主要为中性脂肪，也可有类脂质，或两者的混合物。

（1）原因和机理　脂肪变性多见于各种急性、热性传染病，中毒、败血症以及酸中毒和缺氧的病理过程中。肝脏是脂肪代谢的中心场所，故易发生脂变。

脂肪变性是细胞内脂肪代谢紊乱所致。正常情况下，来自于脂库和肠道的脂肪酸进入肝脏后，少部分氧化供能，大部分合成磷脂和甘油三酯，并与胆固醇和载体蛋白组成脂蛋白进入血液。上述环节发生障碍或其他因素将可引起脂肪变性。其发生机理归纳起来有以下几个方面：一是脂蛋白合成障碍，使脂肪在肝细胞内堆积、发生脂变；二是脂肪显现，即脂蛋白在致病因素的作用下与蛋白质分离，细胞内出现脂肪小滴；三是细胞的脂肪供应、利用和合成之间不平衡；四是脂肪酸的氧化发生障碍。

（2）病理变化

①眼观　轻度脂变时，病变常不明显，仅见器官色泽稍带黄色。严重脂变时，器官体积肿大，边缘钝圆，被膜紧张，质地脆弱易碎；切面微隆起，切缘外翻，结构模糊，触之有油腻感。表面与切面的色泽均呈黄褐色或土黄色。

②镜检　变性细胞的胞浆中出现大小不一的球形脂滴。随着病变发展，小脂滴互相融合为大脂滴，使细胞原有结构消失，胞核常被挤压于一侧，严重时可发生核浓缩、碎裂或消失。在石蜡切片上，变性细胞内的脂滴被脂肪溶剂溶解，因此脂肪滴呈空泡状，易与水泡变性相混淆，注意区别。

肝脏脂肪变性，变性轻微时与颗粒变性相似，仅色泽较黄；脂变严重时，肝脏体积肿大，边缘钝圆，被膜紧张，色泽变黄，质地脆弱易碎，切面上肝小叶结构模糊不清。如果脂变的同时伴有淤血，在肝脏切面上可见由暗红色的淤血部分和黄褐色的脂变部分相互交织，形成类似槟榔切面的花纹，故称为"槟榔肝"。镜检肝细胞内有许多大小不等的脂滴。严重时小脂滴可融合成大脂滴，胞核被挤压于细胞边缘。如 彩图 5-2 所示犬肝脂变，肝脏体积增大，色泽变黄，质地脆弱易碎； 彩图 5-3 所示肝脏脂肪变性，肝细胞浆内出现大小不等的圆形空泡（这是在石蜡切片中被脂溶剂溶解的脂肪滴）。肝脏脂变出现的部位与引起的原因有一定关系。脂变发生在肝小叶周边区时，称为周边脂变，多见于中毒；脂变发生于肝小叶的中央区时称为中心脂变，多见于缺氧；严重变性时，脂变发生于整个肝小叶，使肝小叶失去正常的结构，与一般的脂肪组织相似，称为脂肪肝，多见于重度中毒和长期营养失调。

心肌发生脂变时，常呈局灶性或弥漫性的灰黄色或土黄色，浑浊而失去光泽，质地松软脆弱。此时心肌纤维弹性减退，心室特别是右心室扩张积血。心肌脂变时，有时在左心室乳头肌处心内膜下出现黄色斑纹，并与未发生变性的红褐色心肌相间，形似虎皮样条纹，故称为"虎斑心"，多见于严重的贫血、中毒。

肾脏脂变主要发生在肾小管上皮细胞。眼观肾脏稍肿大，表面呈不均匀的淡黄色或土黄色，切面皮质部增宽，常有灰黄色的条纹或斑纹，质地脆弱易碎。镜检，脂变最常发生于近曲小管上皮细胞内，见上皮细胞肿大，脂滴常位于细胞的基底部。

（3）结局和对机体的影响　脂变也是机体发生物质代谢障碍的一种表现形式，由于其发生原因和变性的程度不同，故对机体影响也不一样。病变轻微时，只引起轻度的功能障碍，严重时则导致严重后果。例如肝脂变可引起糖原合成和解毒功能降低。脂变是可逆性的病理过程，当病因消除，脂变细胞仍可恢复正常的结构和功能。严重脂变则导致细胞死亡。

3. 透明变性

透明变性是指细胞或间质内出现一种均质、半透明、无结构的蛋白样物质的现象，又称玻璃样变。

（1）类型和机理　按透明变性的发生部位和机理，可分为三种类型。

① 血管壁透明变性　是因血管壁的通透性增高，引起血浆蛋白大量渗出，浸润于血管壁内所致，病变特征是小动脉壁中膜的细胞结构破坏，变性的平滑肌胶原纤维结构消失，变成致密无定形的透明蛋白。常发生于老龄宠物的脾、心、肾、脑及其他器官的小动脉。

② 纤维组织透明变性　是由于胶原纤维之间，胶状蛋白沉积并相互黏着形成一片均质无结构的玻璃样物质。常见于慢性炎症、疤痕组织、增厚的器官被膜以及含纤维较多的肿瘤（如硬性纤维瘤）。眼观，透明变性的组织呈灰白色、半透明、致密坚韧、无弹性。

③ 细胞内透明滴状变　是指在某些器官实质细胞的胞浆内出现圆形、大小不等、均质无结构的嗜伊红性物质的现象。如慢性肾小球肾炎时，肾小管上皮细胞的胞浆内常出现此变化。这可能是变性细胞本身所产生的，也可能是上皮细胞吸收了原尿中的蛋白所形成的。

（2）对机体的影响　轻度变性时透明蛋白可以吸收而恢复正常。但变性组织易钙化。小动脉发生透明变性后管壁变厚，管腔缩小，动脉硬化，导致局部组织缺血和坏死，可引起不良后果。

4. 黏液样变

黏液样变是指结缔组织出现类黏液的积聚。类黏液是体内一种黏液物质，由结缔组织细胞产生，正常情况下见于关节囊、腱鞘的滑液囊和胎儿的脐带。

黏液样变的发生原因一般认为与营养不良、中毒、缺氧及甲状腺功能低下有关，一些间叶性肿瘤也可继发黏液样变，其发生机制尚不清楚。

结缔组织发生黏液样变时，眼观病变部失去原来的组织形象，变成透明、黏稠的黏液样物质。光镜下见结缔组织结构疏松，其中充以大量染成淡蓝色的类黏液和一些散在的星形或多角形细胞，这些细胞间有突起相互连接。黏液样变在病因去除后可以消退，但如病变长期存在，可引起结缔组织增生，导致局部硬化。

5. 淀粉样变

淀粉样变是指淀粉样物质沉着在某些器官的网状纤维、血管壁或组织间的病理过程。因其具有遇碘呈赤褐色，再加硫酸呈蓝色的淀粉染色反应特性，故称为淀粉样变。其实淀粉样物质与淀粉毫无关系，它是一种纤维性蛋白质，之所以出现淀粉染色反应，是因为淀粉样物质中含有黏多糖之故。

（1）原因和机理　多见于慢性消耗性疾病以及用于制造免疫血清的动物和高蛋白饲料饲喂的动物。最易发生淀粉样变的器官为脾脏、肝脏、淋巴结、肾脏和血管壁。一般认为淀粉样变的发生机理是机体免疫过程中所发生的抗原抗体反应的结果，也有认为它是免疫球蛋白与纤维母细胞、内皮细胞产生的黏多糖结合形成的复合物。

（2）病理变化　淀粉样物质在 HE 染色的切片上呈淡红色均质的索状或块状物，沿细胞之间的网状纤维支架沉着。轻度变性时，多无明显眼观变化，只有在光镜下才能发现；严重变性时，则在不同的器官常表现出不同的病理变化。如脾脏发生白髓型淀粉样变时，眼观，脾脏体积肿大，切面干燥，脾白髓如高粱米至小豆大小，灰白色半透明颗粒状，外观与煮熟的西米相似，故称"西米脾"；发生弥漫型淀粉样变时，眼观，脾脏肿大，切面红褐色脾髓与灰白色的淀粉样物质相互交织呈火腿样花纹，故又称"火腿脾"。肝脏淀粉样变，病变严重时，肝脏显著肿大，呈灰黄色或棕黄色，切面模糊不清。肾脏淀粉样变时，淀粉样物质主要沉积在肾小球毛细血管的基底膜上，呈现均质、红染的团块状，肾小球内皮细胞萎缩和消失。眼观，肾脏体积肿大，色泽淡黄，表面光滑，被膜易剥离，质地易碎。

（3）对机体的影响　淀粉样变也是一种可逆性的病理过程。少量淀粉样物质沉着时，只要除去病因，淀粉样物质可被吸收而消散，因而对机体的影响不大。若变性严重时，特别是肝脏和肾脏沉着大量淀粉样物质时，可使细胞的物质代谢发生障碍，引起器官的机能障碍，严重时可致动物死亡。

三、坏死

在活体内局部组织细胞的病理性死亡称为坏死。它是局部组织细胞物质代谢停止及功能完全丧失的一种不可恢复性病变。

坏死的发生除少数是由强烈的致病因子作用而造成组织、细胞急性死亡外，大多数坏死均是在萎缩、变性的基础上逐渐发展而来的。

1. 原因和机理

任何致病因素只要达到一定强度或持续一定时间，使细胞和组织的物质代谢完全停止，均可引起组织或细胞死亡。常见的原因有以下几种。

（1）局部缺血　局部血管由于受压、痉挛、血栓形成和栓塞等因素可造成局部缺血，进而引起细胞缺氧，使细胞的氧化代谢、ATP合成发生严重障碍，导致细胞代谢停止而死亡。

（2）生物性因素　各种病原微生物、寄生虫及其毒素，通过破坏细胞内酶系统、代谢过程或细胞膜结构，或通过变态反应，导致细胞坏死。例如结核病的干酪样坏死等。

（3）理化性因素　各种强烈的理化因素均可引起组织细胞坏死。如高温能使细胞蛋白质凝固；低温可使细胞内水分冻结，破坏细胞的胶体性和物质代谢，造成细胞死亡。再如，强酸、强碱均可使蛋白质（包括酶类）变性；氰化物能灭活细胞色素氧化酶，阻断生物氧化过程，导致细胞死亡。

（4）神经性因素　中枢神经或外周神经系统损伤时，相应组织细胞因缺乏神经支配，可引起细胞发生萎缩、变性及坏死。

2. 病理变化

组织坏死的早期，外观和原组织相似，不易辨认。时间稍长可发现坏死组织失去正常光泽，色泽浑浊，失去正常组织的弹性，组织切断后回缩不良，因局部缺血而温度降低，切割时无血液流出，感觉及运动功能消失等。经过2～3d后，在坏死组织与活组织之间出现一条明显的分界性炎性反应带。有的发生液化或形成坏疽。坏死组织的镜下变化主要表现在细胞核、细胞浆和间质的改变。

（1）细胞核的变化　是坏死的标志性变化。表现为：核浓缩（核体积缩小，染色质浓缩深染）、核碎裂（核膜破裂，核染色质崩解成大小不等的碎片，分散于胞浆中）、核溶解（核染色质分解，失去对碱性染料的着色反应，染色变淡，最后消失）（图5-4）。

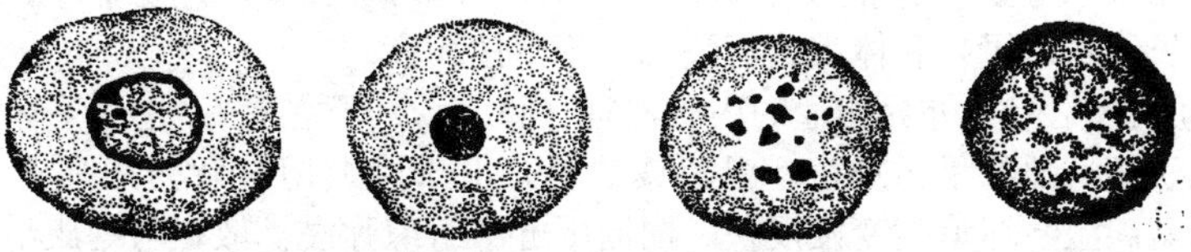

正常细胞　　　　核浓缩　　　　核碎裂　　　　核溶解

图5-4　坏死时细胞核变化模式图

（2）胞浆的变化　坏死细胞胞浆嗜伊红性增强，细胞微细结构破坏，呈红染的细颗粒状或均质状，最后胞膜破裂，整个细胞轮廓消失。

（3）间质的变化　经过一定时间后，间质也发生明显变化，表现为基质解聚，胶原纤维肿胀、崩解、断裂、液化。

最后，坏死的胞核、胞浆和间质全部崩解，组织结构消失，形成一片颗粒状或均质无结构的红染物质，兼有少许紫色颗粒状核碎屑。

3. 坏死的类型

根据坏死组织的形态变化和发生原因，可将其分为以下三种类型。

（1）凝固性坏死　是指组织坏死后，由于失去水分和蛋白质凝固，变成一种灰白色或灰黄色干燥而无光泽的凝固物。凝固性坏死的典型例子是肾、脾、心的贫血性梗死。

① 眼观　凝固性坏死组织早期肿胀，稍突起于器官表面，随后坏死组织因水分蒸发而质地干燥坚实，呈灰白色或黄白色，无光泽，坏死区周围有暗红色的充血和出血带。

② 镜检　坏死组织的细胞结构消失，仅存组织结构轮廓。不同组织的凝固性坏死表现形式不同，主要有如下几种。

a. 贫血性梗死　是一种典型的凝固性坏死。坏死区灰白色干燥，早期肿胀，稍突出于脏器的表面，切面坏死区呈楔形，边界清楚。

b. 干酪样坏死　常见于结核分枝杆菌感染。由于类脂质具有抑制嗜中性白细胞浸润，故坏死组织不发生化脓液化。外观呈灰白色或灰黄色、松软易碎，均匀细腻，状似干酪样或豆腐渣，故名干酪样坏死。镜下，坏死组织的固有结构完全破坏消失，细胞彻底崩解融合成为均质红染的颗粒状物质。

c. 蜡样坏死　是肌肉组织发生的凝固性坏死，常见于各种动物的白肌病。外观呈灰黄色或灰白色，干燥、浑浊、坚实，形如石蜡，故名蜡样坏死。镜下可见肌纤维肿胀、崩解或断裂、横纹消失，肌浆均质红染或呈着色不均的无结构物（ 彩图5-5 ）。

d. 脂肪坏死　是一种比较特殊的凝固性坏死，常见于胰腺炎。胰腺破坏时，胰液中的胰脂肪酶、蛋白酶从胰腺组织中逸出并被激活，使胰腺周围及腹腔中的脂肪组织发生坏死。眼观，脂肪坏死表现为不透明的白色斑块或结节状。在石蜡切片中坏死的脂肪细胞留下模糊的轮廓，内含细小颗粒。

（2）液化性坏死　是指坏死组织迅速发生分解液化，形成浑浊的液化物。由细菌感染引起的化脓性炎症，即是一种最常见的液化性坏死。它的形成是大量中性白细胞崩解后，释出大量蛋白溶解酶将坏死组织迅速分解液化所致。如 彩图5-6 所示犬皮下脓肿。

液化性坏死亦常发生于中枢神经系统，因为脑和脊髓含水分和磷脂较多，蛋白质含量较少，并且磷脂对蛋白凝固酶还有抑制作用，故脑组织坏死后很快发生液化，变成乳糜状的液化性坏死灶。

（3）坏疽　是指组织坏死后受到外界环境影响和继发不同程度腐败菌感染而引起的继发性变化。坏疽常发生于易受腐败菌感染的部位，如四肢、尾根及与外界相通的肺、肠、子宫等内脏器官。坏疽组织常呈黑色或暗绿色，这是由于坏死组织被腐败细菌分解产生的硫化氢与血红蛋白分解出来的铁结合成硫化铁之故。按坏疽发生原因及形态特点，可分为三种类型。

① 干性坏疽　常发生于动脉阻塞或皮肤长期受压迫致使血液循环障碍而导致的肢体末端和皮肤坏死。因坏死区水分从体表蒸发，腐败过程微弱，故病变部干燥皱缩，质地坚实，呈黑褐色。如子宫内干尸（木乃伊）和体表的褥疮都属于干性坏疽。

② 湿性坏疽　常见于与外界相通的内脏器官（肺、肠、子宫等）。是由于坏死组织在腐败菌作用下发生液化。坏疽部位呈污灰色、绿色或黑色，由于腐败菌分解蛋白质产生吲哚、粪臭素等，造成局部恶臭。湿性坏疽病变发展快，向周围健康组织弥漫扩散，与健康组织之间的分界不明显，一些毒性分解产物和细菌毒素被吸收后，可引起全身中毒。常见的湿性坏疽有肠变位（肠扭转、肠套叠等）及异物性肺炎、腐败性子宫内膜炎和乳腺炎等。

③ 气性坏疽　是湿性坏疽的一种特殊类型，其特征是坏疽部位的皮肤肌肉中产生大量气体，形成气泡并造成组织肿胀。主要由于深部的创伤（如阉割等）感染了厌氧产气性细菌所引起。

上述各种坏死的类型并不是固定不变的，坏死的病理变化在一定条件下也可互相转化。如凝固性坏死如继发感染了化脓性细菌，也可转变成液化性坏死。

4. 结局和对机体的影响

组织一旦坏死对机体来说就是一种异物，故机体会将其清除，以利修复。依坏死发生的部位、范围，可通过以下几种方式清除。

① 吸收再生　范围较小的坏死灶，通过自身崩解或被嗜中性白细胞的蛋白溶解酶分解为小的碎片或完全液化，通过淋巴管或小血管吸收，小碎片由巨噬细胞吞噬消化，缺损的组织由周围健康组织再生而修复。

② 分离脱落　较大的坏死灶，通过其周围的炎症反应，使坏死组织与周围健康组织逐渐分离，直接将坏死组织脱落排出。

③ 机化　较大的坏死组织，不能溶解吸收和分离脱落时，可逐渐被新生的肉芽组织长入替代，最后变为纤维性疤痕；不能完全机化时，则由周围增生的结缔组织加以包裹而形成包囊，中间的坏死组织往往会发生钙化。

组织坏死对机体的影响取决于坏死发生的部位、范围和机体的状态。当坏死发生于心肌和脑时，即使是很小的坏死灶也可造成严重的后果。一般器官的小范围组织坏死，可通过功能代偿而对机体影响不大。若坏死灶继发感染时，可使患病动物发生脓毒败血症而危及生命。因此，在临床上要及时清除坏死组织和有效控制感染。

知识链接　细胞凋亡（程序性细胞死亡）

1. 细胞凋亡的概念

细胞凋亡也叫程序性细胞死亡，是生物体发育过程中普遍存在的、一个由基因决定的细胞主动有序的死亡方式。具体指细胞遇到内、外环境因子刺激时，受基因调控启动的自杀性保护措施。通过这种方式去除体内非必需细胞或即将发生特化的细胞。

细胞发生程序性死亡时，就像树叶或花的自然凋落一样，凋亡的细胞散在于正常组织细胞中，无炎症反应，不遗留瘢痕。死亡的细胞碎片很快被巨噬细胞或邻近细胞清除，不影响其他细胞的正常功能。

2. 细胞凋亡的形态学及生物化学特征

（1）细胞凋亡与细胞坏死的区别　细胞凋亡与细胞坏死是两种截然不同的细胞死亡过程。凋亡细胞是细胞自我破坏的主动过程。细胞凋亡过程中，细胞膜反折，包裹断裂的染色质片段或细胞器，然后逐渐分离，形成膜性结构包裹的凋亡小体，最后被邻近的细胞识别、吞噬；细胞凋亡过程中线粒体没有水肿和破裂等病理变化，同时不伴有细胞膜和溶酶体的破裂及内容物外泄，因此没有炎症反应。细胞坏死时细胞膜发生渗漏，细胞内容物释放到细胞外环境中，引起炎症反应。

（2）细胞凋亡的形态学特征　细胞凋亡的过程中，形态学上可分为三个阶段：①凋亡开始；②凋亡小体形成；③凋亡小体被附近的细胞吞噬、消化。研究表明：从细胞凋亡开始到凋亡小体出现仅需几分钟，而整个细胞凋亡过程可持续4～9h。

（3）细胞凋亡的生物化学特征　人们已经认识到细胞凋亡的最重要特征是DNA发生核小体间断裂，产生不同数量的核小体片段，在进行琼脂糖凝胶电泳时，形成特征性的梯状条带，其大小为180～200bp的整数倍。故检测梯状条带是鉴定细胞凋亡的可靠方法。

（4）诱导细胞凋亡的因子　诱导细胞凋亡的因子可分为两大类。

① 化学及生物因子　活性氧基团和分子（超氧自由基、羟自由基、过氧化氢）、钙离子载体、维生素K_3、视黄酸等、DNA和蛋白质的抑制剂、正常生理因子（如糖皮质激素、细胞生长因子、干扰素、白介素）失调、肿瘤坏死因子以及某些病毒感染（如流感病毒、艾滋病病毒等）、细菌毒素等均可诱导细胞凋亡。

② 物理因子　各种射线（如紫外线、X射线、γ射线等）、温度刺激（如热刺激、冷刺激）等。

3. 细胞凋亡的发生机理

细胞凋亡是细胞生长发育过程中一个非常复杂的生理或病理调节过程。研究表明，在细胞凋亡过程中有多种基因的表达及表达产物的参与。这些基因包括细胞生存基因和促进细胞死亡基因两大类。生存基因又分为促进细胞增殖基因（如 $c\text{-}myc$、$\gamma\text{-}ras$、$V\text{-}src$ 等）和促进细胞存活基因（如 $bcl\text{-}2$、ras 等），死亡基因也分为细胞增殖抑制基因（如野生型 $P\,53$）和促进细胞死亡基因（如 bax、fas 等）。这些诱导凋亡的因素与参与凋亡的基因及产物共同构成了细胞凋亡的信息转导系统，导致细胞凋亡的发生。

4. 细胞凋亡的生物学意义

细胞凋亡在生物发育和维持正常生理活动过程中非常重要。在发育过程中，细胞不但要恰当地诞生，而且也要恰当地死亡。例如，人在胚胎阶段是有尾巴的，正因为组成尾巴的细胞恰当地死亡，才使人类在出生后没有尾巴。如果这些细胞没有恰当地死亡，就会出现长尾巴的新生儿。从胚胎、新生个体、幼年到成年，在这一系列个体发育成熟之前的阶段，总体来说细胞诞生得多，死亡得少，所以身体才能发育。发育成熟后，体内细胞的诞生和死亡处于一个动态平衡阶段，使体内器官维持合适的细胞数量。

如果调节细胞"自杀"的基因出了问题，该死亡的细胞没有死亡，反而继续分裂繁殖，便会导致细胞不受控制地增长，比如癌症、自身免疫病；如果基因错向不该死亡的细胞发出"自杀令"，不让其分裂繁殖，使不该死亡的细胞大批死亡，便破坏了组织或免疫系统，比如艾滋病。

四、病理性色素沉着

病理性色素沉着就是组织中色素含量增多或原来不含色素的组织有异常色素沉着，有内源性色素，也有外源性色素，如外界进入体内的炭末、石末、铁末和其他有机或无机色素等。但宠物体内的色素主要是体内生成的色素，包括含铁血黄素、脂褐素、胆红素、黑色素等。

常见的病理性色素沉着有以下几种。

1. 含铁血黄素

巨噬细胞吞噬红细胞后，由血红蛋白分解衍生而成，故肝、脾等富含巨噬细胞的器官内，正常时就含有少量含铁血黄素。如果出现大量沉着，则属病理现象。如慢性心力衰竭时，因肺淤血，红细胞进入肺泡，并被肺巨噬细胞吞噬，在细胞内形成含铁血黄素，从而使肺及支气管的分泌物呈淡棕色或铁锈色，并在痰中出现心衰细胞，即吞噬红细胞的巨噬细胞；当溶血性贫血时大量红细胞被破坏，可出现全身性含铁血黄素沉着，主要见于肝、脾、淋巴结和骨髓等富含巨噬细胞的器官和组织中。这些器官或组织除颜色变黄外，常会出现结节和硬化等病变。

HE染色切片中含铁血黄素呈棕黄色或金黄色，形态大小不一，细颗粒状。

含铁血黄素在体内某器官或组织中大量聚集，说明该处曾发生过出血。如色素长期大量存在肝、脾、肾等器官内，可引起器官组织质地变硬，结构破坏，功能障碍；如色素沉着较少，可被溶解吸收，含铁血黄素中的铁，可被再利用，合成血红蛋白。

2. 脂褐素和类蜡素

（1）脂褐素 是不饱和脂肪由于过氧化作用而衍生的一种复杂色素，呈棕褐色，易蓄积在心肌细胞、肝细胞、神经细胞和肾上腺皮层细胞等实质细胞的胞浆内，镜检呈棕褐色颗粒，紫外光激发产生棕色荧光。老龄动物和患有慢性消耗性疾病的动物，肝细胞、肾上腺皮质网状带细胞以及心肌细胞等萎缩时，其胞浆内有多量脂褐素沉着，所以又常称为"消耗性色素"或"萎缩性色素"。

（2）类蜡素 是组织受伤或出血时，游离在组织中的脂类在巨噬细胞内形成的一种色素，也是一种不饱和脂肪的过氧化产物。呈淡棕色，颗粒状。沉着于发生变性和坏死的组织中，在犬的乳腺肿瘤中常见。

脂褐素与类蜡素的区别是：脂褐素能溶于脂溶性液体，而类蜡素不能溶解。

这类色素的沉着，是一种衰老的表现。有这些色素沉着的器官其组织细胞往往发生萎缩、变性，甚至坏死，器官功能减退或出现障碍。

3. 黑色素

是由成黑色素细胞产生的一种色素，为大小不一的棕褐色或深褐色颗粒状色素。一些正常的组织器官内，如眼脉络膜和皮肤表皮的基底层，都有黑色素存在。如果在正常不含黑色素的部位出现黑色素沉着或正常存在黑色素的组织器官其含量增加时，均为异常黑色素沉着。临床上可见到黑变病和黑色素瘤。

（1）黑变病　先天性黑变病是动物在胚胎发育过程中，由于成黑色素细胞错位而引起黑色素沉着在平时不存在黑色素的部位。如在胸腺、脑膜或心脏等器官组织出现局灶性黑色素沉着区。

后天性黑变病是动物由于内分泌障碍引起黑色素异常沉着，如犬发生卵巢囊肿、睾丸肿瘤或肾上腺皮质功能低下时，可出现全身多处皮肤黑色素异常沉着。

黑变病对机体无明显不良影响。

（2）黑色素瘤　是由黑色素细胞转化成的良性肿瘤。常见于年龄较大的犬。黑色素瘤可发生于动物的多种组织，但通常见于黑色素细胞较多的组织，如皮肤、黏膜，一般为单发，也可呈多结节瘤团。瘤结节呈圆形或椭圆形，切面呈烟灰色或黑色，可发生转移，转移后可见于全身许多组织器官。

4. 胆红素

是巨噬细胞吞噬红细胞形成的一种血红蛋白衍生物。血中胆红素过多时，沉着于结膜、巩膜、脂肪、皮肤等处，把组织染成黄色，称为黄疸。主要见于胆道堵塞、肝炎及某些溶血性疾病（详见黄疸）。

5. 卟啉

卟啉是血红素中不含铁的色素部分。血红素合成障碍时，体内大量卟啉在全身组织中沉着，引起卟啉症，即卟啉代谢紊乱。

出生时就出现的为先天性卟啉症，是一种遗传性疾病，各种动物都可发生，宠物中以犬较多见。后天性卟啉症，主要见于肝脏受到损伤和食入含有直接光敏物质的植物所引起。

临床上主要表现为：尿液因含有卟啉而呈红棕色，牙齿因卟啉沉着呈淡红棕色，即"红牙病"。皮肤内卟啉沉着时，白色皮肤的动物，对日光照射非常敏感，引发光敏性皮炎。

剖检：可见全身骨髓、牙齿、内脏器官有红棕色或棕褐色的色素沉着（卟啉对钙有亲嗜性）；全身淋巴结稍肿大，切面中央呈棕褐色。

五、结石形成

结石形成就是在腺体的排泄管或分泌管及在腔形器官内形成坚硬的石样固体物质的过程，所形成的固体物质称为结石。宠物结石最常发生于尿道、膀胱、肾盂，其次，也可见于唾液腺、胰腺的排泄管、胆管及胆囊。

1. 形成的原因和机理

宠物最常见的结石是膀胱结石和尿道结石，形成原因很多，但确切病因尚不清楚，主要与以下几方面因素有关：①日粮搭配不合理，长期饲喂钙磷比例失调的食物或饲喂高镁的食物或饮食中动物性蛋白过多、纤维素不足；②长期饮水不足，引起尿液浓缩，或长期饮用硬水，造成矿物质代谢紊乱，致使尿液中盐类浓度过高而促使结石形成；③尿路感染，尿液中的细菌和炎性产物，成为盐类晶体沉淀的核心；④长期尿潴留，尿中尿素分解生成氨，使尿变成碱性，促使尿中盐类析出沉淀，促进了结石形成（ 彩图 5-7 ）。

尿道结石多发生于公犬，往往是膀胱结石随尿液下行，滞留在尿道的弯曲狭窄处，引起尿道结石。

唾液腺管、胆管及胆囊偶尔也会发生结石。其原因一般与局部炎症有关，盐类结晶析出沉积于炎性产物（炎症分泌物、细菌团块等）表面，它们进一步刺激管壁引起炎症和分泌物增多，又有分泌物将之包裹和有盐类析出沉积，这样循环往复，无机盐类一层层地沉积下来，逐渐增大而形成结石。

2. 对机体的影响

结石对机体的影响常因其发生的部位、数量、大小和性质不同而异。一般来说，结石对机体可以造成机械刺激，引起所在部位发生炎性反应；还可以压迫组织，使之发生物质代谢障碍；另外，结石常常阻塞管腔，使之发生狭窄或闭锁，从而引起分泌物排出障碍。

第二节 组织细胞的代偿、适应与修复

疾病过程就是损伤与抗损伤的斗争过程，一方面机体在各种致病因素作用下发生萎缩、变性、坏死等损伤性反应；另一方面机体在神经体液的调节下，组织器官会发生代偿、适应和修复等抗损伤性反应。这些反应是动物在长期遗传进化过程中逐渐形成和完善起来的，它们能消除某些有害因素的作用及疾病过程中的各种功能障碍和损伤，在维持机体的生存和发展上起着极为主要的作用。本节重点阐述代偿、适应和修复。

一、代偿

代偿是指当机体某一组织器官结构破坏或代谢、功能发生障碍时，通过相应器官的代谢改变、功能加强或形态结构变化来补偿的过程。这一过程是以物质代谢加强为基础，通过神经体液调节实现的。代偿可分为代谢性代偿、功能性代偿和结构性代偿三种形式，但三者往往是互相联系的。

1. 代谢性代偿

在疾病过程中机体内出现以物质代谢改变为主要表现形式的一种代偿形式。例如，缺氧时组织细胞摄氧能力加强，细胞内无氧酵解过程加强，以补充能量等。

2. 功能性代偿

在疾病过程中机体通过器官功能的增强来补偿体内的功能障碍和损伤的一种代偿形式。如一侧肾脏因损伤而功能丧失时，对侧的肾脏通过功能加强，以维持肾脏的正常功能。

3. 结构性代偿

结构性代偿是机体在长期代谢、功能加强的基础上，伴发了形态结构的改变，以器官、组织体积增大，功能增强（肥大）来实现代偿的一种形式。例如，主动脉瓣狭窄或闭锁不全时，首先通过左心供血增加、心肌收缩加强来代偿，经过一定时间后，出现左心肥大、心肌收缩力增强。

代谢性代偿、功能性代偿和结构性代偿常常同时存在，互相影响。一般来说，功能性代偿发生快，结构性代偿出现较晚，功能性代偿可使结构发生改变，而结构性代偿可使功能持久增强，代谢性代偿则是功能性代偿和结构性代偿的基础。

机体的代偿能力是相当大的，同时又有一定的限度。如果某器官的功能障碍超过了机体的代偿能力，就会发生代偿失调。另外，代偿对机体是有利的，但在一定条件下又有不利的一面，它可以掩盖疾病的真相，延误诊断和治疗。再者，有些代偿过程可能会派生出其他病理过程。例如，当动物在慢性饥饿时，主要靠分解体内脂肪作为能量来源，这对机体是有利的，但大量持续的脂肪分解所产生的中间代谢产物会超过机体组织所能利用的限度，从而使血中酮体增多，引起酮血症，甚至引起代谢性酸中毒。

因此，要认识和掌握代偿的规律，在实践中及时采取合理的措施，既要保护代偿的积极作用，又要防止可能出现的不利影响。

二、修复

修复是指当局部组织或器官的一部分遭受损伤后，由邻近的健康组织细胞分裂增生来修复的过程。修复的内容包括再生、肉芽组织、创伤愈合过程和骨折愈合过程等。

1. 再生

机体内组织或器官的一部分遭受损伤后，由邻近健康组织细胞分裂增生来修复的过程，称为再生。

组织再生过程的强弱和完善程度与机体年龄大小、营养状况、神经系统的机能状态、受损组织的分化程度及损害程度、受损部位的血液循环情况等密切相关。一般来说，机体年龄小、营养状况好、神经系统的机能状态好、受损组织的分化程度低、损害程度轻、血液供应良好，组织再生能力较强；反之，再生能力弱，有的组织甚至完全不能再生。

（1）再生的类型　再生可分为生理性再生和病理性再生两种类型。

① 生理性再生　是指在生理情况下衰老和凋亡的细胞不断被新生的同种细胞所补偿和替换。新生的组织细胞在形态上和功能上与原来死亡的细胞完全相同。如正常机体的表皮细胞、呼吸道和消化道黏膜上皮细胞的不断脱落和新生、血液中的红细胞与白细胞不断衰老和新生等，都属于生理性再生。

② 病理性再生　是指当致病因素引起组织细胞缺损后经周围组织再生而修复的过程。病理性再生有三种表现形式。

完全再生：再生的组织在结构和功能上与原组织完全相同。多见于受损组织再生能力强、损伤轻微的各种病理性缺损，如口腔黏膜的浅表性溃疡。

不完全再生：新生的组织与原组织不完全相同，其缺损主要由结缔组织增生来修补，最后形成疤痕。这种再生不能恢复原来组织的结构和功能，多见于损伤面积较大或再生能力较弱的组织，如骨骼肌和肌腱的横断。

过度再生：再生的组织多于原损伤组织。例如，黏膜溃疡部过度再生形成的息肉和皮肤上的疤痕疙瘩等。

（2）各种组织的再生　不同组织具有不同的再生能力。由不稳定细胞，即在整个生命过程中不断分裂增殖的细胞构成的组织，具有很强的再生能力，如皮肤、黏膜、结缔组织等。由稳定细胞构成的组织，具有强大的再生潜力，如某些腺上皮和间叶组织等。由永久性细胞构成的组织，其再生能力很弱或缺乏再生能力，如骨骼肌细胞、心肌细胞和神经细胞等。

① 上皮组织的再生　除腺上皮外，上皮细胞具有强大的再生能力，尤其是皮肤和黏膜的被覆上皮更易再生，其轻度的损伤多以完全再生而修复。

被覆上皮再生的过程是：当皮肤或黏膜表面的复层鳞状上皮损伤时，首先由创缘部及残存的上皮基底层细胞分裂增生而形成单层矮小细胞来修补缺损，然后逐渐分化出棘细胞层、颗粒层、透明层和角化层等，形成和原有上皮一致的结构。

黏膜表面被覆的柱状上皮损伤后，主要由邻近部健在的上皮细胞、残存的隐窝上皮或腺颈部上皮再生。再生的细胞开始呈立方形，以后逐渐分化成为正常的柱状上皮细胞，并可向深部生长构成腺体。

腺上皮也具有较强的再生能力。其再生是否完全与损伤程度密切相关。如果损伤轻微，只有腺上皮坏死，而间质及网状支架完好，则呈完全再生；如果腺体的间质及网状支架也受到破坏时，虽可出现腺上皮再生，但难以恢复原来的结构，常常形成瘢痕而引起功能障碍。如肝细胞的再生，若仅有散在的肝细胞坏死，则可完全再生而恢复原有的结构。若肝脏发生较严重的组织坏死时，其周围残留部肝细胞肿大、分裂增殖，同时，间质结缔组织和小胆管也大量增生，结果使肝表面高低不平或呈颗粒状，体积缩小，质地变硬，引起肝硬化。镜检可见肿大增殖的肝细胞呈岛屿状集团，由结缔组织包围，构成所谓的假小叶，其中没有中央静脉，或中央静脉偏于一侧，肝细胞失去放射状排列的结构。

总之，上皮组织的完全再生有赖于间质支架组织的完整。如果上皮组织和间质同时受到破坏，上皮组织则不能完全再生，而由瘢痕修复。

② 结缔组织再生　结缔组织的再生能力极强。这种再生不仅见于其本身受损之后，同时亦见于其他组织受损后不完全再生时，或炎性产物和坏死组织不能完全吸收时，也由结缔组织增生来修补、替代或包囊。

结缔组织的再生过程：首先由病变部原有的结缔组织细胞或由未分化的间叶细胞分裂增生形

成许多成纤维细胞，也可由血管外膜细胞或毛细血管内皮细胞增生分化为成纤维细胞；然后成纤维细胞的胞浆和胞核逐渐缩小呈梭形，并分泌出胶原和酸性黏多糖，这些物质在一些酶的作用下形成较细的嗜银性胶原原纤维；随着细胞的进一步分化成熟，成纤维细胞失去嗜银性转变为红染的纤维细胞，与此同时，胶原原纤维亦逐渐互相融合变为胶原纤维；最后形成由胶原纤维和狭长的纤维细胞共同构成的纤维性结缔组织。

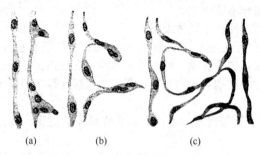

图 5-8　毛细血管再生模式图
（a）毛细血管内皮细胞增生；（b）内皮细胞增生形成条索；（c）增生的毛细血管互相连接

③ 血管的再生　毛细血管的再生能力很强，各种组织特别是结缔组织再生时，多伴有血管的再生，借以供给营养，其对受损组织的修复具有重要意义。其再生方式有两种。

a. 发芽性生长　在毛细血管受损时，由原有的毛细血管内皮细胞肿大，分裂增殖，形成向外突起的幼芽；然后这些幼芽增生延长呈相对平行排列的实心条索状；随后在血流的冲击下，条索中出现管腔成为新生的毛细血管。许多新生的毛细血管芽枝互相连接起来，构成了毛细血管网（图 5-8）。

为了适应功能的需要，这些毛细血管不断地改建，有的关闭，有的管壁增厚而发展为小动脉或小静脉。

b. 自生性生长　直接由结缔组织内的间叶细胞增生分化，形成新的毛细血管。其形成过程是：首先由类似于成纤维细胞的细胞呈平行性排列，以后在细胞之间逐渐出现小裂隙，并与附近的毛细血管连通使血液通过，被覆在裂隙内的细胞变为内皮细胞，构成新生的毛细血管内膜，血管壁外的间叶细胞可进而分化为平滑肌、胶原纤维和弹性纤维，使管壁增厚，最后发育为小动脉或小静脉；有的关闭成为实心结构，逐渐消失。

大血管的再生需要手术吻合，吻合处两侧内皮细胞分裂增殖，互相连接以恢复其内膜结构和光滑性。断裂的平滑肌层不易完全再生，由结缔组织增生予以连接。

④ 骨组织的再生　骨组织的再生能力很强，但其再生结果取决于损伤的大小、骨膜是否存在、整复固定的情况。损伤后，主要由骨内外膜的细胞分裂、增生，形成原始骨组织进行修复，此后逐渐分化为骨组织（详见骨折愈合）。

⑤ 软骨组织的再生　软骨组织再生能力较弱。当软骨受损较轻时，可由软骨膜细胞和残存的软骨细胞分裂增殖为成软骨细胞，并分泌大量软骨基质，使受损的软骨组织得以修复。若受损严重时，则由结缔组织增生来修复。

⑥ 肌肉组织的再生　肌肉组织的再生能力很弱。一般仅轻微损伤时可以完全再生。若损伤严重则由增生的结缔组织形成瘢痕愈合。

骨骼肌损伤轻微，受损的肌纤维未完全断裂，肌膜完整性未破坏时，首先由嗜中性白细胞和巨噬细胞侵入，吞噬清除变性坏死的物质，然后由残存的肌细胞分裂增殖进行修复，最后由于机能负荷的作用，逐渐分化形成肌原纤维、横纹和纵纹，恢复正常的骨骼肌结构和功能。若肌纤维完全断裂，当肌纤维的断端十分接近时，则肌纤维断端的肌浆逐渐增多，胞核分裂形成花蕾状的肌芽，两断端可相互衔接融合而形成一条新的肌纤维，之后逐渐产生纵纹和横纹。损伤严重，两断端相距较远时，多数由结缔组织增生予以连接修复。

平滑肌的再生能力较骨骼肌弱，损伤后一般由结缔组织修复。

心肌的再生能力极弱，受损后也由结缔组织修复。

⑦ 神经组织的再生　中枢神经的神经细胞和神经纤维的再生能力极弱，当其受损后主要是神经胶质细胞再生填补，构成神经胶质疤痕。

周围神经纤维损伤断裂后，若与它联系的神经节细胞或神经细胞健存时可完全再生（图5-9）。

若雪旺细胞破坏、神经纤维的断端相距过远或者两断端之间有疤痕组织，由胞体长出的轴突就不能达到远端，而与增生的结缔组织一起卷曲成团，形成创伤性神经瘤，常引起顽固性疼痛。

2. 创伤愈合

创伤引起的组织缺损，由周围组织再生进行修复的过程，称为创伤愈合。以下主要介绍皮肤与骨组织的创伤愈合。

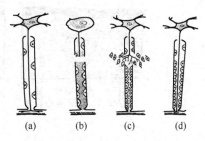

图 5-9　神经纤维再生模式图
（a）正常神经纤维；（b）神经纤维断离处远端及近端一部分髓鞘及轴突崩解；（c）神经膜细胞增生，轴突生长；（d）多余的轴突消失，神经纤维再生完成

皮肤的创伤愈合主要由新生的毛细血管和纤维母细胞组成的肉芽组织与上皮细胞再生来完成，因此首先介绍肉芽组织及其演变过程。

（1）肉芽组织　肉芽组织是由新生的毛细血管、成纤维细胞所形成的一种幼稚结缔组织，眼观呈颗粒状、色红而湿润、质地柔软突起于创面，形似肉芽，故名肉芽组织。

① 肉芽组织的形成和结构　显微镜下肉芽组织主要由新生的毛细血管、幼稚的成纤维细胞、少量的胶原纤维和数量不等的炎性细胞四种成分组成。

当组织和器官损伤后，创腔周围和底部原有的毛细血管内皮细胞肿胀、分裂、发芽以垂直状态向创面方向生长，并按血管再生的规律形成实心条索，在血流的冲击下形成毛细血管。新生的毛细血管在创腔的表面互相吻合形成弓状的毛细血管袢。在毛细血管增生的同时创腔底部和周围的纤维细胞与未分化的间叶细胞也发生肿大而转变为成纤维细胞，并分泌少量的胶原纤维。同时，由于感染和破损组织的刺激，肉芽组织中常浸润一些嗜中性白细胞、单核细胞、淋巴细胞和浆细胞等。这些细胞对局部的细菌、坏死的组织细胞和渗出的纤维蛋白等进行吞噬、分解和消化，为肉芽组织的生长扫除障碍，为创伤的修复创造条件。

新生的肉芽组织表面清洁湿润，质地较脆，触之易出血，但没有神经末梢，故无感觉。所以，临床上进行创伤处理时要注意保护肉芽组织，以免损伤而造成愈合困难。

② 肉芽组织的结局　肉芽组织填充伤口后，一般由底部向表面逐渐成熟，表现为胶原纤维逐渐增多，毛细血管也停止增殖，数目不断减少，纤维母细胞逐渐成熟变为梭形的纤维细胞，最后，肉芽组织发生纤维化转化为灰白色、质地较硬、缺乏弹性的疤痕组织。如果疤痕组织生长过度，形成肿块状突起于皮肤表面，称为疤痕疙瘩。

③ 肉芽组织的功能　肉芽组织是组织损伤修复的基础，在创伤愈合中具有重要作用：抵御感染，保护创面；溶解或机化血凝块、坏死组织及其他异物；填补创腔或其他缺损，修复创伤。

肉芽组织虽能修复创伤，但较大的疤痕形成，常由于疤痕组织收缩引起器官功能障碍。如肠壁的疤痕可引起肠管狭窄，关节附近的大疤痕可引起肢体挛缩、关节运动障碍。

（2）皮肤创伤愈合　创伤愈合的基础是炎性反应和组织再生，以清创和修复为其基本病理过程。由于损伤的程度、有无感染等条件不同，愈合的过程和完善程度也不同。以皮肤创伤愈合为例，由于损伤程度和感染情况不同，皮肤创伤愈合可分为三种类型。

① 直接愈合　又称一期愈合（图5-10）。这种愈合多见于创口小、组织损伤少、创缘整齐、对合严密、无感染和炎症反应比较轻微的创口，无菌性手术切口的愈合就是直接愈合的典型例子。创伤后，创腔内流出的血液和渗出液发生凝固，将创口黏合。创口周围的组织发生轻度充血、炎性渗出，白细胞及组织细胞游走到创腔内，进行吞噬和消化，清除凝血块和坏死组织使创腔净化。创伤后第3天，肉芽组织从创口边缘长出，将创口连接起来。创缘部表皮再生，将创口覆盖。第6～7天，新生的肉芽组织便可形成纤维性结缔组织，此时即可拆除缝线。再经2～3d便可完全愈合，局部形成线状疤痕。直接愈合的特点是愈合时间短，形成的疤痕小，无机能

伤口小，创缘整齐，坏 | 表皮再生，少量肉芽 | 愈合后形成瘢痕小
死组织少，炎症反应轻 | 组织从伤口边缘长入 |

(a) 一期愈合

创口大，创缘不整齐，坏 | 肉芽组织从伤口底部及边缘 | 愈合后形成瘢痕大
死组织多，炎症反应重 | 长入，将伤口填平，表皮再生 |

(b) 二期愈合

图 5-10　创伤愈合过程模式图

障碍。

②间接愈合　又称二期愈合（图 5-10）。这种愈合常见于组织缺损大、坏死组织多、出血较严重、创缘不整齐并伴有感染和明显炎症反应的创伤，如开放性创伤。

这种创伤愈合与直接愈合不同，由于坏死组织多，或感染较重，故炎症反应明显。只有在细菌感染被控制，坏死组织基本被清除，伤口底部及边缘才长出大量肉芽组织将创口填平。表皮在肉芽组织将创口填平后开始再生，将创口覆盖。间接愈合的特点是时间长、形成的疤痕大，易引起机能障碍。

③痂下愈合　此型愈合多见于较浅表而出血的皮肤挫伤。创口表面的血液、渗出液和坏死组织凝固后，干燥形成一层硬固的褐色硬痂。创伤在痂皮掩盖下进行直接愈合或间接愈合。待上皮再生完成后厚痂即脱落。结成的硬痂有保护创面及抗感染的作用，因此一般无感染的创痂不应人为剥离。

（3）骨折愈合　骨折愈合是指骨折后局部所发生的一系列修复过程。骨组织的再生能力很强，骨折后经过良好的复位、固定后可以完全恢复正常的结构和功能。骨折愈合的基础是骨膜的成骨细胞再生，其愈合过程可分为以下几个阶段（图 5-11）。

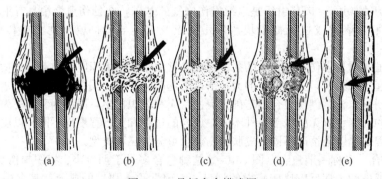

(a)　　　(b)　　　(c)　　　(d)　　　(e)

图 5-11　骨折愈合模式图

(a) 骨折，血肿形成；(b) 纤维性骨痂形成；(c) 转化为类骨细胞；
(d) 骨性骨痂形成；(e) 改建

①血肿形成　骨折处血管破裂出血，血液在骨折断端之间及其周围形成血肿，随后凝固。血凝块将两断端初步连接。骨折与其他创伤一样，局部出现炎症反应，故外观局部红肿。渗出的

白细胞清除伤口。

② 纤维性骨痂形成 自骨折后第 2 天开始,在血肿分解产物的刺激下,骨折断端的骨膜处有肉芽组织逐渐向血凝块中长入,逐渐将其取代,形成软的梭形肿胀的纤维性骨痂。纤维性骨痂使骨折两断端紧密连接起来,但不牢固。此期经 2～3 周。

③ 骨性骨痂形成 在纤维性骨痂形成的基础上,成骨细胞分泌骨基质,本身则成熟为骨细胞而形成类骨组织,类骨组织钙化后便成为骨组织。骨性骨痂虽然使断骨连接比较牢固,但由于结构疏松,骨小梁排列比较紊乱,故比正常骨脆弱。这一过程需 4～8 周。

④ 骨的改建 经功能锻炼,新形成的骨组织进一步发生改建,以适应功能的需要。改建是在破骨细胞吸收骨质和成骨细胞形成新骨质的协调作用下进行的,它使骨质逐渐变得更加致密,骨小梁排列逐渐适应于力学方向,并吸收多余的骨痂,于是就慢慢恢复正常骨的结构和功能。骨的改建一般需 6～12 个月。

骨折后虽然可完全再生,但如发生粉碎性骨折,尤其是骨膜破坏较多或断端对位不好、断端有软组织嵌塞时,均可影响骨折愈合。因此,保护骨膜、正确复位与固定,对促进骨折愈合是十分必要的。

三、病理产物改造

在疾病过程中机体内出现的各种病理产物(坏死组织、炎性渗出物、血凝块和血栓等)或异物(弹片、寄生虫等),机体会通过各种方式将其清除,以利修复。由于病理产物的性质、数量和发生部位不同,机体会采取不同的清除方式。常见的方式有溶解与脱落、机化和包囊形成。

1. 溶解与脱落

范围较小的坏死灶,机体通过自身崩解或被嗜中性白细胞的蛋白溶解酶将其分解为小的碎片或完全液化,液化的坏死组织由淋巴管或小血管吸收,小碎片由巨噬细胞将其吞噬消化,缺损的组织由周围健康组织再生而修复。

位于体表或有管道与外界相通的部位(如呼吸道、消化道)发生坏死时,通过其周围的炎症反应,使坏死组织与周围健康组织逐渐分离,坏死组织逐渐脱落并排出。皮肤和黏膜的坏死灶脱落后留下浅的组织缺损称为糜烂;形成较深的缺损,表面形成凹陷者称为溃疡。肺脏、肾脏的坏死组织,液化后可经气管或输尿管排出,在局部形成空腔,称为空洞形成。溃疡和空洞都可通过周围健康组织再生而修复。

2. 机化和包囊形成

各种病理产物,不能被溶解吸收和腐离脱落时,可逐渐被新生的肉芽组织长入替代,最后变为纤维性疤痕,这种由肉芽组织取代的过程,称为机化。不能被机化的病理产物或异物(如结核病灶),则由新生的肉芽组织将其包裹,称为包囊形成。

由于病理产物的性质、数量和发生部位不同,其机化的表现和影响也不同,现将几种常见的情况分述如下。

(1) 纤维素性渗出物 在胸腔、腹腔、心包腔等浆膜面发生炎症时,大量的纤维素性渗出物不易被完全溶解吸收而发生机化,使浆膜粗糙肥厚,呈斑块状或绒毛状(如纤维素性心包炎发生机化时形成的绒毛心);如果在相邻两层浆膜间纤维素性渗出物发生机化时,则可造成两层浆膜间结缔组织性粘连和闭塞(如纤维素性胸膜炎发生机化时形成的肋胸膜和肺胸膜粘连),引起不同程度的机能障碍。纤维素性肺炎时肺泡内的纤维素性渗出物机化后,结缔组织充塞肺泡,肺组织实变,质度如肉,称为肺肉变,肉变区肺泡丧失呼吸功能。

(2) 坏死组织 小的坏死灶机化时被肉芽组织取代形成疤痕;不能被机化的大坏死灶则由肉芽组织包裹形成包囊,与正常组织隔离。脑组织的坏死灶,常由神经胶质细胞进行吸收、修复,最后形成神经胶质性疤痕而残留于脑内。

(3) 异物 细菌等较小的异物可被嗜中性粒白细胞吞噬清除。较大的异物如缝线、弹片、铁钉、玻璃片、寄生虫等，通常在其周围由肉芽组织增生将其包裹，使异物局限化并与健康组织相隔离。在寄生虫或虫卵周围包绕的结缔组织中，常有嗜酸性粒细胞浸润。

综上所述，机化与包囊形成可以消除或限制各种病理产物和异物的致病作用，属于一种抗损伤性反应。但有时机化会给机体造成永久性病理状态。如纤维素性胸膜肺炎时，由于机化造成肺胸膜和肋胸膜粘连，可造成持久性的呼吸障碍；心瓣膜炎时，由于机化使瓣膜变形，引起全身性血液循环障碍。因此，对机化的意义，既要看到它具有适应与修复的有利作用，也要注意到它可能给机体带来的不利影响。

四、病理性钙化

在正常的机体内，钙盐只沉积在骨骼和牙齿。如果在骨骼和牙齿以外的组织内出现固体钙盐沉着，称为病理性钙化，简称钙化。沉着的钙盐主要是磷酸钙，其次为碳酸钙。病理性钙化分为营养不良性钙化和转移性钙化两类。

1. 类型与发生机制

（1）营养不良性钙化　在血液和组织间液中呈溶解状态的钙，以固体形式沉着于变性和坏死组织中，称为营养不良性钙化。钙盐常沉积在结核性干酪样坏死灶、贫血性梗死灶、脂肪坏死、肌肉蜡样坏死组织、死亡的寄生虫及虫卵、陈旧的血栓及其他异物。此型钙化机体无全身性的钙磷代谢障碍，血钙不升高，只是钙盐在局部组织中析出和沉积。

营养不良性钙化的发生机理有不同的提法。一种提法认为病变的局部组织呈酸性，其中钙离子和磷酸根浓度较高，由于组织液的缓冲作用，使局部环境碱性化，故钙离子易和磷酸根结合析出并沉淀。还有人提出"钙皂"学说，认为某些坏死组织对钙盐有吸附性或亲和力，导致钙盐易在其中沉着。

（2）转移性钙化　当机体发生全身性钙磷代谢障碍时，血钙含量不断升高，钙盐在未受损伤的组织中沉积，称为转移性钙化。

血钙升高的常见原因有：甲状旁腺机能亢进，甲状旁腺素分泌增多，使骨质脱钙，磷酸盐从尿中排出增多；维生素D摄入量过多，肠道吸收钙增多，从而引起血钙浓度增高和血磷降低。此外，各种可引起骨质破坏的疾病，如骨组织肿瘤在一定条件下也可引起骨质的严重破坏，进而引起转移性钙化。转移性钙化多见于肾小管、肺泡壁、胃黏膜和动脉中层等处。这可能与这些组织分泌酸而使组织本身呈碱性状态有关。

2. 病理变化

两种钙化其病理变化基本相同。病理性钙化是一个慢性病理过程，钙盐在组织中沉着量少时，肉眼不能辨认；量多时，常呈灰白色颗粒状或结节状的砂粒样物，质地坚硬，不易用刀切开，切割时常可听到沙沙声。在HE染色的组织切片中镜检可见组织内沉积的钙盐呈蓝色闪光的团块或颗粒。

3. 结局和对机体的影响

钙化也是一种可逆性变化，小的钙化灶可被溶解吸收，钙盐沉积较多时，则很难完全溶解吸收，在钙化灶周围就会形成结缔组织性包囊，把钙化灶局限在一定部位。

钙化对机体的影响常视具体情况而异。如血管壁发生钙化时血管失去弹性而变脆，容易造成破裂出血；在结核灶发生钙化时，可使其中的结核菌逐渐丧失活力，减少复发的危险性。另外，钙化灶对机体而言已成为异物，可以经常刺激机体，导致其他病变的发生。

五、适应

在受到刺激或环境条件发生改变时，机体内的组织细胞能改变其形态结构和机能，以适应新的环境和机能要求，这个过程称为适应。适应是机体在进化过程中获得的一种能力。适应性改变一般是可逆的，只要组织细胞生存的环境恢复正常，其形态结构的适应性改变即可恢复。常见形态结构的适应性改变有以下几种。

1. 肥大

机体的某一组织或器官细胞体积增大、数量增多并伴有功能增强的现象，称为肥大。肥大是器官机能负担加重或代偿其他组织机能不足的一种适应性反应。肥大一般分为生理性肥大和病理性肥大。

（1）生理性肥大　机体为适应生理功能需要所引起的组织、器官肥大，称为生理性肥大。其特点是肥大的组织和器官不仅体积增大，机能增强，而且具有更大的储备力。例如经常锻炼和使役动物的肌腱、哺乳动物的乳腺和妊娠雌性宠物子宫的肥大，均属于生理性肥大。

（2）病理性肥大　在疾病过程中一些器官的功能负荷加重，引起相应组织或器官的肥大，称为病理性肥大，又称为代偿性肥大。例如一侧肾脏因受疾病损害时，另一侧肾脏发生的体积增大和机能增强；又如左心瓣膜病时，由于瓣膜闭锁不全引起的左心肥大。

某些疾病过程中，会引起组织或器官的间质增生，体积增大，但其实质细胞因受间质压迫往往发生萎缩，其机能往往降低，这种肥大称为假性肥大。如慢性间质性肾炎的发展过程中，其体积增大，但其功能往往下降。

一般来说，代偿性肥大对机体是有益的。但组织、器官的代偿能力是有一定限度的，一旦超过了限度，由于肥大组织或器官的血液供应不足，不能满足肥大细胞的代谢需要，便可出现代偿机能减退或衰竭。如心肌肥大超过一定限度，增大的心肌便不能代偿增高的负荷，最后会引发心力衰竭。

2. 改建

器官、组织的功能负荷发生改变后，为适应功能的需要，其形态结构也发生相应的变化，称为改建。体内常见的改建有以下几种。

（1）骨组织的改建　患关节病或骨折后，由于骨的负重方向发生变化，骨小梁将按力学负荷要求改变其结构和排列，经过一定时间后，骨组织内形成适应新的机能要求的新结构。

（2）血管的改建　血管内压力长期增高，血管壁的弹性纤维和平滑肌增生，管壁增厚后，毛细血管会变成小动脉、小静脉；反之，当器官的功能减退，其原有的一部分血管会发生闭塞。如胎儿出生后，其脐动脉由于血流停止而转变成膀胱圆韧带。

（3）结缔组织的改建　皮肤创伤愈合过程中，肉芽组织内胶原纤维的排列也能适应皮肤张力增加的需要，变得与表皮方向平行。

3. 化生

一些分化成熟的组织，为了适应细胞生活环境的改变或理化因素的刺激，在形态和机能上完全变为另一种组织的过程，称为化生。例如，上皮组织中柱状上皮可以化生为鳞状上皮；结缔组织可以化生为软骨组织或骨组织。根据化生所发生的机制和过程，将其分为直接化生和间接化生两类。

（1）直接化生　是指某种组织不经过细胞的增殖而直接转变为另一种类型的组织。这种化生方式极少见，如结缔组织细胞直接化生为骨组织、软骨组织或脂肪组织。

（2）间接化生　是指在病理情况下通过细胞新生转变为他种组织的过程。例如，慢性气管炎、支气管扩张症或维生素 A 缺乏时，呼吸道的柱状上皮脱落后，新生的细胞可转变为复层鳞状上皮（鳞状上皮化生）；在慢性萎缩性胃炎时，胃腺的上皮细胞可转化为类似肠黏膜的黏液分泌细胞（胃腺的肠上皮化生）；肾盂结石时，肾盂黏膜的移行上皮化生为鳞状上皮。

组织化生通常能增强局部组织对某些刺激的抵抗力，具有积极的适应作用。但化生后的组织却丧失了原有组织的功能，可引起一定的机能障碍。例如，支气管黏膜的鳞状上皮化生，由于丧失了纤毛细胞，削弱了支气管的防御功能。有些化生完全没有适应意义，如维生素 A 缺乏时支气管黏膜上皮的鳞状上皮化生。诱发组织化生的刺激因素长期存在，可能会引起组织发生癌变。

【本章小结】

　　细胞和组织的损伤、适应与修复这一章着重讲述了各种疾病过程中可能发生的各种各样的损伤性变化，以及对不同损伤做出的修复性反应。这一章是《宠物病理》这门课最重要的章节之一，认识了各种损伤和修复发生发展的规律，对于了解疾病的发生、发展过程，防止和减轻组织损伤性变化的进展，促进疾病康复，有着重要的意义；掌握了各种损伤的眼观病理变化，可帮助我们通过临床观察和病理检查进行临床诊断。因此，要求学生要认真学习这一章，重点要掌握各种常见损伤和修复的发生原因、机制及眼观病理变化，以便更好地服务于临床工作。

【思考题】

1. 哪些原因会引起全身性萎缩？病理变化有哪些？
2. 细胞肿胀和脂肪变性常发生在哪些器官？主要由哪些原因引起？
3. 什么是"槟榔肝""虎斑心"？
4. 坏死、坏疽有几种类型？各有什么特点？
5. 简述坏死和细胞凋亡有哪些区别？
6. 代偿有几种方式？它们之间的关系如何？
7. 影响组织再生的因素有哪些？
8. 临床上常见的病理性色素沉着有哪些？
9. 创伤发生后，为了使其更快更好地愈合，应从哪些方面着手？
10. 简述各种组织的再生能力。
11. 病例分析：一只黑色犬死亡后，剖检可见肝脏肿大，并有条状黄色或土黄色与条状暗红色交替出现；肾有一大、一小，大肾基本正常，小肾比大肾小 1/3 左右；小肠黏膜有暗红色斑点，大肠有溃疡灶；肺部呈暗红色肿大。用本章知识解释出现的病理变化。

微信扫码立领

- 读课件　助通关
- 查彩图　辨细节
- 养宠物　多交流

第六章 炎 症

【知识目标】 了解致炎因子的广泛性和炎症性疾病的普遍性与代表性；理解炎症的基本病理变化与分类特征，掌握炎症的原因、局部表现和全身反应，炎症的局部病理变化及类型。

【技能目标】 能够识别炎症的局部表现、全身反应，以及各种炎症的特征性病变。

【课前准备】 引导学生对炎症的原因、局部表现和全身反应、局部病理变化及类型的认识；建议学生学习炎症的一些科普知识，对学生在课堂上掌握本章内容具有辅助作用。

第一节 炎症的概述

一、炎症的概念

外源性和内源性损伤因子引起机体细胞和组织各种各样的损伤性变化，与此同时机体的局部和全身也发生一系列复杂的反应，以消灭和局限损伤因子，清除和吸收坏死组织和细胞，并修复损伤，机体这种复杂的以防御为主的反应称为炎症，也就是说炎症是机体对抗各种致炎因子引起的损伤，以防御为主的局部或全身性反应。

在炎症过程中一方面损伤因子可直接或间接损伤机体的细胞和组织；另一方面通过一系列血管反应、液体渗出、白细胞渗出和被激活，发挥稀释、中和、杀伤和包围损伤因子；同时机体通过实质和间质细胞的再生使受损伤的组织得以修复和愈合。可以说炎症是损伤、抗损伤和修复的统一过程。有效的机体防御反应可终止炎症，如果机体防御机制缺陷，可损伤组织和器官的功能，机体对病原体产物或改变了的自身组织成分发生异常免疫反应可使炎症慢性化。应当指出炎症的修复反应也能引起机体功能障碍，例如纤维素性心包炎引起的心包纤维性粘连会影响心脏的收缩和舒张功能。

机体许多成分参与炎症反应过程，包括白细胞、血浆蛋白、血管壁细胞、结缔组织细胞、细胞外基质和炎症介质等。

二、炎症的原因

凡是能引起组织和细胞损伤的因子都能引起炎症，致炎因子种类繁多，可归纳为以下几类。

1. 物理性因子

包括高温、低温、机械性创伤、紫外线和放射线等。

2. 化学性因子

包括外源性和内源性化学物质。外源性化学物质有强酸、强碱和强氧化剂以及芥子气等。内源性化学物质有坏死组织的分解产物，也包括病理条件下堆积于体内的代谢产物，如尿素。

3. 生物性因子

病毒、细菌、立克次体、原虫、真菌、螺旋体和寄生虫等为炎症最常见的原因。病毒可通过在细胞内复制致感染细胞坏死。细菌及其所释放的内毒素和外毒素可激发炎症。某些病原体通过其抗原性诱发免疫反应而损伤组织，寄生虫感染和结核便是例证。

4. 组织坏死

缺血或缺氧等原因可引起组织坏死，坏死组织是潜在的致炎因子，在新鲜梗死灶的边缘所出现的出血充血带和炎症细胞浸润都是炎症的表现。

5. 变态反应

当机体免疫反应状态异常时，可引起不适当或过度的免疫反应，造成组织损伤，引发炎症反应。

三、炎症的局部表现和全身反应

1. 炎症的局部表现

炎症的局部表现，包括红、肿、热、痛和功能障碍。这五种表现发生的原因如下。

① 红　由于炎症初期，局部炎症区表现充血，所以是红色。

② 肿　由于充血，血管壁透性增高，血浆渗出增多，炎区局部水肿。

③ 热　由于充血，代谢加强，产热增多，所以炎区温度高于周围组织。

④ 痛　感觉神经末梢受到致病因素和组织分解产物的刺激而产生的痛觉。如钾离子、氢离子浓度高，还有 5-羟色胺、缓激肽等。

⑤ 功能障碍　由于局部组织肿胀、疼痛、组织损伤而影响器官的正常功能。

上述五种症状是炎症的共同特点，并非每种炎症这五种表现都出现。从这五种临床表现发生的原因来看，炎症局部发红和发热是由于局部血管扩张、血流加快所致；炎症局部肿胀与局部血管充血、液体和细胞成分渗出有关；渗出物的压迫和炎症介质的作用可引起疼痛；在此基础上可进一步引起局部脏器的功能障碍，如关节炎可引起关节活动不灵，肺泡性和间质性肺炎均可影响换气功能。

2. 炎症的全身反应

炎症的全身急性期反应包括发热、慢波睡眠增加、厌食、肌肉蛋白降解加速、补体和凝血因子合成增多，以及末梢血白细胞数目的改变。

(1) 发热　发热是下丘脑的体温调节中枢受外源性和内源性致热原刺激的结果。病原微生物和组织坏死崩解产物都是外源性致热原，被巨噬细胞、嗜中性粒白细胞吞噬后，产生内源性致热原，引起发热。白介素-1 (IL-1)、白介素-6 (IL-6) 和肿瘤坏死因子-α (TNF-α) 是介导的急性期炎症反应最重要的细胞因子。IL-1 和肿瘤坏死因子 (TNF) 作用于下丘脑的体温调节中枢，通过在局部产生前列腺素 E 引起发热，因而阿司匹林和非甾体类抗炎药物 (环氧化酶抑制剂) 可退热。

IL-1 和 TNF-α 可诱导 IL-6 的产生，而 IL-6 能刺激肝脏合成纤维蛋白原等急性反应期血浆蛋白，促进红细胞凝聚，使血沉加快。

(2) 细菌性炎症时，白细胞会增多　炎症时循环血液中的白细胞总数增高。急性炎症、化脓性炎症时，嗜中性粒白细胞增加为主；过敏性炎症或寄生虫性感染时，以嗜酸性粒细胞增多为主；慢性炎症时，巨噬细胞和淋巴细胞增多为主。在某些病毒性疾病中，虽然也有炎症，但白细胞总数不见增多，甚至会减少。

某些炎症，特别是细菌性炎症中，单核-巨噬细胞系统明显增生，淋巴结肿大，脾肿大，网状细胞和血窦、淋巴窦的内皮细胞增生。吞噬能力旺盛。

末梢血白细胞计数增加是炎症反应的常见表现，特别在细菌感染所引起的炎症时更是如此。白细胞计数可达 $15000\sim20000/\text{mm}^3$，若达到 $40000\sim100000/\text{mm}^3$ 则称为类白血病反应。末梢血白细胞计数增加主要是由于 IL-1 和 TNF 所引起白细胞从骨髓储存库释放加速，而且相对不成熟的杆状核嗜中性粒白细胞所占比例增加，称之为"核左移"。持续感染能促进集落刺激因子 (CSF) 的产生，引起骨髓造血前体细胞的增殖。多数细菌感染引起嗜中性粒白细胞增加；寄生虫感染和过敏反应引起嗜酸性粒细胞增加；一些病毒感染选择性地引起淋巴细胞比例增加，如单核细胞增多症、腮腺炎和风疹等。但多数病毒、立克次体和原虫感染，甚至极少数细菌（如伤寒杆菌）感染则引起末梢血白细胞计数减少。

严重的全身感染，特别是败血症，可引起全身血管扩张、血浆外渗、有效血循环量减少和心脏功能下降而出现休克。如有凝血系统的激活可引起弥散性血管内凝血（DIC）。

（3）实质器官的变化　在炎症过程中，特别是较严重的感染所引起的炎症，心、肝、肾等器官的实质细胞常发生细胞肿胀、脂肪变性，严重可出现局灶性坏死。

第二节　炎症局部基本病理变化

炎症的基本病理变化包括变质性变化、渗出性变化和增生性变化。在炎症过程中它们以一定的先后顺序发生，一般炎症早期和急性炎症多以变质性变化或渗出性变化为主，炎症后期和慢性炎症多以增生性变化为主。但变质性变化、渗出性变化和增生性变化是相互联系的。一般来说，变质性变化是损伤性过程，而渗出性变化和增生性变化是抗损伤和修复过程。

一、变质性变化

炎症局部组织发生的变性和坏死统称为变质。变质既可以发生于实质细胞，又可以发生于间质细胞。实质细胞常出现的变质性变化包括细胞水肿、脂肪变性、凋亡、细胞凝固性坏死和液化性坏死等。间质细胞常出现的变质性变化包括黏液变性和纤维素性坏死等。变质由致病因子直接作用，或由血液循环障碍和炎症反应产物的间接作用引起。因此炎症反应的轻重一方面取决于致病因子的性质和强度，另一方面也取决于机体的反应状态。

二、渗出性变化

炎症局部组织血管内的液体成分、纤维素、蛋白质和各种炎症细胞通过血管壁进入组织、体腔、体表和黏膜表面的过程称渗出。渗出是炎症最具特征性的变化，在局部发挥着重要的防御作用。

炎症渗出所形成的渗出液与单纯血液循环障碍引起的漏出液的区别在于前者蛋白质含量较高，含有较多的细胞和细胞碎片，相对密度高于1.018，常外观浑浊。渗出液的产生是血管壁通透性明显增加的结果。相比之下漏出液蛋白质含量低，所含的细胞和细胞碎片少，相对密度低于1.018，外观清亮，漏出液的产生是血浆超滤的结果，并无血管壁通透性的明显增加。但两者均可引起水肿或浆膜腔积液。

炎症的渗出性变化主要有以下变化和反应。

1. 血管反应

小血管会发生贫血性充血，颜色鲜红，温度升高；如出现淤血时，血流变得缓慢；在致炎因子和炎性产物的作用下，致使血管壁损伤或透性增高。由于血管发生上述变化，而发生渗出，出现水肿等现象。

2. 细胞反应

白细胞渗出是炎症反应最重要的特征。白细胞主要有以下反应：①白细胞的附壁；②白细胞的游出；③白细胞趋化作用；④白细胞的吞噬作用。

炎性细胞的种类：嗜中粒白细胞；嗜酸粒白细胞；单核细胞和巨噬细胞；上皮样细胞和多核巨细胞；淋巴细胞；浆细胞。

炎性细胞的功能：吞噬细菌和异物；参与机体的免疫反应。

3. 渗出物的作用

渗出物有液体成分和细胞成分，分别具有重要意义。如稀释有毒物质，减少刺激强度；携带抗体，参与免疫反应；中和毒素；吞噬溶解病原微生物等作用。大量渗出也会产生不良后果。

三、增生性变化

包括实质细胞和间质细胞的增生，而发生普通增生和特异性增生。实质细胞的增生，如鼻黏膜慢性炎症时上皮细胞和腺体的增生，慢性肝炎中的肝细胞增生。间质细胞的增生包括组织细胞、血管内皮细胞、成纤维细胞的增生。成纤维细胞增生可产生大量胶原纤维，可形成炎症纤维化，在慢性炎症中表现较突出，甚至与实质细胞增生共同形成炎症性息肉。实质细胞和间质细胞增生是相应生长因子刺激的结果。

第三节 炎症的分类及其特征

炎症依其病程经过分为两大类：急性炎症和慢性炎症。急性炎症反应迅速，持续时间短，常常仅几天，一般不超过 1 个月，以变质和渗出性变化为主，炎症细胞浸润以嗜中性粒白细胞为主。慢性炎症持续时间较长，为数月到数年，病变以增生性变化为主，其炎症细胞浸润以淋巴细胞和单核细胞为主。

在急性炎症过程中，血流动力学改变、血管通透性增加和白细胞渗出这三种改变非常明显。以把抵抗病原微生物的两种主要成分白细胞和抗体运输到炎症病灶。本节将介绍急性炎症过程中血流动力学改变、血管通透性增加和白细胞渗出的病变特点及发生机制，阐明炎症介质在炎症过程中的作用，并介绍急性炎症的常见类型。

一、急性炎症过程中的血流动力学改变

急性炎症过程中组织发生损伤后，很快发生血流动力学变化，即血流量和血管口径的改变。血流动力学变化的速率取决于损伤的严重程度，血流动力学变化按如下顺序发生。

1. 细动脉短暂收缩

由神经调节和化学介质引起。损伤发生后立即出现。血流改变仅持续几秒钟。

2. 血管扩张和血流加速

先发生细动脉扩张，然后毛细血管扩张以及开放的毛细血管数量增加，使局部血流加快。血流量增加，是局部发红和发热的原因。血管扩张的发生机制与神经和体液因素有关，神经因素即轴突反射，体液因素包括组胺、一氧化氮、缓激肽和前列腺素等化学介质。

3. 血流速度减慢

血流速度减慢是血管通透性升高的结果。富含蛋白质的液体渗到血管外，导致血管内红细胞浓集和血液黏稠度增加。最后在扩张的小血管内挤满红细胞，称为血流停滞。血流停滞有利于白细胞黏附于血管内皮并渗出到血管外。

急性炎症过程中血流动力学改变的速度取决于致炎因子、损伤的种类和严重程度。极轻度刺激引起血流加快仅持续 10～15min，然后逐渐恢复正常；轻度刺激下血流加快可持续几小时，随后血流速度减慢，甚至发生血流停滞；较重的刺激可在 15～30min 内出现血流停滞；而严重损伤仅在几分钟内发生血流停滞。此外在炎症灶的不同部位血流动力学改变是不同的，例如烧伤病灶的中心已发生了血流停滞，但病灶周边部位可能仍处于血管扩张状态。

二、血管通透性增加

在炎症过程中富含蛋白质的液体渗出到血管外，聚集在间质内称为炎性水肿，若聚集于浆膜腔则称为浆膜腔炎性积液。炎性水肿在急性炎症过程中常表现得很突出。引起炎性水肿的因素包括：血管扩张和血流加速引起流体静力压升高和血浆超滤；富含蛋白质的液体外渗到血管外，使血浆胶体渗透压降低，而组织内胶体渗透压升高。

微循环血管通透性的维持主要依赖于血管内皮细胞的完整性。在炎症过程中下列机制可引起血管通透性增加。

1. 内皮细胞收缩和（或）穿胞作用增强

由组胺、缓激肽、白细胞三烯和 P 物质等作用于内皮细胞受体使内皮细胞迅速发生收缩，在内皮细胞间出现 $0.5 \sim 1.0 \mu m$ 的缝隙。IL-1、TNF、干扰素-γ（IFN-γ）、缺氧和某些亚致死性损伤可引起内皮细胞骨架重构，内皮细胞发生收缩。近内皮细胞间连接处由相互连接的囊泡所构成的囊泡体，形成穿胞通道，富含蛋白质的液体通过穿胞通道穿越内皮细胞称为穿胞作用，这是血管通透性增加的另一机制。

2. 直接损伤内皮细胞

严重烧伤和化脓菌感染时可直接损伤内皮细胞，使之坏死脱落，血管通透性增加。此种损伤引起的血管通透性增加发生迅速，并在高水平上持续几小时到几天，直至血栓形成或内皮细胞再生修复为止。轻度热损伤、中度热损伤、X 射线和紫外线照射、某些细菌毒素引起的血管通透性增加则发生较晚，常在 $2 \sim 12d$ 之后，但可持续几小时到几天，累及毛细血管和细静脉。

3. 白细胞介导的内皮细胞损伤

白细胞黏附于内皮细胞，使其自身激活，释放出具有活性的氧代谢产物和蛋白水解酶，引起内皮细胞损伤和脱落，使血管通透性增加。

4. 新生毛细血管壁的高通透性

在炎症修复过程中形成的血管内皮细胞连接不健全，因而新生毛细血管具有高通透性。

应当指出，上述引起血管通透性增加的炎症因素可同时或先后起作用。

血管通透性增加所引起的炎性水肿的意义在于：①稀释和中和毒素，减轻毒素对局部的损伤作用；②为局部浸润的白细胞带来营养物质和运走代谢产物；③渗出物中所含的抗体和补体有利于消灭病原体；④渗出物中的纤维素交织成网，不仅可限制病原微生物的扩散，还有利于白细胞吞噬消灭病原体，在炎症的后期纤维素网架可成为修复的支架，并有利于成纤维细胞产生胶原纤维；⑤渗出物中的病原微生物和毒素随淋巴液被带到部属淋巴结，有利于细胞和体液免疫的产生。

但渗出液过多有压迫和阻塞作用，例如肺泡内堆积渗出液可影响换气功能，过多的心包或胸膜腔积液可压迫心脏或肺脏，严重的喉头水肿可引起窒息。渗出物中的纤维素吸收不良可发生机化，例如引起肺肉质变、浆膜粘连甚至浆膜腔闭锁。

三、白细胞渗出和吞噬作用

炎症反应最重要的功能是将炎症细胞输送至炎症病灶，白细胞渗出是炎症反应最重要的特征。嗜中性粒白细胞和单核细胞可吞噬和降解细菌、免疫复合物、异物和坏死组织碎片，构成炎症反应的主要防御环节。白细胞也可通过释放蛋白水解酶、化学介质和毒性氧自由基等，引起机体组织和细胞的损伤，并可能延长炎症过程。

白细胞的渗出过程是复杂的连续过程，包括白细胞边集和滚动、黏附和游出、在组织中游走等阶段，并在趋化因子的作用下到达炎症灶，在局部发挥重要的防御作用。

1. 白细胞边集和滚动

随着血流缓慢和液体渗出的发生，毛细血管和静脉中的白细胞离开血管的中心部（轴流），到达血管的边缘部，称为白细胞边集。随后在内皮细胞表面翻滚，并不时黏附于内皮细胞，称为白细胞滚动。

选择素介导白细胞滚动过程中与内皮细胞的黏附。选择素包括表达于内皮细胞的 E 选择素（又称 CD62E）、表达于内皮细胞和血小板的 P 选择素（又称 CD62P）、表达于白细胞的 L 选择素（又称 CD62L）。表达于内皮细胞的 CD62E 和 CD62P 通过其凝集素结构域与表达于白细胞的唾液酸化 LewisX 和 LewisA 共价结合。表达于白细胞的 CD62L 可以与内皮细胞的含糖的细胞黏附分子 1（GlyCAM-1）、黏膜定居素细胞黏附分子 1（MadCAM-1）和 CD34 结合。

2. 白细胞黏附

继白细胞滚动过程完成后，白细胞借助于免疫球蛋白超家族分子和整合蛋白类分子黏附于内皮细胞。

免疫球蛋白超家族分子包括：细胞间黏附分子 1（ICAM-1）和血管细胞黏附分子 1（VCAM-1）。它们表达于血管内皮细胞，分别与位于白细胞表面的整合蛋白受体结合。ICAM-1 可与 LFA-1（黏附蛋白分子之一）和 MAC-1（黏附蛋白分子之一）（Cdlla/CD18 和 CDllb/CD18）结合，VCAM-1 可与极迟抗原 4（VLA-4）和 α4β7 结合。整合蛋白类不仅介导内皮细胞和白细胞黏附，还介导白细胞与细胞外基质黏附。

3. 白细胞游出和化学趋化作用

白细胞紧紧黏附于内皮细胞是白细胞从血管中游出的前提。首先白细胞在内皮细胞连接处伸出伪足，整个白细胞以阿米巴运动的方式从内皮细胞缝隙中逸出。嗜中性粒白细胞、嗜酸性粒细胞、嗜碱性粒细胞、单核细胞和各种淋巴细胞均以此种阿米巴运动的方式游出血管。穿过内皮细胞的白细胞可分泌胶原酶降解血管基底膜。一个白细胞常需 2～12min 才能完全通过血管壁。

白细胞-血管内皮细胞间黏附分子的抗体可抑制白细胞从血管中游出。除白细胞-血管内皮的细胞间黏附分子在白细胞游出中起重要作用外，血管内皮细胞间黏附分子在白细胞游出中也起重要作用。如 CD31 属免疫球蛋白超家族成员，又称血小板内皮细胞黏附分子（PECAM-1），起着将内皮细胞黏附在一起的作用，可溶性 CD31 或 CD31 抗体能抑制白细胞从血管中游出。到达血管外的白细胞可通过 CD44 和 β$_2$-整合素受体黏附于基质蛋白，使白细胞滞留于炎症病灶。

炎症的不同阶段游出的白细胞种类有所不同。在急性炎症的早期（24h 内）嗜中性粒白细胞首先游出，24～48h 则以单核细胞浸润为主。其原因在于：①嗜中性粒白细胞寿命短，经过 24～48h 后嗜中性粒白细胞凋亡和崩解消失，而单核细胞在组织中寿命长；②嗜中性粒白细胞停止游出后，单核细胞可继续游出；③嗜中性粒白细胞能释放单核细胞趋化因子，因此嗜中性粒白细胞游出后必然引起单核细胞游出。此外致炎因子的不同，渗出的白细胞也不同，葡萄球菌和链球菌感染以嗜中性粒白细胞浸润为主，病毒感染以淋巴细胞浸润为主，一些过敏反应则以嗜酸性粒细胞浸润为主。

趋化作用是指白细胞沿浓度梯度向着化学刺激物做定向移动，移动的速度为每分钟 5～20μm。这些具有吸引白细胞定向移动的化学刺激物称为趋化因子。趋化因子具有特异性，有些趋化因子只吸引嗜中性粒白细胞，而另一些趋化因子则吸引单核细胞或嗜酸性粒细胞。不同的炎症细胞对趋化因子的反应不同，粒细胞和单核细胞对趋化因子的反应较明显，而淋巴细胞对趋化因子的反应则较弱。

一些外源性和内源性物质具有趋化作用。最常见的外源性化学趋化因子有可溶性细菌产物，特别是含有 N-甲酰基蛋氨酸末端的多肽。内源性趋化因子包括补体成分（特别是 C5a）、白三烯［主要是白三烯 B4(LTB4)］、细胞因子（特别是 IL-8）等。

这些外源性和内源性化学趋化因子是通过靶细胞表面的特异性受体发挥作用的。化学趋化因子与白细胞表面的特异性 G 蛋白偶联受体结合，通过特殊的 G 蛋白激活磷脂酶 C，导致 4,5-二磷酸磷脂酰肌醇水解，产生三磷酸肌醇和二乙酰基甘油，进而使细胞内钙离子升高，激活 Rac/Rho/cdc42 家族的鸟苷三磷酸（GTP）酶和一系列激酶。促进细胞内细胞骨架成分动态组装和解聚，即在细胞运动前导缘的伪足组装成长的分支状的由肌动蛋白和肌球蛋白构成的收缩蛋白网络，使细胞伸出伪足，细胞的其他部分收缩蛋白网络解聚，继而拉动细胞向前运动，引起细胞的位移。

4. 白细胞在局部的作用

许多化学趋化因子不仅具有对白细胞的化学趋化作用，而且可激活白细胞，白细胞的激活也可由病原体、坏死细胞产物、抗原抗体复合物和细胞因子引起。上述白细胞激活因子作用于白细胞表面的 Toll 样受体（Toll-like receptors，TLR）、七次跨膜的 G 蛋白偶联受体、细胞因子受体和调理素受体使白细胞激活。白细胞激活的机制包括二乙酰基甘油的产生和细胞内钙离子升高激活磷脂酶 A2，使磷脂产生花生四烯酸代谢产物；通过激活蛋白激酶 C 可使白细胞脱颗粒和释放溶酶体酶，激活磷脂酶 D 维持二乙酰基甘油的含量；某些细胞因子（例如 TNF）本身对白细的激活作用不强，但在化学趋化因子的协同作用下，其激活白细胞的能力可大大增强。

（1）吞噬作用　吞噬作用是指白细胞游出并抵达炎症病灶，吞噬病原体和组织碎片的过程。吞噬作用是除了白细胞通过释放溶酶体酶之外的另一种杀伤病原体的途径。

吞噬细胞的种类：发挥此种作用的细胞主要为嗜中性粒白细胞和巨噬细胞。嗜中性粒白细胞吞噬能力较强，细胞胞质内含有嗜天青颗粒和特异性颗粒，嗜天青颗粒含有酸性水解酶、中性蛋白酶、髓过氧化物酶、阳离子蛋白、溶菌酶和磷脂酶 A，特异性颗粒含溶菌酶、磷脂酶 A2、乳铁蛋白及碱性磷酸酶等。炎症灶中的巨噬细胞来自血液的单核细胞，其溶酶体含有酸性磷酸酶和过氧化物酶。巨噬细胞受到外界刺激能被激活，表现为细胞体积增大，细胞表面皱襞增多，线粒体和溶酶体增多，功能也相应增强。

吞噬过程：包括识别和附着、吞入、杀伤和降解三个阶段。

识别和附着：血清中存在调理素，调理素是指一类能增强吞噬细胞吞噬功能的蛋白质。这些蛋白质包括 IgG 的 Fc 段、补体 C3b 及其非活跃型（iC3b）、集结素（血浆内的一种糖结合蛋白）。它们分别可被白细胞的特异性免疫球蛋白 Fc 受体（FcγR）、补体受体（CR1、CR2、CR3）和 clq 受体识别。

嗜中性粒白细胞和巨噬细胞也可以通过细胞表面非特异性受体吞噬病原体和坏死细胞。这些受体包括甘露糖受体和清道夫受体。甘露糖受体为一种巨噬细胞凝集素，可与糖蛋白和糖脂末端的甘露糖和岩藻糖结合。病原体的细胞壁含有甘露糖和岩藻糖，因而可被吞噬细胞吞噬。清道夫受体也可与各种病原体的细胞壁结合。此外 CR3 与 Mac-1 为同一分子，可在没有抗体和补体的情况下参与对细菌的吞噬，因为它可识别细菌表面的脂多糖。这些现象称为非调理素化吞噬。

吞入：吞噬细胞附着于调理素化的颗粒状物体后便伸出伪足，随着伪足的延伸和相互融合，形成由吞噬细胞胞膜包围吞噬物的泡状小体，称作吞噬体。吞噬体与初级溶酶体融合形成吞噬溶酶体，细菌在溶酶体内容物的作用下被杀伤和降解。FcγR 附着于调理素化的颗粒便能引起吞入，但单纯补体 C3 受体不能引起吞入。只有在此种受体被细胞外基质成分纤连蛋白和层粘连蛋白以及某些细胞因子激活的情况下，才能引起吞入。

杀伤和降解：进入吞噬溶酶体的细菌可被依赖/非依赖氧的途径杀伤和降解。

进入吞噬溶酶体的细菌主要是被具有活性的氧代谢产物杀伤，使白细胞的耗氧量激增，可达正常的 2～20 倍，糖原水解和葡萄糖氧化增加，并激活白细胞氧化酶（NADPH 氧化酶，至少由7 种蛋白组成），后者使还原型辅酶Ⅱ（NADPH）氧化而产生超氧负离子。

大多数超氧负离子经自发性歧化作用转变为 H_2O_2，H_2O_2 进一步被还原成高度活跃的羟自由基。H_2O_2 不足以杀灭细菌。在嗜中性粒白细胞胞质内的嗜天青颗粒含有髓过氧化物酶（MPO），在 Cl 存在的情况下可产生次氯酸（HClO）。HClO 是强氧化剂和杀菌因子。H_2O_2-MPO-卤素是嗜中性粒白细胞最有效的杀菌系统。死细菌可被溶酶体水解酶降解。

细菌的不依赖氧杀伤机制包括：①溶酶体内杀菌性增加，通透性蛋白（BPI）可激活磷脂酶和降解细菌膜磷脂，使细菌外膜通透性增加；②溶菌酶可水解细菌糖肽外衣；③特异性颗粒所含的乳铁蛋白，是一种铁结合蛋白，而存在于嗜酸性粒细胞的主要碱性蛋白（MBP）是一种阳离子蛋白，它们杀灭细菌的能力有限，但对许多寄生虫具有毒性；④防御素是一种存在于白细胞颗粒中、富含精氨酸的阳离子多肽，对病原微生物及某些哺乳类细胞有毒性。

细菌被杀死后，嗜天青颗粒含有的酸性水解酶可将其降解。细菌被吞入后，吞噬溶酶体的pH 值降至 4～5，有利于酸性水解酶发挥作用。

（2）免疫作用　发挥免疫作用的细胞主要为单核细胞、淋巴细胞和浆细胞。抗原进入机体后，巨噬细胞将其吞噬处理，再把抗原呈递给 T 细胞和 B 细胞，免疫活化的淋巴细胞分别产生淋巴因子或抗体，发挥杀伤病原微生物的作用。

（3）组织损伤作用　白细胞在化学趋化、激活和吞噬过程中不仅可向吞噬溶酶体内释放产物，而且还可将产物释放到细胞外间质中，嗜中性粒白细胞释放的产物包括溶酶体酶、活性氧自由基、前列腺素和白三烯。这些产物可引起内皮细胞和组织损伤，加重原始致炎因子的损伤作用。单核-巨噬细胞还可产生组织损伤因子。

白细胞向细胞外间质释放产物的机制包括：①吞噬溶酶体在完全封闭之前仍与细胞外相通，溶酶体酶可外溢；②在平滑表面，白细胞暴露于不能被吞噬的物质（如免疫复合物），虽然不能吞入，但溶酶体酶可释放到细胞外间质中；③白细胞对细菌或其他异物发挥表面吞噬作用时，也可释放溶酶体酶；④白细胞吞噬了能溶解溶酶体膜的物质（如尿酸盐），可使溶酶体发生中毒性释放；⑤嗜中性粒白细胞的特异性颗粒可直接通过出胞作用分泌到细胞外。

5. 白细胞功能缺陷

任何影响白细胞黏附、化学趋化、吞入、杀伤和降解的先天性或后天性缺陷均可引起白细胞功能障碍。

（1）黏附缺陷　白细胞黏附缺陷（LAD）可分为 LAD-1 型和 LAD-2 型。LAD-1 型是由于 CD18 的 B2 缺陷，导致白细胞黏附、铺展、吞噬和氧化激增反应障碍，引起患病宠物反复细菌感染和创伤愈合不良。LAD-2 型是由于墨角藻糖基转移酶突变使唾液酸化 LewisX 缺乏，LAD-2 型临床上较 LAD-1 型轻，也表现为反复细菌感染。

（2）吞入和脱颗粒障碍　为常染色体隐性遗传性疾病，表现为白细胞数目减少，出现巨大溶酶体，吞噬细胞的溶酶体酶向吞噬体注入障碍，T 细胞分泌具有溶解作用的颗粒障碍，引起患病宠物严重的免疫缺陷和患病宠物反复细菌感染。

（3）杀菌活性障碍　依赖活性氧杀伤机制的缺陷可引起慢性肉芽肿性疾病，是由构成 NAD-PH 氧化酶几种成分的基因缺陷造成的，大部分遗传方式为 X 连锁（质膜结合成分 gp91phox 突变），部分为常染色体隐性遗传（胞质成分 p47phox 和 p67phox 突变）。

（4）骨髓白细胞生成障碍　造成白细胞数目下降，主要由再生障碍贫血、肿瘤化疗和肿瘤广泛骨转移所致。

四、炎症的分类和特征

急性炎症所发生的器官组织、组织反应的轻重程度和炎症性致病因子的不同，急性炎症的表现也不同。渗出物的主要成分是急性炎症的分类依据，故炎症可分为浆液性炎、纤维素性炎、化脓性炎和出血性炎。

1. 浆液性炎

浆液性炎以浆液渗出为主要特征，浆液性渗出物以血浆成分为主。也可由浆膜的间皮细胞分泌，含有 3%～5% 的蛋白质，其中主要为清蛋白，同时混有少量嗜中性粒白细胞和纤维素。浆液性炎常发生于黏膜、浆膜和疏松结缔组织。浆液性渗出物弥漫浸润组织，局部出现炎性水肿，如毒蛇咬伤的局部炎性水肿。浆液性渗出物在表皮内和表皮下可形成水疱。浆膜的浆液性炎可引起体腔积液，关节的浆液性炎可引起关节腔积液。黏膜的浆液性炎又称浆液性卡他性炎，卡他的含义是渗出物沿黏膜表面顺势下流。发生在黏膜和浆膜的浆液性炎，上皮细胞和间皮可发生变性、坏死和脱落。

浆液性炎一般较轻，易于消退。但浆液性渗出物过多也会产生不利影响，甚至导致严重后果。如喉头浆液性炎造成的喉头水肿可引起窒息，胸膜和心包腔的大量浆液渗出可影响心肺功能。

2. 纤维素性炎

纤维素性炎以纤维蛋白原渗出为主，继而形成纤维蛋白，即纤维素。在 HE 切片中纤维素呈红染、相互交织的网状、条状或颗粒状，常混有嗜中性粒白细胞和坏死细胞碎片。纤维蛋白原大量渗出说明血管壁损伤严重，是通透性明显增加的结果，多由某些细菌毒素（如白喉杆菌、痢疾杆菌和肺炎球菌的毒素）或各种内源性和外源性毒物（如尿毒症的尿素和汞）引起。纤维素性炎易发生于黏膜、浆膜和肺组织。发生于黏膜者，由渗出的纤维蛋白、坏死组织和嗜中性粒白细胞共同形成伪膜，又称伪膜性炎。白喉的伪膜性炎，若发生于咽部不易脱落则称为固膜性炎；发生于气管较易脱落则称为浮膜性炎，可引起窒息。浆膜的纤维素性炎（如"绒毛心"）可引起体腔纤维素性粘连。发生在肺的纤维素性炎，除了有大量纤维蛋白渗出外，亦可见大量嗜中性粒白细胞，常见于大叶肺炎。

渗出的纤维素可被纤维蛋白溶解酶水解，或被吞噬细胞搬运清除，或通过自然管道排出体外，病变组织得以愈复。若纤维素渗出过多、嗜中性粒白细胞渗出过少，或组织内抗胰蛋白酶含量过多可致纤维素清除障碍，从而发生机化，形成浆膜的纤维性粘连或大叶肺炎肉质变。

3. 化脓性炎

化脓性炎以嗜中性粒白细胞渗出，并伴有不同程度的组织坏死和脓液形成为其特点。化脓性炎多由化脓菌（如葡萄球菌、链球菌、脑膜炎双球菌、大肠杆菌）感染所致，亦可由组织坏死继发感染产生。脓性渗出物称为脓液，是一种浑浊的凝乳状液体，呈灰黄色或黄绿色，脓液中的嗜中性粒白细胞除极少数仍有吞噬能力外，大多数已发生变性和坏死，称为脓细胞。脓液中除含有脓细胞外，还含有细菌、坏死组织碎片和少量浆液。由葡萄球菌引起的脓液较为浓稠，由链球菌引起的脓液较为稀薄。化脓性炎依病因和发生部位的不同可分为表面化脓和积脓、蜂窝织炎和脓肿。

（1）表面化脓和积脓　此种化脓性炎是发生在黏膜和浆膜的化脓性炎。黏膜的化脓性炎又称脓性卡他性炎，此时嗜中性粒白细胞向黏膜表面渗出，深部组织的嗜中性粒白细胞浸润不明显，如化脓性尿道炎和化脓性支气管炎，渗出的脓液可沿尿道、支气管排出体外。当化脓性炎发生于浆膜、胆囊和输卵管时，脓液则在浆膜腔、胆囊和输卵管腔内积存，称为积脓。

（2）蜂窝织炎　蜂窝织炎是指疏松结缔组织的弥漫性化脓性炎，常发生于皮肤、肌肉和阑尾。蜂窝织炎主要由溶血性链球菌引起，链球菌能分泌透明质酸酶，可降解疏松结缔组织中的透明质酸。链球菌能分泌链激酶，能溶解纤维素，因此细菌易于通过组织间隙和淋巴管扩散，表现为组织内大量嗜中性粒白细胞弥漫性浸润。

（3）脓肿　为限局性化脓性炎症。其主要特征是组织发生溶解坏死，形成充满脓液的腔。脓肿可发生于皮下和内脏，主要由金黄色葡萄球菌引起，这些细菌可产生毒素使局部组织坏死，继而大量嗜中性粒白细胞浸润，之后嗜中性粒白细胞崩解形成脓细胞，并释放出蛋白水解酶使坏死组织液化形成含有脓液的空腔。金黄色葡萄球菌可产生血浆凝固酶，使渗出的纤维蛋白原转变成纤维素，因而病变较为局限。金黄色葡萄球菌具有层粘连蛋白受体，使其容易通过血管壁而在远部产生迁徙性脓肿。小脓肿可以吸收消散，较大脓肿由于脓液过多，吸收困难，常需要切开排脓或穿刺抽脓。脓腔局部常由肉芽组织修复。

疖是毛囊、皮脂腺及其周围组织的脓肿。疖中心部分液化变软后，脓液便可破出。痈是多个疖的融合，在皮下脂肪和筋膜组织中形成许多相互沟通的脓肿，必须及时切开排脓。

4. 出血性炎

出血性炎症灶的血管损伤严重，渗出物中含有大量红细胞。常见于流行性出血热、钩端螺旋体病和鼠疫等。

上述各型急性炎症可单独发生，亦可合并存在，如浆液性纤维素性炎、纤维素性化脓性炎等。在炎症的发展过程中一种炎症可转变成另一种炎症，如浆液性炎可转变成纤维素性炎或化脓性炎。

第四节　炎症的结局及其生物学意义

一、炎症的结局

大多数急性炎症能够痊愈，少数迁延为慢性炎症，极少数可蔓延扩散到全身。

1. 痊愈

在炎症过程中病因被清除，若少量的炎症渗出物和坏死组织被溶解吸收，则通过周围尚存的细胞完全性或不完全性再生加以修复。

2. 迁延为慢性炎症

如果致炎因子不能在短期内被清除，在机体内持续起作用，不断地损伤组织造成炎症迁延不愈，可使急性炎症转变成慢性炎症，病情可时轻时重。

3. 蔓延扩散

在机体抵抗力低下，或病原微生物毒力强、数量多的情况下，病原微生物可不断繁殖，并沿组织间隙或脉管系统向周围和全身器官扩散。

(1) 局部蔓延　炎症局部的病原微生物可通过组织间隙或自然管道向周围组织和器官扩散蔓延。如急性膀胱炎可向上蔓延到输尿管或肾盂。炎症局部蔓延可形成糜烂、溃疡、瘘管、窦道和空洞。

(2) 淋巴路蔓延　急性炎症渗出的富含蛋白的炎性水肿液或部分白细胞可通过淋巴管回流至淋巴结，引起淋巴管炎和部属淋巴结炎。如足部感染时腹股沟淋巴结可肿大，在足部感染灶和肿大的腹股沟淋巴结之间出现红线，即为淋巴管炎。病原微生物可进一步通过淋巴循环入血，引起血行蔓延。

(3) 血行蔓延　炎症灶中的病原微生物可直接或通过淋巴侵入血循环，病原微生物的毒性产物也可以引起菌血症、毒血症、败血症和脓毒败血症。

① 菌血症　细菌由局部病灶入血，全身无中毒症状，但血液中可查到细菌，称为菌血症。一些炎症性疾患的早期就有菌血症，如大叶性肺炎和流行性脑脊髓膜炎。菌血症发生在炎症的早期阶段，肝、脾和骨髓的吞噬细胞可组成一道防线，以清除细菌。

② 毒血症　细菌的毒性产物或毒素被吸收入血称为毒血症。临床上出现高热和寒战等中毒症状，同时伴有心、肝、肾等实质细胞的变性或坏死，严重时出现中毒性休克。

③ 败血症　细菌由局部病灶入血后，不仅没有被清除，而且还大量繁殖，并产生毒素，引起全身中毒症状和病理变化，称为败血症。败血症除有毒血症的临床表现外，还常出现皮肤和黏膜的多发性出血斑点，以及脾脏和淋巴结肿大等。此时血液常可培养出病原菌。

④ 脓毒败血症　化脓菌所引起的败血症可进一步发展成为脓毒败血。此时除有败血症的表现外，可在全身一些脏器中出现多发性栓塞性化脓灶，或称转移性化脓灶。显微镜下小化脓灶中央的小血管或毛细血管中可见细菌菌落，周围有大量嗜中性粒白细胞呈局灶性浸润，并伴有局部组织的脓性溶解。

4. 败血症发生的原因与病理变化

(1) 发生的原因　第一，是在局部炎症的基础上进一步发展成为败血症。当机体抵抗力减弱时，病原菌就可以冲破局部屏障，通过循环系统，在血液中大量繁殖，使感染全身化，使原局部炎症发展成为全身败血症。炎症是败血症的基础，而败血症则是炎症进一步发展的后果。如外部创伤、初生幼畜的脐带、母畜产道以及泌尿道感染等引起的败血症。

第二，是由一些特异性病原菌所引起的败血症。如炭疽病等，这些病原体在侵入机体后，直接以全身性败血症的形式表现出来。有些慢性细菌传染病，如结核病，通常虽然是以慢性局部性炎症为主要表现形式，但当机体抵抗力降低时，可以引起急性、全身性发作。急性病毒性传染病，如犬瘟热、细小病毒病等，在临床实践中也习惯把它们归属于败血性疾病。

(2) 病理变化　败血症死亡的尸体表现尸僵不全，血液凝固不良；有溶血现象；可视黏膜和皮下组织出现黄疸。由于病菌的毒素引起小血管的破坏，所以皮肤、浆膜下有浆液性或出血性浸润，体腔和心包腔中有积液，严重时可发生胸膜炎、腹膜炎、纤维素性心包炎。在败血症时，脾脏比正常肿大 2～3 倍，质软、被膜紧张，切面隆起呈红色，结构模糊不清，全身淋巴结肿大，呈急性淋巴结炎的变化，如充血、出血水肿和中性白细胞浸润等。肺脏有淤血、水肿和炎症病变，可见有出血性肺炎或支气管性肺炎病变。中枢神经系统肉眼上可见脑膜充血、出血和水肿。病原体侵入病灶周围的静脉管，管腔内有血凝块或脓汁。子宫黏膜肿胀、淤血、出血及坏死，坏死的黏膜脱落后，形成糜烂或溃疡。新生畜因脐带断端感染引起的败血症，脐带根部发生出血性化脓性炎，关节有浆液化脓性炎，有时可见肝、脾肿胀。

二、炎症的生物学意义

炎症的生物学意义：①抵御、消灭病因；②修复被致病因素损伤的局部组织。

炎症是机体的防御性反应，通常对机体有利，如果没有炎症反应，动物将不能长期生活于充满致病因子的环境中。

炎症是以血管系统改变为中心的一系列局部反应，有利于机体清除消灭致病因子，液体的渗出可稀释毒素，吞噬、搬运坏死组织，以利于再生和修复，使致病因子局限在炎症部位不蔓延至全身。总之，炎症尤其是局部炎症，不仅造成局部损伤，还可进一步发展成为许多疾病的基础，或引起各种疾病，临床上把控制炎症和消灭炎症过程作为控制和消灭疾病的措施之一。

炎症是机体许多疾病的基本病理过程。"十病九炎"，足见炎症之多，如创伤、疖肿、胃肠炎、肺炎、脑炎、结核、丹毒、猪瘟、寄生虫病等，无论它们表现形式如何千差万别，但都有炎症病变过程，因此要正确理解和掌握炎症发生发展的基本规律，深入研究炎症发生机制，对有效地防治动物机体各种炎性疾病具有重要的意义。

【本章小结】

炎症是机体对抗各种致病因子引起的损伤，以防御为主的局部或全身性反应。在炎症过程中一方面损伤因子可直接或间接损伤机体的细胞和组织；另一方面通过一系列血管反应、液体渗出、白细胞渗出和被激活，发挥稀释、中和、杀伤和包围损伤因子；同时机体通过实质和间质细胞的再生使受损伤的组织得以修复和愈合。可以说炎症是损伤、抗损伤和修复的统一过程。有效的机体防御反应可终止炎症，如果机体防御机制缺陷，可损伤组织和器官的功能，机体对病原体产物或改变了的自身组织成分发生异常免疫反应可使炎症慢性化。应当指出炎症的修复反应也能引起机体功能障碍，例如纤维素性心包炎引起的心包纤维性粘连会影响心脏的收缩和舒张功能。

本章重点阐述了炎症概念、局部表现和全身反应；变质、渗出、增生的基本病理变化；白细胞的渗出及趋化作用；血流动力学改变及血管通透性升高机制。

【思考题】

1. 什么是炎症？
2. 局部炎症的临床表现有哪些？全身表现有哪些？
3. 炎症的病理变化有哪些？
4. 归纳炎症反应的积极作用与消极作用。
5. 病例分析：一只犬腹泻，排淡红色稀便，3天，消瘦，眼球下陷。死亡后，剖检可见：肠黏膜出现红色斑点斑块，肿胀，表面多量黏液；心包膜、心外膜均有出血斑点，心包中有较多量淡黄色浑浊液体，并有少量纤维。用本章所学的病理学知识，解释出现的病理现象。

微信扫码立领

- 读课件　助通关
- 查彩图　辨细节
- 养宠物　多交流

第七章 发 热

【知识目标】 掌握发热的基本概念，理解各种致热源的致热机理；熟悉发热的发展过程和机体的主要机能与代谢变化，掌握发热的原因、过程和热型。

【技能目标】 能够识别发热的过程及热型，能正确判断动物疾病的热型及其体温变化特点，并制定控制发热的合理方案。

【课前准备】 引导学生对发热及热源的感性认识，建议学生学习有关发热及体温变化的科普知识，对学生在课堂上掌握本章知识具有辅助作用。

第一节 发热的概念

一、发热概念

发热是指机体在致热原的作用下，体温调节中枢的调定点上移，引起产热增多，散热减少，从而呈现体温升高，并导致各组织器官的机能和代谢改变的病理过程。

发热不是一种独立的疾病，而是许多疾病，尤其是传染性、炎性及伴有组织损伤性疾病过程中常见的一种临床症状。体温变化是机体对致热原所产生的一种防御适应性反应。不同的疾病可表现出不同的热型。因此，检查体温不但可以发现疾病的存在，而且可通过体温曲线变化分析，为诊断疾病提供依据，对判断病情、评价疗效以及估计预后都有一定的参考价值。所以，发热对疾病的发生发展有着重要的临床意义。

二、体温过高与生理性体温增高

1. 体温过高

是体温调节中枢失去调控或调节障碍引起的被动性体温升高，体温升高的程度可超过调定点水平。被动性体温升高属于生理性体温升高，见于动物在重度劳役、剧烈运动之后，或日光下长时间曝晒和因环境气温过高时出现的一种暂时性体温升高。在停止使役或改善环境后，即可很快恢复正常体温。例如，患热射病时的体温升高，并非是机体的产热过程增加，而是由于外界环境温度过高或湿度过大，使机体散热发生困难，温热在体内蓄积所致。因此，这种体温升高现象一般不称为发热，而称为体温过高。

2. 生理性体温增高

在剧烈的运动等生理条件下，机体的体温有时可超过正常体温的 $2\sim3℃$，其原因可能是由于剧烈的肌肉运动，产热量增加，超过了机体的散热能力，致使大量热在体内蓄积而引起体温升高。此时尽管有体温升高现象，但却不属于发热，不是病理性体温升高，而是一种生理性反应。

第二节 发热的原因和机理

一、致热原

凡能引起机体发热的各种致热刺激物，统称为致热原。机体发热多数与致热原有关，也有的与致热原无关，据此将发热分为致热原性发热与非致热原性发热两大类。

1. 致热原性发热

致热原性发热是指机体由内外致热原引起的体温升高过程。此种发热还可以根据有无病原体感染而分为感染性发热和非感染性发热。

（1）感染性发热　各种生物性致病因素，如细菌、病毒、立克次体、真菌、原虫等侵入机体所引起的局限性感染及全身性感染均能刺激机体产生和释放内生性致热原而引起发热。因此，绝大多数传染病和寄生虫病过程中，都能见到发热症状。

（2）非感染性发热　凡是伴有组织损伤、坏死和无菌性炎症的病理过程，均能引起机体发热。

① 无菌性炎症　各种物理、化学和机械性刺激所造成的组织坏死，如非开放性外伤、大手术、烧伤、冻伤、化学性损伤等均可引起无菌性炎症，组织蛋白的分解产物在炎灶局部被吸收入血，激活产致热原细胞，产生和释放内生性致热原，引起发热。

② 恶性肿瘤　生长迅速的恶性肿瘤细胞常发生坏死，并可引起无菌性炎症；坏死细胞的某些蛋白成分可引起免疫反应，产生抗原-抗体复合物或淋巴激活素。这些均可导致内生性致热原的产生和释放，从而引起机体发热。

③ 抗原-抗体复合物　变态反应和自身免疫反应中形成的抗原-抗体复合物或由其引起的组织细胞坏死和炎症，均可引起内生性致热原的产生和释放，从而引起发热。

④ 其他　某些类固醇物质，如睾丸酮的代谢产物胆原烷醇酮可激活嗜中性粒白细胞产生和释放内生性致热原。

2. 非致热原性发热

此类发热可因某些致病因子直接作用于体温调节中枢，使其机能障碍，导致产热过多或散热障碍而引起发热。

（1）体温调节中枢机能障碍　生物性、物理性、化学性、机械性致病因素可直接损伤下丘脑体温调节中枢，使其功能紊乱而出现体温升高。

（2）产热过多　某些内分泌腺疾病，如甲状腺功能亢进时，组织细胞氧化过程和基础代谢均增强，以致产热大于散热而引起机体发热。某些疾病伴有骨骼肌剧烈痉挛或运动过强等，导致产热过多引起发热。

（3）散热减少　广泛性皮肤病，如皮炎、烧伤、疤痕等导致机体排汗机能减退、蒸发散热减少而引起发热；体液大量丧失、尿量减少、循环血量减少、散热不足也可引起机体发热。

3. 发热的发生机理

正常动物体温相对恒定，是因为体内产热过程和散热过程在体温中枢调节下处于相对的平衡。在病理情况下，由于受到内外致热原作用，这种平衡被破坏，产热增加，散热减少，则体温上升而发热。绝大多数的发热属于致热原性发热。此类发热虽然原因很多，但其发生机理都是通过体内产生和释放内生性致热原，作用于体温调节中枢而引起体温升高。

（1）内生性致热原　内生性致热原是一类含特殊肽链的蛋白质，有很强的致热性，是在产内生性致热原细胞被激活后所释放的产物，主要有白介素-1，白介素-6、肿瘤坏死因子、干扰素等。

能产生和释放内生性致热原的细胞称产内生性致热原细胞。包括嗜中性粒白细胞、单核细胞、嗜酸性粒细胞、肝脏枯否细胞、肺巨噬细胞、脾窦壁细胞等。这些细胞被激活后，产生和释放内生性致热原。

激活产内生性致热原细胞的激活物，主要有各种生物病原体、细菌产物、内毒素、抗原-抗体复合物、坏死组织分解产物、炎性渗出物、胆原烷醇酮、淋巴激活素及其他某些可被吞噬的物质。

（2）外源性致热原　外源性致热原为革兰阴性细菌的内毒素、革兰阳性细菌的外毒素。细菌毒素引起发热，也是通过激活产内生性致热原细胞而产生、释放内生性致热原所致。

二、致热原的作用部位与作用机理

犬、猫等动物的体温相对恒定，这主要是依靠体温调节中枢调控产热和散热的平衡来维持的。目前认为，致热原性发热，是内生性致热原随血流到达下丘脑前部，作用于体温调节中枢，使体温调定点上移的结果。体温调节中枢的调节方式，目前大多以"调定点"学说来解释，认为发热机理包括三个环节。首先是信息传递，即各种致病因子与机体作用引起各种疾病的同时，其本身或其产物成为激活物，激活产内生性致热原细胞，产生和释放内生性致热原。内生性致热原作为"信息因子"，经血液传递到丘脑下部体温调节中枢。其次是中枢调节，内生性致热原可作用于血脑屏障外的巨噬细胞，使其释放中枢发热介质，主要有前列腺素 E 和环磷酸腺苷，引起体温调节中枢内 Na^+/Ca^{2+} 升高，从而改变体温调节中枢机能，使调定点上移。最后是效应器官反应，即在体温调节中枢作用下，通过效应器官增加产热和减少散热，使机体体温升高。

第三节　发热的过程及其机体的变化及热型

一、发热的经过

发热的经过可相对地划分为体温上升期、高热持续期和体温恢复期三个阶段（图 7-1）。

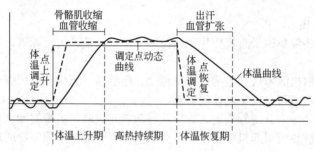

图 7-1　发热的发展过程

1. 体温上升期

亦称增热期，是指内生性致热原通过介质，使体温调节中枢的体温调定点上移，血液温度低于调定点的温热感受阈值，导致产热增加，散热减少，体温开始上升的过程。体温的上升速度随致热原的质和量以及机体的机能状态不同而有差别。在此期，机体氧化代谢旺盛产热增加，但患病宠物皮温降低，恶寒战栗，被毛蓬乱。皮温降低是由于皮肤血管收缩，血流量减少所致。恶寒战栗是因为皮温降低，使冷觉感受器兴奋，冲动传导到寒战中枢，从而使骨骼肌紧张性提高和节律性收缩的结果。交感神经兴奋，皮肤竖毛肌收缩导致被毛竖立蓬乱。

2. 高热持续期

亦称热稽留期。由于体温上升达到体温调定点的阈值，散热与产热在高于正常的体温水平上保持着新的相对平衡。体温也维持在高于正常的水平上。在高热持续期，机体分解代谢增强（体温每升高 1℃，代谢率增高 13% 左右）。因此，机体产热仍处于主导地位，但由于高温血液刺激体温调节中枢，引起散热反应增强，此时患病宠物体表血管扩张，血流量增多，皮温增高，结膜潮红，呼吸和心跳加快，胃肠蠕动减弱，粪便干燥，尿量减少等。高热期的持续时间不一，从几小时（如疟疾）、几天（如大叶性肺炎）至 1 周以上（如伤寒）。

3. 体温恢复期

亦称体温下降期或退热期。由于致病因素消除和机体防御机能增加，以及高温对散热中枢的作用，体温调节中枢的调定点又降至正常水平，此时散热加强，产热减少。因此，机体表现皮肤血管进一步扩张，排汗、排尿增多，体温逐渐下降而恢复正常。体温突然下降称为热骤退。体质衰弱的患病宠物，热骤退常是预后不良的先兆，由于在热骤退过程中，体表血管扩张、循环血量减少、血压下降以及发热时引起酸中毒等的影响，导致心力衰竭，而往往危及生命。

二、发热时机体的变化

1. 发热时机体物质代谢的改变

发热时，一方面由于交感神经兴奋，甲状腺素和肾上腺素分泌增加，使糖、脂肪和蛋白质的分解代谢加强；另一方面由于发热引起食欲减退，营养物质摄入不足，因此体内营养物质大量消耗，代谢发生紊乱。

（1）糖代谢变化　发热时，糖分解代谢加强，肝糖原、肌糖原大量分解，糖原储备减少，血糖升高，这对机体能量利用具有一定的代偿作用。但由于糖原及葡萄糖大量无氧酵解，最后使乳酸堆积，机体出现肌肉酸痛症状。但在衰竭、饥饿或消耗性疾病等情况下，血糖并不一定升高。

（2）脂肪代谢变化　发热时，体内脂肪分解加强，在糖摄入不足的情况下，过多的脂肪分解和氧化不全，血液脂肪酸和酮体大量增加，严重时呈现酮血症和酮尿。长期反复发热患病宠物，脂肪消耗过多而出现逐渐消瘦。

（3）蛋白质代谢变化　发热时，蛋白质分解常与糖和脂肪分解呈不成比例的升高，而引起血液及尿液非蛋白氮增多，同时由于消化功能降低，蛋白质摄入和吸收减少，而造成负氮平衡。长期反复发热，如慢性传染性贫血、结核等，由于大量组织蛋白分解，从而引起肌肉及实质器官变性、萎缩、机体衰弱、免疫功能障碍。

（4）维生素代谢变化　长期发热，维生素C和维生素B族显著消耗，加之由于食欲减退而摄入不足，常发生维生素缺乏。

根据以上变化，对发热患病宠物应大量补充糖以供能量消耗，并可防止蛋白质及脂肪的消耗，同时要及时适当补充维生素C和维生素B，以保证各种酶类的组成需要。

（5）水、盐代谢变化　体温上升和高热持续期的初期，由于分解代谢加强，大量代谢产物蓄积以及排汗及尿量减少，水和钠在体内滞留。高热持续期后期及体温恢复期，由于出汗、尿量增多及呼吸加深加快而蒸发水分，往往导致脱水。

发热初期，肾脏排钠和水减少，从而排钾增多，长期发热常引起低钾血症。此外，发热时物质分解代谢加强，乳酸、酮体生成增多，加上肾脏排泄功能降低，故常常引起患病宠物酸中毒。

根据以上变化，对发热患病宠物应足量补水，适量补钾，增加碱储纠正酸中毒。

2. 发热时机体机能的改变

发热时，由于交感-肾上腺系统的功能加强、体温升高以及代谢分解氧化不完全产物的作用，可引起各个系统机能的改变。

（1）循环系统机能的改变　发热时，由于交感神经兴奋和高温血刺激心脏窦房结，使心跳加快、心收缩力加强、心输出量增加、外周血管收缩，于是血压稍有升高。一般体温每升高$1℃$，脉搏增加$10\sim12$次/min。如果发热持续时间过长，体温过高，则由于心动过速，不仅增加心脏的负担，耗氧量增加，而且可使冠状血管扩张不全而血流减少，从而导致心肌缺血、缺氧，心收缩减弱。特别是在传染源引起的发热时病原微生物毒素对心肌有直接损害作用，常引起急性心力衰竭。

体温恢复期，特别是体温骤退（体温在数小时内迅速降至正常或正常以下），则由于大量出汗及血管扩张，可引起血压下降。因此，在体温恢复期，应注意防止由于血压的急剧下降而导致休克。

（2）中枢神经系统机能改变　发热时，不仅体温调节中枢的机能发生变化，神经系统的其他机能也发生改变。一般来说，发热初期，有的动物呈现兴奋不安，显示中枢神经系统的兴奋性升高；有的动物则呈现精神沉郁，对周围环境反应迟钝，显示中枢神经系统的兴奋性降低。在高热期，由于高温血液及有毒产物的作用，中枢神经系统呈现抑制，动物精神沉郁，甚至出现昏迷症状。此外，在体温上升期及高热持续期，交感神经始终处于兴奋状态；而散热期，副交感神经兴奋性增高。

（3）呼吸系统机能改变　高温血刺激呼吸中枢常出现呼吸加深加快，这有利于氧的吸入和呼出气散热，但是，持续的高热往往引起中枢神经机能障碍，呼吸中枢兴奋性降低，出现呼吸浅表。

（4）消化系统机能改变　发热时，由于交感神经兴奋，胃肠消化液分泌减少，蠕动减弱，患病宠物常呈现食欲减退。同时，由于胃肠的分泌和运动机能减弱，以及水分吸收加强，使肠内容物干燥，甚至发生便秘，还可因肠内容物发酵、腐败，而引起自体中毒，从而使体温持续不降。

（5）泌尿系统机能改变　发热初期，由于交感神经兴奋，肾小球入球动脉收缩，肾脏血流重新分配，于是肾小球血流量降低，尿生成减少。高热持续期，则由于呼吸加快，水分从呼吸道蒸发增加，加之肾小球上皮及肾小管变性，血浆蛋白质滤出而回收功能障碍，以及由于分解代谢加强，酸性代谢产物增多，水、钠在体内滞留，因而临床上患病宠物尿量进一步减少，并出现蛋白尿和酸性尿，严重时则无尿。

体温恢复期，由于肾小球血管扩张，血流增加，肾小球滤过率提高，排尿量增加，氯化物排出也增多。

（6）单核-巨噬细胞系统改变　发热时，机体单核-巨噬细胞系统的机能活动增强。表现为吞噬活动和抗体形成加强，补体的活性增高，肝脏解毒功能也加强。

三、热型

发热时体温曲线的表现形式，称为热型，对诊断疾病有一定的意义。根据发热程度（微热：体温升高 0.5～1℃；中热：体温升高 1～2℃；高热：体温升高 2～3℃；极高热：体温升高 3℃以上）、速度和持续时间，分以下几种类型。

1. 稽留热

特点是高热稽留 3d 以上，日温差在 1℃以内。常见于大叶性肺炎等。

2. 弛张热

特点是体温升高，日温差在 1℃以上，但不降至常温。见于许多化脓性疾病、败血症、支气管炎等。

3. 间歇热

特点是有热期与无热期有规律地相互交替，间歇时间短，且重复出现。见于血孢子虫病等。

4. 回归热

特点与间歇热相似，无热期间歇时间较长，其持续时间与发热时间大致相等。见于亚急性和慢性马传染性贫血。

5. 非典型热

亦称无定型热。特点是发热持续时间不定，无固定规律，体温温差有时相差不大，有时相差很大。见于一些非典型经过的疾病，如非典型性肺炎、渗出性胸膜炎等。

6. 双相热

患犬瘟热的病犬在发病后，最初体温升高到 39.5～41℃，持续 1～3d。然后病犬体温趋于正常，精神食欲有所好转。几天后又出现第二次体温升高，持续一周或更长时间。临床上将这种热型称为双相热。

第四节　发热的生物学意义及其处理原则

一、发热的生物学意义

一般认为，中度发热有助于机体消灭病原微生物的效应，如在人类发现抗生素之前，常用诱导发热来治疗某些感染性疾病。同时许多实验表明体温升高具有促进白细胞的游出和加强吞噬活力，提高机体对致热原的消除能力，抑制感染发生的作用。而且，还可使肝脏氧化过程加速，提高其解毒能力。

此外，近年来关于发热时血清铁含量变化对抑菌的作用受到重视。如 Weinberg 等证明，发热期间，由于肝和脾的巨噬细胞系统吞噬作用增强，以及消化道吸收功能障碍，使循环血中血清铁含量明显降低，而铁是病原体在动物体内生长、繁殖所必需摄取的元素，血清铁减少则必然抑制病原菌在体内生长、繁殖。而 Kampschmidt 等则发现内生性致热原本身有降低血清铁的作用。另外，内生性致热原还可刺激白细胞（尤其是嗜中性粒白细胞）产生大量的乳铁蛋白，从而使血清铁降低，而抑制细菌运铁蛋白的合成。Grieger 等则发现低铁血症时，由于感染而发热的实验动物死亡率降低，而当给予注入外源性铁时，它们的死亡率即明显提高。

不过，体温过高，或发热持续时间过久，则可因为机体内物质分解过多、营养物质大量消耗，加之食欲及消化不良，可造成机体消瘦，各组织器官功能降低，从而减弱机体的免疫力，增高机体对病原的感受性和对内毒素的敏感性；还可使中枢神经系统和血液循环系统发生损伤，使精神沉郁以致昏迷，或心肌变性而发生心力衰竭，这样就更加加重病情。

总之，不论发热的生物学效应如何，发热是体内疾病发展的重要信号，在临床上必须依据发热的特点去探查病灶所在或疾病过程的性质，及时诊断治疗。

二、发热的处理原则

影响发热的主要因素是中枢神经的功能状态、内分泌系统的功能状态、营养状态、疾病状态、致热原的性质。除了病因学治疗外，针对发热的治疗应尽可能谨慎地权衡利弊。

1. 发热的一般处理

非高热者一般不要急于解热，干扰热型和热程，不利于疾病的诊断。对长期不明原因的发热，应作详细的检查，注意寻找体内隐蔽的化脓部位。

2. 下列情况应及时解热

持续高热（如 40℃以上）、有严重肺或心血管疾病以及妊娠期的动物，治疗原发病同时采取退热措施，但高温不可骤退。

3. 解热的具体措施

包括药物解热和物理降温及其他措施（包括休息、补充水分营养）。此外，高热惊厥者也可酌情应用镇静剂（如安定）。

4. 加强对高热或持久发热患病动物的护理

补充水分，预防脱水，并纠正水、电解质和酸碱平衡紊乱。保证充足易消化的营养食物（包括维生素），监护心血管功能，大量排汗时要防止休克的发生。

【本章小结】

发热是指机体在致热原的作用下，体温调节中枢的调定点上移，引起产热增多，散热减少，从而呈现体温升高，并导致各组织器官的机能和代谢改变的病理过程。发热不是一种独立的疾病，而是许多疾病过程中常见的一种临床症状。动物在正常生理情况下，体温是恒定的，机体的产热和散热过程处于相对平衡状态。在病理情况下，机体的产热和散热失去了平衡，产热多，散热少，引起发热。绝大多数发热属于致热原性发热。体温变化是机体对致热原所产生的一种防御适应性反应。不同的疾病可表现出不同的热型。热型在临床上具有一定的诊断意义。

【思考题】

1. 名词解释：发热、致热原、热型。

2. 引起发热的原因有哪些？

3. 发热的临床经过一般分为哪几个时期？各时期的特点为何？

4. 根据体温曲线的动态与特征，简述热型的分类。

5. 发热时机体的主要代谢和机能变化是什么？

6. 病例分析：一只德国牧羊犬，雄性，体重 10kg，3 月龄，未注射疫苗，已发病 2 天，体温 40.5℃，咳嗽并流清鼻涕，鼻镜干燥，后体温降至 39.5℃，两天后又升至 41.2℃，变为脓性鼻液，上下眼睑有红斑，眼角周围有脓性眼眵，脚垫及鼻头干硬，有裂痕。请问该病是什么热型？与其他热型有什么区别？

微信扫码立领

- 读课件　助通关
- 查彩图　辨细节
- 养宠物　多交流

第八章 休 克

【知识目标】 掌握休克的基本概念，掌握休克的原因、类型及休克分期和微循环变化的过程，机理及对机体的影响。

【技能目标】 识别休克的病理过程。能够辨别动物休克的发展阶段，并实施相应的救治措施。

【课前准备】 引导学生对日常生活遇到的休克病理现象的感性认识；建议学生学习一些休克的科普知识，初步认识休克。

第一节 休 克 概 述

一、休克的概念

休克是微循环血液灌流量急剧降低，重要脏器血液供应不足，细胞代谢、功能严重障碍的全身性病理过程。

这种急性循环衰竭的典型临床表现是血压下降、脉搏细弱、体表血管收缩、可视黏膜苍白或发绀、皮肤温度下降、四肢厥冷、尿量减少，动物表现迟钝、衰弱、常倒卧，严重的病例可在昏迷中死亡。

二、微循环

微循环是指微动脉和微静脉之间的血液循环。通常由微动脉、后微动脉、毛细血管前括约肌、真毛细血管和微静脉等部分组成（图 8-1）。有的包括动-静脉吻合支。微循环是循环系统最基本的结构，是血液和组织物质代谢交换的最基本的功能单位。

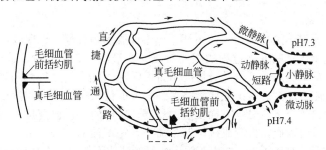

图 8-1　微循环的血液灌流量

微循环毛细血管的血流量不仅取决于心输出量、血容量和血压，而且取决于微动脉、毛细血管前括约肌和小静脉的舒缩状态，即微循环各部分的阻力。如微循环阻力不变，血压增高时，微循环内血量随之增大。微动脉、后微动脉和微静脉具有丰富的平滑肌，受交感神经支配，当交感神经兴奋时，血管收缩，阻力增大，血流减少。体液因素也影响微血管壁上的平滑肌（包括毛细血管括约肌），局部产生的舒血管物质可进行反馈调节，使毛细血管交替性开放，保证微循环有足够的血液灌流量。

第二节 休克的原因与类型

引起休克的原因很多，如严重创伤、大面积烧伤、脱水、感染、过敏、心脏疾病、肝脏疾病、肾脏疾病、肺脏疾病和应激反应等。按发生原因和发病特点分以下几种类型。

1. 低血容量性休克（失血性休克）

临床上常见于大失血、烧伤、严重创伤、长期腹泻、严重呕吐等，使细胞外液减少，有效循环血量下降，回心血量不足，心输出量减少。表现黏膜苍白、四肢湿冷、心动过速、脉细弱、少尿、血压下降。

2. 感染性休克

指机体感染病原微生物引起的休克。多见于某些革兰阴性菌、病毒、霉菌等引起的败血症、脓毒败血症、中毒性肺炎等。病原微生物及其毒素使体内释放生物活性物质，引起微血管扩张，血压下降。

3. 过敏性休克

是由过敏原作用机体后产生的 I 型变态反应。见于药物（如青霉素）、血清制剂或疫苗注射发生的过敏反应。发生快，病情危重，出现呼吸困难、冷汗、可视黏膜苍白或发绀、脉速弱、血压下降、昏迷和抽搐等。

4. 神经性休克

因剧烈疼痛、惊恐、高位脊髓麻醉或损伤等导致全身阻力血管扩张，血压急剧下降引起的休克。

5. 心源性休克

原发性心输出量急剧减少引起的休克。见于大面积急性心肌梗死、急性心肌炎、严重心律失常、急性心包积液和积血等，使心脏功能急剧降低，心输出量减少，引起有效循环血液量和微血管灌入量下降而发生休克。

第三节 休克的病理反应特征和防治原则

一、休克的病理反应特征

各类型休克发生的原因有所不同，而各类休克发生发展特点也不尽相同，现将几种重要的休克类型的特征简述如下。

1. 低血容量性休克

低血容量性休克常见于急性失血、大出汗、低渗性脱水等过程中，现以急性失血性休克为例阐述其主要特征。此型休克的发展过程的主要特点是血液容量急速减少，致使动脉压急剧下降，心输出量减少和中心静脉压降低，结果引起机体加压反射，交感-肾上腺髓质系统兴奋，儿茶酚胺释放增多，外周血管阻力加大。由于微血管痉挛，一方面使微血管内流体静压降低，这时组织间液进入微血管，引起自体补液，另一方面使脾、骨髓、肌肉内大量血液挤入循环血管，造成自体输血。因此，如果不及时输血，将造成机体储备血液及组织液的丧失。由于大量胶体液丧失，所以此时如果抢救只注意补充离子液，常由于输入血管的液体不能维持在血管内而导致全身性水肿，尤其是引起肺水肿可成为威胁动物生命的重要因素。另外，单纯性急性失血引起的休克，常由于血压急剧下降，不能保证心、脑供血而造成机体很快死亡，故不一定出现微循环变化的各个阶段。

2. 感染性休克

感染性休克包括败血性休克和内毒素性休克，是临床上常见的死亡率极高的一种休克。引起该型休克的病原体，80％属于革兰阴性菌，休克的发生主要与内毒素有关。内毒素可以直接刺激交感-肾上腺髓质系统，致使微血管收缩，又可损伤血管内皮，因而该型休克易在早期发生弥散性血管内凝血（DIC）。内毒素对凝血、纤溶、激肽、补体等系统都有激活作用，所以它常是机体微循环障碍和组织细胞发生缺血缺氧性损伤的重要因素。此外，内毒素对组织细胞，特别是心肌细胞还有直接损害作用，因此，感染性休克容易发生心力衰竭，从而加重循环障碍和组织细胞的缺血性病变。在感染性休克时，细胞的形态、功能、代谢变化常发生在微循环障碍及血压下降之前，表现为细胞内线粒体受损、氧化磷酸化过程受抑制、ATP 生成减少，以及血浆溶酶体酶活性增高。

根据血液动力学特点，感染性休克又可分为以下两种。

（1）高动力型休克 主要特点是外周血管阻力降低，心输出量增加，临床表现为四肢温暖，可视黏膜潮红。

① 外周血管阻力降低 机制有：a. 舒血管物质（组胺、激肽等）大量释放；b. 儿茶酚胺作用于 β 受体，使微循环的动-静脉吻合支开放，部分动脉血直接进入静脉，造成动-静脉氧分压差缩小。

② 心输出量增加 机制有：a. 外周血管阻力降低，血流加速，回心血量增加；b. 交感-肾上腺髓质系统兴奋，使心率加快，心肌收缩力加强。感染性休克早期、革兰阳性菌感染、休克前血容量不减少等情况下，可能发生高动力型休克。

（2）低动力型休克 主要特点是外周阻力增高，心输出量减少，临床表现为四肢湿冷，可视黏膜苍白或发绀。其发生机制主要与内毒素引起交感-肾上腺素髓质系统兴奋，以及损害心肌、促进 DIC 形成等因素有关。

3. 心源性休克

心源性休克是由于原发性心输出量急剧减少，而发生的一类预后不良的休克，常见于大范围的心肌梗死、弥漫性心肌炎、急性心肌填塞、肺动脉栓塞、严重心律失常等情况下。此型休克的特点是：①休克早期血压显著下降，这主要是由于心泵衰竭、心输出量急剧减少所致，因此机体常在休克早期因缺血、缺氧而急速死亡；②有外周阻力增高及外周阻力降低两种类型，鉴于心源性休克有以上两种类型，因此在临床处置时必须认真区别，不得随意用升压剂；③早期出现肺淤血及水肿，这常成为加重心源性休克的重要因素。

外周阻力增高型心源性休克的发生机制如图 8-2 所示。

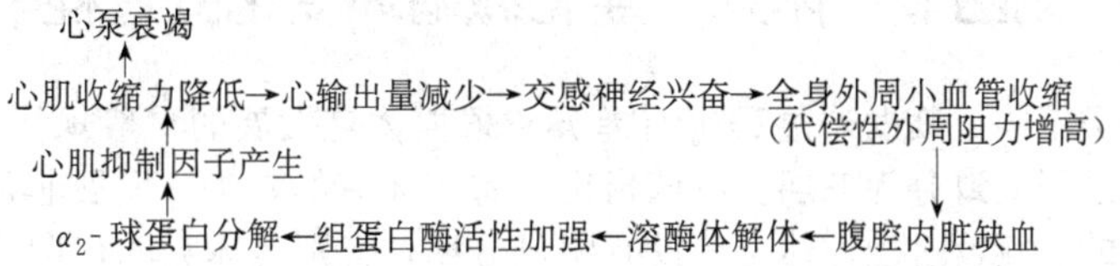

心泵衰竭
心肌收缩力降低→心输出量减少→交感神经兴奋→全身外周小血管收缩
（代偿性外周阻力增高）
心肌抑制因子产生

α_2-球蛋白分解←组蛋白酶活性加强←溶酶体解体←腹腔内脏缺血

图 8-2 外周阻力增高型心源性休克的发生机制

外周阻力降低型心源性休克的发生机制如图 8-3 所示。

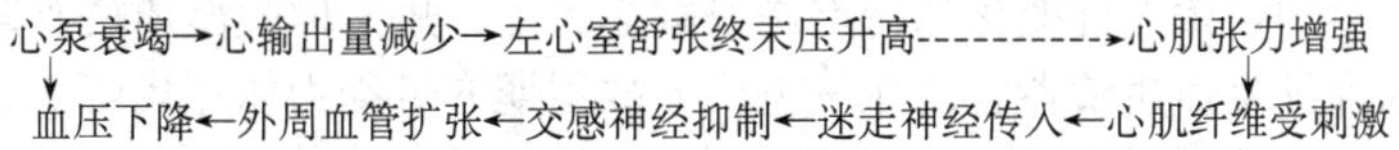

心泵衰竭→心输出量减少→左心室舒张终末压升高----------→心肌张力增强

血压下降←外周血管扩张←交感神经抑制←迷走神经传入←心肌纤维受刺激

图 8-3 外周阻力降低型心源性休克的发生机制

4. 过敏性休克

过敏性休克只发生于已被某些致敏原致敏的机体，是由 I 型变态反应引起，其发生的基本机制是：变应原（如某些药物、异种蛋白等）进入机体后，机体就形成针对该变应原的特异性抗体（IgE），后者持久地被吸附在细胞膜上（特别是小血管周围的肥大细胞和血中的嗜碱性粒细胞），使机体处于致敏状态，当同一变应原再次进入机体时，便与上述细胞膜上的 IgE 发生抗原抗体相结合，激发细胞释放组胺和其他血管活性物质（5-羟色胺、缓激肽、缓慢反应物等），结果引起：①微动脉、中间微动脉和毛细血管前括约肌松弛扩张，微循环淤血容量扩大，大量血液淤积在微循环血管内，回心血量和心输出量急剧减少，血压下降；②毛细血管通透性增高、血浆外渗，促使循环血量减少。组胺和缓慢反应物还引起小支气管平滑肌痉挛收缩，因此过敏性休克患病宠物常表现呼吸困难。过敏性休克发生迅速，常在接触致敏原后数分钟内发作，因血压急剧下降而危及动物生命，一般可立即注射肾上腺素给予急救。

二、休克的防治原则

1. 治疗原发病

积极防治引起休克的原发病，除去休克的原始动因，如止血、镇静、控制感染、输液等。

2. 改善微循环

从三方面入手改善微循环首先，补充血容量。"需多少，补多少"，补充丧失的体液。其次，在补充血容量的同时，应用血管活性药物。血管活性药物有收缩血管为主的药物和扩展血管为主的药物。在休克治疗中选用何类血管活性药物，应根据休克的性质、发展阶段和临床表现而定。在充分扩容的基础上，应用血管扩张药。当血压过低又不能立即扩容时，可暂时先使用血管收缩药，提高血压，保证心脑血液灌流。如对过敏性休克、神经源性休克等适当应用缩血管药物，以纠正血容量的相对不足。第三，纠正酸中毒。代谢性酸中毒是休克时缺血缺氧的必然结果，同时代谢性酸中毒也是促进休克发展的重要因素。纠正酸中毒多采用补充血容量，改善肾功能，恢复机体对酸碱平衡的调节能力，严重者可适当应用碳酸氢钠等碱性药物。

3. 细胞保护剂的应用

休克时细胞损伤有的是原发的，有的是继发于微循环障碍之后。改善微循环是防止细胞损伤的措施之一。此外，细胞保护剂的应用，可有效防止细胞的损伤。如用糖皮质激素保护溶酶体膜；用山莨菪碱除能保护细胞膜外，尚能抑制内毒素对细胞的损伤，是一种很有效的细胞保护剂。

4. 防止器官功能衰竭

根据情况采取强心、利尿、给氧等多种不同的措施。

休克是一种危急的全身性病理过程，对休克动物应及早预防，及早诊断，采用多方面综合措施，治疗越早，预后越好。

第四节　休克分期和微循环变化的过程

由于休克的种类不同，其发展过程也有差异。根据休克发展的一般规律及临床表现的特点等，可把休克发展过程大致分为三期。应该指出，有些休克的发生、发展非常迅速，如大失血；某些重症感染引起的休克及过敏性休克等没有明显分期，特别是休克的初期症状常常不易看到，在实践中根据具体情况灵活运用有关分期的理论是必要的。

1. 休克 I 期

本期是休克的早期，微循环变化的特点是以缺血为主，故又称微循环缺血期。同时机体又动员各种代偿机制来保证生命重要器官的血液供应，故本期亦可称为休克代偿期。不同类型的休克可通过不同机制引起交感-肾上腺髓质系统的兴奋，例如，创伤性休克时，疼痛刺激可引起交感-肾上腺髓质系统的兴奋；低血容量性休克或心源性休克时，心输出量减少和动脉压降低，可通过颈动脉窦和主动脉弓压力感受器反射性引起交感-肾上腺髓质系统的兴奋；内毒素性休克，内毒素可直接刺激交感-肾上腺髓质系统，使之兴奋。交感-肾上腺髓质系统的兴奋，可使儿茶酚胺大量分泌释放，据测定，失血性休克动物血浆儿茶酚胺量可达正常的 10～100 倍。儿茶酚胺增加的结果是使外周血管总阻力增高和心输出量增加。其中皮肤、腹腔内脏和肾脏的血管，由于具有丰富的交感缩血管纤维支配，而且 α 受体占优势，因此在交感神经兴奋、儿茶酚胺增多时，这些组织器官微循环的小动脉、小静脉、微动脉、微静脉和毛细血管前括约肌都发生收缩，特别是微动脉和毛细血管前括约肌明显收缩，结果使毛细血管前阻力明显升高，微循环灌流量急剧减少，从而造成上述组织器官严重缺血、缺氧。而脑组织的血管交感缩血管纤维的分布最少，α 受体密度极低，故当交感神经兴奋、儿茶酚胺增多时，其血管收缩不明显。另外，交感神经兴奋可使心脏活动加强，代谢水平提高以致扩血管代谢产物特别是腺苷增多，这些因素都可使冠状动脉扩张。

休克Ⅰ期各组织器官微循环的上述变化，一方面对机体有损害作用，例如使皮肤、肾脏、腹腔脏器缺血、缺氧，造成这些组织器官的代谢功能障碍，特别是胰腺缺血，可使其外分泌细胞的溶酶体破裂而释放出组织蛋白酶，后者分解组织蛋白而生成心肌抑制因子（MDF），为一种小分子多肽，进入血液后除了引起心肌收缩力减弱、抑制单核-巨噬细胞系统的吞噬功能外，还能使腹腔内脏的小血管收缩，从而进一步加重这些部位微循环的缺血，使休克进一步严重化。另外，休克Ⅰ期儿茶酚胺增多还能刺激血小板产生更多的血栓素 A_2（TXA_2），而 TXA_2 也有强烈的缩血管作用，加之此时微血管内有细胞粘壁，增加毛细血管后阻力，从而促进血流淤滞，加重微循环障碍，这些都促进休克发生的作用。

另一方面休克Ⅰ期交感-肾上腺素系统兴奋对机体又有重要的代偿作用，主要表现如下。

（1）维持动脉血压　休克Ⅰ期患病宠物的动脉血压并不降低，甚至略有升高，原因如下。

① 微循环系统　血管收缩，使外周血管总阻力增高，从而起维持血压的作用。

② 回心血量和循环血量　代偿性增多，由于微静脉、小静脉收缩，直接引起回心血量增加，加之由于毛细血管前阻力血管收缩，使毛细血管床缺血，血管内平均血压下降，使组织间液进入毛细血管（自体补液），从而使循环血容量及回心血量一时得到补充。据测定，在休克Ⅰ期，1h 仅骨骼肌就有 500ml 左右的组织间液进入血液。此外，因肾脏毛细血管收缩使肾血流量减少，其可以激活肾素-血管紧张素-醛固酮系统，并使抗利尿激素增多，从而促进水、钠潴留，这些都能使循环血量和回心血量增多，对维持动脉血压起重要作用。

③ 心输出量增多　一般除心源性休克外，休克Ⅰ期动物在上述各种因素引起的代偿性回心血量增加的同时，心收缩力代偿性加强及心率加快（交感神经兴奋），所以心脏每分钟每搏输出量增加，这有利于加速血液循环及提高动脉压。

（2）保证心、脑组织的血液供应，维护生命重要器官的功能　如上所述，休克Ⅰ期脑血管不发生收缩，冠状血管不发生收缩，还有所扩张，因此在循环血量及动脉压代偿性增高的情况下，心、脑组织的血液供应可得到充分的保证，显然有利于保护心、脑功能。

本期的主要临床表现是：皮肤苍白、四肢厥冷、出冷汗、尿量减少、脉搏细速、烦躁不安。如在本期未得到及时治疗，则休克发展进入Ⅱ期。

2. 休克Ⅱ期

休克发展至第Ⅱ期，微循环发生淤血，故又称微循环淤血期。

在休克Ⅰ期中微循环缺血没有得到纠正，使组织缺氧，糖酵解加强，局部酸性代谢产物及腺苷、K^+ 等增多；缺氧、酸中毒可使周围肥大细胞释放组胺，又能激活凝血系统，使激肽生成增多。这些因素使处在酸性环境中的微动脉和毛细血管前括约肌对儿茶酚胺反应性减弱而开始松弛；微静脉、小静脉对酸性环境耐受性较强，仍然维持在收缩状态。另外，组胺可通过 H_2 受体使微血管扩张，其微血管对组胺反应敏感性的顺序是：微动脉＞毛细血管前括约肌＞微静脉。组胺还可通过 H_2 受体使微静脉收缩，这样就使毛细血管前阻力显著降低，而毛细血管后阻力降低不明显，甚至增高；加上 ATP 的分解产物腺苷具有较强的扩血管作用，使毛细血管大量开放，结果引起微循环淤血，回心血量急剧减少，血压下降，此时，心、脑血供应也不足，全身各器官微循环血液灌流量进一步减少，从而加重了组织器官的缺氧和酸中毒。如此持续发展，最终使休克过程进入恶性循环。

另一方面，组胺可使毛细血管通透性增高，加上激肽类物质较强的扩张小血管和使毛细血管通透性增高的作用，促进血浆外渗，血液浓缩，血浆黏度增高，血细胞压积增大、红细胞聚集、白细胞嵌塞、血小板黏附聚集，加上Ⅰ期时白细胞附壁黏着进一步发展，都可使微循环阻力增大，甚至血流停止。休克Ⅱ期血液流变学的上述变化，明显地加重了回心血量的减少和血压下降。

此期的主要临床表现是：血压进行性下降，由于脑供血不足，ATP 生成减少而出现精神不振，反应迟钝，后期可出现昏迷。因肾血流严重不足而出现少尿甚至无尿，皮肤发绀，脉搏细速。

3. 休克Ⅲ期

休克Ⅲ期进一步发展，微循环血液发生凝固，又称微循环凝血期或微循环衰竭期。此期由于组织器官缺氧和酸中毒进一步加重，微血管麻痹、扩张并对血管活性物质失去反应，因此微循环血流更加缓慢，甚至停滞，血小板及红细胞易于聚集成团。加上因缺血、缺氧、内毒素及酸中毒等因素的作用，引起血管内皮损伤，血管基膜胶原暴露而启动内源性凝血系统，另外 TXA_2 还可引起微血管强烈收缩和血小板进一步聚集，以上种种因素的存在，使患病宠物微循环内极易发生DIC。此外，在严重创伤、大手术或异型输血等引起的休克过程中，因大量组织细胞破坏，或在内毒素性休克时，内毒素刺激嗜中性白细胞合成并释放组织因子，都可使血液内组织因子大量增多而激活外源性凝血系统，也可加速 DIC 的形成。

DIC 一旦形成，微血管则发生广泛性的严重阻塞，加重了微循环障碍及回心血量减少。同时因凝血物质消耗及继发性渗出性出血，而加重血容量降低，最终导致血液循环衰竭，此时患病宠物血压不断下降，全身性缺氧和酸中毒也更加严重。酸中毒还可促进细胞溶酶体膜破裂，释放溶酶体酶，从而使包括心、脑组织在内的各系统器官结构及功能遭受不可逆性损伤。加之单核-巨噬细胞系统因吞噬大量纤维蛋白裂解产物而处于被封闭状态，使机体免疫功能抑制。因此，休克发展到此期，常常难于治愈而成为不可逆期。

休克发生发展的上述三期过程是既有区别又有联系的不同阶段，Ⅰ期、Ⅱ期主要是微循环的应激反应，是可逆的，Ⅲ期则由于微循环衰竭和各器官功能损伤，尤其是重要生命器官功能障碍，而使休克转为不可逆性。通常感染、创伤、失水引起的低血容量性休克等，可经历上述三期变化，但有些休克不一定都经过上述三期，如过敏性休克多从微循环淤血期开始，而严重烧伤或败血性休克时，Ⅰ期、Ⅱ期表现可能不明显，并在早期就出现 DIC。总之，对由不同原因引起的休克，应作不同的处理，即使同一因素引起的休克，也常可由于集体反应性不同而出现不同的反应，在临床实践中必须认真对待。

【本章小结】

　　休克是微循环血液灌流量急剧降低，重要脏器血液供应不足，细胞功能严重代谢障碍的全身性病理过程。休克是多种原因引起的全身性病理过程，不同原因引起不同类型的休克，虽然其发生机理不尽相同，但它们最基本的发病环节，都是有效循环血量减少，心泵衰竭和血管舒缩机能丧失，导致微循环有效灌流量不足而促使休克发生发展。在休克发展过程中，微循环可分为三个阶段变化：微循环缺血期、微循环淤血期、微循环凝血期。

【思考题】

　　1. 休克有哪些类型？

　　2. 简述休克的防治原则。

　　3. 试述休克的分期及微循环的变化特点。

　　4. 病例分析：喜乐蒂牧羊犬，雄性，4 岁半，被一只大丹犬咬住脖子，致颈部被皮撕开 20 多厘米的一个大口子，大血管断裂，血流不止。体征：颈部血流不止，患犬处于昏迷状态，皮瓣被撕开，暴露受伤部位，呼吸及脉搏微弱，结膜发绀，四肢厥冷，体温 26.6℃。请问该犬发生的是什么类型的休克？如何缓解该犬目前休克的状态？

微信扫码立领

- 读课件　助通关
- 查彩图　辨细节
- 养宠物　多交流

第九章 黄　疸

【知识目标】　掌握黄疸的发生原因、类型和病理变化特征及对机体的影响。
【技能目标】　能够识别黄疸的病理变化特征，以及与黄脂的鉴别。
【课前准备】　引导学生对日常生活常见到的黄疸病理现象的感性认识；初步认识黄疸。

　　由于胆红素代谢障碍，动物血浆中的胆红素含量增高，造成皮肤、黏膜、浆膜及实质器官等被染成黄色的病理过程，称为黄疸。黄疸是许多疾病过程中的一种症状。如果血清胆红素浓度早已超过正常范围，但临床上未出现黄染症状，则称为隐形黄疸。

第一节　胆红素正常代谢过程

　　动物体中是否发生黄疸，取决于胆红素的代谢状态。机体中 $80\%\sim90\%$ 的胆红素来自经过巨噬细胞系统处理过的衰老红细胞。衰老红细胞被巨噬细胞所吞噬、破坏（主要在脾脏），释放出血红蛋白。血红蛋白进一步分解，脱去铁及珠蛋白，形成胆绿素。铁及珠蛋白可被机体再利用，胆绿素经还原酶作用生成胆红素。这种胆红素进入血液与血浆中的蛋白结合（主要是白蛋白），称血胆红素。血胆红素不能通过半透膜，故不能通过肾小球滤出，不溶于水，但能溶于酒精。临床上做血胆红素定性试验（范登白反应）时，不能和重氮试剂直接作用，必须加入酒精处理后，才能出现紫红色阳性反应，故又称为间接胆红素（非酯型胆红素）。

　　血胆红素由血液进入肝脏，脱去白蛋白进入肝细胞内，经酶的催化，除少量与活性硫酸根和甘氨酸结合外，大部分在葡萄糖醛酸基转移酶和尿嘧啶核苷二磷酸葡萄糖醛酸的作用下，与葡萄糖醛酸结合，形成胆红素葡萄糖醛酸酯，即水溶性的能经肾脏滤过的肝胆红素，这种胆红素能与重氮试剂直接反应呈紫红色阳性反应，故又称直接胆红素（酯型胆红素）。

　　肝胆红素与胆汁酸、胆酸盐等共同构成胆汁，经胆道系统排入十二指肠后，其中的肝胆红素经细菌等的还原作用，转化为无色胆素原。胆素原的大部分经氧化为黄褐色粪胆素，随粪便排出，使粪便有一定色泽。小部分再吸收入血，经门脉进入肝脏，这部分胆素原又有两个去向，其中一部分重新转化为直接胆红素，再随胆汁排入肠管，这种过程称胆红素的肠肝循环；另一部分进入血液至肾脏，成为尿胆素原，氧化后形成尿胆素，随尿排出（图 9-1）。

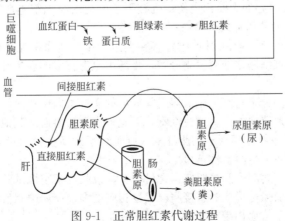

图 9-1　正常胆红素代谢过程

从以上胆红素代谢过程来看，胆红素的代谢与红细胞的破坏、肝脏的功能及胆道的排泄密切关联。如果上述过程中的任何一个环节发生障碍，则必然引起胆红素代谢失调，出现黄疸。引起黄疸发生的原因很多，可归纳为胆红素生成过多、胆红素转化和处理障碍及胆红素排泄障碍三大类，即溶血性黄疸、实质性黄疸、阻塞性黄疸。也可以根据发生黄疸的部位，将黄疸分为肝前性黄疸、肝性黄疸、肝后性黄疸。还可以根据血清中增多的胆红素的性质分非酯型胆红素和酯型胆红素增多两种。

第二节　黄疸的类型、机理和病理变化特征

黄疸可分为溶血性黄疸、实质性黄疸、阻塞性黄疸三种，其主要区别见表 9-1。

表 9-1　黄疸类型及其主要区别

区别项目	黄疸类型		
	溶血性黄疸	实质性黄疸	阻塞性黄疸
胆红素代谢情况	红细胞大量破坏，胆红素生成过多	胆道阻塞，胆红素排泄障碍	肝细胞受损，胆红素处理障碍
血中胆红素	间接胆红素增加	直接胆红素增加	间接胆红素与直接胆红素均增加
胆红素定性试验	间接反应阳性	直接反应阳性	双相反应阳性
尿中胆红素	无	有	有
尿中胆素原含量	增加	无	增加
粪中胆素原含量	增加	减少或无	减少

一、溶血性黄疸

溶血性黄疸，也称肝前性黄疸，此型黄疸在动物中较常见，主要由各种因素引起的红细胞破坏过多所致。这些因素如下。

① 免疫性因素　如异性输血、新生幼龄动物溶血病、药物免疫性溶血等。

② 生物性因素　细菌、病毒感染引起的败血症或毒血症；焦虫、弓形虫等血液寄生虫感染；蛇毒中毒（其含磷脂酶 A_2，能水解红细胞膜的磷脂，并使卵磷脂转变为溶血卵磷脂而引起溶血）等都可以引起大量的红细胞溶解而释放大量胆红素。

③ 理化因素　高温引起的大面积烧伤、机械因子引起的组织细胞严重创伤等可直接损伤红细胞，或因 DIC 形成，而致机体发生微血管病性溶血。

④ 其他因素　在铅中毒、先天性卟啉症等疾病过程中，造血机能障碍，有较多血红蛋白在骨髓内尚未成为成熟的红细胞之前就发生分解，骨髓中也有较多的新生红细胞在尚未释放之前就发生崩解。

动物的胆红素绝大部分来自红细胞破坏后释放出的血红蛋白中的血红素，少部分来自体内其他含血红素的物质及无效造血所产生的血红素，因此，当大量溶血或其他来源的血红素在体内增多时，在单核-巨噬细胞系统中所形成的胆红素（血胆红素）增多，大量血胆红素超过肝脏处理的能力时，积聚在血中而发生溶血性黄疸。

溶血性黄疸的特点：血液中间接胆红素含量增多，故胆红素定性试验表现间接反应阳性。由于肝细胞转化代偿机能加强，形成的直接胆红素也相应增多，粪尿中胆素原含量也增多，粪尿颜色加深（图 9-2），并由于溶血出现贫血和血红蛋白尿。

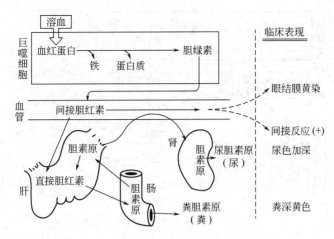

图 9-2 溶血性黄疸机理与临床表现

二、实质性黄疸

实质性黄疸也称肝性黄疸，是肝细胞对胆红素的转化和处理功能障碍。凡能损害肝细胞和毛细血管的致病因素都可以引起本病。常常是由于细菌、病毒、药物毒素等原因直接或间接损害肝细胞，使肝细胞发生变性或坏死，导致肝脏处理及排出胆红素的能力降低，大量的间接胆红素在血液中蓄积。同时由肝脏转化形成的直接胆红素，可由坏死肝细胞形成的裂隙渗入血窦或淋巴道。

肝脏对胆红素的处理包括摄取、酯化和排泄三方面，其中任何一个过程出现障碍都可导致实质性黄疸的发生。

① 肝细胞对胆红素的摄取障碍 肝细胞对胆红素的摄取主要依赖于肝细胞表面的受体及其载体（Y 蛋白和 Z 蛋白）。当这些载体不足或与其竞争的结合物增多时，就会影响肝细胞对胆红素的摄取。如新生幼龄动物由于 Y 蛋白和 Z 蛋白的合成能力低下，可致黄疸。体内的有机阴离子是胆红素与细胞膜表面受体及 Y 蛋白和 Z 蛋白结合的有力竞争者，故当体内代谢异常引起诸如脂肪酸、乳酸等有机阴离子产生过多，如新生霉素、利福平等药物摄入太多时，都可使肝细胞对胆红素的摄取发生障碍而发生黄疸。

② 肝细胞对胆红素的酯化障碍 肝细胞对胆红素的酯化是指胆红素在肝细胞内酶的作用下，形成肝胆红素的过程。这一过程中的关键是胆红素葡萄糖醛酸基转移酶（BGT）的活性。当 BGT 合成不足或活性受到抑制时，将导致胆红素在肝内的酯化障碍。在动物中可见于新生吮乳动物黄疸。某些药物，如新生霉素、氯霉素、孕二醇等可抑制 BGT 的活性，导致胆红素的酯化障碍。

③ 肝细胞胆红素分泌和胆管排泄功能障碍 在病毒性肝炎、钩端螺旋体病、败血症、肝脓肿、肝癌、四氯化碳中毒或磷中毒时，如果肝细胞和毛细胆管的损害比较广泛或严重，可以发生黄疸。肝细胞受损时，其对胆红素的摄取、酯化和排泄都受到影响。但排泄是一个限速步骤，最易发生障碍。由于肝细胞对肝胆红素排泄障碍，大量肝胆红素反流入血，同时血中血胆红素也可升高。

实质性黄疸的特点：血液中直接胆红素和间接胆红素都增加，胆红素定性试验时，呈直接反应和间接反应的双相反应阳性。因直接胆红素可以经肾小球滤过随尿排出，故尿中有直接胆红素存在，尿色增深；同时由于肝脏功能遭到一定程度的破坏，由肠道再吸收入肝的胆素原进入肝脏后，大部分不能转变为直接胆红素，进入肾脏而随尿排出，尿液颜色更深；直接胆红素排入肠道减少，粪便颜色稍微变淡（图 9-3）。

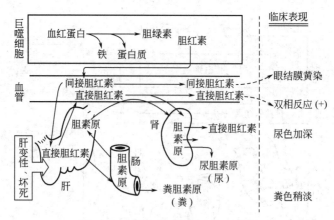

图 9-3　实质性黄疸机理与临床表现

三、阻塞性黄疸

阻塞性黄疸（也称肝后性黄疸）的本质是胆汁淤滞。常见于胆道内阻塞（寄生虫、结石、胆管发炎等）和胆道受压挤（肿瘤等）两方面原因。胆汁不能顺利入肠管，而在胆管和毛细血管淤积，毛细血管内压升高，胆管扩张破裂，胆汁流入血液，大量直接胆红素蓄积而引起黄疸。

阻塞性黄疸的特点：血液中直接胆红素增加，胆红素定性试验呈直接反应阳性。直接胆红素能由肾小球滤过，故尿液颜色加深。由于胆汁进入十二指肠障碍，使肠内胆素原生成减少，导致消化吸收紊乱，排出的粪便为灰白色并带恶臭味（图 9-4）。在后期，因胆道内压持续升高导致肝细胞机能和结构变化，使血中间接胆红素增多，故兼有阻塞性黄疸和实质性黄疸。胆汁进入肠道障碍，胆道内压升高可引起动物的疝痛表现，有些动物尚表现呕吐。胆汁酸盐排泄障碍可引起皮肤瘙痒，心跳缓慢，脂肪消化不良性下痢及因维生素 K 缺乏引起出血。

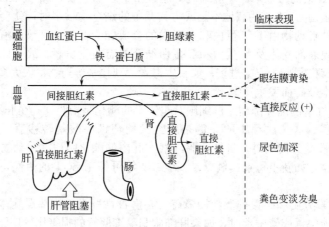

图 9-4　阻塞性黄疸机理与临床表现

以上三种黄疸虽然有不同性质，但它们并非彼此孤立，而是互相关联，互为因果。如阻塞性黄疸，持续较久时，可引起大量肝细胞变性坏死，继发实质性黄疸。所以具体问题，必须作具体分析。

第三节　黄疸对机体的影响

肝内与肝外胆汁淤滞时，胆红素及一部分胆汁酸均可损害细胞，导致细胞坏死、凋亡等。特别是阻塞性黄疸时对机体影响较大。

一、溶血性黄疸

如果溶血不严重，宠物一般不会出现全身性中毒现象。如果大量溶血时导致贫血、缺氧、发热、血红蛋白尿等全身症状而危及生命。

二、实质性黄疸

当出现实质性黄疸时，宠物肝脏解毒功能下降，血液中代谢产物蓄积，容易发生自体中毒。

三、阻塞性黄疸

1. 对心血管系统的影响

发生阻塞性黄疸的动物，常伴有低血压、心动过缓症状，动物容易发生休克，导致这些变化的原因是由于胆汁使心血管系统对一些血管活性物质，特别是对去甲肾上腺素的反应性降低，即对交感神经兴奋的反应性降低的结果。

2. 对肾脏的影响

阻塞性黄疸患病宠物容易发生急性肾功能衰竭，主要原因可能是胆汁酸盐引起的低血压，使肾血流量降低；或是胆汁酸盐和胆红素对肾组织的直接损害作用；细菌感染产生大量内毒素，引起急性肾小球及肾小管肾炎，也是阻塞性黄疸导致急性肾功能衰竭的重要原因，其发生的机理是肠内缺乏胆酸盐，肠道抑菌作用减弱，革兰阴性菌大量繁殖，并产生毒素被肠道吸收入血所致。

3. 凝血障碍和维生素缺乏

阻塞性黄疸时，肠内脂溶性维生素 K 吸收障碍，导致肝内合成凝血因子 X 、XI 、VII 和凝血酶原不足，以及内毒素血症导致 DIC 的形成，都可引起凝血障碍及出血性倾向。

此外，维生素 A、维生素 D、维生素 E 的吸收亦发生障碍，患病宠物可能出现神经肌肉变性、共济失调、眼肌麻痹等症状。

4. 对消化系统的影响

阻塞性黄疸时，肠内缺乏胆汁，因此脂肪的消耗吸收都可发生障碍，同时使肠蠕动减弱，患病宠物除出现脂性便外，还易发生腹胀和消化不良。

5. 皮肤瘙痒及伤口愈合障碍

可能与胆汁酸盐作用有关，具体机制尚不清楚。

四、非酯型胆红素的毒性作用

非酯型胆红素对机体的组织细胞有较强的毒性作用，而且常引起新生幼仔脑核黄疸。发生核黄疸动物主要表现大脑基底核黄染、变性、坏死，临床上出现全身痉挛、抽搐、瘫痪等一系列神经功能紊乱症状。

非酯型胆红素神经功能紊乱的可能机制是：干扰脑细胞代谢，即抑制脑细胞呼吸及使氧化磷酸化脱偶联；改变脑细胞质膜的组成和功能，即非酯型胆红素与脑细胞膜的脂质形成磷脂复合物，使膜 Na^+-K^+-ATP 酶等一系列酶类发生改变，而使细胞的兴奋传导活动破坏；抑制脑细胞的蛋白质合成和糖酵解过程。

【本章小结】

由于胆红素代谢障碍，动物血浆中的胆红素含量增高，造成皮肤、黏膜、浆膜及实质器官等被染成黄色的病理过程，称为黄疸。胆红素的代谢包括胆红素的生成、肝细胞的处理与分泌以及肝肠循环和由粪便排出几个环节。正常时，胆红素代谢的各个环节保持着动态平衡，血液中胆红素含量保持相对恒定。在某些疾病过程中，由于红细胞大量破坏，胆红素形成过多，肝脏机能障碍或胆汁排出受阻等，致使胆红素在血液中含量增多，当达到一定浓度后，动物就会发生黄疸。

【思考题】

1. 名词解释：黄疸、溶血性黄疸、实质性黄疸、阻塞性黄疸。

2. 列表区别各类型黄疸的病理变化特点。

3. 病例分析：黑色中华田园犬，3岁，体重15kg。主诉：该犬不食，呕吐3天，不愿站立，口吐黏液，未进行免疫。临床检查：症见精神沉郁，体温40.3℃，心跳140次/分，体温计上沾有血便，轻微黄疸，口腔黏膜有些许溃烂，挂有黏稠液体，触诊下颌淋巴结肿大，腰部触压敏感，眼结膜中度黄染。初步诊断为犬钩端螺旋体病。请问该病黄疸是什么原因引起的？与其他类型黄疸有何区别？

微信扫码立领

- 读课件　助通关
- 查彩图　辨细节
- 养宠物　多交流

第十章 肿 瘤

【知识目标】 掌握肿瘤的概念、原因和命名、分类及常见形态特征；良性肿瘤与恶性肿瘤的不同特征。

【技能目标】 能够认识常见肿瘤的眼观与病理组织学特点。

【课前准备】 引导学生对日常生活常见肿瘤病理现象的感性认识；建议学生学习一些肿瘤的科普知识，初步认识肿瘤。

过去人们对动物肿瘤的重要性认识不足。近年来，随着肿瘤研究的不断进展以及兽医临诊和食品卫生检验工作的加强，严重危害人和动物生命健康的肿瘤病，愈来愈引起医学、兽医学以及生物学界的重视。国内外资料表明，动物肿瘤的发生率在许多国家和地区有增加趋势。特别令人注目的是，在人类某些肿瘤的高发区，动物肿瘤的检出率也很高，而且两者在流行病学和病理学上有许多相似之处。这就不能不考虑到是否由共同的病因引起。同时，目前人防肿瘤工作采取的主要研究途径之一是动物实验。除医学工作者外，兽医病理工作者也已进行了大量有意义的肿瘤研究工作。动物肿瘤的研究必将在医学和比较医学的发展中显示出更加重要的作用。

第一节 肿瘤的概述

肿瘤一词来自拉丁语 tumor 和希腊语 neoplasm。前者的原意是肿块，后者本指新生物或赘生物，二者早已成为同义词了。恶性肿瘤来自拉丁语 crab，意即像螃蟹那样，能向外渗透。

肿瘤是机体在某些致瘤因素作用下，局部组织细胞发生异常增生而形成的新生物，这种新生物常表现为肿块，称为肿瘤。但在有些情况下，因其细胞呈弥漫性浸润性生长，甚至主要在血液里，并无肿块形成。

肿瘤细胞是从正常细胞转变而来的。体内任何有分裂能力的细胞都可转变为肿瘤细胞，这种转变称为瘤变（即恶性变或癌变）。瘤变并非突然发生，而是经过一个较长时间增生与不典型增生阶段。

肿瘤细胞虽来源于正常细胞，但它和正常细胞却有着质的区别。肿瘤细胞具有异常的生长和形态。肿瘤的生长、代谢既依赖于机体，表现出对机体的寄生性；又和机体的细胞生长和代谢不相协调，不同程度地失去机体的控制，而表现出一定的自主性。

肿瘤的特点之一是生长迅速，但瘤细胞的增生与机体在生理状态下以及在炎症与损伤修复等病理状态下的组织细胞增生不同。后一种增生的细胞组织通常在形态、代谢和功能方面与其来源的正常组织相同，引起增生的刺激因素在细胞增殖的全过程中往往一直起作用，这些刺激因素一旦消失，增生便告停止。因此，这种增生多是针对一定的刺激而发生的反应性增生，是适应机体需要的，并在机体控制之下进行的一种局部细胞有限的分裂增殖现象。肿瘤细胞的增生则与机体的需要无关，它往往是自发或诱发形成的。致瘤因素引起的细胞瘤变过程一旦开始，即使原始病因不复存在，瘤细胞的增生也往往不会停止。这是出于致瘤因素可能使细胞遗传物质发生结构和功能的变异，而这种遗传物质的改变又能不断传给子代细胞。肿瘤细胞不仅生长旺盛，相对失控，而且不同程度地丧失分化成熟的能力。这些特性在恶性肿瘤尤其明显。瘤细胞在不断增生时，要夺取机体的大量营养，破坏正常组织结构，导致各种功能障碍。因此，肿瘤是一种极为有害的异常类型的增生过程。

第二节　肿瘤发生的原因及机制

肿瘤的病因是一个比较复杂的问题，它是当前医学和兽医学研究中最重要的和急待解决的课题之一。因为只有彻底地揭露其发生的原因和条件，才能进行有效的防治。最近若干年来，对肿瘤病因的研究有了较大的进展，对个别动物肿瘤病因的研究更有了比较明显的突破。

与其他疾病一样，肿瘤的致病因素也可分外因和内因两方面。就目前情况而论，肿瘤的致病因素以外因的研究较多，积累的资料也较丰富。

一、肿瘤发生的外因

动物肿瘤的外因有生物性、化学性、物理性等因素。

1. 生物性致瘤因素

（1）病毒　生物性因素对动物的致癌作用，目前日益受到广泛重视，其中以病毒病因尤引人注目。在动物中研究肿瘤的病毒病因，具有良好的客观条件，因可利用同种动物复制，故其研究结果就更有说服力。被列为病毒性的肿瘤越来越多，到目前为止已有 30 多种。

（2）寄生虫　寄生虫和肿瘤发生的关系在人类肿瘤中研究得较多。有人认为，某些人类肿瘤的发生确实与寄生虫有关。例如，日本血吸虫病患病动物的结肠癌和华支睾吸虫病患病动物的胆管细胞癌，其发病率较正常者显著增高。食管虫可引起狗的肿瘤在国外有过报道，病狗的食管下部常有直径 1～2cm 的纤维肉瘤或骨肉瘤，其中心常含有或多或少的寄生虫。

2. 化学性致瘤因素

人们经过长期的观察与实验，确认存在于外界环境中能引起肿瘤的天然或人工提纯的化学性致癌物质至少有 1000 多种。它们包括许多霉菌毒素、多环碳氢化合物、亚硝胺类化合物、氨基偶氮染料、芳香胺类染料以及铅、锌、镍、铬等。现将与动物肿瘤发生有较密切关系的化学性致癌因素叙述如下。

（1）多环碳氢化合物　存在于石油、煤焦油中。致癌性特别强的有 3,4-苯并芘、1,2,5,6-双苯并蒽、3-甲基胆蒽及 9,10-二甲苯蒽等。这些致癌物质在使用小剂量时即能在实验动物引起恶性肿瘤，如涂抹皮肤可引起皮肤癌，皮下注射可引起纤维肉瘤等。3,4-苯并芘是煤焦油的主要致癌成分，还可因有机物的燃烧而产生，它存在于工厂排出的煤烟、烟草点燃后的烟雾中。近几十年来肺癌的发生率日益增加，公认与吸烟和工业城市严重的大气污染有密切关系。此外，据调查，烟熏和烧烤的鱼、肉等食品中也含有多环芳烃，这可能和某些地区胃癌的发病率较高有一定关系。多环芳烃在肝经细胞色素氧化酶 P450 系统氧化成环氧化物，后者以其亲电子基团（不饱和的 C—C 键）与核酸分子以共价键结合而引起突变。

（2）芳香胺类与氨基偶氮染料　致癌的芳香胺类，如乙萘胺、联苯胺、4-氨基联苯等，与印染厂工人和橡胶工人的膀胱癌发生率较高有关。氨基偶氮染料，如以前在食品工业中曾使用过的奶油黄（二甲基氨基偶氮苯，可将人工奶油染成黄色的染料）和猩红，在动物实验可引起大白鼠的肝细胞性肝癌。以上两类化学致癌物主要在肝代谢。芳香胺的活化是在肝通过细胞色素氧化酶 P450 系统使其 N 端羟化形成羟胺衍生物，然后与葡萄糖醛酸结合成葡萄糖苷酸从泌尿道排出，并在膀胱水解释放出活化的羟胺而致膀胱癌。

（3）亚硝胺类　亚硝胺类化合物在工业上主要用作滑润剂、溶剂、防腐剂或有机合成中的中间原料。自从 20 世纪 60 年代发现这类物质对人的肝脏有毒和能引起大鼠发生肝癌以来，至今已查明在 100 多种亚硝胺化合物中，有 75%～80% 具致癌作用。受侵害的包括哺乳类、鸟类、鱼类和两栖类动物。

亚硝胺不仅可在体外合成，在许多哺乳动物的胃中，于一定的酸性环境下（最适宜 pH 为1～3）也可合成。此外，在某些胃酸缺乏的机体内，由于胃内可能有大量微生物，亦可促进亚硝胺的合成。亚硝胺能够有选择地引起某些器官发生肿瘤，主要是食管癌和肝癌。

（4）真菌毒素　最重要的是黄曲霉毒素，它是黄曲霉在其代谢过程中产生的毒素，为脂溶性化合物，在水中很少溶解。高温、强酸、紫外线都不能破坏。其致癌强度比二甲基亚硝胺大 75 倍。黄曲霉毒素及其衍生物约 20 种，其中以黄曲霉毒素 B_1 的致癌力最强，次为黄曲霉毒素 G_1、黄曲霉毒素 M_1 和黄曲霉毒素 B_2。在潮湿地带，粮食饲料极易受到黄曲霉毒素的污染。这种毒素对啮齿类、灵长类动物和鱼类都能致瘤。

（5）植物性致癌毒素　不少植物对动物具有毒性，少数具有致畸甚至致癌性。其来源已查明的有蕨（包括欧洲蕨和毛叶蕨）和苏铁树。毛叶蕨在我国贵州、四川等地都有生长，在实验动物如大鼠的膀胱和肠道中能引起肿瘤性生长，致瘤物质尚不明确。苏铁树的种子，一向在南太平洋和其他国家中作食物，据报道如事先不加淋洗，可在实验动物的肾、肝和肠引起癌瘤，其致瘤毒素可能为苏铁苷、苏铁素。

3. 物理性致瘤因素

物理性致瘤因素包括电离辐射、紫外线等。实验上以较大剂量的 X 射线反复地照射大鼠、家兔或其他动物的背部，经过几个月之后，照射部位都出现了恶性肿瘤。观察到，皮肤瘤多发生于受阳光过度照射的部位，随后的研究证明这与紫外线的作用有关，波长为 0.29～0.33nm 的照射，对动物皮肤即有致癌性。辐射能使染色体断裂、易位和发生突变，因此激活癌基因或者使抑癌基因失活。

4. 其他因素

营养不良，特别是食物中缺乏蛋白质、酪蛋白和维生素 B 族中的胆碱，均可引起动物与人的肝细胞坏死、肝脂肪变性和肝硬化，并为某些致瘤因素进一步诱发肝癌创造条件。

在极少数情况下，有些慢性炎症及经久不愈的溃疡病灶，能引起上皮过度增生而发生癌变。

二、肿瘤发生的内因

实践证明，肿瘤尽管是一种常见病，但患病动物毕竟只是一部分，由于动物的年龄、品种与品系、机体内分泌机能状态等的不同，肿瘤发生率的高低差异很大。如某些肿瘤有明显的遗传现象，某些肿瘤能自行愈复等。这些事实说明，机体的内在因素，特别是它的抗癌免疫力的高低，在肿瘤发生上的意义是不容忽视的。

1. 年龄因素

肿瘤发生的年龄差异是明显的，一般多发生在老龄的动物，这可能与长期接触内外环境的致瘤因素有关，同时老龄机体对突变细胞的免疫监视作用会减弱。但有些肿瘤特别是有的肉瘤常见于年轻动物。造血和淋巴组织肿瘤则常见于幼龄动物。但就其危险性和发病率来看，则随动物种类不同而异，以猫和人最高，其次为鸡和牛，而猪、狗、马和羊则较低。有人认为化学诱变剂引起的肿瘤一般都发生得较晚，而病毒诱发的肿瘤如白血病则常见于机体免疫功能尚未成熟的幼年期或已经衰退的老年期，这与实际情况是比较符合的。

2. 遗传因素

动物的种属与品种品系不同，其肿瘤的类型常不一样。例如，狗的肿瘤特别多见，而以皮肤肿瘤比例最高。在狗的全部肿瘤中，母狗乳腺癌和公狗肛周腺肿瘤约占 1/3。猫，主要为造血组织和上皮组织肿瘤。家兔，多见肾母细胞瘤。

3. 内分泌与性别因素

无数实验都证实机体内分泌失调是发生多种肿瘤的原因。例如乳腺癌的发生可能与卵巢所分泌的雌性激素过多有关，切除卵巢或用雄性激素治疗可使肿瘤缩小。从幼年开始，给低癌族的小鼠皮下注射雌性激素，发现雌鼠中乳腺癌发生率明显增加。雄性动物的某些肿瘤要比雌性多，如公狗的肛周腺肿瘤比母狗多 5～10 倍，这可能与睾丸雄激素的作用有关，而母狗这种瘤的出现或许是由肾上腺网状带细胞产生的雄激素引起的。在猫，淋巴肉瘤/白血病较多见于雄性。

其他一些激素也可以对肿瘤产生影响，如垂体前叶激素可促进肿瘤的生长相转移，肾上腺皮质激素则可抑制某些造血系统的恶性肿瘤。

4. 免疫因素

机体免疫机能低下时易患肿瘤，如先天性免疫缺陷或因器官移植等使用免疫抑制剂导致机体免疫功能降低，再用致癌剂诱发肿瘤，不仅诱发率高，诱发的时间也缩短；肿瘤组织内淋巴细胞浸润较多往往预后较好，局部淋巴结单核-巨噬细胞增生显著也是预后好的表现，肿瘤可长期无转移，患病动物存活时间也较长。肿瘤免疫以细胞免疫为主，体液免疫为辅。

肿瘤的发病机理是肿瘤诊断和根治的基础，因此这一问题的研究特别重要。以往曾做了大量研究工作，并取得不少进展，但这一问题尚未最终彻底解决。

三、肿瘤的发生机制

1. 正常细胞的瘤变

正常细胞变为肿瘤细胞的问题十分复杂，应从细胞乃至分子水平上探讨。正常细胞转变为肿瘤细胞一般要经过转化阶段，形成转化细胞。转化细胞不同于正常细胞，其染色体发生畸变，核变大、深染，增殖加快，并产生某些新的肿瘤抗原。这种细胞有可能变为肿瘤细胞，但也可能恢复正常或死亡。正常细胞变为肿瘤细胞后即发生了质的变化，而具有新的生物学特性。

关于正常细胞的瘤变问题，目前有如下三种学说。

（1）基因突变学说　这是 M. Burnet 和 J. Cairns 于 1978 年首先提出的。该学说认为，细胞的瘤变是因致瘤物质引起体细胞的基因发生了突变，即化学致瘤物质或某些物理因素引起基因中DNA 碱基顺序发生改变，或外来基因如肿瘤病毒的致瘤基因插入细胞基因组，使基因发生突变，从而导致细胞瘤变。有些基因缺陷性遗传病患病动物容易发生恶性肿瘤的事实支持了这一学说。

根据目前的研究，基因突变可通过两个途径发生。

第一，是由于致瘤物质引起了体细胞遗传物质的结构改变，这主要是通过对化学致瘤物质的研究得出的结论。大多数化学致瘤物质尽管其化学结构不同，但都是通过在体内自发的分解或是在酶的作用下，成为最终致瘤物质的。

第二，是由于外来基因插入体细胞的基因组从而导致细胞的瘤变。这主要是通过对病毒致瘤机制的研究得出的结论。

（2）基因表达失调学说　正常细胞的基因作用包括遗传信息的转录和转译。经过基因作用而形成机体表型性状（特殊形态和多种多样的生理生化特性）的过程称为基因表达。基因表达失调学说认为，上述过程可因致瘤物质的作用而失调，从而使细胞分裂和分化的调控失常，最终导致细胞持续分裂并失去分化成熟的能力，而发生瘤变。这一变化是可逆的，有些恶性肿瘤转变为良性肿瘤的事实支持了这种学说。

（3）致瘤基因学说　致瘤基因学说是 R. J. Huebner 和 G. J. Todaro 于 1969 年提出的。此学说认为，所有脊椎动物的细胞都有病毒基因（C 型 RNA 病毒基因）组。这种病毒基因组在细胞内稳固存在，并成为细胞遗传的组成部分。它们会按"垂直传播"的方式传递给后代细胞，无需经转录与逆转录来传递信息。在这种病毒基因组中包含一种致瘤基因。在正常情况下，这种致瘤基因由于处于被阻抑状态而不表达，故对细胞无害，但致瘤基因在病毒、化学致瘤物、辐射等因素的作用下而去阻抑时，便被激活并出现异常表达。此时可产生一种转化蛋白质，转化蛋白质便会把正常细胞转化为肿瘤细胞，同时致瘤 RNA 病毒也即可释放出来。

抗致瘤基因或肿瘤抑制基因是在细胞内发现的一种同致瘤基因相反的基因，抗致瘤基因具有抑制肿瘤形成的作用，因为当它编码的蛋白与瘤蛋白形成复合物时，就可使后者失去致瘤活性，从而出现抗肿瘤作用。许多资料均表明，在人类肿瘤中常有抗致瘤基因如 Rb 基因和 P53 基因的缺失或突变，因此这在肿瘤发生上起重要作用。

2. 肿瘤细胞发展为肿瘤的过程

正常细胞的瘤变和形成肿瘤是一个复杂的变化过程。据动物实验，此过程包括两个阶段。

①激发阶段：在化学致瘤物（诱变剂）的多次作用下，正常细胞转变为以后有可能发展为肿瘤的"潜伏"瘤细胞（转化细胞），后者也可能逆转为正常细胞。②促发阶段：在其他因素（促变剂）的作用下，"潜伏"瘤细胞不断增生，形成肿瘤。应当指出，肿瘤发生的两个阶段学说，是在化学诱变剂诱发动物肿瘤的实验基础上提出来的，它可能也适用于物理诱变剂引起的肿瘤，是否适用于病毒还不清楚。

第三节　肿瘤分类及常见形态特征

一、肿瘤的分类

肿瘤的分类通常是以其组织发生（即来源于何种组织）为依据，每一类别又按其分化成熟程度及其对机体影响的不同而分为良性和恶性两大类。肿瘤的分类见表 10-1。

表 10-1　肿瘤的分类

组织来源			良性肿瘤	恶性肿瘤
上皮组织	鳞状上皮		乳头状瘤	鳞状细胞癌、基底细胞癌
	腺上皮		腺瘤	腺癌
	移行上皮		乳头状瘤	移行上皮癌
间叶组织	支持组织	纤维结缔组织	纤维瘤	纤维肉瘤
		脂肪组织	脂肪瘤	脂肪肉瘤
		黏液组织	黏液瘤	黏液肉瘤
		软骨组织	软骨瘤	软骨肉瘤
		骨组织	骨瘤	骨肉瘤
	淋巴造血组织	淋巴组织	淋巴瘤	淋巴肉瘤(恶性淋巴瘤)
		造血组织		白血病
	脉管组织	血管	血管瘤	血管肉瘤
		淋巴管	淋巴管瘤	淋巴管肉瘤
	间皮组织		间皮瘤	恶性间皮细胞瘤
	肌肉组织	平滑肌	平滑肌瘤	平滑肌肉瘤
神经组织	横纹肌		横纹肌瘤	横纹肌肉瘤
	室管膜上皮		室管膜瘤	室管膜母细胞瘤
	交感神经节		神经节细胞瘤	神经母细胞瘤
	成胶质细胞		神经胶质瘤	多形性胶质母细胞瘤
	神经鞘细胞		神经鞘瘤	恶性神经鞘瘤
	神经组织		神经纤维瘤	神经纤维肉瘤
其他	生殖细胞			精原细胞瘤、胚胎性癌
	三种胚叶组织		畸胎瘤	恶性畸胎瘤
	黑色素细胞		黑色素瘤	恶性黑色素瘤
	几种组织		混合瘤	恶性混合瘤、癌肉瘤

二、肿瘤常见的形态特征

1. 肿瘤的外观形态

（1）肿瘤的形状　肿瘤的外观形态多种多样（图 10-1），这不仅与肿瘤发生部位、组织来源和生长方式有关，更重要的是与肿瘤的性质有关。良性肿瘤一般呈膨胀性生长，常形成界限明显的球形肿块，外形可呈球形、半球形或结节状。

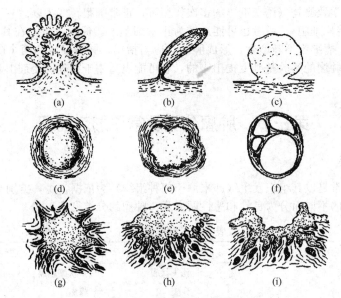

图 10-1 肿瘤的主要形状

(a) 乳头状；(b) 息肉状；(c) 结节状；(d) 结节状（组织内）；(e) 分叶状；(f) 囊状；
(g) 形状不规则；(h) 局部组织高突或肿厚；(i) 溃疡状

生长在皮肤或黏膜表面的肿瘤，常向表面突起而呈不同的形状，如蕈状、息肉状、乳头状、菜花状或绒毛状等。深层组织的良性肿瘤，通常为结节状，多近似于圆形。这种肿瘤多呈实体性，也可呈囊状。

恶性肿瘤多呈浸润性生长，故形态常不固定。一般在实质器官内，多呈树根状或形如蟹足样向四周伸展。生长于组织器官表面的肿瘤，也可向表面突起，形成结节状、蕈状或乳头状。恶性肿瘤因其生长快，其界限不清，局部组织呈弥漫性肥厚，有的中心部因无足够的血液供应而发生坏死，故呈火山口样不规则的溃疡。

（2）肿瘤的数目和大小　肿瘤的数目、大小不一。多为一个，有时也可为多个。肿瘤的大小与肿瘤的性质（良性、恶性）、生长时间和发生部位有一定关系。有的肿瘤很小，只有在显微镜下才能看到；而有的肿瘤体积巨大，可重达数十千克。生长于体表或较大体腔内的肿瘤有时可生长得很大，而生长于密闭的狭小腔道内的肿瘤一般较小。肿瘤极大者，通常生长缓慢，多为良性；恶性肿瘤生长迅速，短期内即可带来不良后果，因此常长不大。

（3）肿瘤的颜色　一般肿瘤的切面呈灰白或灰红色，视其含血量的多寡、有无出血、变性、坏死等而定。有些肿瘤会因其含有色素而呈现不同的颜色。因此可以根据肿瘤的颜色推断为何种肿瘤。如脂肪瘤呈黄色，恶性黑色素瘤呈黑色，血管瘤呈红色或暗红色。

（4）肿瘤的硬度　与肿瘤的种类、肿瘤的实质与间质的比例及有无变性、坏死有关。实质多于间质的肿瘤一般较软；相反，间质多于实质的肿瘤一般较硬。瘤组织发生坏死时较软，发生钙化或骨化时则较硬。脂肪瘤很软，骨瘤很硬。

2. 肿瘤的组织结构

肿瘤的组织结构多种多样，但所有的肿瘤的组织成分都可分为实质和间质两部分。

（1）肿瘤的实质　肿瘤实质是肿瘤细胞的总称，是肿瘤的主要成分。它决定肿瘤的生物学特点以及每种肿瘤的特殊性。通常根据肿瘤的实质形态来识别各种肿瘤的组织来源，进行肿瘤的分类、命名和组织学诊断，并根据其分化成熟程度和异型性大小来确定肿瘤的良恶性和肿瘤的恶性程度。

（2）肿瘤的间质　肿瘤的间质成分不具特异性，起着支持和营养肿瘤实质的作用。一般由结缔组织和血管组成，间质有时还具有淋巴管。通常生长比较快的肿瘤，其间质血管一般较丰富而结缔组织较少；生长缓慢的肿瘤，其间质血管通常较少。在肿瘤发生部位往往有淋巴细胞等单核细胞浸润，这是机体对肿瘤组织的免疫反应。此外，在肿瘤结缔组织中还可以见到纤维母细胞和肌纤维母细胞。肌纤维母细胞具有纤维母细胞和平滑肌细胞的双重特点，这种细胞既能产生胶原纤维，又具有收缩功能，可能对肿瘤细胞的浸润有所限制，并限制瘤细胞的活动和遏制瘤细胞入侵血管和淋巴管内，从而减少散播机会。

3. 肿瘤的代谢特点

肿瘤组织比正常组织代谢旺盛，尤以恶性肿瘤更为明显。其代谢特点与正常组织相比并无质的差别，但在一定程度上反映了瘤细胞分化不成熟和生长旺盛。

（1）核酸代谢　肿瘤组织合成 DNA 和 RNA 的聚合酶活性均较正常组织高，与此相应，核酸分解过程明显降低，故 DNA 和 RNA 的含量在恶性肿瘤细胞均明显增高。DNA 与细胞的分裂和繁殖有关，RNA 与细胞的蛋白质合成及生长有关。因此，核酸增多是肿瘤迅速生长的物质基础。

（2）蛋白质代谢　肿瘤组织的蛋白质合成及分解代谢都增强，但合成代谢超过分解代谢，甚至可夺取正常组织的蛋白质分解产物，合成肿瘤本身所需要的蛋白质，结果可使机体处于严重消耗的恶病质状态。肿瘤的分解代谢表现为蛋白质分解为氨基酸的过程增强，而氨基酸的分解代谢则减弱，可使氨基酸重新用于蛋白质合成，这可能与肿瘤生长旺盛有关。肿瘤组织还可以合成肿瘤蛋白，作为肿瘤特异抗原或肿瘤相关抗原，引起机体的免疫反应。有的肿瘤蛋白与胚胎组织有共同的抗原性，亦称为肿瘤胚胎性抗原。例如肝细胞癌能合成胎儿肝细胞所产生的甲胎蛋白（AFP），检查这种抗原可帮助诊断相应的肿瘤。

（3）酶系统　肿瘤组织酶活性的改变是复杂的。除了一般在恶性肿瘤组织内氧化酶（如细胞色素氧化酶及琥珀酸脱氢酶）减少和蛋白分解酶增加外，其他酶的改变在各种肿瘤间很少是共同的，而且与正常组织比较只是含量的改变或活性的改变，并非是质的改变。例如前列腺癌的癌组织中酸性磷酸酶明显增加，在前列腺癌伴有广泛骨转移时，患病动物血清中的酸性磷酸酶也明显增加；骨肉瘤及肝癌时碱性磷酸酶增加，这不但见于肿瘤组织中，还可见于血清中。上述均有助于肿瘤的临床诊断。

（4）糖代谢　大多数正常组织在有氧时通过糖的有氧分解获取能量，只有在缺氧时才进行无氧糖酵解。肿瘤组织则即使在氧供应充分的条件下也主要是以无氧糖酵解获取能量。这可能是由于癌细胞线粒体的功能障碍所致，或者与瘤细胞的酶谱变化，特别是与三个糖酵解关键酶（己糖激酶、磷酸果糖激酶和丙酮酸激酶）活性增加和同工酶谱的改变，以及糖异生关键酶活性降低有关。糖酵解的许多中间产物被瘤细胞利用合成蛋白质、核酸及脂类，从而为瘤细胞本身的生长和增生提供了必需的物质基础。

（5）脂类代谢　肿瘤细胞中的脂肪主要是中性脂肪，此外还有脂肪酸、脂肪酸盐、胆固醇酯、磷脂质等。多种情况下，肿瘤细胞可发生脂变，导致不饱和脂肪酸含量增加。同时，类脂质含量特别是胆固醇含量也常增高。有学者认为，胆固醇能降低细胞的表面张力，改变细胞膜的通透性，为瘤细胞的迅速增殖创造了优良条件。

（6）水和无机盐的代谢　肿瘤尤以肉瘤的组织含水分和钾元素较多。肿瘤生长愈快，钾含量愈高（周围健康组织钾含量却越少）。钾增多能促进蛋白质合成。与此相反，肿瘤组织中除坏死部分外，钙含量却减少，可使肿瘤细胞之间的聚集能力减弱，并易于分离和移动，显然有利于肿瘤的浸润性生长和转移。

应该看到，肿瘤的物质代谢紊乱并不限于肿瘤组织本身，而且影响到整个患体。有学者不仅发现肿瘤组织物质代谢的氧化过程低弱，同时还看到患有肿瘤的个体整个氧化过程也是低下的，未被肿瘤侵袭的组织同样也发生组织呼吸相对低下和糖酵解不同程度的增高。肿瘤组织产生大量氧化不全的产物常被转入血液，引起血液 pH 趋向酸性而发生酸中毒。肿瘤患体物质代谢严重障碍，最后可发展成为一种衰竭状态，即所谓"癌性恶病质"，与肿瘤组织崩解中毒有一定关系。

第四节　良性肿瘤与恶性肿瘤的不同特征

　　良性肿瘤和恶性肿瘤在生物学特点上是明显不同的，因而对机体的影响也不同。良性肿瘤一般对机体影响小，易于治疗，疗效好；恶性肿瘤危害较大，治疗措施复杂，疗效不理想。因此，区别良性肿瘤与恶性肿瘤，对于正确的诊断和治疗具有重要的实际意义。现将良性肿瘤与恶性肿瘤的区别列于表10-2。

表 10-2　良性肿瘤与恶性肿瘤的主要区别

区别指标	良性肿瘤	恶性肿瘤
生长特性		
生长方式	膨胀性生长	浸润性生长
生长速度	缓慢或停止生长	较快,常无止境
边界与包膜	边界清楚,常有包膜	边界不清,常无包膜
质地与色泽	接近正常组织	与正常组织差别较大
侵袭性	一般不侵袭	都有侵袭和蔓延现象
转移性	不转移	多转移
复发	完整切除,一般不复发	治疗不及时,常复发
组织学特点		
分化与异型性	分化良好,异型性不明显	分化不良,异型性明显
肿瘤细胞的排列与极性	排列规则,极性保持良好	排列不规则,极性紊乱
组织学特点		
细胞数量	稀散,较少	丰富而致密
核膜	通常较薄	通常较厚
染色质	细腻,较少	通常深染,较多
核仁	不增多,不变大	粗大,数量增多
核分裂	稀少,不见核分裂相	多见,可见核分裂相
机能代谢	除分泌激素肿瘤外,一般代谢正常	核酸代谢旺盛,酶谱改变,代谢异常
对机体的影响	除生长在要害部位外,一般影响不大	对机体影响大,甚至致死

一、肿瘤的生长方式和扩散

1. 肿瘤的生长方式

　　肿瘤可以呈膨胀性生长、外生性生长和浸润性生长。

　　（1）膨胀性生长　是大多数良性肿瘤所表现的生长方式，肿瘤生长缓慢，不侵袭周围组织，往往呈结节状，有完整的包膜，与周围组织分界明显，对周围的器官、组织主要是挤压或阻塞的作用。一般均不明显破坏器官的结构和功能。因为其与周围组织分界清楚，手术容易摘除，摘除后不易复发。

　　（2）外生性生长　发生在体表、体腔表面或管道器官（如消化道、泌尿生殖道）表面的肿瘤，常向表面生长，形成突起的乳头状、息肉状、菜花状的肿物。良性、恶性肿瘤都可呈外生性生长。但恶性肿瘤在外生性生长的同时，其基底部也呈浸润性生长，且外生性生长的恶性肿瘤由于生长迅速、血供不足，容易发生坏死脱落而形成底部高低不平、边缘隆起的恶性溃疡。

　　（3）浸润性生长　为大多数恶性肿瘤的生长方式。由于肿瘤生长迅速，侵入周围组织间隙、淋巴管、血管，如树根长入泥土，浸润并破坏周围组织，肿瘤往往没有包膜或包膜不完整，与周围组织分界不明显。临床触诊时，肿瘤固定不活动，手术切除这种肿瘤时，为防止复发，切除范围应该比肉眼所见范围大，因为这些部位也可能有肿瘤细胞的浸润。

2. 肿瘤的扩散

具有浸润性生长的恶性肿瘤，不仅可以在原发部位生长、蔓延，而且可以通过各种途径扩散到身体其他部位，其扩散方式如下。

（1）直接蔓延　瘤细胞沿组织间隙、淋巴管、血管或神经束浸润，破坏临近正常组织、器官，并继续生长，称为直接蔓延。例如晚期子宫颈癌可蔓延至直肠和膀胱，晚期乳腺癌可以穿过胸肌和胸腔甚至达肺。

（2）转移　瘤细胞从原发部位侵入淋巴管、血管、体腔，迁移到他处而继续生长，形成与原发瘤同样类型的肿瘤，这个过程称为转移。良性肿瘤不转移，只有恶性肿瘤才转移，常见的转移途径有以下几种。

① 淋巴道转移　瘤细胞侵入淋巴管后，随淋巴流首先到达局部淋巴结。例如乳腺癌转移至同侧腋窝淋巴结，肺癌转移到肺门淋巴结。瘤细胞到达局部淋巴结后，先聚集于边缘窦，以后生长繁殖而累及整个淋巴结，使淋巴结肿大，质地变硬，切面常呈灰白色。局部淋巴结发生转移后，可继续转移至下一站的其他淋巴结，最后可经胸导管进入血流，继发血道转移。

② 血道转移　瘤细胞侵入血管后可随血流到达远处器官继续生长，形成转移瘤。由于动脉壁较厚，同时管内压力较高，故瘤细胞多经小静脉入血，少数亦可经过淋巴管入血。血道转移的运行途径与血栓栓塞过程相同，即侵入体循环静脉的肿瘤细胞经右心到肺，在肺内形成转移瘤，例如骨肉瘤等的肺转移；侵入门静脉系统的肿瘤细胞，首先形成肝内转移，例如胃、肠癌的肝转移等；侵入肺静脉的肿瘤细胞或肺内转移瘤通过肺毛细血管而进入肺静脉的瘤细胞，可经左心随主动脉血流到达全身各器官，引起其向脑、骨、肾及肾上腺等器官的转移。血道转移虽然可见于许多器官，但最常见的是肺，其次是肝。

③ 种植性转移　体腔内器官的肿瘤蔓延于器官表面时，瘤细胞可以脱落，如同播种一样，种植在体腔和体腔内各器官的表面，形成多数的转移瘤。这种转移的方式称为种植性转移。种植性转移常见于腹腔器官的癌瘤。如胃癌破坏胃壁侵及浆膜后，可种植到大网膜、腹膜、腹腔内器官表面甚至卵巢等处。肺癌也常在胸腔内形成广泛的种植性转移。值得注意的是，手术也可能造成种植性转移，应注意尽量避免。

二、肿瘤对机体的影响

肿瘤因良、恶性不同，生长部位不同，大小不同而对机体的影响有所不同。

1. 局部影响

（1）压迫和阻塞　无论良性或恶性肿瘤，当长到一定体积时均可压迫脏器或阻塞管腔，引起功能障碍。例如，颅内或椎管内肿瘤可压迫脑和脊髓。

（2）破坏器官的结构和功能　恶性肿瘤（包括原发和转移）生长到一定程度，都可能破坏器官的结构和功能。例如，肝癌可广泛破坏肝脏组织，引起肝功能障碍；白血病可破坏骨髓，造成严重出血和贫血。

（3）出血与感染　多见于恶性肿瘤。肿瘤的浸润性生长可导致血管破坏、出血。例如，直肠癌可出血、便血。

（4）疼痛　一般为恶性肿瘤晚期的症状，常为顽固性疼痛。其原因可能是肿瘤压迫或侵犯神经组织。例如，肝癌时肝包膜受累可引起疼痛。

2. 全身影响

（1）发热　恶性肿瘤的代谢产物、坏死崩解产物的吸收以及继发性感染都可以引起发热。

（2）恶病质　指恶性肿瘤的晚期，动物出现严重消瘦、贫血、无力、进行性全身各脏器功能衰竭的状态。

第五节　肿瘤的命名

动物的任何部位、任何组织、任何器官几乎都可发生肿瘤，因此肿瘤的种类繁多，命名也很复杂。肿瘤一般根据其组织发生即组织来源（分化方向）和生物学行为来命名。

一、良性肿瘤的命名

良性瘤在其来源组织名称后加一"瘤"字，如纤维瘤、腺瘤，含有腺体和纤维两种成分的肿瘤则称为纤维腺瘤。有时还结合肿瘤的形态特点命名，如腺瘤呈乳头状生长并有囊腔形成者称为乳头状囊腺瘤。

二、恶性肿瘤的命名

恶性肿瘤一般亦根据其组织来源命名。来源于上皮组织的统称为癌，命名时在其来源组织名称后加"癌"字，如来源于鳞状上皮的恶性肿瘤称为鳞状细胞癌，来源于腺上皮呈腺样结构的恶性肿瘤称为腺癌等。从间叶组织（包括纤维结缔组织、脂肪、肌肉、脉管、骨、软骨组织等）发生的恶性肿瘤统称为肉瘤，其命名方式是在来源组织名称后加"肉瘤"，例如纤维肉瘤、横纹肌肉瘤、骨肉瘤等。恶性肿瘤的外形具有一定的特点时，则又结合形态特点而命名，如形成乳头状及囊状结构的腺癌，则称为乳头状囊腺癌。如一个肿瘤中既有癌的结构又有肉瘤的结构，则称为癌肉瘤。

在病理学上，癌是指上皮组织来源的恶性肿瘤，但一般人所说的"癌症"，习惯上常泛指所有恶性肿瘤。

三、特殊命名

其一，来源于幼稚组织及神经组织的恶性肿瘤称为母细胞瘤，如神经母细胞瘤、髓母细胞瘤、肾母细胞瘤等。

其二，有些恶性肿瘤成分复杂或由于习惯沿袭，则在肿瘤的名称前加"恶性"，如恶性畸胎瘤、恶性淋巴瘤、恶性黑色素瘤等。

其三，有些恶性肿瘤冠以人名，如尤文（Ewing）瘤、何杰金（Hodgkin）病；或按肿瘤细胞的形态命名，如骨的巨细胞瘤、肺的燕麦细胞癌。

其四，至于白血病、精原细胞癌则是少数采用习惯名称的恶性肿瘤。

第六节　宠物常见的肿瘤

一、上皮性肿瘤

上皮性肿瘤的组织来源包括复层鳞状上皮、柱状上皮、各种腺上皮和移行上皮。由这些上皮组织所形成的肿瘤，临床常见类型如下。

1. 乳头状瘤

乳头状瘤由皮肤或黏膜的上皮转化而形成。它是最常见的表皮良性肿瘤之一，某些病例是由乳多空病毒科的 DNA 病毒引起。非传染性乳头状瘤为实体瘤，常发于老年犬，占皮肤肿瘤的1%～2.5%。犬常发生在口腔（ 彩图 10-2 ）、头部、眼睑、指（趾）部和生殖道等，猫少发。无性别之差异。

乳头状瘤的外形，上端常呈乳头状或分支的乳头状突起，表面光滑或凹凸不平，可呈结节状与菜花状等，瘤体可呈球形、椭圆形，直径通常小于 0.5cm，有单个散在，也可多个集中分布。皮肤的乳头状瘤，颜色多为灰白色、淡红或黑褐色。瘤体表面无毛，时间经过较久的病例常有裂隙，摩擦易破裂脱落。其表面常有角化现象。发生于黏膜的乳头状瘤还可呈团块状，但黏膜的乳头状瘤则一般无角化现象。瘤体损伤易出血。病灶范围大和病程过长的病畜，可见食欲减退，体重减轻。组织学形态可见皮肤结缔组织增生，形成指状突出物，上面覆盖有数层分化良好的棘细胞，表层明显角化。表皮突伸长并分叉，但是无分散的癌巢侵入结缔组织。

2. 鳞状细胞癌

鳞状细胞癌是由鳞状上皮细胞转化而来的恶性肿瘤，又称鳞状上皮癌，简称鳞癌。最常发生于动物皮肤的鳞状上皮和有此种上皮的黏膜（如口腔、食道、阴道和子宫颈等），其他不是鳞状上皮的组织（如鼻咽、支气管和子宫的黏膜）在发生了鳞状化生之后，也可出现鳞状细胞癌。常发生于6岁以上的犬，发病率3%～20%，无品种和性别差异。它是猫的第二种常见的皮肤肿瘤，占猫肿瘤的9%～25%，发生于6～9岁的老年猫。好发部位为犬、猫的耳、唇、乳腺、鼻孔及中隔等处，犬爪的角基。

皮肤鳞状细胞癌一般质地坚硬，常有溃疡，溃疡边缘则呈不规则的突起。爪鳞状细胞癌多见于犬，起源于甲床或蹄的生发层组织。此癌为慢性经过，恶性程度较高，而且早期出现区域淋巴结和内脏（肺）的转移。黏膜鳞状细胞癌质地较脆，多形成结节或不规则的肿块，向表面或深部浸润，癌组织有时发生溃疡，切面颜色灰白，呈粗颗粒状。肿瘤无包膜，与周围组织分界不明显（ 彩图10-3 ）。组织学检查可见癌细胞呈圆形、核固缩，且有分裂、胞浆嗜酸性，有明显的细胞间隙。分化完好的癌细胞产生大量的角蛋白或"角化珠"，也称"上皮珠"。鳞状细胞癌常误认为慢性创伤而进行清创术或将其缝合。

3. 基底细胞瘤

基底细胞瘤发生于皮肤表皮的基底细胞层，以犬和猫比较多发，特别在6岁以上者多见。但在马、兔以及其他动物身上也有发生。据资料统计，此癌在犬占皮肤肿瘤的3%～5%，猫占13%～18%。发病部位以口、眼、耳郭、胸及颊部多发，很少在躯干。

基底细胞瘤生长速度慢，很少发生转移。较小的肿瘤呈圆形或囊体，中央缺毛，表皮反光；大的瘤体形成溃疡。一般只侵害皮肤，很少侵至筋膜层；个别瘤体含有黑色素，表面呈棕黑色，外观极似黑色素瘤。若发生的为皮肤基底细胞瘤，则瘤体表面多呈结节状或乳头状突起，底层多呈浸润性生长，与周围的组织分界不清。组织学检查，镜下表现形态不相同，然而不同的形态并无预后意义。基底细胞瘤最常见的类型是肿瘤界限清楚，但无包膜，含有大量的纤维性基质，纤维性基质中含有大的、砖形、浓染的细胞，它们排列成特征性的放射状或链状，但是并不形成闭合的腺泡结构。

4. 腺瘤与腺癌

腺瘤与腺癌是常见的一种肿瘤，可见于多种动物。尤其老年犬、猫多发，犬平均年龄为9岁，无性别和品种间差异。有些品种比较多发。

（1）腺瘤　由腺体器官的腺上皮转化而形成的良性肿瘤。发生于黏膜或深部的腺体。以犬、猫乳腺最多发。犬的乳腺肿瘤以母犬多见（ 彩图10-4 ），据报道，在母犬的所有肿瘤中，本病约占25%。犬的直肠腺瘤（ 彩图10-5 ）也较为多见，某些肠腺瘤特别是结肠的息肉样腺瘤可发生恶变而形成腺癌。猫的乳腺肿瘤约占猫常见肿瘤的第三位，而且多见于未阉割的老龄母猫。

腺体腺瘤多为圆形，外有完整的包膜。腺瘤可为实性或囊性。实性腺瘤切面外翻，其颜色和结构与其正常的腺组织相似，但有时可有坏死、液化与出血；囊性腺瘤切面有囊腔，囊内有多量的液体，囊壁上皮呈不同程度的乳头状增生。黏膜腺瘤呈息肉状突起，基部有蒂或无蒂，切面似增厚的黏膜，此称为息肉样腺瘤。组织学检查瘤体细胞嗜伊红性，胞浆丰富，核较大而呈空泡状。

乳腺肿瘤可见患犬乳房及周围皮下有若干局限性肿胀，触之较硬但无热无痛。肿块大小不一，与周围健康组织有明显界限。后部乳房较前部发病率高。初期患犬无明显的临床症状，肿瘤发展到一定时期后常被损伤或发生破溃，感染，化脓，出现消瘦、贫血、饮食欲下降等全身症状。注意腋窝淋巴结或腹股沟淋巴结是否有转移灶。肿瘤若转移到肺部，犬可出现咳嗽等症状。

组织学检查，肿瘤组织被间质分割成小叶，小叶内乳腺组织呈管泡状增生，形成大小不等的管腔，腔内有脂肪和乳汁样物质。

（2）腺癌　通常是由腺上皮发生或有化生的移行上皮发生的恶性肿瘤。多发于动物的胃肠道、支气管、胸腺、甲状腺、卵巢、乳腺和肝脏等器官。腺癌呈不规则的肿块，一般无包膜，与周围健康组织分界不清，癌组织硬而脆，颗粒状，颜色灰白，生长于黏膜上的腺癌，表面常有坏死与溃疡。

二、间叶性肿瘤

间叶性肿瘤来自于纤维组织、脂肪组织、肌肉组织、血管、淋巴管、间皮、骨和软骨组织、黏液组织等。这些组织形成的常见肿瘤如下。

1. 纤维瘤和纤维肉瘤

纤维瘤和纤维肉瘤可见于多种动物，犬、猫都常发生。

（1）纤维瘤　是由结缔组织发生的一种成熟型良性肿瘤，由胶原纤维和结缔组织细胞构成。多见于头部、胸、腹侧和四肢的皮肤及黏膜。生长缓慢，大小不一，呈球形，质硬，有包膜（ 彩图 10-6 ）。包膜不完整，但边界基本清楚，质硬，有一定的弹性，切面呈白色或淡红色等，眼观切面有时可见纤维样纹理错综排列。纤维瘤可分为硬性和软性，前者多发生于皮肤、黏膜、肌膜、骨膜和腱等部位；后者见于皮肤、黏膜和浆膜下等部位。

（2）纤维肉瘤　由恶性成纤维细胞和产生胶原的混合间质细胞构成，占犬皮肤肿瘤的9％～14％，是犬口腔第二种常见肿瘤。发生在1～12岁的犬，平均6岁。无品种性别的差异，但多见于中型和大型品种犬，公犬多于母犬。亦见于猫，RNA型-C肉瘤病毒是引起猫纤维肉瘤的病因之一。发生在皮下、黏膜下、筋膜、肌间隔等结缔组织以及实质器官。有时瘤体生长迅速。当转移到内脏器官可引起病畜死亡。纤维肉瘤质地坚实，大小不一，形状不规整，边界不清。可长期生长而不扩展。临床上常常误诊为感染性损伤，尤其发生于爪部更易引起误诊。纤维肉瘤内血管丰富，因而切除和活检时，易出血是其特征。溃疡、感染和水肿往往是纤维肉瘤进一步发展的后遗症。

组织学形态检查可见纤维瘤由呈螺旋和大波浪状的成熟的胶原纤维束组成；纤维肉瘤在组织学形态上呈渐变的过程，因而与纤维瘤十分相似，但出现周围组织侵袭的肿瘤到含有随意排列在一起的紧密堆积的均匀一致的大的梭形细胞的肿瘤。随着肿瘤的分化程度变低，细胞变得更大，核淡染，有丝分裂相增多。

2. 脂肪瘤和脂肪肉瘤

（1）脂肪瘤　脂肪瘤是由脂肪细胞与成脂细胞组成的良性肿瘤，它与正常的脂肪组织的区别在于：瘤内有少量不均匀的间质（血管及结缔组织）而将其分隔成大小不等的小叶。常见于犬，成年母犬常单发。脂肪瘤占皮肤肿瘤的5％～7％，猫占其皮肤肿瘤的6％。犬发生在第三眼睑（ 彩图 10-7 ）、胸、肩、肘关节内侧、腹、背、阴门和腹侧壁等处。

皮下组织的脂肪瘤，外表一般呈结节状或息肉状，与周围组织有明显界限，表面皮肤可自由移动。瘤体大小不一，质地略为坚实。脂肪瘤内如果含丰富的纤维细胞成分，则质地变为硬实，通常将这样的肿瘤称为纤维脂肪瘤。当有多量毛细血管，并且生长活跃，如内皮细胞增多，形成小管腔或不形成管腔时，则称血管脂肪瘤。脂肪瘤本属良性，单纯性脂肪瘤生长缓慢、光滑、有移动性、质地软、有包膜。网膜脂肪瘤呈结节状或不规则的分叶状［ 彩图 10-8（a） ］，瘤体可沿镰刀韧带向腹低壁生长并在腹低壁形成与内部相连的瘤状物［ 彩图 10-8（b） ］，易误诊为乳腺肿瘤。如果肿块过多、过大以至压迫重要器官影响功能时，则会危及生命。少数发生在犬和马的脂肪瘤可能浸润到肌束之间，属良性，手术切除有困难。如不切除，将会造成跛行。

（2）脂肪肉瘤　脂肪肉瘤在宠物中也有发生，但不如脂肪瘤多见，没有年龄、品种及性别因素的影响。与脂肪瘤一样，其来源也为脂肪组织。

脂肪肉瘤无完整的包膜，质地柔软，也可略呈坚硬，外形多呈结节状或分叶状，黄或灰白色，瘤组织中常有出血与坏死。

组织学形态检查可见脂肪瘤界限清楚，且有一薄的纤维膜包裹。它们由含有排列紧密、胞浆界限清晰的细胞组成，细胞体积大，但在石蜡切片中，细胞的胞浆呈空泡状。这些细胞的核很小，并被挤向细胞的一侧。脂肪肉瘤呈弥漫性侵袭，含有多角形或圆形细胞，这些细胞核大，其中有丝分裂相多。这些肿瘤含有丰富的血管，其细胞浆内含有数量不等的脂滴。

3. 骨瘤和骨肉瘤

骨瘤为常见的良性结缔组织瘤，由骨性组织形成，它的来源通常认为是外生性骨疣，或者来自骨膜或骨内膜的成骨细胞。此外，还可从软骨瘤而来。外伤、炎症和营养障碍的慢性过程是骨瘤形成的常见原因。

(1) 骨瘤　肿瘤多呈圆形，坚硬如骨。常发于头部与四肢，当发生在上颌骨和下颌骨时，通常有一个狭窄的基部附着，易用骨锯切除，有再发趋势可重复进行多次手术而治愈。如发生在四肢关节附近，可引起顽固性跛行。若骨瘤压迫重要器官、组织、神经、血管时，可引起一定的机能障碍。良性骨瘤一般预后良好，但病程长。镜检瘤细胞为分化成熟的骨细胞和形成的骨小梁，小梁无固定排列，可互相连接成网状。小梁间为结缔组织。一些瘤组织中可见骨髓腔，其中有脊髓细胞。

(2) 骨肉瘤　来自成骨细胞的恶性肿瘤，多见于猫和犬，在犬的骨肿瘤中骨肉瘤占80%，发病年龄在1~15岁，平均7.5岁；猫1~20岁，平均10岁。其好发部位是长骨的骨骺，大型犬和巨型犬的发病率高于小型犬。骨肉瘤常由软骨肉瘤或黏液肉瘤形成混合肿瘤、骨软骨肉瘤或骨黏液肉瘤。发病动物出现跛行，不愿走动，患病部位的骨骼肿胀、疼痛。临床上的主要发病部位是肋骨近端、桡骨近端和胫骨近端，四肢骨肉瘤的患病动物中90%以上都出现肺部的转移。由于骨变形、变细，容易发生骨折。骨肉瘤一般有骨膜，有出血和坏死现象。恶性骨肉瘤，病程短，预后不良，死亡率高。组织学检查，肿瘤细胞为多形性，可产生成熟或不成熟的骨针、软骨、纤维状组织。镜检，骨肉瘤的瘤细胞为梭形的骨细胞，也有呈多角形或其他形态的，胞核肥大，核染色质深染，分裂相多见。常见一些单核或多核之瘤巨细胞。

4. 平滑肌瘤和平滑肌肉瘤

平滑肌瘤和平滑肌肉瘤都可发生于犬、猫等宠物，但以犬为最多发。该肿瘤发源于动物具有平滑肌的消化管道或阴道及外阴。

(1) 平滑肌瘤　平滑肌瘤是一种良性肿瘤，在各种动物中均可见到，其组织来源主要为平滑肌组织，故凡有此种组织的部位如子宫、胃、肠壁和脉管壁，都能发生平滑肌瘤；在无平滑肌组织的地方，如脉管的周围，还可由幼稚细胞发生这种肿瘤。

平滑肌瘤表面光滑，其质地硬度取决于结缔组织的数量。子宫以外的平滑肌瘤一般体积不大，多呈结节样，如胃肠壁的平滑肌瘤，质地坚硬，切面呈灰白色或淡红色。较大的肿瘤有完整包膜，与周围组织分界明显。镜下，平滑肌瘤通常包含两种成分，一般以平滑肌细胞为主，同时有一些纤维组织。平滑肌瘤细胞长梭形，胞浆丰富，胞核呈梭形，两端钝圆，极少出现核分裂相，细胞有纵行的肌原纤维，染色为深粉红色。瘤细胞常以束状纵横交错排列，或呈旋涡状分布。纤维组织在平滑肌瘤中多少不定。

(2) 平滑肌肉瘤　平滑肌肉瘤是一种恶性肿瘤，在动物中它比平滑肌瘤要少见得多。这种肿瘤通常直接从平滑肌组织发生，少数可由平滑肌瘤发生，特别是子宫的平滑肌瘤。

在组织学上，平滑肌肉瘤细胞分化程度不一。高分化的平滑肌肉瘤细胞的形态与平滑肌瘤细胞颇为相似，但前者可找到核分裂相（图10-9）。低分化的平滑肌肉瘤细胞体积较小，圆形，胞浆极少，胞核也呈圆形，核仁和核膜都不甚清楚，核染色质呈细颗粒状，均匀分布。稍分化的平滑肌肉瘤细胞两端有突起的胞浆，瘤细胞间不见纤维。

这两种瘤体呈实体性，大小不一，一般表面平滑。大的瘤体可发生溃疡、出血和继发感染，常成为后遗症。恶性者，具有范围不大的侵袭性。

5. 血管瘤和血管肉瘤

血管瘤是一种常见的良性肿瘤，生长缓慢，很少发生恶变，没有转移。可发生于动物的全身各处，如皮肤、皮下深层软组织，也可见于舌、鼻腔、肝脏和骨骼等部位，多发生于四肢或脾脏、胸部、会阴部。血管瘤可单发，也可多发。根据血管瘤的不同结构特点，一般分为以下几个类型：①毛细血管瘤；②海绵状血管瘤；③混合性血管瘤。

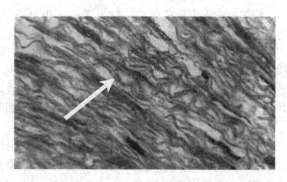

图10-9　平滑肌肉瘤细胞的形态

血管瘤虽然是良性肿瘤，但其表面并无完整包膜，可呈浸润性生长。瘤体的大小差异颇大，切面灰红色，质地比较松软。血管处于扩张状态的血管瘤，其中常充满血液，呈海绵状结构。脾脏的血管瘤是局限性的，切面暗红黑色，流出红黑色的血液。组织学检查，镜下，血管瘤的特征为大量内皮细胞呈实性堆聚，或形成数量与体积不同的血管管腔，腔内充满红细胞。内皮细胞呈扁平状或梭状，胞浆很少，胞核椭圆形或梭形，无异型性。瘤组织中一般有多少不定的纤维组织将堆积的瘤细胞分隔为巢状。

血管肉瘤不常发生，与品种有关，如大丹犬、拳狮犬和德国牧羊犬较易发生。发病年龄3～16岁，平均6岁或7岁；常发部位为长骨的上1/3和下1/3即肱骨近侧端与肋骨，在骨盆骨、胸骨、上颌骨中也可看到。血管内皮肉瘤是起源于血管内皮细胞的一种恶性血管肉瘤，常发生于皮肤内，也可见于脾脏和肝脏。脾脏内的血管内皮肉瘤直径可达15～20cm，由于梗死而有大面积的凝血块。肉眼检查，肿瘤呈暗红色或灰红色，无完整包膜，切面呈灰白色，并常有出血灶。组织学检查，除梗死和坏死区外，还有大量未成熟的内皮细胞，并形成许多明显的血管槽。镜下，瘤细胞为圆形、椭圆形或梭形，核圆形或梭形、深染，细胞大小常很不一致。核分裂相多见。瘤细胞多排列为梭状或巢样。血管内皮细胞瘤的瘤细胞巢位于嗜银纤维膜内，此点可与瘤细胞巢位于嗜银纤维膜之外的血管外皮细胞瘤相区别。

6. 血管外皮细胞瘤

血管外皮细胞瘤主要多发生于犬。这种肿瘤由Stout and Murray（1949）首先发现，研究认为该肿瘤起源于血管的外膜细胞，人和犬都可发生。据欧洲文献介绍，犬与人的血管外皮细胞瘤有本质区别，犬的这种肿瘤应当属于纺锤细胞肉瘤。

多发生于犬的四肢和躯干的皮下组织。瘤被皮可移动，大瘤浸润至肌束和筋膜之间，边界不清，瘤包膜破溃后，常继发感染和溃疡。活检可见纺锤细胞。外科手术切除后，复发率高。

7. 犬可传播性的性肿瘤

犬可传播性的性肿瘤是通过接触而传播的肿瘤。随后有人研究并命名为接触传染性淋巴瘤，又叫接触传染性淋巴肉瘤、犬的湿疣、性病肉芽肿瘤、传染性肉瘤等。

肿瘤通常为叶状、菜花状、无蒂的团块，偶尔呈乳头状或有蒂。外露的表面松脆，生长早期呈红色，后期呈淡红色或灰色。常有出血和坏死。这种肿瘤主要生长在公犬的阴茎和包皮、母犬的外阴和阴道处。要检查公犬阴茎时，先进行麻醉或镇静，避免疼痛而抗拒检查。病初以小的丘疹出现，逐渐增大到直径为3～6cm大的肿块。因为血管形成，肿块颜色变红。也可位于生殖器以外的器官，如唇、口腔、鼻腔，少数在皮肤，据报道是肿瘤细胞移植到咬伤部位的结果。有时大的肿瘤造成机械性不适。有浆液出血性生殖道排出物。因肿瘤坏死而有恶臭，常舐病变部位。组织学检查可见肿瘤细胞和核大小不一，核分裂相增多。

三、淋巴造血组织肿瘤

宠物淋巴造血组织的肿瘤，临床多见主要是淋巴肉瘤和白血病两种。

1. 淋巴肉瘤

淋巴肉瘤是猫最常见的肿瘤，在犬也可发生。淋巴肉瘤类型多，其中最常见的类型为多中心型、消化型和胸腺型淋巴肉瘤。

犬多发生于 4 岁以上，主要是多中心型，消化型和胸腺型也能见到。多中心型的主要临床特征是两侧外周淋巴结和扁桃体肿大，大脾大肝。对病变淋巴结的全面检查，淋巴结坚硬、增大，有明显界限，具有苍白、均质、肿胀突起的切面，皮质和髓质的界限完全丧失。在较重的病例中，淋巴结可能会坏死和部分液化。有时可以在肝、脾、心和肺脏观察到呈结节状的肿瘤。

在猫消化和胸腺型是最普遍的，多中心型却少见。消化型的临床症状包括严重的腹泻或痢疾，经常伴随着厌食和呕吐。像肠套叠的香肠状肿瘤块能被触之，但在一些病例中，病灶分布更广泛、更散在。一般小肠发生该肿瘤，肠壁表现较硬，环状增厚，特别是那些靠近回盲口的肠系膜淋巴结增大，其切面类似于多中心型的淋巴结。一些病例中，肠损伤小，其主要特征是肠系膜淋巴结极度增大。

胸腺型淋巴肉瘤趋向于在幼年动物中出现，通常是 3 岁以下的动物。患病动物经常没有任何先兆就死亡，有时经过短期的厌食和呼吸抑制后死亡。

临床病理特征，肉眼观察，呈大小不等的结节或团块，质地致密，切面颜色灰红，如鱼肉样。较大的淋巴肉瘤常有出血或坏死。镜检，肿瘤细胞的成分主要是异型性的成淋巴细胞和淋巴细胞样瘤细胞。

2. 白血病

白血病分为淋巴组织增生性和骨髓组织增生性两大类型。淋巴组织增生性白血病包括淋巴细胞性白血病、非白血性淋巴组织增生病和骨髓肉瘤病等。其中淋巴细胞性白血病常见于各种哺乳动物。

临床病理特征为外周血液中幼稚型白细胞大量增加，其中淋巴细胞相对增多。全身淋巴结明显肿大，并且各器官组织可见到肿瘤病灶浸润生长，因此患病动物的脾脏、肝脏异常肿大，其他器官也出现瘤灶；同时呈全身贫血症状，红细胞可下降为 100 万或几十万，血红蛋白降至 20%～30% 以下。发病动物全身淋巴结显著肿大，脾脏肿大。肿大的淋巴结呈一种实体性肿瘤，属恶性，所以也称为恶性淋巴瘤。

犬的恶性淋巴瘤：临床主要症状以典型的淋巴结病为特征。除此之外，可以发现该犬有以下的症状，如嗜睡、衰弱、食欲差、体重减轻、腹泻、呼吸困难、咽下困难、烦渴以及多尿等。根据临床病理学分类，可分 5 个类型。

（1）**多中心型** 此型最为多见。除淋巴肿大外，还经常伴发扁桃体肿大，肝、脾大和继发肾脏疾患。还有食欲不振、恶病质、可视黏膜贫血以及烦渴等。

（2）**营养型** 此型以消化和吸收障碍而引起恶病质为主。有时腹部触诊可摸到肠系膜上增大的淋巴结或肿块。

（3）**纵隔型** 不多见。主要临床表现为突发剧咳，呼吸困难，蹲坐呼吸，咽下困难及呕吐，个别可引起食管扩张。

（4）**白血病型** 此型以消瘦、长期腹泻、贫血及恶病质为主。病变虽可侵害至骨髓，但不会引发淋巴性白血病。本型不多见。

（5）**皮肤型** 本型以皮肤慢性局限性溃疡为主。病程可延长数月至数年。开始以真皮部分出现红斑性斑块，继而发生溃疡。早期皮肤组织为大量淋巴细胞所浸润。

四、其他肿瘤

1. 黑色素瘤

黑色素瘤是由能制造黑色素的细胞所形成的良性或恶性肿瘤。这种含黑色素的新生物，在小动物中常发生于犬和猫（ 彩图 10-10 、 彩图 10-11 ）。

（1）**犬良性黑色素瘤** 本病的发生以中老年犬为主，有些品种的犬发病率高一些，如可卡犬、杜宾犬、爱尔兰赛特犬以及雪纳瑞犬等。肿瘤一般出现在头部或者前肢。此肿瘤呈斑块状隆起，表面有色素沉着，可能有蒂，有时呈紫色。手术可以摘除肿瘤。

（2）犬恶性黑色素瘤　主要发生在唇部、口腔的皮肤与黏膜交界处或者爪垫部，被毛多的部位发生率低，有时出现在腹部和阴囊部，公犬比母犬的发病率高。肿瘤隆起于皮肤，呈溃疡状结节，有色素沉着。唇部皮肤与黏膜交界处的肿瘤呈乳头状，可能有蒂。爪垫部发生肿瘤时局部肿胀，爪甲脱落，爪部的骨组织受到破坏。可以进行手术切除肿瘤，但是常复发。手术后进行多次放射治疗有助于缓解临床症状。

（3）猫皮肤黑色素瘤　猫皮肤黑色素瘤的发病率并不高，主要发生在中老年的猫，常见于头部和身体的末梢部位，位置浅，与周围组织的界限清楚，有时直径可达数厘米，以良性为主，可以通过手术摘除肿瘤。

2. 肥大细胞瘤

肥大细胞瘤多发生于皮肤表面或皮下组织。各种年龄的犬均可发生（平均8～10岁），其发生率有明显的品种差异。猫少发生。本病可能是良性或恶性。恶性的称为肥大细胞肉瘤；出现在血液中者，则称为纯粹肥大细胞性白血病。

该瘤好发于犬的肛周、包皮的表皮或皮下组织，也能出现在内脏（脾、肝、肾、心脏及淋巴结）。肿瘤直径为1cm至数厘米，常为实体性或多发性。良性肿瘤可长时间局限在一定的部位，数月至数年不变；恶性的生长迅速，而且从原发地很快通过淋巴和血源向远处转移和扩散。有时可因切除不彻底，放射治疗或化学药物治疗后，引起急剧恶化。十二指肠溃疡和胃溃疡常属本病的合并症。所以当经常发现患犬有粪便带血时，应当注意。胃肠溃疡还可以自发地穿孔而引起急性腹膜炎。如果肿瘤发生在肛周、包皮以及爪趾部时，可能属于恶性。

肥大细胞瘤无包膜，当真皮结缔组织被大量肥大细胞所侵袭，在这些肥大细胞之间，散在数量不等的嗜酸性多形核粒细胞。在犬，肥大细胞的分化程度差别很大，肿瘤被分为三个级别，有丝分裂相很少见。分化不好的肿瘤含有紧密排列的细胞，这些细胞大而有不规则的核，胞浆稀少，有丝分裂相多。猫肥大细胞瘤有不同的形态，它们含有分化良好的、均匀而紧密排列的肥大细胞。

3. 足细胞瘤

足细胞瘤（Sertoli）多发生于犬，属于犬的睾丸肿瘤的一种，发生在输精小管。肿瘤如发生在一侧睾丸内，另一侧睾丸可出现萎缩。患足细胞瘤的犬，母性化的超过25%，表现为未患病侧睾丸萎缩、两侧对称性脱毛、乳头膨胀、前列腺肿大、愿意接触其他公犬。肿瘤为分叶状，在睾丸内呈灰黄色脂样块，可大到整个睾丸。肿瘤发展很快，但很少转移，治疗可摘除睾丸。

4. 组织细胞瘤

组织细胞瘤多见于犬，属于犬的一种皮肤肿瘤，为单个或多结节形。通常侵害2周龄以下的犬，常发于头部、四肢和蹄部。肿瘤直径大的可达1～2cm，呈圆盖或纽扣形，常常可形成溃疡。肿瘤切面呈灰白色，间有小红点。此肿瘤不转移，但溃疡可遭感染。治疗可用手术切除，如不切除，瘤体则发生退行性变化。

5. 肺癌

原发性肺癌少，如果发生，一般是单个，苍白、肺内广泛性转移的肿块，在确定肺癌前必须排除转移性肺内肿瘤。

组织学检查，在犬腺癌有两种类型，即柱状细胞或支气管源性癌和立方状细胞或细支气管肺泡源性癌。肺原发性鳞状细胞癌少见，并与其他不同的位置有着相似的外观。大多数猫肺癌是柱状细胞类型的，尽管它们许多显示出一种角质化的趋势。

【附：肿瘤的诊断和治疗】

1. 肿瘤的诊断

诊断的目的在于确定有无肿瘤及明确其性质，以便拟订治疗方案和预后判断。临床诊断方法如下。

（1）病史调查　病史的调查，主要来自畜主。如发现宠物体的非外伤肿块，或病畜长期厌食、进行性消瘦等，都有可能提示有关肿瘤发生的线索。同时还要了解患病宠物的年龄、品种、饲养管理、病程及病史等。

（2）体格检查　首先做系统的常规全身检查，再结合病史进行局部检查。全身检查要注意全身症状有无厌食、发热、易感染、贫血、消瘦等。局部检查必须注意如下几点。

① 肿瘤发生的部位　分析肿瘤组织的来源和性质。

② 认识肿瘤的性质　包括肿瘤的大小、形状、质地、表面温度、血管分布、有无包膜及活动度等，这对区分良、恶性肿瘤，估计预后都有重要的临床意义。

③ 判断肿瘤分期、制定治疗方案　区域淋巴结和转移灶的检查对判断肿瘤分期、制订治疗方案均有临床价值。

（3）影像学检查　应用 X 射线、超声波、各种造影、X 射线计算机断层扫描（CT）、核磁共振、远红外成像等各种方法所得成像，检查有无肿块及其所在部位，阴影的形态及大小，结合病史、症状及体征，为诊断有无肿瘤及其性质提供依据。

（4）内窥镜检查　应用金属（硬管）或纤维光导（软管）的内窥镜直接观察空腔脏器、胸腔、腹腔以及纵隔内的肿瘤或其他病理状况。内窥镜还可以取细胞或组织做病理检查；能对小的病变如息肉做摘除治疗；能够向输尿管、胆总管、胰腺管插入导管做 X 射线造影检查。

（5）病理学检查　病理学检查历来是诊断肿瘤最可靠的方法，其方法主要包括如下类型。

① 病理组织学检查　对于鉴别真性肿瘤和瘤样变、肿瘤的良性和恶性，确定肿瘤的组织学类型与分化程度，以及恶性肿瘤的扩散与转移等，起着决定性的作用；并可为临床制订治疗方案和判断预后等提供重要依据。病理活组织检查方法有钳取活检、针吸活检、切取或切除活检等，病理组织学诊断是临床的肯定性诊断。

② 临床细胞学检查　是以组织学为基础来观察细胞结构和形态的诊断方法。常用脱落细胞检查法，采取腹水、尿液沉渣或分泌物涂片，或借助穿刺或内窥镜取样涂片，以观察有无肿瘤细胞。

③ 分析和定量细胞学检查法　利用电子计算机分析和诊断细胞是细胞诊断学的一个新领域。应用流式细胞仪和图像分析系统开展 DNA 分析，结合肿瘤病理类型来判断肿瘤的程度及推测预后。该技术专用性强、速度快，但准确性不高，可作为肿瘤病理学诊断的辅助方法。

（6）免疫学检查　随着肿瘤免疫学的研究发现，在肿瘤细胞或宿主对肿瘤的反应过程中，可异常表达某些物质，如细胞分化抗原、胚性抗原、激素、酶受体等肿瘤标志物。这些肿瘤标志物在肿瘤和血清中的异常表达为肿瘤的诊断奠定了物质基础。针对肿瘤标志物制备多克隆抗体或单克隆抗体，利用放射免疫、酶联免疫吸附和免疫荧光等技术检测肿瘤标志，目前已应用或试用于医学临床。

（7）酶学检查　近年来，研究揭示肿瘤同工酶的变化趋向胚胎型，当肿瘤组织形态学失去分化时，其胚胎型同工酶活性也随之增加。因此认为胚胎与肿瘤不但在抗原方面具有一致性，而且在酶的生化功能方面也有相似之处，故在肿瘤诊断中采用同工酶和癌胚抗原同时测定，如癌胚抗原（CEA）与 γ-谷氨酰转肽酶（γ-GT），甲胎蛋白（AFP）与乳酸脱氢酶（LDH）等。这样，既可提高诊断的准确性，又能反映肿瘤损害的部位及恶性程度。

（8）基因诊断　肿瘤的发生发展与正常癌基因的激活和过量表达有密切关系。近年来，细胞癌基因结构与功能的研究取得重大突破，目前已知癌基因是一大类基因族，通常以原癌基因的形式普遍存在于正常动物基因组内。

2. 肿瘤的治疗

（1）良性肿瘤治疗　治疗原则是手术切除。但手术时间的选择，应根据肿瘤的种类、大小、位置、症状和有无并发症而有所不同。

① 肿瘤切除的要求　易恶变的、已有恶变倾向的、难以排除恶性的良性肿瘤等应早期手术，

连同部分正常组织彻底切除。

②肿瘤手术的时机　良性肿瘤出现危及生命的并发症时，应作紧急手术；影响运动和观赏、肿块大或并发感染的良性肿瘤可择期手术。

③肿瘤不手术的标准　某些生长慢、无症状、不影响使役的较小良性肿瘤可不手术，定期观察。

④冷冻疗法　冷冻疗法对良性瘤有良好疗效，适于大小动物，可直接破坏瘤体，以及短时间内阻塞血管而破坏细胞。被冷冻的肿瘤日益缩小，乃至消失。

（2）恶性肿瘤的治疗　如能及早发现与诊断则往往可望获得临床治愈。

①手术治疗　迄今为止仍不失为一种治疗手段，前提是肿瘤尚未扩散或转移，手术切除病灶，连同部分周围的健康组织，应注意切除附近的淋巴结。为了避免因手术而带来癌细胞的扩散，应注意以下几点：a. 动作要轻而柔，切忌挤压和不必要的翻动癌肿；b. 手术应在健康组织范围内进行，不要进入癌组织；c. 尽可能阻断癌细胞扩散的通路（动脉、静脉与区域淋巴结），肠癌切除时要阻断癌瘤上、下段的肠腔；d. 尽可能将癌肿连同原发器官和周围组织一次整块切除；e. 术中用纱布保护好癌肿和各层组织切口，避免种植性转移；f. 高频电刀、激光刀切割，止血好，可减少扩散；g. 对部分癌肿在术前、术中可用化学消毒液冲洗癌肿区（如迫金液，即0.5%次氯酸钠液用氢氧化钠缓冲至pH9，要求与手术创面接触4min）。

②放射疗法　是利用各种射线，如深部X射线、γ射线或高速电子、中子或质子照射肿瘤，使其生长受到抑制而死亡。分化程度愈低、新陈代谢愈旺盛的细胞，对放射线愈敏感。临床上最敏感的是造血淋巴系统和某些胚胎组织的肿瘤，如恶性淋巴瘤、骨髓瘤、淋巴上皮癌等。中度敏感的有各种来自上皮的癌肿，如皮肤癌、鼻咽癌、肺癌。不敏感的有软组织肉瘤、骨肉瘤等。在兽医实践上对基底细胞瘤、会阴腺瘤、乳头状瘤等疗效较好。

美国科罗拉多州立大学兽医院报道放射疗法对会阴瘤疗效为69%，纤维肉瘤为34%，鳞状细胞癌为74%，巨细胞瘤为54%。巨细胞瘤手术疗法后，切口创缘常见到肿瘤细胞，若配合放射疗法可提高疗效，使控制率达到50%，如剂量加到4000rad[1]以上则可达到57%。但术后立即照射会延缓伤口愈合，术后数天照射可使切口发生裂开，一般选择术后立即或术后3周进行照射。

③激光治疗　光动力学治疗（PDT）是一种新的治疗措施，应用光生物学原理可治疗各种肿瘤和疾病。1903年已知注入静脉内的不同药物可选择性地结合肿瘤或伴随于血管床。1976年美国学者托姆逊发现癌细胞可选择性地吸收某些光敏染料，然后在特定波长激光的照射下发生强烈的激活反应，将癌细胞杀灭。目前以血卟啉衍生物（HPD）制剂研究最广泛。其对癌细胞的脱氧核糖核酸分子具有特殊的亲和力，注入体内后可自动浓集和潴留在癌细胞内，而注射后24~48h大多数血卟啉衍生物（HPD）从正常细胞和器官被代谢排出，在注药72h（清除期以后）用相应波长的光激活感光剂，可直接照射到肿瘤，癌灶呈红色荧光，可以确定病区。可发生轻微的某些热反应，而感光剂可诱发靶细胞的化学反应，除造成荧光，还可形成单价氧（释放出），而伴有光中毒和选择性的肿瘤细胞损伤。肿瘤早期诊断是用Kr＋激光器，通过小四面镜使光线散射均匀，微弱的红色荧光经过滤光片和影像增强剂（放大30000倍）变成明亮的绿光，并显示在TV荧光屏上，目前通过这套荧光支气管镜可发现1~2mm大小的肺癌。治疗是以Ar＋激光泵浦的染料激光器为主，染料多用若丹明6G。每100h换一次，染料激光波长630nm时的输出功率为1W。治疗大的肿瘤需要较高剂量的照射，如2cm以上的肿瘤需用多光纤照射，每根光纤输出功率300~500mW，光纤头为1cm长的柱形扩散光纤。有人认为"尿卟啉在肿瘤选择定位方面超过其他卟啉化合物"。临床实践方面激光的进展较快，如肺癌、膀胱癌、脑瘤和眼球肿瘤的光敏治疗。

④化学疗法　最早是用腐蚀药，如硝酸银、氢氧化钾等，对皮肤肿瘤进行烧灼、腐蚀，目

---

[1] 1rad＝10mGy。

的在于化学烧伤形成痂皮而愈合。50%尿素液、鸦胆子油等对乳头状瘤有效。还有烷化剂的氮芥类，如马利兰、甘露醇氮芥类，环磷酰胺（癌得星）、噻哌等药物。植物类抗癌药物如长春新碱和长春花碱等。抗代谢药物如甲氨蝶呤（methotrexate，MTX）、6-巯基嘌呤等均有一定疗效。

⑤ 免疫疗法　近年来随着免疫基本现象的不断发现和免疫理论的不断发展，利用免疫学原理对肿瘤防治的研究已取得了明显的成就。已作为对肿瘤手术、放射或化学疗法后消灭残癌的综合治疗法。

许多事实证明，机体内免疫功能的存在，使绝大多数的动物可免于肿瘤的侵害，而少数个体由于先天的或后天的原因，致使免疫力缺陷，才易于发生癌瘤。因此调动机体内因的免疫疗法是对付肿瘤的一种方法。目前多采取特异性免疫治疗，即采取自身瘤苗治疗及交叉接种和交叉输血治疗方法；非特异性免疫治疗，使用灭活病毒或疫苗以增强机体的抗病力，激活患体的免疫活性细胞增加和提高对外来有害因子如微生物、化学物质与异物的杀伤与破坏能力。

近年来已有应用免疫疗法治疗动物肿瘤的成功报道。如采用卡介苗（BCG）治疗犬的黑色素瘤的非特异性免疫疗法，证实效果明显。

【本章小结】

肿瘤是机体在某些致瘤因素作用下，局部组织细胞发生异常增生而形成的新生物，这种新生物常表现为肿块，称为肿瘤。但在有些情况下，因其细胞呈弥漫性浸润性生长，甚至主要在血液里，并无肿块形成。肿瘤细胞是从正常细胞转变而来的。体内任何有分裂能力的细胞都可转变为肿瘤细胞，这种转变称为瘤变（即恶性变或癌变）。瘤变并非突然发生，而是经过一个较长时间增生与不典型增生阶段。肿瘤细胞虽来源于正常细胞，但它和正常细胞却有着质的区别。肿瘤细胞具有异常的生长和形态。肿瘤的生长、代谢既依赖于机体，表现出对机体的寄生性；又和机体的细胞生长和代谢不相协调，不同程度地失去机体的控制，而表现出一定的自主性。

本章重点论述了肿瘤的概念，肿瘤发生的原因，肿瘤的命名方式，肿瘤的分类以及常见肿瘤形态特征；列表对比阐述了良性肿瘤与恶性肿瘤的不同特征及常见肿瘤。

【思考题】

1. 阐述肿瘤的概念。
2. 肿瘤发生有哪些原因？
3. 肿瘤的命名主要方式有哪些？
4. 阐述肿瘤的分类以及常见肿瘤形态特征。
5. 列表对比阐述良性肿瘤与恶性肿瘤的不同特征。
6. 查询资料、文献，结合自己调查的犬肿瘤实例，谈谈自己对肿瘤（良性与恶性）的认识。

微信扫码立领

- 读课件　助通关
- 查彩图　辨细节
- 养宠物　多交流

第十一章　免疫病理

【知识目标】　了解变态反应的类型及特征，常见的自身免疫性疾病和免疫缺陷病。
【技能目标】　能够识别各种变态反应的病理表现。
【课前准备】　建议学生学习一些免疫疾病的科普知识，增强对免疫疾病病理的了解和认识。

免疫反应是机体在进化过程中所获得的"识别自身、排斥异己"的一种重要生理功能，在正常情况下，免疫系统通过细胞免疫或体液免疫机制以抵抗外界入侵的病原生物，维持自身生理平衡，以及消除突变细胞，起到保护机体的作用。但免疫反应异常，无论是反应过高（变态反应）或过低（免疫缺陷）均能引起组织损害，导致疾病。

机体的免疫功能主要表现在以下三个方面。

① 免疫预防　指机体抵抗和清除病原微生物或其他异物的功能。免疫预防功能发生异常可引起疾病，如反应过高可出现超敏反应，反应过低可导致免疫缺陷病。

② 免疫稳定　指机体清除损伤或衰老的细胞，维持其生理平衡的功能。免疫稳定功能失调可导致自身免疫病。

③ 免疫监视　指机体识别和清除体内出现的突变细胞，防止发生肿瘤的功能。免疫监视功能低下，易患恶性肿瘤。

第一节　免疫损伤的概念

免疫损伤是指机体对某些抗原初次应答（致敏）后，再次接受相同抗原刺激时，发生的一种以机体生理功能紊乱或组织细胞损伤为主的特异性免疫应答。如与 IgE 有关的Ⅰ型变态反应，与免疫复合物沉积有关的Ⅲ型变态反应。故机体的免疫反应常表现为正、负两方面，即除能清除入侵病原体发挥防御功能外，有时也会带来对自身组织一定程度的免疫损伤。

免疫病理反应包括变态反应、自身免疫性疾病、免疫缺陷病和免疫增殖病等。

① 变态反应　又称过敏反应，是由于抗原性质和机体免疫反应的异常，以致机体生理功能障碍或组织损伤而产生的免疫反应。

② 自身免疫性疾病　因免疫功能异常，机体对自身组织成分产生特殊的抗体或致敏淋巴细胞的变态反应，而造成对自身组织的损伤。

③ 免疫缺陷病　由于免疫器官、组织或细胞发育缺陷，或免疫功能失常或缺陷，引起的病理过程。

④ 免疫增殖病　是指免疫器官、免疫组织或免疫细胞（包括淋巴细胞和单核-巨噬细胞）异常增生（包括良性或恶性）所致的一组疾病。这类疾病的表现有免疫功能异常及免疫球蛋白质和量的变化。

第二节　变态反应的类型特征

变态反应与机体的免疫应答具有相同的本质，机体的免疫应答主要表现为生理性防御，而变态反应主要表现为组织损伤和生理功能紊乱。其各自类型与表现疾病有：Ⅰ型（速发型），如过敏性鼻炎，荨麻疹，哮喘，休克；Ⅱ型（细胞溶解型），如自身免疫溶血性贫血，血小板减少性紫癜，粒细胞减少症，新生儿溶血症及输血反应；Ⅲ型（免疫复合物型），如药物过敏性血细胞减少症，血清病，肾小球肾炎，类风湿性关节炎，系统性红斑狼疮，过敏性肺泡炎；Ⅳ型（迟发型），如结核菌素反应，接触性皮炎，移植排异反应，肿瘤免疫；Ⅴ型（兴奋型），如甲状腺炎及甲状腺功能亢进症；Ⅵ型（杀细胞型），如慢性淋巴细胞性甲状腺炎，肿瘤免疫。其中前四型为经典型，其特点对比见表 11-1。

表 11-1　经典型变态反应特点比较

类型	抗原种类	参与抗体	补体参与否	参与细胞	效应功能
Ⅰ型	异种抗原	IgE	－	肥大细胞,嗜碱性粒细胞	IgE 的介质作用
Ⅱ型	自身抗原或修饰的半抗原	IgG、IgM	＋	红细胞,血小板,粒细胞	细胞表面抗原-抗体激活补体的损伤作用
Ⅲ型	自身抗原或异种抗原	IgG、IgM	＋/－	宿主组织细胞	免疫复合物激活补体及嗜中性粒白细胞的损伤作用
Ⅳ型	自身抗原或异种抗原	无	－	T 淋巴细胞	淋巴因子的作用

一、Ⅰ型——速发型变态反应

Ⅰ型也称速发型变态反应，临床上最常见的一种变态反应，可发生于局部亦可发生于全身。其主要特征是：①发病快，消退也快，一般不发生组织损伤；②由结合在肥大细胞和嗜碱性粒细胞上的 IgE 抗体介导；③具有明显个体差异和遗传倾向。

1. 发病机理

当变应原（抗原）进入动物体后能刺激机体免疫功能而产生特异性 IgE 抗体，这种抗体附着于血管周围的肥大细胞和血液中的嗜碱性粒细胞之上而使其致敏，当第二次再接触同种类变应原时，黏附于这些细胞表面的特异性 IgE 抗体即与抗原相结合，因而激发这些细胞脱颗粒释放出许多生物活性物质［血小板活化因子（PAF）、组胺、缓激肽等］，如图 11-1 所示，引起小血管扩张、毛细血管通透性增加、平滑肌收缩、腺体分泌增加等生物活性效应，从而引起相应的临床症状。引起Ⅰ型超敏反应的变应原主要包括：①吸入性变应原，如花粉、真菌、蛹、粉尘、昆虫及其毒液、动物毛屑等；②药物性变应原，如青霉素、磺胺、普鲁卡因、有机碘化合物等临床常用药物；③食物性变应原，主要是奶、蛋、鱼虾、蟹贝等蛋白质含量高的食物。常见的Ⅰ型变态反应性疾病有过敏性休克、过敏性哮喘、过敏性鼻炎、荨麻疹、特应性皮炎、食物过敏症等。

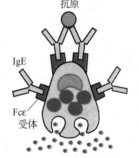

图 11-1　肥大细胞脱颗粒释放介质

2. 分类

（1）过敏性休克　这是一种严重的全身性过敏反应。临床表现为迅速发生血压下降，脉搏微弱，体温降低，全身出冷汗，呼吸困难，肌肉战栗、抽搐，皮肤瘙痒、荨麻疹及水肿等。如不及时抢救可危及生命。引起过敏性休克的过敏原常见的药物有青霉素、磺胺、血清、卵蛋白等。例如犬的主要休克器官为肝，介质为组胺。症状有呕吐、腹泻、呼吸困难与虚脱。剖检时可见肝脏严重淤血，内脏出血。

（2）局部性过敏反应　临床表现为瘙痒和皮肤出现红斑、水肿和结痂。常见于脸、耳、背部、躯干、四肢等处皮肤，最常见于胸腹下部皮肤。例如吸入性变应原作用上呼吸道，可引起鼻黏膜发炎；作用于气管与支气管可引起平滑肌收缩发生哮喘。变应原进入消化道可使胃肠平滑肌收缩，出现呕吐、腹痛和腹泻，有时皮肤出现红斑和荨麻疹。变应原接触眼时，引起结膜炎而发生流泪。一些犬可患吸入性变应性皮炎，在犬群中发生率为 2%～10%，一般终年都可发生，少数有季节性。

二、Ⅱ型——细胞溶解型或细胞毒性过敏反应

Ⅱ型超敏反应又称细胞毒性过敏反应，是由 IgG 或 IgM 抗体与靶细胞表面相应抗原结合后，在补体、吞噬细胞和自然杀伤（NK）细胞参与作用下，引起的以细胞溶解和组织损伤为主的病理性免疫反应。其特点：①除补体参与外，有吞噬细胞、自然杀伤细胞参与；②自身组织成分参与抗原的构成。抗原可以是自身组织细胞上的某一成分；外来抗原吸附在组织细胞上构成复合抗原；某些药物可改变组织细胞的表面结构而形成自身抗原。

1. 发病机理

组织细胞上的抗原（或半抗原）刺激机体产生相应的抗体（IgG、IgM），产生的抗体与组织细胞上相应抗原（或半抗原）结合，或抗体与相应抗原结合后吸附于机体组织细胞表面，通过以下三种机制导致靶细胞裂解和组织损伤：①通过经典途径激活补体，溶解靶细胞；②通过调理吞噬作用，靶细胞被吞噬杀灭；③NK 细胞等效应细胞发挥抗体依赖的细胞介导的细胞毒（ADCC）作用，杀灭靶细胞（图 11-2、图 11-3）。

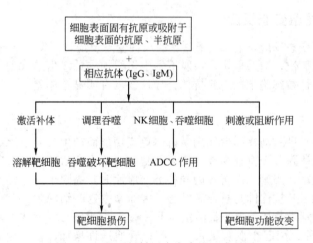

图 11-2　Ⅱ型超敏反应发病机理流程图

2. 临床常见疾病

（1）输血反应　在供者与受者 ABO 血型不符时，受者血清中血型抗体与输入的红细胞表面相应抗原结合，经激活补体溶解红细胞，引起溶血性输血反应。

（2）新生畜溶血病　据报道幼犬也有发生。雌性宠物因接受异型输血或妊娠期胎儿红细胞经胎盘漏入母体血流，从而使雌性宠物被异原红细胞致敏，产生相应的抗体，抗体浓集在初乳中。当新生宠物吃初乳后，抗体通过肠吸收进入血液循环。如果被吸收的抗体直接对抗新生宠物红细胞上的血型抗原，新生宠物的红细胞将大量被破坏，引起溶血。

（3）药物Ⅱ型变态反应　一些药物可牢固地与细胞，特别是与血细胞结合，如青霉素、奎宁、L-多巴、氨基水杨酸等可吸附到红细胞表面，使之被修饰，免疫系统会误认为异物而攻击之，临床上出现溶解性贫血。有的药物可与粒细胞结合引起粒细胞缺乏症，如磺胺、保太松、氨基比林、砷、锑制剂等。有的药物引起血小板减少症，如奎宁、氯霉素、磺胺、链霉素等引起的过敏。

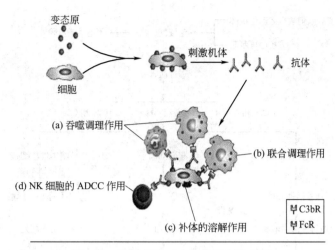

图 11-3 Ⅱ型超敏反应发病机理示意图

三、Ⅲ型——免疫复合物型

Ⅲ型超敏反应又称免疫复合物型超敏反应，由中等大小的可溶性免疫复合物沉积于毛细血管基底膜后，经激活补体，并在嗜中性粒白细胞、血小板、嗜碱性粒细胞作用下，引起以局部充血水肿和坏死、嗜中性粒白细胞浸润为主要特征的炎症反应和组织损伤。参与Ⅲ型超敏反应的抗体主要是 IgG 和 IgM 类，也可以是 IgA。反应的特点是抗体不与细胞膜结合，而是游离于血液循环内，可与抗原结合形成免疫复合物，沉积于某些部位，如血管壁、肾小球基底膜、关节滑膜等处，激活补体，引起组织细胞损伤。

1. 发病机理

可溶性抗原与相应 IgG 或 IgM 类抗体结合可形成抗原-抗体复合物，即免疫复合物。通常大分子免疫复合物可被体内单核-巨噬细胞及时吞噬清除；小分子免疫复合物在循环中难以沉积，通过肾时易被滤过排出体外；形成的中等大小可溶性免疫复合物，既不能通过肾小球随尿排出，又不易被吞噬细胞吞噬，在血液中停留时间较长，从而沉积于毛细血管或肾小球基底膜上。沉积的免疫复合物可通过传统途径激活补体系统产生过敏毒素 C3a、C5a 和趋化因子 C567，前者可使嗜碱性粒细胞和肥大细胞脱颗粒，释放血管活性胺类（如组胺等）等炎性介质，引起局部水肿；后者可吸引嗜中性粒白细胞聚集在免疫复合物沉积部位，并使其释放溶酶体酶类，引起组织损伤。此外，免疫复合物和 C3b 可使血小板活化，合成和释放 5-羟色胺等，引起血管舒张、通透性增强，产生充血和水肿；同时可使血小板聚集并激活凝血系统而形成微血栓，造成局部组织缺血，以至出血，从而加重组织细胞的损害，如图 11-4 所示。

由此可见，免疫复合物不断产生和持续存在是形成并加剧炎症反应的重要前提，而免疫复合物在组织的沉积则是导致组织损伤的关键。

2. 临床常见疾病

（1）阿萨斯反应 1903 年 Arthus 发现用马血清经皮下反复免疫家兔数周后，当再次注射马血清时，可在注射局部出现红斑、水肿，以至出血和坏死等剧烈炎症反应。这种现象被称为 Arthus 反应。如犬的蓝眼病即为腺病毒抗原引起的Ⅲ型变态反应，患犬角膜浑浊、水肿，并有嗜中性粒白细胞浸润及眼前房色素层炎。犬的葡萄球菌性过敏性皮炎，也属于此型变态反应。

（2）血清病 血清病是因大量注射异种动物血清所引起的一种全身性免疫复合物病。异种血清作为抗原物质，刺激机体产生相应的抗体，与初次注入而未完全排出的异种血清结合，形成中等大小的可溶性免疫复合物，随血液循环在全身沉着，激活补体，从而引起全身性病理变化，如发热、皮疹、关节疼痛、一过性蛋白尿、淋巴结肿大等临床症状。血清病具有自限性，停止注射

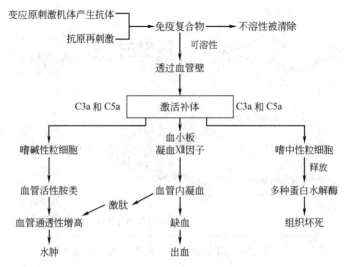

图 11-4　Ⅲ型变态反应机理

异种血清后症状可自行消退。

（3）白血病　猫白血病病毒感染常呈现持续性病毒血症。猫感染此病毒后产生抗病毒抗体，可诱发Ⅲ型变态反应。当免疫复合物在肾脏沉积时可引起严重的肾小球肾炎。如病毒与猫红细胞结合，还能引起严重的溶血性贫血。

四、Ⅳ型——迟发型

Ⅳ型变态反应又名迟发型超敏反应，由致敏 T 细胞与相应抗原结合而引起，以单核-巨噬细胞浸润和细胞变性坏死为特征的局部变态反应性炎症。该类反应发生较迟缓，一般需经 48～72h，抗体和补体均不参与，多数无个体差异。

1. 发病机理

动物在第一次接触抗原受到刺激后，T 淋巴细胞被致敏，当第二次再与同类的抗原接触时，致敏的淋巴细胞继续分化、增生并释放大量生物活性物质（如巨噬细胞移动抑制因子、促使巨噬细胞释放酶的因子、转移因子、使靶细胞破坏的淋巴毒素等），这些物质能激活炎症细胞，引起以单核-巨噬细胞浸润为特征的炎症反应。

临床上应用结核菌素试验等皮肤试验、传染性变态反应、接触性皮炎、异体组织移植排斥反应等，都属于Ⅳ型变态反应。

2. 常见的Ⅳ型变态反应

（1）变应性接触性皮炎　通常是由于接触小分子半抗原物质，如油漆、燃料、农药和某些药物（磺胺和青霉素）等引起，它们必须与较大的免疫原结合才具有免疫原性。当动物再次接触同一半抗原时，可发生接触性皮炎，表现充血、红斑、丘疹、水泡，由于搔痒使病变部表皮脱落与形成溃疡。

（2）传染性变态反应　动物机体受到某些细胞内寄生菌（结核杆菌、鼻疽杆菌、布氏杆菌等）感染和寄生虫（血吸虫、蛔虫等）感染时，可发生Ⅳ型变态反应，形成肉芽肿，称传染性变态反应。结核菌素反应就是典型的细胞介导性变态反应。给豚鼠皮内注射结核菌素数小时后，注射部位就出现红斑和硬结。

第三节　常见的自身免疫性疾病

识别"自己"与"非己"，对非己抗原产生免疫排斥，对自身抗原呈现耐受是免疫系统发挥正常功能的重要特征。自身免疫是指机体免疫系统对自身抗原发生免疫应答，产生自身抗体或致敏淋巴细胞的现象；而自身免疫性疾病是指机体免疫系统对自身抗原发生免疫应答达到一定程度或出现质的异常，从而引起的疾病状态。如犬系统性红斑狼疮、水貂阿留申病等，均属自身免疫性疾病。

一、自身免疫性疾病发生机理

1. 隐蔽抗原的释放

隐蔽抗原是指体内某些与免疫系统在解剖位置上隔绝的抗原成分，如甲状腺球蛋白、脑脊髓组织、眼球晶状体、精子等。由于这些抗原在胚胎期未与免疫系统接触，其相应的淋巴细胞克隆依然存在并具有免疫活性，所以机体免疫系统把这些物质视为"非己"抗原物质并产生免疫反应。感染、外伤或手术等时，隔绝屏障受到破坏，隐蔽抗原可大量释放入血液或淋巴液，与免疫系统接触，激活免疫系统，从而引发针对隐蔽抗原的自身免疫应答和自身免疫性疾病。例如，眼球晶状体被释放出来可引起交感性眼炎，甲状腺球蛋白被释放出来引起自身免疫性甲状腺炎等。

2. 自身组织抗原性质的改变

物理（如冷、热、电离辐射等）、化学、生物等因素可以使自身组织抗原性发生改变，这些改变包括组织抗原的分子结构重新排列，组织抗原（或半抗原）与外来的半抗原（或抗原）形成复合物，从而改变了自身组织抗原决定簇，所以机体免疫系统就可以"识别"这种抗原，并作为"非己"抗原而产生免疫反应。例如，肺炎支原体感染可改变红细胞的抗原性，这种改变的红细胞可刺激机体产生抗红细胞抗体，此抗体与红细胞结合后引起红细脑的溶解破坏；某些药物吸附或结合在血细胞膜上，可改变血细胞膜表面抗原结构，刺激机体产生自身抗体，从而导致免疫性血细胞减少。

3. 身体组织蛋白（抗原）与微生物之间的交叉反应

如果某些微生物抗原和组织蛋白具有共同的抗原决定簇，则对抗微生物抗原的抗体也能与组织蛋白起反应（交叉反应）。如机体感染 A 群链球菌后所产生的抗链球菌抗体，可作用于心肌内膜、肾小球基底膜和关节滑膜等，发生交叉免疫反应，引起风湿性心脏病、急性肾小球肾炎和风湿性关节炎。另外，多种微生物因其热休克蛋白与动物的热休克蛋白以及多种组织有交叉抗原性，也可引起自身免疫性疾病，如肾小球肾炎、心肌炎、类风湿性关节炎等。

4. 受抑制的免疫细胞（禁株）脱抑制

能与自身组织蛋白起免疫反应的免疫细胞，在正常情况下是处于被抑制状态的，称"禁株"。这种控制机制，可能是由于抑制性 T 细胞的强大抑制作用。如果抑制性 T 细胞的机能衰退甚至丧失，"禁株"就会脱抑制，产生对抗自身组织蛋白的自身抗体。例如在切除新生动物的胸腺、胸腺瘤、恶性淋巴瘤等情况下，都可能出现自身抗体。

5. 病毒的诱发作用

某些病毒，特别是感染淋巴组织的病毒，可能干扰免疫控制机制，使抑制 T 细胞机能衰退或丧失，导致出现自身免疫。例如，犬的系统性红斑狼疮存在对抗许多器官的自身抗体，此病可能与 C 型病毒或副黏病毒感染有关。

二、自身免疫病的组织损伤机理

自身免疫病理过程中的组织损伤，由自身抗体或/和自身应答性 T 淋巴细胞介导的对自身抗原发生的免疫应答引起，其组织损伤机理类似于Ⅰ型、Ⅱ型、Ⅲ型、Ⅳ型变态反应。也就是说，自身免疫性疾病就是自身变态反应。自身抗体可直接与自身组织抗原发生体液免疫反应，在补体参与下引起自身组织细胞破坏，如抗红细胞抗体在补体参与下引起红细胞溶解（Ⅱ型变态反应）；或者通过形成抗原抗体复合物发生致病作用，如抗原抗体复合物沉积在心肌、肾小球基底膜、关节滑膜、血管上，激活补体，诱导粒细胞，引起炎症变化和组织损伤（Ⅲ型变态反应）；或者通过致敏淋巴细胞引起细胞免疫反应（Ⅳ型变态反应）。有些自身免疫的病理损伤往往是自身抗体和致敏淋巴细胞共同参与的结果。由于自身免疫性疾病的抗原来自自身组织细胞，自身抗原不断释放，不断刺激免疫系统发生自身免疫反应，故病情常迁延反复，不易康复。

三、常见的自身免疫性疾病

1. 自身免疫性溶血性贫血

是由于形成了对抗自身红细胞的自身抗体所致。在宠物中，本病常见于犬、猫。最常见于犬，主要是母犬，可为原发性，也可继发于许多感染性、肿瘤性和自身免疫性疾病。急性型的症状与红细胞的破坏增加有关，如厌食、不适、黏膜苍白、发热、烦渴、脾脏和体表淋巴结肿大。

2. 自身免疫性血小板减少

本病由抗血小板自身抗体所引起，常见于犬、猫，以犬最常见，主要是雌犬。本病常与自身免疫性溶血性贫血、系统性红斑狼疮或淋巴组织增生病并发。疾病可以是突然发生的急性型，引起大量出血；或者是轻微的慢性型，表现为出血点或出血斑，贫血的程度不一，但任何部位与任何系统的出血都可能发生，包括因脑出血突然致死。

3. 自身免疫性皮炎

犬的寻常水疱疮是一种慢性皮炎，以水疱形成与皮肤棘层松解为特征。病变通常位于皮肤黏膜结合部的周围，如唇、包皮、肛门，也见于舌和耳的内面。组织学变化是病变部单核细胞浸润，并有表皮棘细胞层间桥消失。间接免疫荧光试验发现患犬血清含有抗复层扁平上皮细胞间黏合物质的自身抗体。

4. 自身免疫性脑炎和神经炎

因脑组织抗原正常是血脑屏障隔离的，一旦进入血液循环，就会引起自身免疫。接种狂犬病疫苗后的接种后脑炎，就是一例。现在用组织培养疫苗代替兔脑浮悬液疫苗，所以已排除了这种脑炎的发生。嗜神经性病毒如犬瘟热，可引起脱髓鞘性脑炎，也是一种自身免疫性脑炎。自身免疫性脑炎的抗原为有髓神经组织的一种蛋白质，因此任何原因引起的中枢神经组织破坏，都可能产生抗髓磷脂抗体，引起自身免疫。用外周神经，例如坐骨神经乳剂，同样可引起实验性变态反应性神经炎。

5. 自身免疫性甲状腺炎

宠物中以犬常见，疾病的发生与遗传有关。患犬有抗甲状腺球蛋白、抗滤泡细胞微粒体和抗胶体抗原的自身抗体。组织学检查，甲状腺里有浆细胞浸润和淋巴细胞浸润，严重时可形成淋巴滤泡，腺体结构被破坏。皮内注射甲状腺浸液，可能出现迟发性变态反应，Ⅳ型反应可能起重要作用。

6. 类风湿性关节炎

在长期慢性感染情况下关节的半抗原成分（滑膜的黏多糖、软骨的硫酸软骨素）与病原微生物产物或成分结合，形成完全抗原，刺激机体产生抗体；或者这种抗关节滑膜抗体（IgG）变性，刺激机体产生类风湿因子即抗关节滑膜抗体的抗体（IgM），也可以是 IgG 或 IgA 类抗体。当自身变性 IgG 与类风湿因子结合形成免疫复合物，反复沉积于关节滑膜时，在补体参与下，引起关节炎症，称为类风湿性关节炎。常见于犬红斑狼疮病时伴发的关节炎，亦可见于犬自发性类风湿性关节炎。

7. 犬系统性红斑狼疮

是犬的一种自身免疫性疾病。体内除见有结缔组织和血管的非化脓性炎及纤维蛋白样变性外，还含有多种自身抗体（抗 DNA 抗体等），由于自身抗体与自身抗原产生免疫反应（Ⅱ型或Ⅲ型变态反应）引起自身组织损伤，表现为皮疹、关节炎、肾炎、血管炎、溶血性贫血、粒细胞减少症、血小板减少性紫癜等变化。抗 DNA 抗体又称红斑狼疮因子，它在血中与 DNA 形成免疫复合物，可沉着在全身小血管，激活补体，发生反应。抗核抗体作用于粒细胞核，然后被吞噬细胞吞噬，称此吞噬细胞为红斑狼疮细胞，可存在于血液中，具有诊断意义。近来认为，该病与遗传素质、病毒感染及免疫系统障碍（细胞免疫缺陷、抑制性 T 细胞损伤）有关。

第四节 免疫缺陷病

免疫缺陷病是免疫系统先天发育不全或后天因素所致免疫功能低下或不全所引起的以反复感染为其主要临床特征的疾病。按其发生原因可分为原发性（先天性）免疫缺陷病和继发性（获得性）免疫缺陷病两大类。按其主要累及的免疫成分不同可分为体液免疫缺陷、细胞免疫缺陷、混合性免疫缺陷、吞噬细胞缺陷和补体缺陷。

免疫缺陷病的共同特点是：动物有机体对各种感染的易感性增高，患病动物可出现反复的、持续的严重感染。感染的性质和严重程度主要取决于免疫缺陷的成分及其程度。

一、原发性免疫缺陷病

原发性免疫缺陷病是出于免疫系统先天性（遗传性）发育缺陷而导致免疫功能不全所引起的疾病。根据所累及的免疫细胞或免疫分子可进一步分为特异性免疫缺陷（如细胞免疫缺陷、体液免疫缺陷、混合性免疫缺陷）和非特异性免疫缺陷（如吞噬细胞缺陷、补体缺陷）。

1. 特异性免疫缺陷

（1）细胞免疫缺陷 由于胸腺缺损或发育不全，T 细胞显著减少，致使细胞免疫功能明显下降或障碍，表现为血液中淋巴细胞数量减少，容易发生病毒、真菌及细胞内寄生菌感染，不呈现迟发型变态反应，并易发生恶性肿瘤。病理组织学变化：患病动物胸腺只有正常的 1/15，原有结构消失，主要由脂肪细胞组成，散在有微细残存的胸腺及小块立方上皮组成的胸腺小体，皮质几乎没有淋巴细胞，髓质淋巴细胞也稀少。淋巴结和脾脏的胸腺依赖区内淋巴细胞显著减少，或完全缺乏。

（2）体液免疫缺陷 由于 B 细胞缺乏或缺陷，免疫球蛋白生成不足，血液免疫球蛋白含量明显减少或缺乏，机体容易频发细菌感染，但细胞免疫正常。

（3）混合性免疫缺陷 由于干细胞不能分化为 T 细胞和 B 细胞，故细胞免疫和体液免疫均呈现缺陷，表现为血液中淋巴细胞及免疫球蛋白均减少，胸腺和全身淋巴组织发育不全，动物机体易发生微生物感染。

2. 非特异性免疫缺陷

① 吞噬细胞缺陷 由于吞噬细胞数量减少，缺乏杀灭病原微生物的酶，或游走机能障碍，动物机体容易反复发生细菌感染。如犬的嗜中性粒白细胞减少症、巨噬细胞减少症等。

② 补体缺陷 补体系统中的所有成分都可以发生缺陷。大部分补体缺陷属常染色体隐性遗传，少数为常染色体显性遗传。补体缺陷病的临床主要表现为反复化脓性感染及自身免疫病。

二、继发性免疫缺陷病

由于出生后免疫系统受到抑制或继发于其他某些疾病而引起的免疫缺陷，称为继发性免疫缺陷病。动物的继发性免疫缺陷病比原发性免疫缺陷病更为常见。许多因素可以影响细胞免疫和体液免疫，导致免疫功能低下。常见的引起继发性免疫缺陷的因素如下。

1. 感染性因素

病毒感染是引起免疫缺陷的最常见因素，如猴艾滋病病毒、猫泛白细胞减少症病毒等，均可直接损害免疫器官组织和免疫活性细胞，或产生抑制因子干扰免疫效应细胞之间的调控，从而引起细胞免疫和/或体液免疫抑制。

2. 非感染性因素

（1）营养不良 营养不良是引起继发性免疫缺陷的常见因素之一。蛋白质、脂肪、维生素

（如维生素 A、维生素 E）和微量元素（如锌、硒、铜）摄入不足可影响免疫细胞的成熟，降低机体对微生物的免疫应答。

（2）药物　免疫抑制剂（激素）、抗肿瘤药物等可杀死或灭活淋巴细胞。

（3）肿瘤　恶性肿瘤特别是淋巴组织的恶性肿瘤常可进行性地抑制患病动物的免疫功能。

【本章小结】

　　超敏反应是一类以机体组织细胞损伤或生理功能紊乱为主的特异性免疫应答。Ⅰ型超敏反应的发生机制是：相应抗原与吸附于肥大细胞、嗜碱性粒细胞表面 IgE 抗体结合，引起肥大细胞、嗜碱性粒细胞活化，释放组胺等多种生物活性介质，导致毛细血管扩张，通透性增加，平滑肌收缩，腺体分泌增加，出现Ⅰ型超敏反应症状。Ⅱ型超敏反应的发生机制是：抗体与机体细胞表面的抗原结合，或抗原与抗体结合后吸附于机体组织细胞上，通过激活补体、调理促吞噬和 ADCC 造成组织细胞的损伤。Ⅲ型超敏反应因中等大小的免疫复合物沉积于血管基底膜引起，沉积的免疫复合物通过下列机制损伤组织：①活化补体，招募嗜中性粒白细胞，后者释放溶酶体酶造成邻近组织损伤；②促进血小板、嗜碱性粒细胞释放血管活性物质，引起血管通透性增加，局部水肿；③活化凝血系统导致血栓形成，导致局部缺血、坏死、出血。Ⅳ型超敏反应的发生机制是特异性 T 细胞介导的免疫应答，引起损伤的细胞主要是 CD4＋Th1 细胞和 CD8＋CTL 细胞。前者通过释放多种细胞因子引起以淋巴细胞和单核-巨噬细胞浸润为主的炎症，后者则直接杀伤靶细胞。

【思考题】

1. 各型变态反应发生原因、机理是什么？有何病理特征？Ⅰ型变态反应有何临床特点？

2. 免疫缺陷病发生的原因、机理是什么？有何病理特征？

3. 自身免疫如何发生的？举例说出常见畜禽的自身免疫病。

4. 病例分析：有一只犬，患上呼吸道感染，肌肉注射青霉素后，不久出现血压下降，可视黏膜苍白，心跳微弱，体温降低，口腔流涎，呼吸困难，肌肉战栗、抽搐等。分析其产生的原因。如果是过敏反应，是哪种类型？

微信扫码立领

- 读课件　助通关
- 查彩图　辨细节
- 养宠物　多交流

第十二章　循环系统病理

【知识目标】　了解心包积液、心包炎、心肌炎、心内膜炎、淋巴结炎、脾炎的常见类型和病理变化及对机体的影响。

【技能目标】　能够认识心包积液、心包炎、心肌炎、心内膜炎、淋巴结炎、脾炎的病理变化。

【课前准备】　建议学生学习一些心脏疾病的科普知识，增强对心脏疾病病理的了解和认识。

第一节　心脏病理

心血管系统是由心脏、动脉、静脉和毛细血管组成的一个封闭的管道系统。血液循环联系着全身各器官组织，不断地给组织细胞输送氧气、营养物质、激素及抗体等，并从组织中运出代谢产物，从而保证机体内环境和内外环境之间的动态平衡及各器官系统的正常生理活动。因此，当心血管系统发生机能性或器质性疾病时，就必然引起全身或局部血液循环紊乱，进而导致各器官组织发生代谢、机能和结构方面的改变，甚至对生命造成威胁。

本章主要论述心脏机能障碍和心血管系统各部分的炎症，即心包积液、心包炎、心肌炎、心内膜炎。

一、心包炎

心包炎是指心包的壁层和脏层浆膜的炎症。心包炎可分为急性和慢性两类。慢性心包炎较严重的类型是缩窄性心包炎。发生心包炎时心包腔内常蓄积着大量炎性渗出物。根据渗出物的性质可区分为浆液性、纤维素性、出血性、化脓性、腐败性和混合性等类型。临床上常见的是浆液性、纤维素性或浆液-纤维素性心包炎。

1. 病因

多数继发于病毒性疾病（猫传染性腹膜炎、流行性感冒、传染性单核细胞增多症等）、细菌性疾病（结核病、放线菌病、脑膜炎双球菌感染等）、真菌性疾病（球孢子菌病）、免疫性疾病（系统性红斑狼疮）以及外伤、异物等。

2. 病理变化

（1）传染性心包炎　初期心包内以浆液性渗出物为主，随着炎症的发展，慢慢析出絮状的纤维素，从而发展为浆液-纤维素性心包炎。

① 眼观　心包表面血管扩张充血，间或有出血斑点。心包膜因炎性水肿而增厚。心包腔因蓄积大量渗出液而明显膨胀，腔内有大量淡黄色透明的浆液性渗出物，若混有脱落的间皮细胞和白细胞则变浑浊。急性过程的心外膜表面附着薄层的黄白色纤维素，早期易于剥离，如果炎症持续较久，心外膜上的纤维素可成层地不断沉着，或因心脏搏动而形成绒毛状外观，称为"绒毛心"。慢性经过时（如结核性心包炎），被覆盖于心包壁层和脏层上的纤维素往往发生机化，外观呈盔甲状，称为"盔甲心"。心包脏层和壁层因机化而发生粘连。

② 镜检　初期心外膜下充血、水肿并有白细胞浸润，间皮细胞肿胀呈立方形，但仍完整，

浆膜表面有少量浆液-纤维素性渗出物。随后间皮细胞坏死、脱落、浆膜层和浆膜下组织水肿、充血及白细胞浸润，间或有出血。特别是在组织间隙内有大量丝网状纤维素。与发炎心外膜相邻接的心肌发生颗粒变性和脂肪变性，心肌间质也有充血、水肿及白细胞浸润。病程较久者，则转为慢性，渗出物被机化而形成瘢痕，且包裹心脏。

（2）创伤性心包炎　炎症呈浆液-纤维素性，但因常有细菌随着异物侵入心包，伴发化脓，故也常称浆液-纤维素性化脓性炎。

① 眼观　心包膜显著增厚，失去原有的透明光泽。心包腔高度充盈，腔内积聚大量污秽的纤维素性化脓性渗出物，内含气泡，并发恶臭味。心外膜变得粗糙肥厚，心壁及心包上可见刺入的异物。

② 镜检　可见炎性渗出物由纤维素、嗜中性粒白细胞、巨噬细胞、红细胞与脱落的间皮细胞等组成。慢性经过时，渗出物往往浓缩而变为干酪样并可发生机化，造成心包粘连。创伤损及心肌时，还可引起心肌化脓。

3. 结局和对机体的影响

心包炎病情较轻者，其渗出物可被逐渐液化、吸收而痊愈。当渗出物不能完全吸收时，则发生机化，在心外膜上留下灰白色的乳斑。病情较重者，心包和心外膜可发生粘连，影响心脏活动，长时间则会导致心力衰竭。

心包炎对机体的另一严重影响是心包积液对心脏的直接压迫作用。初期，心包积液较少，故血液循环障碍通常不明显。但当心包积液增多后，就会对心脏产生直接压迫作用，影响心脏的收缩与舒张，回心血量减少，可发生全身淤血或水肿，严重时心功能不全。

创伤性心包炎对机体除了有上述影响外，由于其渗出物的腐败分解，微生物毒素的吸收，可继发脓毒败血症而致动物死亡。

二、心肌炎

心肌炎是指各种原因引起心肌的炎症。原发性心肌炎极少见，通常伴发于某些全身性疾病的过程中，如传染病、代谢病、变态反应性疾病可继发心肌炎。

1. 病因和发病机理

引起心肌炎的病原体及毒素可通过血流途径侵害心肌，也可由心内膜炎或心外膜炎蔓延而来。其作用方式一是直接使心肌纤维变性、坏死，二是损伤血管引起血液循环障碍而发生心肌炎。另外病原体也可通过致敏机体，发生过敏反应，形成针对心肌的抗体或致敏淋巴细胞，也可能造成心肌的免疫损伤，引起心肌炎。

2. 病理变化

根据心肌炎的发生部位和性质，可分为实质性心肌炎、间质性心肌炎和化脓性心肌炎等类型。

（1）实质性心肌炎　其特点是以心肌纤维变性为主，间质内可见程度不同的渗出和增生过程。常取急性经过。

① 眼观　心脏呈扩张状态，心肌色泽变淡，质地变软，无光泽，在心脏表面上可见灰白色或灰黄色斑块状或条纹状病灶，特别是右心室。炎症多为局灶性。

② 镜检　可见轻症心肌炎心肌纤维呈颗粒变性、脂肪变性。严重时呈蜡样坏死，甚至崩解，并可见钙盐沉积。间质有程度不同的浆液渗出和炎性细胞浸润。

（2）间质性心肌炎　以心肌的间质渗出性变化明显，炎性细胞呈弥漫性或结节状浸润，而心肌纤维变质性变化比较轻微为特征，可发生于传染性和中毒性疾病过程中。

① 眼观　病变与实质性心肌炎相似。

② 镜检　心肌纤维呈局灶性变性和坏死，但主要病变集中在间质内。间质内可见充血、出血、浆液性渗出和大量炎性细胞浸润与增生，主要是单核细胞、淋巴细胞和浆细胞。慢性过程中，局部心肌纤维可发生萎缩、变性、坏死甚至消失，间质结缔组织明显增生，并有不同程度的炎性细胞浸润。

（3）化脓性心肌炎　化脓性心肌炎是以大量嗜中性粒白细胞渗出和脓液形成为特征的心肌炎症。多由化脓性细菌感染所引发。化脓性细菌可来源于脓毒败血症的转移性细菌栓子，通常由机体其他部位（如肺炎、子宫炎等）的化脓性栓子经血液转移至心脏，在心肌内形成化脓性栓塞，引起心肌脓肿或化脓性心肌炎。

① 眼观　心肌有大小不一的化脓灶或脓肿。新鲜脓灶，其周围呈充血、出血和水肿变化；陈旧性脓灶，其周围常有结缔组织包裹形成。

② 镜检　初期血管栓塞部呈化脓性渗出，而后局部心肌坏死溶解，脓肿形成；其周围的心肌纤维发生变性，心肌间有嗜中性粒细胞浸润。

3. 结局和对机体的影响

心肌炎是一种剧烈的病理过程，对机体影响较大。非化脓性心肌炎可发生机化，形成灰白色的纤维化斑块。化脓性心肌炎的病灶常以包裹形成，脓汁干涸并进一步纤维化而告终。

心肌炎可影响心脏的自律性、兴奋性、传导性和收缩性，故临床上表现出心律失常，如窦性心动过速、各种形式的期外收缩和传导阻滞。严重时，因心肌广泛变性和坏死以及传导系统严重障碍而发展为心力衰竭。另外，如果心肌内的化脓灶或脓肿向心室内破溃，脓汁随血液循环散播全身可引起脓毒症或脓毒败血症。

三、心内膜炎

心内膜炎是指心内膜的炎症。根据炎症发生部位的不同，可分为瓣膜性、心壁性、腱索性和乳头肌性心内膜炎。其中以瓣膜性心内膜炎最为常见。

1. 病因和发生机理

动物的心内膜炎通常由细菌感染引起，常伴发于化脓菌感染过程中。

心内膜炎的发病机理有以下几方面的认识。第一，可能是一种自身变态反应的局部表现。有人认为心内膜炎的发生可能是机体受细菌感染之后，菌体蛋白与胶原纤维的黏多糖结合，形成复合性自身抗原，刺激机体产生相应的抗体，然后抗原抗体在胶原纤维上结合，引起胶原纤维发生纤维素样坏死，心内膜或瓣膜因而受损，引起血栓形成，并为细菌繁殖创造了条件，导致心内膜炎的发生发展。第二，细菌感染过程中病原菌的直接或间接作用，也可引起心内膜炎，因为在绝大多数病例的病灶中都存在细菌。在一些致病力和侵袭力强的细菌感染过程中所出现的心内膜炎，在一定程度上，心腔血液内的病原菌可直接侵袭心内膜或瓣膜，引起心内膜炎，或者是在败血症时首先在心内膜或瓣膜的表面形成无菌的血小板血栓，继而细菌附着于血栓上，随即血栓不断增大形成疣状物，细菌便埋藏于血栓中生长繁殖，从而导致心内膜炎。如果机体处于过敏而瓣膜已受损的情况下，则病原菌更易侵袭而引起心内膜炎。第三，心瓣膜之所以易遭损害，可能与它不停地运动、机能负荷较大，以及瓣膜的游离缘缺乏血管、营养供应较差、抵抗力较低有一定关系。所以，病变常发生在瓣膜边缘，特别是瓣膜的向血流面。

2. 病理变化

根据心内膜炎的病变特点，分为疣状血栓性心内膜炎和溃疡性心内膜炎。

（1）疣状血栓性心内膜炎　疣状血栓性心内膜炎是以心瓣膜损伤轻微和形成疣状血栓为特征。疣状赘生物常发生于二尖瓣心房面和主动脉瓣的心室面的游离缘。

① 眼观　炎症局部早期心瓣膜表面可见散在的或串珠状、黄白色的小疣状物，以后逐渐增大且相互融合，表面粗糙，质脆易碎。后期，因肉芽组织增生，疣状物可发生机化，形成菜花样、灰白色、坚实的不易剥离的赘生物。

② 镜检　炎症早期可见心内膜内皮细胞肿胀、变性、坏死和脱落，疣状物主要是由纤维素、血小板和白细胞构成。内膜结缔组织细胞肿胀变圆，白细胞浸润，胶原纤维发生纤维素样坏死。内膜的深层组织通常无明显变化。后期结缔组织增生，血栓发生机化，同时伴有炎性细胞浸润。

（2）溃疡性心内膜炎　溃疡性心内膜炎又称败血性心内膜炎，以心瓣膜受损较严重、发生局灶性坏死和形成大的血栓性疣状物为特征。

① 眼观　初期瓣膜上出现淡黄色的坏死斑点，以后逐渐增大并融合为干燥、表面粗糙的坏死灶，并发生脓性分解，形成溃疡。溃疡表面覆有灰黄色血栓物质，可迅速增大形成大的疣状物，质地脆弱，容易脱落形成栓子造成栓塞或转移性脓肿。在炎症后期，血栓物质发生机化变成坚实的灰黄色或黄红色的息肉状或菜花状赘生物。

② 镜检　瓣膜深层组织发生坏死，局部有明显的炎性渗出、嗜中性白细胞浸润及肉芽组织增生，表面附着由大量纤维素、崩解的细胞与细菌团块组成的血栓凝块。

3. 结局和对机体的影响

心内膜炎时形成的血栓性疣状物与瓣膜变性坏死造成的缺损，常以肉芽组织修复，形成疤痕而纤维化，导致瓣膜变形，造成房室孔狭窄和瓣膜闭锁不全，进而发展为瓣膜病，影响心脏功能。另外，形成的血栓在血流的冲击下脱落，成为栓子随血液运行，造成脏器栓塞和梗死。若血栓内含有化脓性细菌，则可在栓塞部位造成转移性脓肿。瓣膜病和血栓性栓子以及其引起的相应部位的栓塞或梗死对机体均会造成严重后果，甚至死亡。

第二节　淋巴器官病理

淋巴结是动物机体的外周免疫器官，在捕获抗原、启动机体免疫应答方面具有十分重要的意义。淋巴结炎是机体和进入淋巴结的致病因素进行斗争的表现，因此，根据淋巴结的组织学变化可以帮助人们了解机体的免疫状态，这对于发现疾病、确定疾病的发展状况是十分重要的。

一、淋巴结炎

淋巴结炎即淋巴结的炎症反应。按其经过可分为急性淋巴结炎和慢性淋巴结炎。

1. 急性淋巴结炎

急性淋巴结炎是当机体的某一器官或组织出现急性炎症时，可以引起相应淋巴发生炎症变化。根据急性淋巴结炎的性质，可分为以下几种类型。

（1）浆液性淋巴结炎　浆液性淋巴结炎多发生于急性传染病的初期或邻近的器官、组织发生急性炎症的淋巴结。

① 眼观　发炎淋巴结肿大，被膜紧张，质度柔软，切面隆凸、多汁，呈淡红黄色或潮红色。

② 镜检　淋巴结组织充血，淋巴窦扩张，内含多量浆液，其中混有多量单核细胞、淋巴细胞和数量不等的红细胞，淋巴窦内出现多量的单核细胞，这种现象称为窦卡他。还可见淋巴小结的生发中心扩张，并有细胞分裂相，淋巴小结周围、副皮质区和髓索处有淋巴细胞增生等。

③ 结局　浆液性淋巴结炎是急性淋巴结炎的早期变化，病因消除可恢复正常，如炎症进一步发展，则可发展为其他类型的淋巴结炎。

（2）出血性淋巴结炎　出血性淋巴结炎多由浆液性淋巴结炎发展而来，常见于犬传染性肝炎、犬瘟热等传染病。

① 眼观　淋巴结肿大，呈暗红或黑红色。切面隆起，湿润，含有大量血液，呈弥漫性暗红色或大理石花纹状（出血部暗红，淋巴组织灰白色）。

② 镜检　除一般急性炎症的变化外，最明显的是出血。淋巴结的所有血管都扩张，充满红细胞，同时在淋巴窦内及周围组织也有大量红细胞浸润。若出血过程严重时，整个淋巴结几乎被血液占据，淋巴组织残缺不全、坏死、萎缩。

③ 结局　出血性淋巴结炎的结局与其实质损伤程度和出血数量有关。淋巴结实质成分损伤较轻而出血量又不很多时，炎症在病因消除后可以消散，漏出的血细胞被吞噬、溶解；出血量大而实质损伤较重的淋巴结炎通常转变为坏死性淋巴结炎。

（3）坏死性淋巴结炎　是指伴有明显实质坏死的淋巴结炎，多是在单纯性淋巴结炎或出血性淋巴结炎的基础上发展而成的。

① 眼观　淋巴结明显肿大，呈灰红色或暗红色，切面湿润，隆起，散在灰白色或灰黄色坏

死灶，有时可出现出血斑点。坏死灶周围组织充血、出血。

② 镜检　淋巴组织坏死，固有结构破坏，细胞崩解，形成大小不等、形状不一的坏死灶，坏死灶周围血管扩张、充血、出血，并可见嗜中性粒白细胞和巨噬细胞浸润。

③ 结局　坏死性淋巴结炎的结局主要取决于坏死性病变的程度。小坏死灶通常可被溶解、吸收，组织缺损经再生而修复。较大的坏死灶多被新生的肉芽组织机化或包囊形成。

（4）化脓性淋巴结炎　是指淋巴结的化脓过程，其特点是大量嗜中性粒白细胞渗出并伴发组织的脓性溶解。它多继发于所属组织器官的化脓性炎症，是化脓性细菌沿血液或淋巴侵入淋巴结的结果。

① 眼观　淋巴结肿大，有黄白色脓肿灶，切面压之有脓汁流出。严重时整个淋巴结可全部被脓汁取代，形成由结缔组织包围的脓肿，用手触之有波动感。

② 镜检　炎症初期，淋巴窦内聚集浆液和大量嗜中性粒白细胞，窦壁细胞增生、肿大，进而嗜中性粒白细胞变性、崩解，局部组织随之溶解形成脓液。时间较久则见化脓灶周围有纤维组织增生并形成包裹。

③ 结局　较小的化脓灶可吸收、修复或机化；较大的化脓灶则形成脓肿，外有结缔组织包膜，其中脓汁逐渐浓缩进而钙化。淋巴结化脓性炎可向周围组织发展，也可通过淋巴管、血管转移到其他淋巴结和全身其他器官，形成脓毒败血症。

2. 慢性淋巴结炎

由病原因素反复或持续作用而引起的以细胞显著增生为主要表现的淋巴结炎，故又称为增生性淋巴结炎。常见于慢性经过的传染病（如结核、布氏杆菌病等）和组织发生慢性炎症时，也可由急性淋巴结炎转变而来。

（1）病理变化

① 眼观　发炎淋巴结肿大，质地变硬；切面呈灰白色，隆突，常因淋巴小结增生而呈颗粒状。后期淋巴结往往缩小，质地硬，切面可见增生的结缔组织不规则交错，淋巴结固有结构消失。

② 镜检　可见淋巴细胞、网状细胞显著增生；淋巴小结肿大，生发中心明显。淋巴小结与髓索及淋巴窦间界限消失，淋巴细胞弥漫性分布于整个淋巴结内。网状细胞肿大、变圆，散在于淋巴细胞间。后期淋巴结结缔组织显著增生，网状纤维变粗转变为胶原纤维，血管壁硬化。严重时，整个淋巴结可变为纤维结缔组织小体。

在结核病及布氏杆菌病时，发生特异性增生性淋巴结炎。此时淋巴结内除有淋巴细胞、网状细胞增殖外，可见由上皮样细胞和多核巨细胞构成的特殊性肉芽组织的增生。严重时整个淋巴结几乎充满上皮样细胞和多核巨细胞。

（2）结局　慢性淋巴结炎可保持很长时间，如病因消除，细胞增生过程停止，数量减少，淋巴组织内结缔组织增生和网状纤维胶原化。淋巴结功能减弱甚至消失。

二、脾炎

脾炎即脾脏的炎症，多伴发于各种传染病，也可见于血液原虫病，是脾脏最常见的一种病理过程。由于脾脏既是参与免疫反应的重要外周免疫器官，又是位于血液循环通路中的滤过器官，在吞噬、处理和清除血液病原体的过程中，本身容易遭受刺激和损伤，从而发生炎症。

根据其病变特征和病程急缓可分为急性炎性脾肿、化脓性脾炎、坏死性脾炎和慢性脾炎四种类型。

1. 急性炎性脾肿

又称急性脾肿、败血脾。较多见于急性败血性疾病过程中。

（1）病理变化

① 眼观　脾脏体积显著增大（较正常大 2～3 倍，甚至 5～10 倍），质度柔软，被膜紧张，边缘钝圆。切面隆突呈暗红色或黑红色，脾白髓和脾小梁结构不明显，用刀背易刮下粥样脾髓。

高度肿大时，可能会发生破裂而引起出血。

② 镜检　出血和炎性渗出是构成脾脏肿大的主要原因，可见脾髓内充满大量血液，脾白髓几乎完全消失，有时仅在脾小梁和被膜附近见到少量残存的淋巴组织，同时可见嗜中性粒白细胞浸润和浆液性水肿。另外，还可见到脾脏的淋巴细胞、网状细胞、血管壁以及小梁平滑肌的变性、坏死，这是引起脾脏质软、脾髓软化的主要原因。

（2）结局　急性炎性脾肿的病因消除后，炎症过程逐渐消散，充血消失，局部血液循环可恢复正常，坏死的细胞崩解，随同渗出物被吸收。此时脾脏实质成分减少，结果使脾脏皱缩，其被膜上出现皱纹，质地松弛，切面干燥呈褐红色。以后这种脾脏通过淋巴组织再生和支持组织的修复一般都可以完全恢复其正常的形态结构和功能。有些因机体状况不良而再生能力弱和脾实质破坏严重可发生脾萎缩，此时脾体积缩小，被膜和小梁因结缔组织增生而增厚、变粗。

2. 化脓性脾炎

化脓性脾炎主要是由机体其他部位的化脓灶（如肺脓肿、脐带感染等）随血流转移而来，也可因直接感染而化脓，如外伤及因脾周围组织或器官化脓性炎症蔓延而致。病理变化如下。

（1）病理变化

① 眼观　脾脏肿大或稍肿，被膜下出现大小不等的黄色或白色小病灶，以后逐渐软化形成脓肿。

② 镜检　初期化脓灶内有大量的嗜中性粒白细胞浸润，以后嗜中性粒白细胞发生变性、坏死、崩解，与坏死的组织细胞共同形成脓汁，后期化脓灶周围可见结缔组织增生、包裹。

（2）结局　陈旧的化脓灶周围可见包囊形成，中央可因钙盐沉积而发生钙化。

3. 坏死性脾炎

坏死性脾炎是指脾脏实质坏死明显而体积不肿大的急性脾炎，多见于出血性败血症。

（1）病理变化

① 眼观　脾脏体积不肿大，其外形、色彩、质度与正常脾脏无明显的差别，只是在表面或切面见针尖至粟粒大灰白色坏死灶。

② 镜检　脾脏实质细胞坏死较明显，在白髓和红髓均可见散在的坏死灶，其中多数淋巴细胞和网状细胞已坏死，其胞核溶解或破裂，细胞肿胀、崩解。坏死灶内同时见浆液渗出和嗜中性粒白细胞浸润，有些粒细胞也发生核破碎。被膜和小梁均见变质性变化。

（2）结局　坏死性脾炎的病因消除后，炎症过程可以消散，随着坏死液化物质和渗出物的吸收，淋巴细胞和网状细胞的再生，脾脏的结构和功能一般可以完全恢复。只有脾实质和支持组织遭受损伤的病例，脾脏才不能完全恢复，其实质成分减少，出现纤维化，支持组织中结缔组织明显增生，导致小梁增生和被膜增厚。

4. 慢性脾炎

慢性脾炎是指伴有脾脏肿大的慢性增生性脾炎，多见于慢性传染病和寄生虫病等。

（1）病理变化

① 眼观　脾脏轻度肿大或比正常大 1～2 倍，被膜增厚，边缘稍显钝圆，质地硬实，切面平整或稍隆突，在暗红色红髓的背景上可见灰白色增大的淋巴小结呈颗粒状向外突出，但有时这种现象不明显，只见整个脾脏切面色彩变淡，呈灰红色。

② 镜检　可见增生过程特别明显，此时淋巴细胞和巨噬细胞都可呈现分裂增殖，但在不同的传染病过程中有的以淋巴细胞增生为主，有的以巨噬细胞增生为主，有的淋巴细胞和巨噬细胞都明显增生。

（2）结局　慢性脾炎通常以不同程度的纤维化为结局。随着慢性传染病过程的结束，脾脏中增生的淋巴细胞逐渐减少，局部网状纤维胶原化，上皮样细胞转变为成纤维细胞，结果使脾脏内结缔组织成分增多发生纤维化；而被膜和小梁也因结缔组织增生而增厚、变粗，从而导致脾脏体积缩小、质度变硬、功能丧失。

【本章小结】

心脏病理是心脏机能障碍和心血管系统各部分的炎症，包括心包积液、心包炎、心肌炎、心内膜炎。由心脏功能不全、恶病质、肾脏疾病、某些传染病和寄生虫病等均可引起心包积液。心包炎是指心包的壁层和脏层浆膜的炎症，多数继发于病毒性疾病、细菌性疾病、真菌性疾病、免疫性疾病等。病变表现为传染性心包炎和创伤性心包炎。对机体的影响为心包炎病情较轻者，其渗出物可被逐渐液化、吸收而痊愈；病情较重者长时间可导致心力衰竭。心肌炎是指各种原因引起心肌的炎症。根据心肌炎的发生部位和性质，可分为实质性心肌炎、间质性心肌炎和化脓性心肌炎等类型。心肌炎对机体影响较大，非化脓性心肌炎可发生机化，形成灰白色的纤维化斑块。化脓性心肌炎的病灶常以包裹形成，脓汁干涸并进一步纤维化而告终。心内膜炎是指心内膜的炎症。心内膜炎通常由细菌感染引起，常伴发于化脓菌感染过程中，根据心内膜炎的病变特点，分为疣状血栓性心内膜炎和溃疡性心内膜炎。心内膜炎对机体的影响一方面由于形成的血栓性疣状物与瓣膜变性坏死造成的缺损，导致瓣膜变形，影响心脏功能；另一方面，形成的血栓在血流的冲击下脱落，造成脏器栓塞和梗死。

淋巴结炎即淋巴结的炎症反应。按其经过可分为急性淋巴结炎和慢性淋巴结炎。根据急性淋巴结炎的性质，可分为浆液性淋巴结炎、出血性淋巴结炎、坏死性淋巴结炎、化脓性淋巴结炎。慢性淋巴结炎又称为增生性淋巴结炎，常见于慢性经过的传染病（如结核、布氏杆菌病等）和组织发生慢性炎症时，也可由急性淋巴结炎转变而来。对机体影响是较小的化脓灶可吸收、修复或机化；较大的化脓灶则形成脓肿，外有结缔组织包膜，其中脓汁逐渐浓缩进而钙化。脾炎即脾脏的炎症。根据其病变特征和病程急缓可分为急性炎性脾肿、化脓性脾炎、坏死性脾炎和慢性脾炎四种类型。对机体的影响和结局，脾炎的病因消除后，炎症过程可以消散，机体状况不良和脾实质破坏严重可发生脾萎缩。慢性脾炎通常以不同程度的纤维化为结局。

【思考题】

1. 试述心包炎的发生原因、机理和病理特征。
2. 根据心肌炎发生的部位和性质不同，可将其分为哪几类，各有何病理变化？
3. 什么是心内膜炎？其病变特征是什么？
4. 急性淋巴结炎有哪几种类型？其病变特征是什么？
5. 急性炎性脾肿的病变特征有哪些？
6. 病例分析

病例一：有一只犬死亡，剖检发现心肌有大小不一的化脓灶及脓肿；在化脓灶中，其周围呈充血、出血和水肿变化；在陈旧性化脓灶中，其周围常有结缔组织包裹形成。用本章学习病理知识分析病例，得出初步病理学诊断。

病例二：有一只犬发病，3天后死亡，剖检发现其脾脏体积显著增大，较正常大2～3倍，质度柔软，被膜紧张，边缘钝圆。切面隆突呈暗红色或黑红色，脾白髓和脾小梁结构不明显，用刀背易刮下粥样脾髓。用本章学习病理知识分析病例，得出初步病理学诊断。

目民 微信扫码立领

• 读课件 助通关
• 查彩图 辨细节
• 养宠物 多交流

第十三章　呼吸系统病理

【知识目标】 了解各型上呼吸道炎症和肺炎的常见原因和病理过程。

【技能目标】 能够认识不同类型上呼吸道炎症和肺炎的病理变化。

【课前准备】 建议学生学习一些呼吸系统疾病的科普知识，增强对呼吸系统疾病病理的了解和认识。

第一节　气管支气管炎

气管支气管炎是气管、支气管黏膜表层或深层的炎症。临床上以咳嗽、气喘为主要特征。临床上，单纯支气管炎比较少见，通常是先发生气管炎后继发支气管炎。在宠物中常见的主要有猫病毒性鼻气管炎、犬传染性气管支气管炎和猫哮喘。

一、主要病因

1. 物理因素

如受潮湿和寒冷空气、异物刺激（如灌药时药物误入气管，呕吐时食物进入气管内），吸入烟尘、真菌孢子、尘埃等，过度勒紧脖（项）圈，食道异物及肿瘤等的压迫。

2. 生物性因素

由某些病毒（如犬瘟热病毒、犬副流感病毒、猫鼻气管炎病毒）、细菌（如嗜血杆菌、链球菌、葡萄球菌、肺炎链球菌等）感染所致。寄生虫如肺丝虫、类圆线虫、蛔虫等感染也可诱发本病。

3. 其他因素

如上呼吸道或肺部炎症的蔓延、心脏的异常扩张、某些过敏性疾病（如花粉、有机粉尘等变应原所致的过敏）。

二、常见疾病

1. 猫病毒性鼻气管炎

（1）病原　猫的病毒性鼻气管炎又称为传染性鼻气管炎，是猫的急性上部呼吸道感染性非常强的一种急性传染病。本病的病原体是猫鼻气管炎疱疹病毒。在自然条件下，一般都经呼吸道和消化道感染。猫感染本病后，病毒能在病猫的鼻腔、咽喉、气管、结膜和舌的上皮细胞内繁殖，并随其分泌物排到体外。有些猫感染后不呈现症状，称为隐性感染，但仍能向外排出病毒。因此，当健康猫接触了被病毒污染的饲料、水、用具和周围环境时，就可引起本病的扩大传播。病毒也可通过飞沫传播。本病成年猫和幼猫均易发生，特别是幼猫感染后，严重的会引起死亡。

（2）机理及病理变化　经由鼻与鼻的接触感染或者咳嗽的口沫传染多造成局部口腔、眼睛或鼻部的上皮感染，感染通常都局限于上呼吸道，引起结膜炎、鼻炎、溃疡性舌炎和气管炎。然而，如果病毒是经由空气传播（主要是打喷嚏的分泌物），可能会深及肺部，并造成间质性肺炎。大部分有上呼吸道感染症状的猫，大多同时伴随有肺部的病变，如淤血和水肿，并可以在肺部分离出病毒，病毒于肺部或上呼吸道的细胞内增殖，可能会造成病毒血症和全身性的感染，例如在肺脏和肝脏内可发现局部的坏死区。如果猫皮肤上出现伤口，会经由舔毛而将病毒感染至伤口，而造成皮肤的溃疡，或者脸部皮肤会经由鼻部和眼睛分泌物的感染而造成局部的溃疡。病毒血症会使得怀孕母猫将病毒传染给胎儿并造成流产。

2. 犬传染性气管支气管炎

是由Ⅱ型犬腺病毒引起的，该病呈高度接触性传染，通过空气经呼吸道是其主要传播途径。病犬以阵发性咳嗽为主要特征。剖检病死犬，主要见肺炎和支气管炎病变。肺充血、实变、膨胀不全；支气管淋巴结充血、出血，支气管黏膜充血、变脆或见增厚，管腔有大量分泌物。有时可见到增生性腺瘤病灶。本病最终确诊必须依靠病毒分离和血清学检查，病料采取呼吸道分泌物和呼吸器官组织。

3. 猫的哮喘病

原发于支气管收缩引起的气管可逆性阻塞。其他常见的病症有：平滑肌肥大，黏液分泌增多和嗜酸性粒细胞炎。患有慢性支气管炎的猫，也可能患有支气管哮喘。猫的支气管疾病从根本上认为是过敏性的，但假设的过敏原尚未弄清。某些病例可能是烟、喷洒喷雾剂、羽毛和猫的排泄物等引起。继发性细菌感染可能使其临床病症恶化。阵发性干咳突然发作和（或）呼吸困难、哮喘，常伴着明显的呼气困难。患病猫外周末梢血液存在嗜酸性粒细胞。

三、对机体的影响

对机体的影响取决于病变范围大小，取决于病因种类、病变程度和机体的状况。当病因消除后，渗出物被吸收，受损伤的组织逐步恢复；否则，若病因持续存在或机体状况恶化，而引起死亡。

第二节 肺　　炎

肺炎是指细支气管、肺泡和肺间质的炎症，是肺脏最常见的病理过程之一。呼吸系统的疾病比其他器官系统更为常见，主要因呼吸道和肺脏直接与外界环境相通，容易发生感染，肺脏通过血管又和身体的内环境相联系。因此病原微生物容易侵犯肺脏而引起炎症。

引起肺炎的病因很多，主要是各种生物性因素，如细菌、支原体、病毒、霉菌和寄生虫等；某些化学性因素，如粉尘、药物和有害气体等也能引起肺炎。这些致病因素多通过呼吸道，有些则经循环血流进入肺脏，导致肺炎的发生。此外，穿透性的胸壁创伤，也可以引起肺炎。

由于病因性质和机体反应性的不同，肺炎的病理变化性质和波及的范围往往也不相同。根据炎症范围的大小，肺炎可分为肺泡性肺炎（侵害肺泡和肺泡群）、小叶性肺炎（侵害肺小叶和肺小叶群）、融合性肺炎和大叶性肺炎（侵犯一个或几个大叶）；根据肺泡内炎性渗出物的性质可分为浆液性肺炎、卡他性肺炎、纤维素性肺炎、出血性肺炎、化脓性肺炎和坏疽性肺炎；根据病理特点的不同，肺炎可分为支气管性肺炎、纤维素性肺炎、间质性肺炎、肉芽肿性肺炎和栓塞性肺炎，其中较常见的是支气管性肺炎、纤维素性肺炎、间质性肺炎。

一、支气管性肺炎

支气管性肺炎是指细支气管及其邻近肺泡的炎症。有急性和慢性之分，其临床病症从轻度到重度而危及生命。支气管性肺炎是动物肺炎最常见的一种形式，多发于幼龄和老龄犬猫。病变常从支气管炎或细支气管炎开始，然后蔓延到邻近的肺泡引起肺炎，每个病灶大致在一个肺小叶范围内，所以称为支气管性肺炎或小叶性肺炎。这种肺炎的病变在肺内呈散在的灶状分布。随着病变的发展，小叶性病灶可以相互融合和扩大，即成为融合性支气管性肺炎。发生支气管性肺炎时，肺泡内渗出物主要为浆液，所以通常也称为卡他性肺炎。

1. 原因

支气管性肺炎是由原发性病原或各种传染性病菌继发侵入引起的疾病，或伴随呼吸性、中毒性或刺激性物质的吸入引发本病，患病动物免疫力下降。引起支气管性肺炎的病原微生物的种类很多，其中最主要的是细菌，常见的有葡萄球菌、链球菌、大肠杆菌、克雷白杆菌、衣原体及支原体等。这些细菌多数是原来就寄居在呼吸道黏膜上的条件性致病菌，当机体由于某些应激因素，如寒冷、感冒、空气污浊、通风不良、过劳、维生素缺乏等，使呼吸道和全身抵抗力降低时，原来以非致病性状态寄生于呼吸道内或体外的微生物就会趁机发育繁殖，毒力增强，转变为致病微生物而感染和诱发支气管性肺炎。所以，支气管性肺炎常常是一种自体感染疾病。多种病毒也可引起支气管性肺炎，如犬瘟热病毒、犬腺病毒Ⅰ型和Ⅱ型、犬副流感病毒、疱疹病毒、猫瘟热病毒、杯状病毒等。某些真菌（曲霉菌）和寄生虫（弓形虫、蛔虫等）也可引起支气管性肺炎。除此之外，异物、外伤、呕吐物、药物、刺激性物质吸入或某些过敏反应等，也会引起支气管性肺炎。

2. 发病机理

支气管性肺炎的发生主要是支气管源性的，病原微生物由呼吸道侵入，首先作用于支气管或细支气管引起炎症，继而炎症沿着管腔蔓延，直到肺泡，引起肺组织的炎症；或者炎症经由支气管周围的淋巴管扩散到肺间质，先引起支气管周围炎，而后再扩散到邻近的肺泡。各个肺叶往往同时有多数细小的支气管受到侵害。支气管性肺炎也可能是血源性发生的，病原菌经过血流到达肺组织，例如当身体某处感染时，病原菌可由该处侵入血管，随着血流到达支气管周围的血管、间质和肺泡，从而引起支气管性肺炎，如子宫炎、乳腺炎时，其病原菌经血液进入肺，可以引发支气管性肺炎。支气管性肺炎上述的两种蔓延途径，经常是混合发生的。

3. 病理变化

支气管性肺炎多发生于尖叶、心叶和膈叶的前下缘，病变为一侧性或两侧性。

（1）眼观 可见发炎部分的肺组织肿胀，质地变实，呈灰红色，病灶呈岛屿状，形状不规则散布在肺的各处，稍后，病灶转变为灰黄色，周围有红色炎症区，和暗红色的膨胀不全区，还有呈苍白色的代偿性气肿区。病灶中心常可见到一个小支气管。肺的切面上可见散布的肺炎病灶区，呈灰红色或灰黄色，粗糙，稍稍突出于切面，质地较硬似胰脏（胰样变）。用力挤压时，即从小气管中流出炎性渗出物。支气管黏膜充血、水肿，管腔中含有黏液性渗出物。如果病灶是多发性的而没有互相融合时，则在肺的切面上见有多色性的病灶。支气管性肺炎病灶有时很快互相融合成一片，可以波及整个大叶，通常见尖叶、心叶的大部分或全部，以及膈叶的前下部都可发生炎症。所以，一般在尸体剖检时可见到的支气管性肺炎大都是范围较大的融合性肺炎。如果在支气管性肺炎的基础上继发化脓或坏死，则在炎症区内可见到化脓灶或坏死灶。

（2）镜检 可见支气管腔中有浆液性渗出物，并混有较多的嗜中性粒白细胞和脱落的上皮细胞，支气管壁因充血、水肿和白细胞浸润而增厚。周围的肺泡腔中充满浆液，其中混有少量嗜中性粒白细胞、红细胞和脱落的肺泡上皮细胞，肺泡隔毛细血管充血，此后，支气管和肺泡腔内的嗜中性粒白细胞和脱落的上皮细胞显著增多。肺泡隔毛细血管充血随着嗜中性粒白细胞渗出增多而逐渐减弱，病灶周围的肺组织可见有代偿性肺气肿。如果支气管性肺炎病灶继发化脓性分解时，局部形成脓肿，称为化脓性支气管性肺炎，此时可见支气管性肺炎灶内散在大小不等的脓肿，支气管腔内也多充满脓液。

支气管性肺炎之所以多发于尖叶、心叶和中间叶以及膈叶的前下缘，是因为这些区域通气道短、呼吸浅，以及地心吸引力对渗出物和水肿液的影响，使病变集中在这些部位。

4. 对机体的影响

支气管性肺炎的结局与动物的全身状况及治疗是否及时有关。根据炎性渗出物的性质和严重程度会产生三种不同的结果。

（1）消散 炎性渗出液发生液化后被机体吸收，肺泡上皮再生，肺组织恢复原状。

（2）机化 如果渗出物吸收不完全，则可发生机化，引起肺组织"肉变"。

（3）化脓、坏疽或转为慢性 炎症进一步发展，如果继发化脓或腐败菌感染，则发生化脓、坏死或坏疽。当病因持续作用或机体抵抗力降低时，炎症可转变成慢性支气管性肺炎。

支气管性肺炎发生后，由于细支气管和肺泡充满炎性渗出物，使呼吸面积减少，从而导致呼吸机能障碍。当发生肺坏疽时，除呼吸面积减少外，腐败分解产物的吸收还可引起自体中毒。

二、纤维素性肺炎

纤维素性肺炎是以肺泡内渗出大量纤维素为特征的一种急性肺炎。炎症侵犯一个大叶，甚至一侧肺叶或全肺，所以通常又称为大叶性肺炎。

典型的纤维素性肺炎是发病急骤，炎症迅速波及大叶或更大范围，而且病理变化有明显的阶段交替，如人的肺炎链球菌引起的纤维素性肺炎。动物的纤维素性肺炎并不具有上述特征，通常只是在小叶或小叶群发生纤维素性炎，以后炎灶可以互相融合而扩大，侵及一个大叶或更大范围，这实际上是一种融合性纤维素性肺炎。临床上以高热稽留、肺部广泛浊音区和病理定型经过为特征。

1. 病因和发生机理

本病的发生是由感染或变态反应等原因引起。感染主要由肺炎链球菌、链球菌和葡萄球菌感染所致。有些传染病可继发大叶性肺炎。变态反应大叶性肺炎是一种变态反应性疾病，同时具有过敏性炎症。有些病原菌既可引起纤维素性肺炎，又可引起支气管性肺炎，这主要取决于病原菌的毒力和宿主的反应性。在该病的发生中，一些应激因素如受寒、感冒、环境卫生不良、吸入刺激性气体等均是本病的诱因。

纤维素性肺炎病原微生物侵入机体的途径有三种：气源性的、血源性的和淋巴源性的。主要的侵入途径是气源性的。病原微生物随着尘埃的吸入，沿着支气管树扩散。炎症通常开始于支气管树的最细部分，即呼吸性细支气管，进而波及肺泡。一般认为，呼吸性细支气管是支气管树中最细的部分，其黏膜较远端支气管的黏膜脆弱，对病原微生物的抵抗力也小；近端支气管黏膜靠纤毛活动和黏膜分泌（黏液、溶菌酶、干扰素、IgA 等）来消除病原因素的作用，具有较强的抵抗力；呼吸性细支气管和肺泡壁则只靠巨噬细胞的吞噬作用，由于巨噬细胞的功能有限和活动缓慢，特别是对那些宿主缺乏免疫力的病原微生物，巨噬细胞不仅不能有效地吞噬、消化，而且还可以被毒力强的微生物所破坏，因而造成感染。

病原微生物和炎症在肺实质中蔓延是经过肺泡孔从一个肺泡到另一个肺泡。病原体在肺内繁殖后，还可以通过淋巴管扩散，主要是支气管、血管周围的淋巴管和小叶间质内的淋巴管。沿支气管周围的结缔组织和淋巴管扩散时，可以引起支气管周围和小叶间质的炎症，间质因炎性水肿而增宽，其中的淋巴管扩张、发炎和淋巴栓形成。少数的纤维素性肺炎可能是由血源性感染而发生的，如偶见于败血性沙门菌病。

纤维素性肺炎发病急剧，扩散迅速，血管壁通透性显著增高，渗出物的纤维素和出血性质，类似于过敏性炎症反应的形态表现，所以其发生机理可能与变态反应有关。

2. 病理变化

纤维素性肺炎的病灶为大叶性，尖叶、心叶和膈叶均可能受侵，多为两侧性，但常常是不对称的。按照纤维素性肺炎的病变发展过程，大体可以分为四期，即充血水肿期、红色肝变期、灰色肝变期和消散期。

（1）充血水肿期　特征是肺泡壁毛细血管充血与肺泡内浆液性渗出。

① 眼观　肺组织充血水肿，呈暗红色，质地稍硬实，重量增加，切面平滑，有较多血样泡沫液体流出。此种组织块投入水中，半沉于水。

② 镜检　肺泡壁毛细血管扩张充血，肺泡腔中有大量浆液性渗出物，呈淡粉色，其中混有少量红细胞、中性白细胞和脱落的肺泡上皮。

（2）红色肝变期　特征是肺泡壁毛细血管显著充血，肺泡腔内有大量纤维素、白细胞和红细胞。

① 眼观　病变肺叶肿大，重量增加，呈暗红色，质地硬实如肝脏，故称肝变。肝变部切面干燥而粗糙，呈小颗粒状突起（肺泡腔内的纤维素和红细胞、白细胞等）。小叶间质扩张增宽，

呈黄色胶冻状，切面可见呈串珠状扩张的淋巴管。相应的胸膜面上也有灰白色纤维素性渗出物形成的假膜覆盖。肝变的肺组织块投入水中，能完全下沉。

② 镜检　肺泡壁毛细血管仍严重充血，肺泡内有大量的呈网状结构的纤维素，网孔中含有红细胞、嗜中性粒白细胞、淋巴细胞及脱落的肺泡上皮细胞。小叶间质和胸膜下组织发生炎性水肿，明显增宽，其中充满了大量纤维素性渗出物及嗜中性粒白细胞。间质中淋巴管扩张，充满炎性渗出物。

（3）灰色肝变期　特征是肺泡壁毛细血管充血现象减轻或消失，肺泡内的红细胞多已溶解，肺泡内充满大量纤维素和嗜中性粒白细胞。

① 眼观　病变部呈灰黄色或灰白色，质地硬实如肝，所以称灰色肝变期。切面干燥，呈细小的颗粒状突起。此组织块投入水中完全下沉。间质和胸膜的病变同红色肝变期。

② 镜检　肺泡壁毛细血管因受渗出物压迫，使血管腔闭锁，因而充血现象消退。肺泡腔中含有大量纤维素凝块和嗜中性粒白细胞，红细胞逐渐溶解。肺泡腔中的纤维素可穿过肺泡孔而与相邻肺泡内的纤维素相连接。有些小叶的肺泡腔内可能充满多量嗜中性粒白细胞及脱落的肺泡上皮细胞，而纤维素则较少。

（4）消散期　特征是渗出物的自溶与组织再生（嗜中性粒白细胞坏死崩解，纤维素溶解，炎症消散和肺泡上皮细胞再生）。

① 眼观　病变肺组织较肝变期体积缩小，质地较柔软，略呈灰黄色，切面湿润，颗粒状外观消失。

② 镜检　肺泡腔内的嗜中性粒白细胞多已坏死崩解，纤维素被嗜中性粒白细胞释放出的蛋白溶解酶逐渐溶解液化，嗜伊红染色很不均匀，坏死细胞的碎片由巨噬细胞清除，液化的渗出物由淋巴管吸收。随着渗出物的吸收消散，肺泡壁的毛细血管重新扩张，血流重新畅通，肺泡壁上皮再生，空气又重新进入肺泡腔，肺组织可完全恢复其结构和机能。

需要注意的是，纤维素性肺炎时，各期的病变是以小叶为单位连续发展的过程，并不能机械地分割开来，四个时期不是在每个病例都可以看到的。一些急性经过的病例，通常病变发展到红色肝变期或灰色肝变期时，动物即因窒息而死亡。此外，纤维素性肺炎时，在同一个肺大叶的范围内，各部分的炎症发展也是不一致的，有的部分处于红色肝变期，而有些部分已进入灰色肝变期，有的部分处于两者的过渡阶段。因此，眼观上往往见有多色不一、具有一种多色性大理石样的外观。

纤维素性肺炎通常多侵犯胸膜，引起纤维素性胸膜炎或浆液-纤维素性胸膜炎，后期多形成胸膜粘连或结缔组织的增生。

3. 对机体的影响

纤维素性肺炎在动物中很少能完全消散，死亡率很高。即使存活，常见的结局如下。

（1）机化　少数病例由于肺组织损伤严重，或细胞反应微弱，积存于细胞内的炎性渗出物往往不能被充分溶解吸收，则常由间质、肺泡壁、血管和支气管周围增生的结缔组织来取代（机化），变得致密而坚硬，其色泽如肉样，故称此为肉样变，病变肺组织完全失去呼吸机能。

（2）化脓和坏疽　治疗不利或机体抵抗力降低时，肺炎病灶易继发感染各种化脓菌或腐败菌，使纤维素性肺炎转化为化脓性肺炎或坏疽性肺炎。

（3）胸膜炎及脓胸　在纤维素性肺炎时，常并发胸膜炎。早期为胸膜表面覆盖一层纤维素性渗出物，严重时可发生化脓性胸膜炎。如脓液积聚在胸腔内，即成为脓胸。

纤维素性肺炎发展迅速，肺组织损害的范围广泛，因此患肺呼吸面积高度减少，肺泡壁弹性减小，处于膨胀状态，产生吸气不足和呼气过早，呼气时肺泡壁因弹性不足又不能全部呼出。同时，血液经过肺时，病变部位的血流也得不到氧化，因此发生明显的呼吸困难和血液循环障碍。炎性渗出物和病原微生物产生的毒素被机体吸收后影响全身状态，威胁生命，通常由于呼吸困难、缺氧而致死。

三、间质性肺炎

间质性肺炎是指发生于肺间质的炎症过程。病变常始发于肺泡壁和肺泡间质，随后可波及小叶间、支气管与血管周围结缔组织。

1. 病因

引起间质性肺炎的原因很多。在生物性因素中，以病毒最为常见，如犬瘟热病毒、犬腺病毒Ⅰ和Ⅱ、犬副流感病毒、疱疹病毒、猫瘟热病毒、杯状病毒等；衣原体、支原体、链球菌、葡萄球菌、克雷白杆菌和曲霉菌等也可引起间质性肺炎。某些寄生虫，如类丝虫、蛔虫和钩虫的幼虫、弓形虫等感染可以引起间质性肺炎。某些化学性物质，如炭末、硅末、铁末吸入肺，亦可引起间质性肺炎。过敏反应也可以引起间质性肺炎。除此之外，当继发于其他炎症过程时，如支气管性肺炎、纤维素性肺炎、慢性支气管炎、肺慢性淤血和胸膜炎等都可引起间质性肺炎。

2. 发病机理

间质性肺炎的发病机理十分复杂，致病因子经气源途径使肺泡上皮（Ⅰ型和Ⅱ型肺细胞）受到损害，也可经血源途径对肺泡隔毛细血管发生损害作用。有毒气体、烟尘与粉尘的吸入，局部产生对克莱拉细胞有毒性的代谢产物，自由基的释放及嗜肺病毒的感染等，都是肺泡上皮受损的因素。血管内皮细胞的受损见于许多败血症和各种原因（如微血栓的形成、循环幼虫的移行、消化道毒物的吸收、肺部有毒代谢物的产生及嗜内皮病毒的感染等）所致的弥漫性血管内凝血。肺泡壁的受损也发生于抗原吸入时，如吸入的真菌孢子可与循环抗体结合，在肺泡内形成抗原-抗体复合物，从而引起一系列炎症反应和损伤（变应性肺泡炎）。

3. 病理变化

间质性肺炎的眼观变化因病因的不同而异。

（1）眼观 病变常呈全肺弥漫性分布。尤其膈叶背部，这和细菌性大叶性肺炎及支气管性肺炎的病变部位（肺前下部）明显不同。病变也可呈局灶性分布，急性时肺呈淡灰红色，慢性时呈黄白色或灰白色。胸腔剖开时肺不塌陷，其表面可见肋骨压痕，常无明显渗出物。肺质地柔韧，有弹性或似橡胶。肺切面似"肉"，较干燥。肺重量增加。但发生急性间质性肺炎时常有肺水肿和间质气肿，因水肿沉积于肺前下部，故眼观变化和支气管性肺炎相似。慢性过程时，病变已纤维化，用刀不易切割，切面有纤维束的走向。继发化脓时，切面可见有脓肿，并经常在其周围形成包囊。胸膜上见有结缔组织增生和粘连。间质性肺炎眼观上不易做出判断。

（2）镜检 急性间质性肺炎的早期，主要表现为肺泡腔内充满炎性渗出物（浆液、纤维素、白细胞及红细胞），因此称为非典型性间质性肺炎或弥漫性肺泡炎。有些严重间质性肺炎病例，肺泡与肺泡管内表面可见均质红染的蛋白性物质形成的透明膜，这是肺泡壁因血管内皮细胞严重受损致血浆蛋白大量渗出，并在气流冲击下使纤维蛋白黏附于肺泡与肺泡管表面的结果。如病情进一步发展，可见到肺泡壁、小叶间及细支气管与血管周围水肿，导致间质增宽，淋巴样细胞浸润，Ⅱ型细胞增生。慢性间质性肺炎时，仍可见Ⅱ型肺细胞的增生。

增生的肺泡上皮细胞呈立方状，排列成腺样，或上皮增生后脱落于肺泡腔内，使肺泡腔含有许多单核-巨噬细胞，甚至多核巨细胞。同时，肺泡间隔也见淋巴细胞和单核细胞浸润。后期结缔组织增生较明显，因而肺的结构受到破坏，肺泡腔与支气管腔闭塞，在一片结缔组织中仅见有残存的平滑肌束。增生的结缔组织纤维化，并进一步发生玻璃样变。

4. 对机体的影响

由于病因广泛，所以对机体的影响也不一致。一般来说，急性过程的间质性肺炎能完全消散，只要病情好转，结局是好的。但急性肺水肿动物可因窒息而死亡。慢性间质性肺炎多导致肺纤维化。局灶性间质性肺炎因周围肺组织的功能代偿而不出现呼吸功能障碍。广泛的肺纤维化或肺泡渗出物积聚，可使呼吸表面积减少和弥散膜增厚，因此动物可出现明显的外呼吸障碍，并可引起持久的呼吸障碍。

四、肉芽肿性肺炎

肉芽肿性肺炎的特征是肺中形成数量不等的由特异细胞成分组成的干酪性或非干酪性肉芽肿。触诊可感到肺有典型的结节，其界限明显，大小不等，质地硬实（尤其发生钙化时）。肺中的这种肉芽肿在剖检时应注意与肿瘤鉴别。

1. 病因

动物患肉芽肿性肺炎最常见的原因有系统性真菌病，如犬霉菌性肺炎（曲霉菌等）、隐球菌病（新生隐球菌）；细菌病，如结核病（分枝杆菌）、鼻疽（鼻疽杆菌）；放线菌病等。由于这些病原常呈全身性感染，因此肉芽肿病变也见于其他器官，特别是淋巴结、肝和脾。迷路寄生虫（如蛔虫）和异物的吸入偶尔也可引起肉芽肿性肺炎。猫传染性腹膜炎是能引起肉芽肿性肺炎的少数几个病毒病之一。病变是由多种器官（包括肺）的血管沉积抗原-抗体复合物所致。

2. 发病机理

肉芽肿性肺炎的病原常由气源性或血源性途径入侵肺脏，其发病机理差异颇大。由于这种肺炎在病理发生的有些方面与间质性或栓塞性肺炎相似，因此有人将肉芽肿性肺炎与上述某种肺炎合在一起（如肉芽肿性间质性肺炎）。但这类肺炎的病变特异，故作为独立一类较宜。一般来说，引起肉芽肿性肺炎的致病因子能抵抗细胞吞噬作用和急性炎症反应，并可在受害组织中长期存在。

3. 病理变化

（1）眼观　肺脏形成大小不等的肉芽肿结节，色灰白或灰黄，质地坚实或较软，如发生钙化则坚硬。结节中心常发生干酪样坏死，外围多有包囊，因此切面可见分层结构。

（2）镜检　各种疾病的肺肉芽肿有一定区别，但一般来说，其中心多为坏死组织或病原菌，其外是上皮样细胞和巨细胞，最外则被浸润淋巴细胞和浆细胞的结缔组织所包裹。与其他类型的肺炎不同，肉芽肿性肺炎的病原在组织切片上常可用一定的方法加以证明，如真菌用过碘酸-雪夫染色（PAS）或银染色，结合分枝杆菌用抗酸染色。

4. 常见疾病的肉芽肿性肺炎特点

（1）结核病　犬的结核病主要是由人型和牛型结核菌所致。

① 眼观　肺脏的病变为不钙化的肥肉状磁白色的坚韧结节，甚至将肺包膜突破，然后发生胸膜炎。扁桃体和上颌淋巴结也经常发生结核病变，甚至融化而突破皮肤，形成瘘管。结核病灶扩大蔓延时，还可发生多发性结核性支气管炎和支气管周围肺炎，支气管周围被结核性肉芽组织呈袖套状包围。

② 镜检　肉芽肿中心为强嗜伊红的干酪样坏死物，坏死物边缘则为许多栅栏状排列的巨细胞及上皮样细胞，最外则有多种细胞成分和结缔组织围绕。

（2）放线菌病　其特征是组织增生和慢性化脓性肉芽肿性病灶。肉芽肿也主要由上皮样细胞和巨细胞组成，但在中心部为放线菌块，菌块周围有大量的嗜中性粒白细胞浸润，随病变的发展，发生明显的化脓，脓液中混有大量放线菌块。

（3）霉菌性肺炎　犬霉菌性肺炎有两种表现形式：结节性和弥漫性。结节性肺炎即肉芽肿性肺炎，病变为针尖至粟粒大的结节，散在于肺和胸膜上，色黄白，较坚实。镜检肉芽肿结节的中央为干酪样坏死区，其中含有略呈放射状的菌丝体，周围有崩解的核碎屑。外围是特异性肉芽组织即上皮样细胞和多核巨细胞，最外层是结缔组织，其中有异嗜性粒细胞、淋巴细胞和少量巨噬细胞。

（4）隐球菌病　犬隐球菌病是由隐球菌感染引起的一种真菌病。呈亚急性或慢性经过，病变位于脑及脑膜、肺、皮肤、淋巴结和其他内脏器官。早期病变呈黏液瘤样，局部有胶样物质。镜检可见胶冻样黏液物质中有大量圆形新生隐球菌，其中混有少量淋巴细胞、浆细胞、巨噬细胞和成纤维细胞，但嗜中性粒白细胞极少。晚期病变为肉芽肿，主要为纤维结缔组织，其中有淋巴细胞、浆细胞、巨噬细胞、上皮样细胞和巨细胞，一般不发生坏死。肉芽肿中新生隐球菌很少且多位于巨噬细胞和巨细胞胞浆中。病灶最后形成疤痕组织，进而发生玻璃样变。肉芽肿性肺炎的变化基本同上，早期为胶冻样病灶，以后发展为肉芽肿结节，结节灰白色，大小不等，单发或多发，常位于胸膜下并稍隆起，形似结核结节，光镜下见隐球菌、上皮样细胞、巨细胞和单核细胞等。

5. 对机体的影响

肉芽肿结节如果个体很小，有可能吸收消散，但最常见的结局是包裹形成或纤维化，进而变为疤痕组织。肉芽肿中心部的坏死组织可发生干涸或钙化。如继发细菌感染，则肉芽肿可发生化脓。肉芽肿性肺炎对机体的影响很不相同，这取决于肉芽肿的数量、机体状况和疾病的发展变化等。如犬结核性肉芽肿性肺炎发生广泛干酪样坏死并伴有全身化时，不仅给机体带来营养消耗，而且最终多导致动物死亡。

第三节　肺气肿和萎陷

一、肺气肿

肺脏因含气量过多而致体积膨胀称为肺气肿。根据部位不同，肺气肿可分为肺泡性肺气肿和间质性肺气肿。肺泡内空气增多，称肺泡性肺气肿；由于肺泡破裂，气体进入间质，造成间质扩张，称间质性肺气肿。根据病源性质，肺气肿可以分为获得性肺气肿和先天性肺气肿。获得性肺气肿是作为慢性呼吸系统疾病的并发症发生的，特别是慢性支气管炎和支气管扩张。先天性肺气肿通常感染单个肺叶并进一步扩散，瓣膜阻塞导致呼气困难，可能是由于支气管软骨发育缺陷，或支气管受到外部大的或变形的脉管压迫而造成的。过度充气的肺组织，容积增大，弹性降低，肺功能减退。

1. 病因和发生机理

（1）肺泡性肺气肿　多见于吸气量急剧增加而使肺内压升高、肺泡过度扩张时，其常见发生原因如下。

① 剧烈的咳嗽　由于深吸气和肺内压升高，可使肺泡内含气量增多而体积膨大。

② 濒死性或代偿性呼吸增强　由于深度吸气，使肺泡内充气量增多所致，可呈弥漫性或局限性。

③ 慢性支气管炎　支气管周围炎伴有支气管狭窄。由于支气管黏膜肿胀及炎性渗出物不全堵塞管腔，在吸气时，支气管扩张，空气尚能通过而进入肺泡；但在呼气时，则因支气管管腔狭窄，气体不易排出。加上长期剧烈的咳嗽，以致肺泡壁的弹性逐渐减退，肺泡间隔由于肺泡内压升高和不断扩张而消失，于是肺泡扩大成囊状，导致慢性肺泡性肺气肿。

④ 运动过度　由于呼吸机能增强，使肺泡长期处于扩张状态，此时肺泡壁血管贫血，弹性纤维断裂，导致肺泡壁弹性减弱，失去正常回缩能力，也会引起慢性肺泡性肺气肿。

（2）间质性肺气肿　多伴发于肺泡性肺气肿，由于强烈地呼吸和咳嗽，造成肺泡和细支气管的破裂，致使气体进入肺间质。

2. 病理变化

（1）肺泡性肺气肿

① 眼观　肺脏体积膨大，充满整个胸腔，剖开胸腔时肺脏不塌陷。肺组织颜色苍白（贫血），边缘钝圆，重量减轻，似吹胀的囊泡，并有大小不等的空泡凸出于肺脏表面。由于肺组织弹性丧失，所以指压留痕。切开时发出特殊的爆裂声，切面干燥、平滑，呈海绵状或蜂窝状。局灶性的代偿性肺泡性肺气肿多位于肺炎灶或萎缩灶的外围。

② 镜检　可见肺泡腔极度扩大，肺泡壁毛细血管因空气压迫而贫血，间隔变薄，肺泡无明显的破损。原因除去后可完全恢复。

在寄生虫（肺内线虫）、慢性支气管炎和急性肺泡性肺气肿进一步发展所引起的慢性局限性肺泡性肺气肿时，病灶呈小叶性，多位于膈叶的边缘，色灰黄，稍微隆起，形成锥体状，锥体尖端指向中心，在尖端区的支气管内，常见有线虫阻塞。如是继发于支气管性肺炎的代偿性肺气肿，则肺气肿灶多见于小叶性肺炎病灶并和萎陷病变交错镶嵌存在。显微镜下，肺泡腔扩大，肺泡壁变薄，常见几个肺泡汇合成一个大空腔。

（2）间质性肺气肿　可见在肺小叶间隔与肺胸膜下有成串的气泡，手压气泡可移动，有时气泡见于全肺的间质。严重病例，肺间质中的小气泡可汇集成直径达 $1\sim2cm$ 的大气泡，并压迫周围肺组织引起肺萎陷。如果呼吸动作强烈，可使大气泡破裂，气体可循纵隔、胸腔入口处到达肩下或背部皮下，而造成皮下气肿。

3. 对机体的影响

急性肺泡性肺气肿在病因消除后，肺组织能恢复其原有结构和功能。慢性肺泡性肺气肿由于肺泡结构破坏多不能完全恢复，部分肺组织可发生纤维化，引起呼吸功能障碍。肺气肿时，一方面因胸内压增高造成静脉血回流障碍；另一方面因肺泡壁毛细血管受压和破坏，使右心室负荷加重，可引起右心室肥大。

二、萎陷

萎陷通常分为气管萎陷和肺萎陷两类。

1. 气管萎陷

（1）病因　发病原因是多方面的，包括原发性软骨异常，导致气管环功能减弱，并伴有继发性因素，如肥胖、近期内气管插管、呼吸系统传染病和阻塞气管的疾病等，更加剧了其临床表现。

（2）发病机理　软骨环先天性变软导致大量背面气管内膜下垂进入气管腔，而引起呼吸增加和咳嗽，这样会进一步引起气管内膜机能性萎陷，进入气管腔，使得内黏膜过敏或发炎，黏膜损伤扩大，气管并发病的危险性增加。

（3）鉴别诊断　应与咽喉麻痹或萎陷、鼻孔或气管狭窄、软腭延长、慢性支气管炎、传染性气管支气管炎、侧囊外翻、心脏代偿失调引起的慢性二尖瓣膜疾病相区别。

① X 射线检查　可见有不同程度的气管萎陷，最常发生的是颈尾部或胸腔开始气管。同时应拍摄吸气和呼气的 X 射线片，进行气管观察。胸腔气管狭窄在侧卧呼气的 X 射线片中是最明显的，颈部气管狭窄在侧卧吸气的 X 射线片中最明显。气管萎陷和附加软组织（食道和前边部肌肉）的区别十分重要。X 射线透视检查使图像更清晰，超声波检查对鉴定机能性气管是否萎陷有重要作用。

② 气管镜检　用于确定气管萎陷是否存在及其程度，并可从深层呼吸系统获得细胞学和细菌学检查样品。

2. 肺萎陷

肺萎陷是指肺泡内空气含量减少，致使肺泡呈塌陷状态。肺萎陷必须与先天性肺膨胀不全或肺不张相区别。膨胀不全是指肺从未被空气所扩张，因而是先天性的。而萎陷是指曾经扩张而且进行过呼吸机能的肺组织发生的塌陷。

（1）病因和发生机理　根据发生的原因，可分为两种类型。

① 压迫性肺萎陷　肺组织受到压迫，局部肺组织不能膨胀而陷于不张状态，主要是来自肺内和肺外的压力。肺外的压力如胸腔积水、气胸、胸腔肿瘤、腹腔的压力增高（如腹水、胃扩张）；肺内压力，如肿瘤、寄生虫和炎性渗出物等。压迫性肺萎陷区与周围组织无明显的界限，由于血管也受压迫，色泽显苍白，体积缩小，凹陷，弛缓，没有弹性。

② 阻塞性肺萎陷　发生于支气管腔阻塞时，空气进入肺泡受阻，同时肺泡内的残留气体逐渐被吸收，因而肺泡塌陷，主要见于各种原因引起的支气管性肺炎。

（2）病理变化

① 眼观　阻塞性肺萎陷的病灶呈小叶状，境界清楚，体积缩小，较周围正常组织稍凹陷，呈暗红色，质地较坚实，切面平整，投入水中下沉水底或因含少量气体而呈半沉半浮状态。

② 镜检　肺泡壁因萎陷而呈平行排列，彼此互相密接，仅留一些肺泡腔的狭窄裂隙。肺泡壁毛细血管扩张充血，肺泡腔内有脱落的上皮细胞。压迫性肺萎陷在眼观上与肺炎的肝变期病灶有些相似，但不硬实。压迫性肺萎陷的外观不呈小叶状，而是与其压迫作用的部位相一致。压迫性肺萎陷的镜下变化与阻塞性肺萎陷的相似，但肺组织的血管不充血。

（3）对机体的影响　短时间的萎陷，病因除去后，肺泡可重新通气恢复正常。如病程较长，可发生严重淤血、水肿，并引起间质结缔组织增生而纤维化。如继发感染，可发生支气管性肺炎，称为萎陷性肺炎。

【本章小结】

本章重点阐述各型上呼吸道炎症、肺炎、肺气肿和肺萎陷的发生原因和病理过程，以及不同类型上呼吸道炎症和肺炎的病理变化。

【思考题】

1. 阐述宠物上呼吸道疾病的病因和常见疾病。
2. 阐述肺炎的种类和病理变化。
3. 大叶性肺炎病理变化分为哪几期？
4. 病例分析：有一只犬死亡，剖检发现肺脏病灶组织肿胀，质地坚实，呈灰红色，呈斑点状不规则散布在肺的尖叶、心叶、隔叶，病灶为灰红色或灰黄色，周围有红色和暗红色，还有呈苍白色。稍稍突出于切面，质地较硬似胰脏（胰样变）。用力挤压时，即从小气管中流出炎性渗出物。支气管黏膜充血、水肿，管腔中含有黏液性渗出物。用本章学习病理知识分析病例，得出初步病理学诊断。

第十四章 消化系统病理

【知识目标】 了解胃肠炎、肝炎、肝硬化的类型和病理变化及对机体的影响。
【技能目标】 能够认识各型胃肠炎、各型肝炎、肝硬化的病理变化。
【课前准备】 建议学生学习一些消化系统疾病的科普知识，增强对消化系统疾病病理的了解和认识。

  胃肠是动物的主要消化器官，由于动物胃肠的体积膨大，功能重要，并通过口腔和肛门与外界相通；再加之动物的饲养环境卫生较差，日粮的质量不高，饲喂的方法又不很固定等原因，许多病原微生物、理化学因素等，均可作用于胃肠，引起胃肠道疾病的发生，临床上多以胃肠道的炎症性疾病最为多见。

第一节 胃 肠 炎

  胃肠炎是动物常见的一类疾病，是指胃、肠道浅层或深层组织的炎症。由于胃炎和肠炎往往相伴发生，故临床上常将其合称为胃肠炎。

一、胃炎

  胃炎是指胃壁表层和深层组织的炎症。本病在临床上主要以胃的蠕动障碍和分泌异常为特征。根据其发病原因不同可将其分为原发性胃炎和继发性胃炎两种，根据其病程不同可将其分为急性胃炎和慢性胃炎两种。原发性胃炎多因过食、误食异物或有毒物质，采食污染、变质食物及投服有刺激性的药物等而引起。此外，饲喂蛋类、牛奶或马肉等可引起变态反应性胃炎。继发性胃炎，可继发于犬瘟热、病毒性肝炎、钩端螺旋体病、急腹症及消化道寄生虫感染等疾病。现将几种常见的胃炎叙述如下。

1. 急性胃炎

  急性胃炎是胃黏膜急性炎症，犬最为多见，幼犬易发。原发性急性胃炎是由于饲喂过饱、误食异物、采食腐败性食物、投服有刺激性的药物（阿司匹林、消炎痛）或误食有毒物质（砷、汞、铅、磷）而引起。饲喂鸡蛋、牛乳、鱼肉等可引起变态反应性胃卡他。继发性急性胃炎，可继发于犬瘟热、犬细小病毒病、犬病毒性肝炎、钩端螺旋体病等急性传染病及急性胰腺炎、肾盂肾炎、慢性肾功能衰竭和胃肠道寄生虫病等。

  犬的胃是一个容积很大的器官，很容易发生急性炎症。由于无所顾忌地暴饮暴食引起的急性胃炎并不少见。猫急性胃炎的发病率低于犬，这可能是由于猫在吃东西时比较挑剔的原因。持续性的呕吐和腹泻是急性胃炎的主要症状。呕吐时间一般在食后 30min 左右，开始吐出未充分消化的食糜，随后吐出泡沫样黏液和胃液。呕吐物中有时混有血液、黄绿色胆汁和胃黏膜脱落物。依据病变的性质不同，可吐出混有血液、胆汁和黏膜碎片的呕吐物。呕吐后，因脱水可使饮欲增强，如大量饮水时，呕吐即很快发生而且更加增剧，由于持续呕吐可能出现脱水和电解质平衡失调。幼犬可出现脱水和严重的电解质平衡失调。急性胃炎病程短，发病急，症状重，炎症变化剧烈，渗出现象明显。根据渗出物的性质和病变特点，急性胃炎又可分为急性卡他性胃炎、出血性胃炎和纤维素性-坏死性胃炎。

（1）急性卡他性胃炎　急性卡他性胃炎是常见的一种胃炎类型，是以胃黏膜表面被覆多量黏液和脱落上皮为特征。

① 病因和机理　包括生物性（细菌、病毒、寄生虫等）因素、机械性（粗硬饲料、尖锐异物刺激）因素、物理性（冷、热刺激）因素、化学性（酸、碱物质，霉败饲料，化学药物）因素以及剧烈的应激等。其中以生物性因素最为常见，损害最严重。原发性胃卡他由于过食、胃内有异物或采食污染、腐败性食物都可成为急性胃卡他的病因，投服有刺激性的药物（阿司匹林、酚类等）或误食有毒物质（汞、铅等）可刺激胃黏膜引起卡他性炎症。继发性胃卡他可继发于犬瘟热、犬细小病毒病、病毒性肝炎、钩端螺旋体病、急性胰腺炎和胃肠道寄生虫病等疾病过程中。

② 病理变化

a. 眼观　发炎部位胃黏膜特别是胃底腺部黏膜呈现弥漫性充血、潮红、肿胀，黏膜面被覆多量浆液性、黏液性、脓性甚至血性分泌物，并常散发斑点状出血和糜烂。

b. 镜检　可见胃黏膜上皮细胞变性、坏死、脱落，有时局部出现浅层糜烂；固有层、黏膜下层毛细血管扩张、充血，甚至出血；固有膜内淋巴小结肿胀，有时见其生发中心扩大或发生新生淋巴小结；组织间隙有大量浆液渗出及炎性细胞浸润，杯状细胞增多并脱落；黏膜下层有轻度充血和水肿。

（2）出血性胃炎　出血性胃炎以胃黏膜弥漫性或斑块状、点状出血为特征。

① 病因和机理　包括各种原因造成的剧烈呕吐、强烈的机械性刺激、食物中毒及某些传染病。如灭鼠药、重金属（砷）、农药中毒，霉败饲料的刺激，犬瘟热，犬细小病毒性肠炎等均可引起胃黏膜出血。

② 病理变化　可由眼观和镜检得知。

a. 眼观　胃黏膜呈深红色的弥漫性、斑块状或点状出血，黏膜表面或胃内容物内含有游离的血液。时间稍久，血液渐呈棕黑色，与黏液混在一起成为一种淡棕色的黏稠物，附着在胃黏膜表面。

b. 镜检　可见黏膜固有层、黏膜下层毛细血管扩张、充血，红细胞局灶性或弥漫分布于整个黏膜内。

（3）纤维素性-坏死性胃炎　纤维素性-坏死性胃炎以胃黏膜糜烂或形成溃疡，并在黏膜表面覆盖大量纤维素性渗出物为特征。

① 病因和机理　由较强烈的致病刺激物、应激、病原微生物和寄生虫感染等因素引起，如误咽腐蚀性药物、应激性溃疡，某些传染病如沙门菌病、坏死杆菌及化脓性细菌感染等。

② 病理变化　可由眼观和镜检得知。

a. 眼观　胃黏膜表面被覆一层灰白色、灰黄色纤维素性薄膜。浮膜性炎时，假膜易剥离，剥离后，黏膜表面充血、肿胀、出血、光滑无缺损；固膜性炎时，纤维素膜与组织结合牢固，不易剥离，强行剥离则见糜烂和溃疡。

b. 镜检　黏膜表面、黏膜固有层甚至黏膜下层有大量纤维素渗出，黏膜上皮坏死、脱落，黏膜固有层和黏膜下层充血、出血，有大量多形核嗜中性粒白细胞等浸润。若继发感染了化脓性细菌（如化脓棒状杆菌、化脓性链球菌、绿脓杆菌等），则转为化脓性胃炎，黏膜表面覆盖大量的脓性分泌物。

2. 慢性胃炎

慢性胃炎是以黏膜固有层和黏膜下层结缔组织显著增生为特征的炎症。慢性胃炎病情缓和、病程较长，常常是由急性胃炎转化而来。犬和猫都会发生，以各种不同程度和频数的慢性持续性呕吐为特征。

（1）病因和机理　多由急性胃炎发展转变而来，少数由寄生虫寄生所致。刺激因素包括反复接触可导致发生胃炎的病原，以及食入异物和胃内寄生虫。需要特殊说明的是，胃内微生物区系（特别是猫螺旋杆菌）仍然是引起犬、猫胃炎的原因，但现在的证据表明它作为病因学因素的意义还不是很重要。大多数病例是特发性的，但最常见的发病机制是黏膜屏障破坏后黏膜的免疫功能紊乱，并且接触到胃内的病原物质，因而造成发病。

（2）病理变化

① 眼观　胃黏膜表面被覆大量灰白色、灰黄色黏稠的液体，胃黏膜皱褶显著增厚。由于增生性变化，使全胃或幽门部黏膜肥厚，称肥厚性胃炎。若黏膜固有层腺体与黏膜下层的结缔组织呈不均匀增生，使黏膜表面呈高低不平的颗粒状，称颗粒性胃炎，它较多发生于胃底腺部。随着病变的发展，增生的结缔组织逐渐衰老而发生疤痕性收缩，腺体、肌层、黏膜萎缩变薄，胃壁由厚变薄，皱襞减少，称萎缩性胃炎。

② 镜检　黏膜固有层和黏膜下层腺体、结缔组织增生，并有多量炎性细胞浸润。以后固有层的部分腺体受增生的结缔组织压迫而萎缩，部分存活的腺体则呈代偿性增生。腺体的排泄管也因受增生的结缔组织压迫而变得狭长或形成闭塞的小囊泡。后期胃黏膜萎缩，肌层也发生萎缩。

二、胃溃疡

根据临床、病理、生理等方面的研究表明，可能与饲养管理不佳、环境突变和季节变化等应激的联合作用有关。炎症性溃疡，多继发于狂犬病、胃肠卡他、胃肠道寄生虫病、胃内异物等疾病的过程中。消化性溃疡，常发生在胃和十二指肠的起始部，当胃的局部血液循环障碍时，由于酸性胃液不能被碱性的肠液所中和，以致局部黏膜被胃酸和胃蛋白酶自体消化，从而形成慢性溃疡。炎症性溃疡和消化性溃疡所呈现的症状相同，均出现顽固性呕吐、吐血、便血和腹痛症状。病犬精神沉郁，体质虚弱，被毛粗乱、无光泽，逐渐消瘦。

1. 病因和机理

胃溃疡可由许多原因引起，各种不同的应激和饲养管理的不当，如饲喂间隔时间太长、饲料过干或过湿、饲料过细或过粗等均是导致胃溃疡的因素。应激与饲养管理不当，一方面可使动物全身性代谢紊乱；另一方面又能使胃黏膜上皮营养代谢失调，黏膜保护性能降低，被胃液的蛋白水解酶自行消化、损害，形成溃疡。此外，某些病原微生物、寄生虫等也可以引起胃溃疡。

2. 病理变化

多位于胃小弯，愈近幽门愈多见，胃窦部尤为多见，罕见于胃大弯、胃底、胃前壁或胃后壁。

① 眼观　溃疡通常只有一个，圆形或椭圆形，溃疡面大小不一。溃疡边缘整齐，状如刀切，周围黏膜可有轻度水肿，黏膜皱襞从溃疡向周围呈放射状。溃疡底部通常穿越黏膜下层，深达肌层甚至浆膜层，溃疡处的黏膜至肌层可完全被破坏，由肉芽组织或瘢痕组织取代。溃疡中心因坏死组织被胃液消化，显示柔软而液化，并呈污秽褐色。

② 镜检　溃疡部组织呈溶解状态，溃疡底大致由四层组织构成：最表层由一薄层纤维素渗出物和坏死的细胞碎片覆盖（坏死层）；其下层是炎症细胞浸润（炎症层）；再下层是新鲜的肉芽组织（肉芽组织层）；最下层是由肉芽组织变成纤维瘢痕组织（瘢痕层）。在瘢痕组织中的小动脉血管因增殖性内膜增厚，管腔狭窄或有血栓形成，这种血管改变可防止血管溃破、出血，但不利于组织的再生和溃疡的修复。在溃疡边缘常见黏膜上皮轻度增生，黏膜肌层与固有肌层相粘连。

3. 其他胃部疾病

（1）反流性胃炎　反流性胃炎也称作胆汁性呕吐综合征，是指慢性的胆汁反流入胃而引起反流性胃炎。本病的特征是动物在长时间没有吃东西以后（通常为 18～24h），吐出物中有被胆汁染色的黏液。这种情况通常发生在早晨。动物走出家门，经常是吃了草叶，然后发生呕吐。呕吐似乎让症状得到了缓解，而动物在呕吐后就完全正常了。

胆汁反流是正常的生理现象，但当胃动力下降时，黏膜与胆汁长期接触，则会导致表面黏液破坏，以及胃上皮细胞顶端游离面的破裂，这样就破坏了黏膜屏障并引发了胃炎。与猫相比，犬似乎对这种现象更为敏感。

（2）胃蛋白酶性溃疡　见于断乳的犬、猫等。是指胃黏膜的局部发生损伤或退变，被胃液蛋白酶消化，发生缺损所致，故又称为消化性溃疡。溃疡局限于皱胃，数目多个，直径 2～4cm，多为圆形，也有形状不规则直径达 15cm 的病灶。溃疡灶底面附有纤维素。

（3）念珠菌病　念珠菌病是由念珠菌或假丝酵母引起的一种人兽共患真菌病，可感染犬、猫等动物以及幼龄动物。

① 眼观　本病引起胃的主要眼观病变为黏膜覆盖有黄白色干酪样坏死物质，黏膜充血、出血或形成糜烂和溃疡。

② 镜检　胃黏膜复层上皮呈过度角化、角化不全或者表层角化上皮呈层状坏死；复层上皮深层细胞出现气球样变和坏死并有多量组织细胞、淋巴细胞以及少量嗜中性粒白细胞浸润。部分黏膜破坏脱落形成糜烂或溃疡。黏膜固有层和黏膜下层充血、出血以及组织细胞、淋巴细胞呈灶状浸润。表层的角蛋白碎屑及坏死灶中有大量酵母杆菌的假菌丝，黏膜下层以菌丝为主。

三、肠炎

肠炎是指某段肠道或整个肠道的炎症，多与胃炎同时发生。根据病程长短可将其分为急性和慢性两种，急性肠炎有急性卡他性肠炎、出血性肠炎、化脓性肠炎和纤维素性肠炎。

1. 急性肠炎

急性肠炎根据其渗出物的性质和病变特点不同，将其分为以下四种类型。

（1）急性卡他性肠炎　急性卡他性肠炎是肠黏膜表层的急性卡他性炎症，为临床上最常见的一种肠炎类型，多为各种肠炎的早期变化，以充血和渗出为主，主要以肠黏膜表面渗出多量浆液和黏液为特征。可分为原发性急性卡他性肠炎和继发性急性卡他性肠炎。根据病因、经过和并发病的有无，则表现为各种不同症状。腹泻和呕吐为本病的主要症状。粪便呈水样，有时混有黏液、血液和泡沫等，具有恶臭，呈酸性反应。腹部紧张，腰背弯曲，触压腰背部出现明显的疼痛。直肠黏膜充血、肿胀，频频努责，里急后重。一般呈微热或中等热。

① 病因和机理　急性卡他性肠炎病因很多，有营养性、中毒性、生物性因素等几大类。如食物粗糙、霉败、搭配不合理，饮水过冷、不洁，误食有毒食物，滥用抗生素导致肠道正常菌群失调及霉菌毒素中毒，病毒细菌、寄生虫感染等。如犬细小病毒性肠炎等。

② 病理变化　可由眼观和镜检得知。

a. 眼观　肠黏膜表面（或肠腔中）有大量半透明无色浆液或灰白色、灰黄色黏液，刮取覆盖物可见肠黏膜潮红、肿胀，肠壁孤立淋巴滤泡和淋巴集结肿胀，形成灰白色结节，呈半球状凸起。

b. 镜检　黏膜上皮变性、脱落，杯状细胞显著增多，黏液分泌增多。黏膜固有层毛细血管扩张、充血，并有大量浆液渗出和大量嗜中性粒白细胞及数量不等的组织细胞、淋巴细胞浸润，有时可见出血性变化。

（2）出血性肠炎　出血性肠炎是以肠黏膜明显出血为特征的炎症。

① 病因和机理　主要有化学毒物（如误食夹竹桃叶子）引起的中毒，微生物感染（如犬细小病毒性肠炎）或寄生虫侵袭（如球虫病）。

② 病理变化　可由眼观和镜检得知。

a. 眼观　肠黏膜肿胀，有点状、斑块状或弥漫性出血，黏膜表面覆盖多量红褐色黏液，有时有暗红色血凝块。肠内容物中混有血液，呈淡红色或暗红色。

b. 镜检　黏膜上皮和腺上皮变性、坏死和脱落，黏膜固有层和黏膜下层血管明显扩张、充血、出血和炎性渗出。

（3）化脓性肠炎　化脓性肠炎是由化脓菌引起的以嗜中性粒白细胞渗出和肠壁组织脓性溶解为特征的肠炎。

① 病因和机理　主要由各种化脓菌引起，如沙门菌、链球菌、志贺菌等，多经肠黏膜损伤部或溃疡面侵入。

② 病理变化　可由眼观和镜检得知。

a. 眼观　肠黏膜表面被覆多量脓性渗出物，有时形成大片糜烂和溃疡。

b. 镜检　肠黏膜固有层和肠腔内有大量嗜中性粒白细胞，毛细血管充血、水肿，黏膜上皮细胞发生变性、坏死和大量脱落等变化。

（4）纤维素性肠炎　纤维素性肠炎是以肠黏膜表面被覆纤维素性渗出物为特征的炎症，临床上多为急性或亚急性经过。根据病变特点可分为浮膜性肠炎和固膜性肠炎。

① 病因和机理　多数与病原微生物感染有关，如沙门菌病。

② 病理变化　可由眼观和镜检得知。

a. 眼观　初期肠黏膜充血、出血和水肿，结膜表面有多量灰白色、灰黄色絮状、片状、糠麸样纤维素性渗出物，多量的渗出物形成薄膜被覆于肠膜或肠内容物表面。如果纤维素性薄膜在肠黏膜上易于剥离，肠黏膜仅有浅层坏死，则称为浮膜性肠炎。纤维素薄膜剥离后黏膜充血、水肿，表面光滑，有时可见轻度糜烂，肠内容物稀薄如水，常混有纤维素碎片。如果肠黏膜发生深层坏死，渗出的纤维蛋白与黏膜深部组织牢固结合，不易剥离，强行剥离后，可见黏膜出血和溃疡，则称为固膜性肠炎，也称为纤维素性坏死性肠炎。

b. 镜检　病变部位肠黏膜上皮脱落，渗出物中有大量的纤维素和黏液、嗜中性粒白细胞，黏膜层、黏膜下层小血管充血、水肿和炎性细胞浸润。固膜性肠炎坏死严重，大量渗出的纤维蛋白和坏死组织融合在一起，黏膜及黏膜下层因凝固性坏死而失去固有结构，坏死组织周围有明显充血、出血和炎性细胞（嗜中性粒白细胞、浆细胞、淋巴细胞等）浸润。

2. 慢性肠炎

慢性肠炎是以肠黏膜和黏膜下层结缔组织增生及炎性细胞（淋巴细胞为主，还有浆细胞、组织细胞）浸润为特征的炎症。

（1）病因和机理　慢性肠炎主要由急性肠炎发展而来，也可由长期饲喂不当、肠内有大量寄生虫或其他致病因子所引起。

（2）病理变化

① 眼观　肠管臌气（肠蠕动减弱、排气不畅），肠黏膜表面被覆多量黏液，肠黏膜增厚。有时结缔组织增生不均，使黏膜表面呈现高低不平的颗粒状或形成皱褶。此外，病程较长时，黏膜萎缩，增生的结缔组织收缩，肠壁变薄。

② 镜检　黏膜上皮细胞变性、脱落，肠腺间结缔组织增生，肠腺萎缩或完全消失或伸长，有时结缔组织侵及肌层及浆膜，伴有淋巴细胞、浆细胞、组织细胞浸润，有时有嗜酸性粒细胞浸润。

第二节　肝　炎

肝脏是机体主要的代谢、解毒和屏障器官，担负着机体重要的生理功能。肝功能的复杂性和多样性增加了肝脏与各种毒性因子的接触机会，因此肝脏最易受到各种致病因素的侵害而发生炎症。肝炎是指肝脏在某些致病因素的作用下发生的以肝细胞变性、坏死或间质增生为主要特征的一种炎症过程。其发生原因有传染性的、中毒性的和寄生虫性几类。按疾病进程分急、慢性两种。病理类型则有实质性与间质性之分。据病因、疾病进程和病理特点将肝炎分为传染性肝炎和中毒性肝炎。

一、传染性肝炎

传染性肝炎是指由生物性致病因素（细菌、病毒、霉菌、寄生虫等）引起的肝脏炎症。如钩端螺旋体病、沙门菌病、犬细小病毒感染等都会引起肝脏发生炎症。

1. 病毒性肝炎

病毒性肝炎是指某些对肝脏组织具有明显亲嗜性的病毒引起相应传染病的同时，可在毒血症的基础上促发特定的病毒性肝炎。

（1）病因和机理　侵害动物肝脏引起炎症的病毒都是一些所谓嗜肝性病毒，如犬传染性肝炎病毒。某些不是以肝脏为主要侵害靶器官的病毒也可引起肝炎。

（2）病理变化

① 眼观　肝脏呈不同程度肿大，边缘钝圆，被膜紧张，切面外翻。呈暗红色或红色与土黄色（或黄褐色）相间的斑驳色彩，其间往往有灰白色或灰黄色形状不一的坏死灶。胆囊胀大或缩小不定。

② 镜检　肝小叶中央静脉扩张，小叶内见出血和坏死病灶。肝细胞广泛水痕变性，淋巴细胞浸润，肝窦充血。小叶间组织和汇管区内小胆管及卵圆形细胞增殖。部分病毒所致肝炎还可见于肝细胞的胞核或胞浆内发现特异性包涵体；用免疫组织化学或特殊染色方法有时可发现病毒表面抗原。

（3）病毒性肝炎常见疾病　犬传染性肝炎，是犬属动物的一种传染病，主要发生于青年犬，病原是一种腺病毒。

① 眼观　皮下水肿，腹腔蓄积澄清或血样液体，胃、肠和胆囊浆膜下出血。肝脏肿大，质脆，呈黄色斑驳状，胆囊水肿。

② 镜检　肝实质严重变性和坏死，坏死灶多位于肝小叶中心，为许多嗜伊红染色的凝固性坏死灶，周围有淋巴细胞、单核细胞浸润，并有少量胆色素沉积。在坏死灶附近变性的肝细胞中可见到明显的核内包涵体，胞核极度肿大，染色质过集，包涵体的体积很大，几乎占据整个胞核，嗜伊红染色，轮廓清晰，枯否细胞肿大，也可见到相同的核内包涵体，这是本病在组织学上的病变特征。

2. 细菌性肝炎

细菌性肝炎是指细菌引起肝脏的炎症，主要以变质、坏死和形成肉芽肿为特征。

（1）病因和机理　引起此型肝炎的细菌种类很多，如巴氏杆菌、沙门菌、坏死杆菌、钩端螺旋体和各种化脓性细菌等。细菌性肝炎以组织变质、坏死、形成脓肿或肉芽肿为主要病理特征。

（2）病理变化　可分为下述三种。

① 以变质为主要表现的细菌性肝炎。

a. 眼观　肝脏肿大，肝内充血阶段可见肝脏呈暗红色，有黄疸者为土黄色或橙黄色。常见点状出血与斑状出血，以及灰白色或灰黄色的坏死病灶。

b. 镜检　中央静脉扩张，肝窦充血。肝细胞广泛颗粒变性、脂肪变性或水痕变性和局灶性坏死，以及以嗜中性粒白细胞为主的炎症细胞浸润。

② 化脓性感染，特别是化脓棒状杆菌引起的化脓性肝炎（肝脓肿）。

a. 眼观　脓肿为单发或多发，多数发生在左肝叶。脓肿具有包膜，内含黏稠的黄绿色脓液。肝表面的脓肿常引起纤维素性肝周围炎，因而发生粘连。

b. 镜检　病灶组织出现脓性溶解，嗜中性粒细胞浸润。

③ 以肉芽肿形式出现的细菌性肝炎。常为肝内感染某些慢性传染病的病原体如结核杆菌、鼻疽杆菌、放线菌等所致。

a. 眼观　肝内此类肉芽肿的组织结构大致相同，为大小不等的结节状病变。增生性结节中心为黄白色干酪样坏死物，如有钙化时质地比较硬固，刀切时有磨砂声。

b. 镜检　结节中心为均质性结构坏死灶，其间或有钙盐沉着；周围为多量上皮样细胞浸润，其间还见几个胞体很大的多核巨细胞，它们的胞核位于胞浆的一侧边缘，呈马蹄状排列；周围有多量淋巴细胞浸润，外围见数量不等的结缔组织环绕，结节与周围组织分界清楚。

3. 霉菌性肝炎

（1）病因和机理　其病原体常见有烟曲霉菌、黄曲霉菌、灰绿曲霉和构巢曲霉等致病性真菌。

（2）病理变化　可由眼观和镜检得知。

① 眼观　肝脏显著肿大，边缘钝圆，切面隆突，呈土黄色，质脆易碎，有明显黄疸。

② 镜检　肝细胞脂肪变性、坏死，肝组织出血和淋巴细胞增生，间质小胆管增生。慢性病例则形成肉芽肿结节，其组织结构与其他特异性肉芽肿相似，但可发现大量菌丝。

4. 寄生虫性肝炎

（1）病因和机理　此型肝炎因肝内某些寄生虫在肝实质中或肝内胆管寄生繁殖，或某些寄生虫的幼虫移行于肝脏时而发生。

（2）病理变化　由某些寄生虫（蛔虫和肾虫）的幼虫移行肝脏时发生的肝炎。

① 眼观　肝脏表面有大量形态不一的白斑散布，白斑质地致密和硬固，有时高出被膜位置。此俗称"乳斑肝"。

② 镜检　可见许多肝小叶内有局灶性坏死病灶，其周围有大量嗜酸性粒细胞以及少量嗜中性粒白细胞和淋巴细胞浸润，小叶间和汇管区结缔组织增生。寄生虫幼虫移行的肝脏坏死病灶，形成有上皮样细胞围绕和炎性细胞浸润以及结缔组织增生的肉芽肿。

二、中毒性肝炎

中毒性肝炎是指由病原微生物以外的其他毒性物质引起的肝炎。由于环境污染的日益严重，以及各种化学性制剂（农药、药物、添加剂）的广泛使用和人工配合饲料的某些缺陷等原因，动物中的中毒性肝炎日渐多见，在某些集约化和封闭式饲养场常有大规模发生的特点。

1. 病因和机理

中毒性因素多因采食了霉败食物和腐烂的鱼肉类及其工业加工副产品等有毒分解产物，或由于长期服用某些抗生素与磺胺类药物。引起中毒的各种化学性物质大多是所谓的亲肝性毒物，例如有机氯化合物中的氯丹、毒杀芬、五氯酚钠、多氯联苯等，有机磷化合物中的双硫磷和有机汞化合物中的赛力散等。这类用作农药的物质在使用不当时可污染饲料而使动物受害。

引起中毒的药物种类也很多。药物与毒物之间并无严格的界限，当超量使用或用法不当时，可对机体（包括肝脏）起毒性作用。有不少药物对肝组织能产生直接毒害的影响，如汞剂、硫酸亚铁、氯仿、酒精、甲醛、磷、铜、砷、氟化物和煤酚等。近年来还发现某些临床上经常使用的解热镇痛药如羟基保泰松、消炎痛，某些抗生素和呋喃类化合物如先锋毒素Ⅰ、杆菌肽，麻醉药氟烷和免疫抑制药硫唑嘌呤以及种类繁多的环境消毒药等，在过量或持久使用的情况下对动物的肝脏均有一定的毒性，有的很快即引起转氨酶升高。在动物已有肝疾患时，其毒性更为明显。

因机体本身患有某些疾病引起物质代谢障碍，毒性代谢产物在体内蓄积过多，以及严重的胃肠炎、肠梗阻和肠穿孔导致的腹膜炎，也能发生这一类型的肝炎。

2. 病理变化

急性中毒性肝炎的主要病理变化是肝组织发生重度的营养不良以至坏死，同时还伴有充血、水肿和出血。

① 眼观　肝脏呈不同程度肿大，潮红充血或伴有出血点、出血斑，水肿明显时肝湿润和重

量增加，切面多汁。在重度肝细胞脂肪变性时，肝呈黄褐色。如淤血兼有脂肪变性时，肝脏在黄褐色或灰黄色的背景上，见暗红色的条纹，呈类似于槟榔切面的斑纹；同时可在肝的表面和切面发现有灰白色的坏死灶。急性中毒性肝炎，由于大量肝细胞坏死、崩解和伴有脂肪变性，肝脏的体积通常缩小，肝叶边缘变为锐薄，呈黄色。

②镜检　肝小叶中央静脉扩大，肝窦淤血和出血，肝细胞重度脂肪变性和颗粒变性，小叶周边、中央静脉周围或散在的肝细胞坏死。严重病例坏死灶遍及整个小叶呈弥漫性坏死；未完全坏死溶解的肝细胞见胞核固缩或碎裂。肝小叶内或间质中炎性细胞渗出现象一般微弱，有时仅见少许淋巴细胞。

三、胆管肝炎

胆管肝炎（肝实质相邻部分发炎）相对来说是猫的普通肝病，犬类较为少见。

1. 发病原因

目前普遍认为是由于大量细菌感染了胆管，特别是革兰阴性菌和厌氧微生物，胆汁淤积直接导致胆管损伤。

2. 发病机理

细菌感染导致嗜中性粒白细胞炎症反应，后期淋巴细胞和浆细胞浸润。门脉周围肝细胞发生坏死，有一定量的血小板损坏，炎性反应渗透到肝脏实质，典型的慢性肝炎时门脉区和胆管区有混合炎症反应发生。

第三节　肝　硬　化

各种原因引起肝细胞严重变性和坏死后，出现肝细胞结节状再生和间质结缔组织广泛增生，使肝小叶正常结构受到严重破坏，肝脏变形、变硬的过程称为肝硬化。肝硬化是组织纤维化和正常肝结构的改变，通常为结构异常增生的肝损伤性疾病。肝硬化是终末型，不可逆转的许多慢性肝病的最后阶段。肝硬化的原因多种多样。

一、病因和机理

1. 门脉性肝硬化

见于病毒性肝炎、黄曲霉毒素中毒、营养缺乏，如缺乏胆碱或蛋氨酸等，肝脏长期脂变、坏死，被结缔组织取代，肝小叶结构改变。其特征是汇管区和小叶间纤维结缔组织增生，但胆管增生不明显，假小叶形成。

①眼观　可见肝脏表面颗粒状小结节，黄褐色或黄绿色，弥漫分布于全肝。

②镜检　肝小叶正常结构破坏，肝小叶被结缔组织分割形成大小不一的"假小叶"团块，无中央静脉，细胞排列紊乱，细胞较大。

2. 坏死后肝硬化

此种肝硬化是在肝实质大片坏死的基础上形成的。黄曲霉毒素、四氯化碳中毒及猪营养性肝病等常是慢性中毒性肝炎，可引起此型肝硬化。病初因病变发展较快，大量肝细胞迅速坏死，使肝体积缩小，以后肝细胞结节状再生，形成大小不一的结节。与门脉性肝硬化不同之处在于假小叶间的纤维间隔较宽，炎性细胞浸润，小胆管增生显著。

3. 淤血性肝硬化

此种肝硬化是因为长期心脏功能不全，肝脏淤血、缺氧，肝细胞变性、坏死，网状纤维胶原化，间质因缺氧及代谢产物的刺激而发生结缔组织增生。特点是肝体积稍缩小，红褐色，表面呈细颗粒状。

4. 寄生虫性肝硬化

这是最常见的肝硬化。可以是寄生虫幼虫移行时破坏肝脏，或是虫卵沉着在肝内，或由于成虫寄生于胆管内，或由原虫寄生于肝细胞内，引起肝细胞坏死（兔肝球虫病）。此型肝硬化的特点是有嗜酸性粒细胞浸润。

5. 胆汁性肝硬化

由于胆道阻塞，肝内胆汁淤滞而引起。肿瘤、结石、虫体可压迫或阻塞胆管，使胆汁淤滞。肝被胆汁染成绿色或绿褐色。肝体积增大，表面平滑或颗粒状，硬度中等。镜检可见肝细胞胞浆内胆色素沉积，肝细胞变性、坏死；毛细胆管淤积胆汁，胆栓形成。胆汁外溢，充满坏死区成为"胆汁湖"。汇管区小胆管和纤维组织增生。

二、病理变化

肝硬化由于发生原因不同，其形态结构变化也有所差异，但基本变化是一致的。

（1）眼观　早、中期肝脏体积正常或略大，质地稍硬。后期肝体积缩小，重量减轻，边缘锐薄，质地坚硬，表面呈凹凸不平或颗粒状、结节状隆起，色彩斑驳，常染有胆汁；肝被膜变厚。切面上可见十分明显的淡灰色结缔组织条索围绕着淡黄色圆形的肝实质，肝内胆管明显，管壁增厚。

（2）镜检　可见以下特征变化。

① 结缔组织广泛增生　结缔组织在肝小叶内及间质中增生，炎性细胞以淋巴细胞浸润为主。

② 假性肝小叶形成　增生的结缔组织包围或分割肝小叶，使肝小叶形成大小不等的圆形小岛，称假性肝小叶（简称假小叶）。假小叶内肝细胞索排列紊乱，肝细胞较大，核大，染色较深。

常发现双核肝细胞。小叶中央静脉缺如，偏位或有两个以上。假小叶外周增生的纤维组织中也有多少不一的慢性炎细胞浸润，并常压迫、破坏细小胆管，引起小胆管内淤胆。

③ 假胆管　在增生的结缔组织中有新生毛细血管和假胆管。假胆管是由两条立方形细胞形成的条索，但无腔，故称假胆管。

④ 肝细胞结节　病程长时，残存肝细胞再生，由于没有网状纤维做支架，故再生肝细胞排列紊乱，聚集成团，且无中央静脉。再生的肝细胞体积较大，胞核可能有两个或两个以上，胞浆着染良好。

三、鉴别诊断

与肿瘤转移、结节增生相区分。生化结果通常是敏感的，血清丙氨酸氨基转移酶（ALT）[亦称谷丙转氨酶（GPT）]和碱性磷酸酶（ALP）活性可能正常或轻微增加，肝细胞团块减少。其他生化异常反映了肝功能的下降，改变了肝脏的血流，继发其结构的改变。血清尿素氮、血清白蛋白浓度均减少也见报道。血清胆红素浓度的增加是晚期肝功能不足的征兆。持续胆红色素尿在黄疸发生前就可能出现。全血清胆汁酸确定试验可检测肝功能不全。肝细胞数量的减少和门脉血流的改变导致外周胆汁酸浓度增加。在肝病前期临床症状没有出现的时候，肝硬化的患病犬、猫可能已经出现黄疸，也需要与特殊胆汁流量损伤的疾病进行鉴别。血清 ALP 活性显著增加的缺失或血清白蛋白浓度的减少都有助于肝硬化诊断。肝硬化的组织学检查时，肉眼可见，肝硬化大多与肿瘤转移病或结节增生相似，而且具有诊断价值。

【本章小结】

本章阐述了胃肠炎、肝炎、肝硬化发生的原因、类型、病理变化和对机体的影响。以及各型胃肠炎、各型肝炎、肝硬化的病理变化特征。

【思考题】

1. 阐述胃肠炎的类型及病理变化。
2. 阐述肝炎的类型和病理变化。
3. 病例分析

病例一：有一只病犬死亡，剖检后见其胃黏膜表面被覆大量灰白色、灰黄色黏稠的液体，胃黏膜皱褶显著增厚。部分胃黏膜及幽门部黏膜肥厚；切片见其黏膜固有层腺体与和膜下层的结缔组织呈不均匀增生，黏膜表面呈高低不平的颗粒状。可见增生的结缔组织有疤痕样收缩，腺体、肌层、黏膜萎缩变薄，胃壁由厚变薄，皱襞减少。用本章学习病理知识分析病例，得出初步病理学诊断。

病例二：一只肠炎患犬死亡，剖检后可见肠黏膜充血、出血和水肿，结膜表面有多量灰白色、灰黄色絮状、片状、糠麸样纤维素性渗出物，多量的渗出物形成薄膜被覆于肠膜或肠内容物表面。纤维素性薄膜在肠黏膜上易于剥离，肠黏膜仅有浅层坏死，纤维素薄膜剥离后黏膜充血、水肿，表面光滑，有时可见轻度糜烂，肠内容物稀薄如水，常混有纤维素碎片。用本章学习病理知识分析病例，得出初步病理学诊断。

微信扫码立领

- 读课件　助通关
- 查彩图　辨细节
- 养宠物　多交流

第十五章 泌尿、生殖系统病理

【知识目标】 了解肾炎、乳腺炎、阴道炎、子宫内膜炎、卵巢炎和睾丸炎的类型及其病理变化。

【技能目标】 认识各型肾炎、肾病综合征、乳腺炎、阴道炎、子宫内膜炎、卵巢炎和睾丸炎的病理变化。

【课前准备】 建议学生学习一些泌尿、生殖系统疾病的科普知识，增强对泌尿、生殖系统疾病病理的了解和认识。

第一节　泌尿系统病理

一、肾炎

肾炎是指以肾小球、肾小管和间质炎症的总称。根据发生部位和性质，通常把肾炎分为肾小球肾炎、间质性肾炎和化脓性肾炎。

1. 肾小球肾炎

肾小球肾炎是因动物受病原感染后循环血液中的抗原抗体复合物紧附于肾小球引起的弥漫性肾小球损害性疾病，是以肾小球的炎症为主的肾炎。炎症过程常常始于肾小球，然后逐渐波及肾球囊、肾小管和间质。根据病变波及的范围，肾小球肾炎可分为弥漫性和局灶性两类。病变累及两侧肾脏几乎全部肾小球者，为弥漫性肾小球肾炎；仅有散在的部分肾小球受累者，为局灶性肾小球肾炎。按病程可分为急性肾小球肾炎和慢性肾小球肾炎。动物精神不振，食欲减退，消化不良，进行性消瘦，有的胸腹部水肿。急性期肾区表现疼痛，体温升高，个别病例呕吐，频频排尿，但尿量少，尿色暗浊。广泛性肾小球损害时出现无尿，慢性肾小球肾炎继发肾衰竭时表现烦渴、多尿。

（1）病因 应用免疫电镜和免疫荧光技术证实肾炎的发生主要通过两种方式：一种是血液循环内的免疫复合物沉着在肾小球基底膜上引起的，称为免疫复合物性肾小球肾炎；另一种是抗肾小球基底膜抗体与宿主肾小球基底膜发生免疫反应引起的，称为抗肾小球基底膜抗体型肾小球肾炎。

（2）发病机理

① 免疫复合物性肾小球肾炎 其发生是由于机体在外源性抗原（如链球菌的胞浆膜抗原或异种蛋白等）或内源性抗原（如由于感染或其他原因引起的自身组织破坏而产生的变性物质等）刺激下产生相应的抗体，抗原和抗体在血液循环内形成抗原抗体复合物并在肾小球滤过膜的一定部位沉积而致。大分子抗原抗体复合物常被巨噬细胞吞噬和清除，小分子可溶性抗原抗体复合物容易通过肾小球滤过膜随尿排出，只有中等大小的可溶性抗原抗体复合物能在血液循环中保持较长时间，并在通过肾小球时沉积在肾小球毛细血管壁的基底膜上，引起炎症反应。此型肾炎属于Ⅲ型变态反应。

② 抗肾小球基底膜抗体型肾小球肾炎 其发生是由于某些抗原物质的刺激致使机体产生抗自身肾小球基底膜抗体，并沿基底膜内侧沉积而致。引起此种肾炎的原因可以是：在感染或其他因素作用下，细菌或病毒的某种成分与肾小球基底膜结合，形成自身抗原，刺激机体产生抗体，或感染后机体内某些成分发生改变，或某些细菌成分与肾小球毛细血管基底膜有共同抗原性，这

些抗原刺激机体产生的抗体，既可与该抗原性物质起反应，也可与肾小球基底膜起反应，即存在交叉免疫反应。属于Ⅱ型变态反应。

（3）病理变化　根据肾小球肾炎的病程和病理变化特点，一般将肾小球肾炎分为急性、亚急性和慢性三大类。

① 急性肾小球肾炎　急性肾小球肾炎起病急、病程短，病理变化主要在肾小球毛细血管网和肾球囊内，病变性质包括变质、渗出和增生三种变化，但不同病例，有时以增生为主，有时以渗出为主。

a. 眼观　急性肾小球肾炎早期变化不明显，以后肾脏轻度或中度肿大、充血，包膜紧张，表面光滑，色较红，所以称"大红肾"。若肾小球毛细血管破裂出血，肾脏表面及切面可见散在的小出血点。肾切面可见皮质由于炎性水肿而变宽，纹理模糊，与髓质分界清楚。

b. 镜检　主要病变是肾小球内皮细胞增生。早期，肾小球毛细血管扩张充血，上皮细胞和系膜细胞肿胀增生，毛细血管通透性增加，血浆蛋白滤入肾小球囊内，肾小球内有少量白细胞浸润。随后肾小球内皮细胞严重增生，这些增生细胞压迫毛细血管，使毛细血管管腔狭窄甚至阻塞，肾小球呈缺血状。此时，肾小球内往往有多量炎性细胞浸润，肾小球内皮细胞增多，肾小球体积增大，膨大的肾小球毛细血管网几乎占据整个肾小球囊腔。囊腔内有渗出的白细胞、红细胞和浆液。病理变化较严重者，毛细血管腔内有血栓形成，导致毛细血管发生纤维素样坏死，坏死的毛细血管破裂出血，致使大量红细胞进入肾小球囊腔。不同的病例，病变的表现形式不同，有的以渗出为主，称为急性渗出性肾小球肾炎；有些以内皮细胞的增生为主，称为急性增生性肾小球肾炎；伴有严重大量出血者称为急性出血性肾小球肾炎。肾小管上皮常有颗粒变性、玻璃样变性和脂肪变性，管腔内含有从肾小球滤过的蛋白、红细胞、白细胞和脱落的上皮细胞。这些物质在肾小管内凝集成各种管型。由蛋白凝固而成的称为透明管型，由许多细胞聚集而成的称为细胞管型。肾脏间质内常有不同程度的充血、水肿及少量淋巴细胞和嗜中性粒白细胞浸润。

② 亚急性肾小球肾炎　亚急性肾小球肾炎可由急性肾小球肾炎转化而来，或由于病因作用较弱，病势一开始就呈亚急性经过。

a. 眼观　肾脏体积增大，被膜紧张，质地柔软，颜色苍白或淡黄色，俗称"大白肾"。若皮质有无数斑点，表示曾有急性发作。切面隆起，皮质增宽，苍白色、浑浊，与颜色正常的髓质分界明显。

b. 镜检　突出的病变为大部分肾小球囊内有新月体形成。新月体主要由壁层上皮细胞增生和渗出的单核细胞组成。扁平的上皮细胞肿大，呈梭形或立方形，堆积成层，在肾小球囊内毛细血管丛周围形成新月体或环状体。新月体内的上皮细胞间可见红细胞、嗜中性粒白细胞和纤维素性渗出物。早期新月体主要由细胞构成，称为细胞性新月体。上皮细胞之间逐渐出现新生的纤维细胞，纤维组织逐渐增多形成纤维-细胞性新月体。最后新月体内的上皮细胞和渗出物完全由纤维组织替代，形成纤维性新月体。新月体形成一方面压迫毛细血管丛，另一方面使肾小囊闭塞，致使肾小球的结构和功能严重破坏，影响血浆从肾小球滤过，最后毛细血管丛萎缩、纤维化，整个肾小球呈纤维化玻璃样变。肾小管上皮细胞广泛颗粒变性，由于蛋白的吸收形成细胞内玻璃样变。病变肾单位所属肾小管上皮细胞萎缩甚至消失。间质水肿，炎性细胞浸润，后期发生纤维化。

③ 慢性肾小球肾炎　慢性肾小球肾炎可以由急性和亚急性肾小球肾炎演变而来，也可以一开始就呈慢性经过。慢性肾小球肾炎起病缓慢，病程长，常反复发作，是各型肾小球肾炎发展到晚期的一种综合性病理类型。

2. 间质性肾炎

间质性肾炎是在肾脏间质发生的以淋巴细胞、单核细胞浸润和结缔组织增生为原发病变的肾炎。

（1）病因和机理　本病原因尚不完全清楚，一般认为与感染、中毒性因素有关。间质性肾炎常同时发生于两侧肾脏，表明毒性物质是经血源性途径侵入肾脏的。

（2）病理变化

① 弥漫性间质性肾炎　急性弥漫性间质性肾炎的肾脏稍肿大，被膜紧张容易剥离，颜色苍白或灰白，切面间质明显增厚，灰白色，皮质纹理不清，髓质淤血暗红。亚急性和慢性弥漫性间质性肾炎的肾脏体积缩小，质度变硬，肾表面凹凸不平，呈淡灰色或黄褐色，被膜增厚，与皮质粘连，剥离困难，切面皮质变薄，皮质与髓质分界不清，这种肾炎眼观和显微镜下与慢性肾小球肾炎不易区别。

急性弥漫性间质性肾炎的间质小血管扩张充血，结缔组织水肿，白细胞浸润，浸润的白细胞为单核细胞、淋巴细胞和浆细胞，浸润细胞波及整个肾间质。肾小管及肾小球变化多不明显。当转为慢性弥漫性间质性肾炎时，间质发生纤维组织广泛增生，随着纤维组织逐渐成熟，炎性细胞数量逐渐减少。许多肾小管发生颗粒变性、萎缩消失，并被纤维组织所代替，残留的肾小管则发生扩张和肥大。肾小囊发生纤维性肥厚或者囊腔扩张，以后肾小球变形或皱缩。在与慢性肾小球肾炎鉴别诊断时，许多肾小球无变化或仅有轻度变化是其主要特点。

② 局灶性间质性肾炎　肾表面及切面皮质部散在多数点状、斑状或结节状病灶。病灶的外观依动物不同而略有差异。犬间质性肾炎病灶较小，为圆形或多形的灰色小结节。

3. 化脓性肾炎

化脓性肾炎是指肾实质和肾盂的化脓性炎症，根据病原的感染途径不同可分为以下两种类型。

（1）肾盂肾炎　肾盂肾炎是肾盂和肾组织因化脓菌感染而发生的化脓性炎症。通常是从下端尿路上行的尿源性感染，常与输尿管、膀胱和尿道的炎症有关，雌性宠物发病率较高。

① 病因和机理　细菌感染是肾盂肾炎的主要原因，主要病原菌是棒状杆菌、葡萄球菌、链球菌、绿脓杆菌，大多是混合感染。细菌沿尿道逆行蔓延到肾盂，经集合管侵入肾髓质，甚至侵入肾皮质，导致肾盂肾炎。尿道狭窄与尿路堵塞都是引起肾盂肾炎的重要因素，尿路堵塞导致尿液蓄积、细菌大量繁殖，引起炎症。

② 病理变化　初期肾脏肿大、柔软，被膜容易剥离。肾表面常有略显隆起的灰黄或灰白色斑状化脓灶，病灶周围肾表面有出血。切面肾盂高度肿胀，黏膜充血水肿，肾盂内充满脓液；髓质部见有自肾乳头伸向皮质的呈放射状的灰白或灰黄色条纹，以后这些条纹融合成楔状的化脓灶，其底面转向肾表面，尖端位于肾乳头，病灶周围有充血、出血，与周围健康组织分界清楚。严重病例肾盂黏膜和肾乳头组织发生化脓、坏死，引起肾组织的进行性脓性溶解，肾盂黏膜形成溃疡。后期肾实质内楔形化脓灶被吸收或机化，形成瘢痕组织，在肾表面出现较大的凹陷，肾体积缩小，形成继发性皱缩肾。

显微镜下可以看到，初期肾盂黏膜血管扩张、充血、水肿和细胞浸润。浸润的细胞以嗜中性粒白细胞为主。黏膜上皮细胞变性、坏死、脱落，形成溃疡。自肾乳头伸向皮质的肾小管（主要是集合管）内充满嗜中性粒白细胞，细菌染色可发现大量病原菌，肾小管上皮细胞坏死脱落。间质内常有嗜中性粒白细胞浸润、血管充血和水肿。后期转变为亚急性或慢性肾盂肾炎时，肾小管内及间质内的细胞浸润以淋巴细胞和浆细胞为主，形成明显的楔形坏死灶。病变区成纤维细胞广泛增生，形成大量结缔组织，结缔组织纤维化形成瘢痕组织。

（2）栓子性化脓性肾炎　栓子性化脓性肾炎是指发生在肾实质内的一种化脓性炎症，其特征性病理变化是在肾脏形成多发性脓肿。

① 病因和机理　病原是各种化脓菌，多来源于机体其他组织器官的化脓性炎症。机体其他组织器官的化脓性炎症的化脓菌团块侵入血流，经血液循环转移到肾脏，进入肾脏的化脓菌栓子在肾小球毛细血管及间质的毛细血管内形成栓塞，引起化脓性肾炎。

② 病理变化　病变常累及两侧肾脏，肾脏体积增大，被膜容易剥离。在肾表面见有多个稍隆起的灰黄色或乳白色圆形小脓肿，周边围以鲜红色或暗红色的炎性反应带。切面上的小脓肿较均匀地散布在皮质部，髓质内的脓肿灶较少。髓质内的病灶往往呈灰黄色条纹状，与髓放线的走向一致，周边也有鲜红色或暗红色的炎性反应带。

在血管球及间质毛细血管内有细菌团块形成的栓塞，其周围有大量嗜中性粒白细胞浸润。在肾小管间也可见到同样的细菌团块和嗜中性粒白细胞浸润，以后浸润部肾组织发生坏死和溶解，形成小脓肿，脓肿范围逐渐扩大和融合，形成较大的脓肿，其周围组织充血、出血、炎性水肿以及嗜中性粒白细胞浸润。

二、肾病

1. 病因和类型

肾病是指以肾小管上皮细胞变性、坏死为主的一类病变，是由于各种内源性毒物和外源性毒物随血液流入肾脏而引起的。外源性毒物包括重金属（汞、铅、砷、铋和钴等）、有机溶剂（氯仿、四氯化碳）、抗生素（新霉素、多黏菌素）、磺胺类以及栎树叶与栎树籽实等。内源性毒物是许多疾病过程中产生的并经肾排出的毒物。毒性物质随血流进入肾脏，可直接损害肾小管上皮细胞，使肾小管上皮细胞变性、坏死。肾病主要有急性肾病（坏死性肾病）和慢性肾病（淀粉样肾病）两种类型。

2. 病理变化

（1）急性肾病（坏死性肾病）　多见于急性传染病和中毒病。两侧肾脏轻度或中度肿大，质地柔软，颜色苍白。切面稍隆起，皮质部略有增厚，呈苍白色，髓质淤血，暗红色。急性病例的特征是肾小管上皮细胞变性、坏死、脱落，管腔内出现颗粒管型和透明管型。早期由于肾小管上皮肿胀，肾小管管腔变窄，晚期肾小管中度扩张。经1周时间后，上皮细胞可以再生。肾小管基底膜由新生的扁平上皮细胞覆盖，以后肾小管完全修复不留痕迹，但动物多在大量肾小管上皮细胞变性、坏死时发生肾功能衰竭而死亡。

（2）慢性肾病（淀粉样肾病）　多见于一些慢性消耗性疾病。可见肾脏肿大，质地坚硬，色泽灰白，切面呈灰黄色透明的蜡样或油脂状。肾小球毛细血管、入球动脉和小叶间动脉及肾小管的基底膜上有大量淀粉样物质沉着。所属肾小管上皮细胞发生颗粒变性、透明变性、脂肪变性、水泡变性和坏死。病程久者，间质结缔组织广泛增生。

知识链接　肾功能不全与尿毒症

一、肾功能不全

（一）类型和病因

肾功能不全是多种原因导致肾脏固有细胞损伤、肾小球严重破坏、肾功能进行性下降的一大类肾病综合征。肾功能严重障碍时，会出现包括多种代谢产物、药物和毒物在体内蓄积，水、电解质和酸碱平衡紊乱，尿毒素蓄积，贫血，肾性骨病，肾性高血压等一系列的病理过程。肾功能不全分为急性肾功能不全和慢性肾功能不全两种。肾功能不全的临床表现主要有：肾性水肿、少尿或多尿、血尿和尿蛋白。

1. 急性肾功能不全

急性肾功能不全是指各种致病因素在短时间内（几小时至几天）引起肾脏泌尿功能急剧障碍，以致不能维持机体内环境稳定，从而引起水肿、电解质和酸碱平衡紊乱以及代谢废物蓄积的病理过程。临诊主要表现为少尿、无尿、高钾血症、水肿和代谢性酸中毒。引起急性肾功能不全的原因分为肾前性因素、肾后性因素和肾性因素。

（1）肾前性因素　主要见于各种原因引起的心输出量和有效循环血量急剧减少，如急性失血、严重脱水、急性心力衰竭等。其直接后果就是肾脏血液供应减少，引起肾小球滤过率急剧降低。同时，肾血流量不足和循环血量减少可促使抗利尿激素分泌增加，肾素-血管紧张素使醛固酮系统活性增加，远曲小管和集合管对钠、水的重吸收增加，从而更促使尿量减少，尿钠含量降低。尿量减少使体内代谢终产物蓄积，常常引起氮质血症、高钾血症和代谢性酸中毒等病理过程。

（2）肾后性因素　主要是指肾盂以下尿路发生阻塞所引起的肾功能不全。尿路阻塞首先引发肾盂积水，原尿难以排出，从而使肾脏泌尿功能障碍，最终导致氮质血症和代谢性酸中毒。

（3）肾性因素　肾性急性肾功能不全的原因复杂多样，概括起来主要有下面几类。

①肾小球、肾间质和肾血管疾病　在急性肾小球肾炎、急性间质性肾炎、急性肾盂肾炎或肾动脉栓塞时，由于炎症或免疫反应广泛累及肾小球、肾间质及肾血管，影响肾脏的血液循环和泌尿功能，导致急性肾功能不全的发生。

②急性肾小管坏死　急性肾小管坏死是引起肾功能不全的常见原因。临床表现是动物尿中含有蛋白质、红细胞、白细胞及各种管型。引起急性肾小管坏死的因素主要有以下两类。

a. 持续性肾缺血　多见于各种原因引起的循环血量急剧减少。特别是在休克Ⅰ期，严重和持续的血压下降及肾动脉强烈收缩，使肾脏持续缺血，可引起急性肾小管坏死。

b. 毒物作用　重金属（汞、砷、铅、锑）、药物（磺胺类，氨基糖苷类抗生素如庆大霉素、卡那霉素）、有机毒物（四氯化碳、氯仿、甲苯、酚等）、杀虫剂、蛇毒、肌红蛋白等经肾脏排泄时，均可直接作用于肾小管上皮，引起急性肾小管坏死。

2. 慢性肾功能不全

肾脏的各种慢性疾病均可引起肾皮质的进行性破坏，如果残存的肾单位不足以代偿肾脏的全部功能，就会引起肾脏泌尿功能障碍，致使机体内环境紊乱，表现为代谢产物、毒性物质在体内潴留以及水、电解质和酸碱平衡紊乱，并伴有贫血、骨质疏松等一系列临床症状的综合征，称为慢性肾功能不全。慢性肾功能不全以尿毒症为最后结局而导致动物死亡。

慢性肾小球肾炎、慢性间质性肾炎、慢性肾盂肾炎、多囊肾等凡能引起慢性肾实质进行性破坏的疾病都可引起慢性肾功能不全；或继发于急性肾功能不全或慢性尿路阻塞。

上述慢性肾脏疾病早期都有各自的临诊特征，但到了晚期，其表现大致相同，这说明它们有共同的发病机制。因此，慢性肾功能不全是各种慢性肾脏疾病最后的共同结局。

（二）发病机理

1. 急性肾功能不全

急性肾功能不全的发病机理至今尚不完全清楚。不同原因所导致的急性肾功能不全的发病机理不尽相同，但各种临床表现主要源于肾小球滤过率下降所导致的少尿或无尿。肾小球滤过率下降主要与肾血管、肾小球、肾小管因素有关。

（1）肾血管因素　急性肾功能不全初期就存在着肾缺血和肾内血流异常分布现象。肾缺血和肾内血流异常分布的发生机制如下。

①肾血管收缩　循环血量减少和肾毒物中毒，可引起持续性的肾血管收缩，使肾血流量减少，以皮质外层血流量减少最为明显，即出现肾脏血流的异常分布，往往引起肾小球滤过率下降，导致急性肾功能不全。

②肾血管内皮细胞肿胀　肾缺血使肾血管内皮细胞营养障碍而发生变性肿胀，结果导致肾血管管腔变窄，血流阻力增加，肾血流量进一步减少。

③肾血管内凝血　肾脏缺血，肾血管内皮细胞损伤，暴露出胶原纤维，从而启动内源性凝血系统，同时血液中纤维蛋白原和血小板增多，二者共同作用导致肾血管内凝血，使肾脏缺血进一步加重。

（2）肾小球因素

①滤过膜通透性降低　缺血和肾中毒导致肾小球毛细血管内皮细胞和肾球囊上皮细胞肿胀，肾球囊脏层上皮细胞相互融合，使正常的滤过缝隙变小甚至消失，从而使滤过膜的通透性降低，原尿生成减少。

②肾滤过膜电荷屏障破坏　生理情况下，肾小球滤过膜富含带负电荷的糖胺多糖（黏多糖）。这种糖胺多糖依靠静电排斥作用，可以阻止许多带负电荷的血清蛋白（如白蛋白）随原尿滤过，这便是电荷屏障作用。当肾小球损伤时，滤过膜的糖胺多糖含量明显减少，从而使滤过膜负电荷量降低甚至消失，电荷屏障破坏，血清白蛋白和球蛋白等负电荷蛋白质即可随尿排出而形成肾小球性蛋白尿。

（3）肾小管因素

① 肾小管阻塞　肾小管上皮细胞对缺血、缺氧及肾毒性物质非常敏感。在这些因素作用下，肾小球上皮细胞变性肿胀，使管腔变窄。病程较久时，肿胀的上皮细胞坏死、脱落、破裂。脱落的细胞碎片可以和滤出的各种蛋白质结合凝固形成各种管型，阻塞肾小管管腔。结果，一方面使阻塞近侧管内压升高，阻碍原尿的生成；另一方面阻碍原尿的排出，动物呈现少尿。

② 肾小管内尿液反漏　肾小管上皮细胞变性、坏死、脱落，使肾小管壁的通透性升高，管腔内原尿可以通过损伤的肾小管壁向间质反漏。原尿反漏一方面可以直接使尿量减少，另一方面又可以形成肾间质水肿，使间质内压升高，压迫肾小管和肾小管周围的毛细血管。

2. 慢性肾功能不全

慢性肾功能不全是肾单位广泛破坏，具有功能活动的肾单位逐渐减少，并且病情进行性加重的过程。对这种进行性加重的原因和机理尚不十分清楚。目前主要有以下几种理论解释。

① 健存肾单位学说　该学说认为，虽然引起慢性肾损害的原因各不相同，但是最终都会造成病变肾单位的功能丧失，肾功能只能由未损害的健存肾单位来代替。肾单位功能丧失越多，健存的肾单位就越少，最后在幸存的肾单位少到不能维持正常的泌尿功能时，就会出现肾功能不全和尿毒症症状。健存肾单位的多少，是决定慢性肾功能不全发展的重要因素。

② 矫枉失衡学说　可以认为该学说是对健存肾单位学说的补充。该学说提出当肾单位和肾小球滤过率进行性减少时，体内某些溶质增多，为了排出体内过多的溶质，机体可通过分泌某些体液调节因子（如激素）来抑制健存肾小管对该溶质的重吸收，增加其排泄，从而维持内环境的稳定。这种调节因子虽然能使体内溶质的滞留得到"矫正"，但这种调节因子的过量增多又使机体其他器官系统的功能受到影响，从而使内环境发生另外一些"失衡"，即矫枉失衡。

③ 肾小球过度滤过学说　部分肾单位丧失功能后，健存肾单位的肾小球毛细血管内压和血流量增加，导致单个肾单位的肾小球滤过率升高（过度滤过）。在长期负荷过度的情况下，肾小球发生纤维性硬化，使肾功能进行性减退，从而促进肾功能不全的发生。

④ 肾小管高代谢学说　该学说认为健存肾单位肾小管的高代谢状态是慢性肾功能不全的重要决定因素。部分肾单位功能丧失后，健存的肾小球发生过度滤过，由于原尿数量增加、流速加快，钠离子滤过负荷增加，致使肾小管上皮细胞酶活性升高而呈现高代谢状态。肾小管上皮长期高代谢状态导致肾小管明显肥大并伴发囊状扩张，到后期肥大扩张的肾小管又往往发生继发性萎缩，并有间质炎症和纤维化病变，即出现所谓肾小管间质损害，导致慢性肾功能不全。

（三）病程及机能代谢变化

1. 急性肾功能不全

急性肾功能不全主要表现为肾脏泌尿功能障碍。根据病程发展的经过，急性肾功能不全一般可分为少尿期、多尿期和恢复期。

（1）少尿期　急性肾功能不全常常一开始就表现尿量显著减少，并有代谢产物的蓄积，水、电解质和酸碱平衡紊乱，这也是病程中最危险的时期。

① 尿的变化　由于肾小管上皮细胞损伤，对水和钠的重吸收功能障碍，尿钠含量升高。又因肾小球滤过功能障碍和肾小管上皮坏死脱落，除尿量显著减少外，尿中还含有蛋白质、红细胞、白细胞、上皮细胞碎片及各种管型。

② 水中毒　由于肾脏排尿量严重减少，水的排出受阻。同时体内分解代谢加强，导致内生水增多。当水潴留超过钠潴留时，可引起稀释性低钠血症，水分可向细胞内转移而引起细胞水肿，严重者可出现典型的水中毒症状。

③ 高钾血症　急性肾功能不全少尿期死亡大多是高血钾所致。造成高钾血症的原因，主要是尿钾排出减少，同时细胞分解代谢增强，细胞内钾释放过多，加之酸中毒时细胞内钾转移至细胞外，往往会迅速发生高钾血症。高钾血症可引起心脏兴奋性降低，诱发心律失常，甚至导致心室纤维性颤动或心跳骤停。

④ 代谢性酸中毒　由于肾脏排酸保碱功能障碍，尿量减少，酸性产物在体内蓄积，引起代谢性酸中毒。

⑤ 氮质血症　由于体内蛋白质代谢产物不能经肾脏排出，蛋白质分解代谢在肾功能不全时又往往增强，致使血中尿素、肌酐等非蛋白氮物质的含量显著增高。这种血液中非蛋白氮物质含量升高的现象，称为氮质血症。氮质血症一般发生在急性肾功能不全少尿期开始后几天，血中蛋白氮含量明显增高。

⑥ 尿毒症　少尿期的氮质血症进行性加重，严重者可出现尿毒症。

少尿期一般持续时间较短，从数天至数周不等，如果动物能安全度过少尿期，肾脏缺血得到缓解，且肾内已有肾小管上皮细胞再生时，病程即发展为多尿期。

（2）多尿期　进入多尿期，肾血流量及肾小球滤过功能逐渐恢复，再生修复的肾小管上皮细胞重吸收功能低下，脱落的肾小管内管型被冲走，间质水肿消退，少尿期滞留在血中的尿素等代谢产物开始经肾小球滤过，引起渗透性利尿。病情趋向好转。

需要注意的是，在多尿期因肾小管浓缩尿的功能尚未完全恢复，仍排出低密度尿。因此，在多尿期常因排出大量水分和电解质，而引起脱水、低钾血症和低钠血症。

（3）恢复期　多尿期与恢复期无明显界限，恢复期尿量及血液成分逐渐趋于正常，但肾功能的完全恢复往往需要较长时间，尤其是肾小管上皮细胞尿液浓缩功能的恢复更慢。如果肾小管和基底膜破坏严重，再生修复不全，可转变为慢性肾功能不全。

2. 慢性肾功能不全

（1）病程　由于肾脏具有强大的代偿储备能力，慢性肾功能不全的病程经过呈现明显的进行性加重，可分为以下几个时期。

① 代偿期（肾储备功能降低期）　肾实质破坏尚不严重，通过代偿，肾脏能维持内环境稳定。血液生化指标在正常范围，无临诊症状。但肾脏储备能力降低，在感染和水、钠负荷突然增加时，可出现内环境紊乱。

② 肾功能不全期　肾实质受损加剧，肾脏浓缩尿液功能减退，不能维持内环境稳定，可出现酸中毒、多尿、夜尿、轻度氮质血症和贫血等，血液生化指标已出现明显异常。

③ 肾功能衰竭期　临诊症状已十分明显，出现较重的氮质血症、酸中毒、低钙血症、严重贫血、夜尿明显增多、多尿，并伴有部分尿毒症中毒症状。

④ 尿毒症期　此期是慢性肾功能不全的最后阶段，此期动物出现严重的氮质血症和水、电解质、酸碱平衡紊乱，并出现一系列尿毒症中毒症状而死亡。

（2）机能和代谢变化

① 尿的变化　肾功能不全时，尿量、尿密度等都会出现异常。早期常见多尿，晚期则发生少尿。在发病早期，由于肾浓缩功能降低，因而出现低密度尿或低渗尿。随着病情发展，肾脏浓缩与稀释功能均丧失，尿的溶质接近于血清浓度，则出现等渗尿。发病动物可有轻度至中度蛋白尿，严重病例可出现血尿，尿沉渣可出现细胞管型和蛋白管型。

② 水、电解质及酸碱平衡紊乱　慢性肾功能不全时，会出现水、钠、钾、镁、钙、磷代谢和酸碱平衡紊乱。详述如下。

慢性肾功能不全时，由于大量肾单位的破坏，肾脏对水负荷变化的适应调节能力降低。当水的摄入量增加，特别是静脉输液过多时，因肾脏不能增加水的排泄而发生水的潴留，导致水肿甚至充血性心力衰竭。

慢性肾功能不全时，机体维持钠平衡的功能大为降低。由于残存肾单位发生渗透性利尿，尿量增加，钠的排出也相应增加，加上慢性肾功能不全时体内蓄积的代谢产物（如甲基胍）可抑制肾小管对钠的重吸收，因此，钠的排出明显多于正常，容易引起低钠血症。常常出现低钾血症，原因是无论摄钾与否，肾小球排钾均较正常增多，有人认为这可能与醛固酮的分泌增多有关，多尿本身也增加钾的排出。慢性肾功能不全时一般不会发生镁代谢紊乱，只有当尿量减少，镁的排出障碍才发生高镁血症，高镁血症对神经肌肉兴奋性具有抑制作用。病理条件下由于肾小球滤过率降低，肾脏排磷减少，导致血磷升高，血钙降低，往往呈现高磷血症和低钙血症。

代谢性酸中毒是慢性肾功能不全最常见的病理过程之一，其发生机理如下：肾小管合成氨的能力下降，肾小管排 NH_4^+ 减少，使 H^+ 排出障碍，血浆 H^+ 浓度升高；慢性肾功能不全常继发甲状旁腺素蓄积，甲状旁腺素可抑制近曲小管碳酸酐酶的活性，使近曲小管对 HCO_3^- 的吸收减少；肾小球滤过率降低，可造成酸性代谢产物排出受阻而在体内蓄积。

③ 氮质血症　慢性肾功能不全早期一般不会出现氮质血症，晚期肾单位大量破坏，肾小球滤过率极度下降，血液中含氮物质开始大量蓄积，出现氮质血症。

④ 肾性贫血及出血倾向　慢性肾功能不全常伴有贫血，贫血程度与肾功能损害程度一致。其发生机制是：促红细胞生成素生成减少，导致骨髓红细胞生成减少；血液中潴留的有毒物质抑制红细胞生成；毒性物质抑制血小板功能，导致出血；毒性物质使红细胞破坏增加，引起溶血。

病程后期机体常有明显的出血倾向，表现为皮下和黏膜出血，其中以消化道黏膜最为明显，这主要是由于体内蓄积的毒性物质抑制血小板的功能所致。

⑤ 肾性骨营养不良　肾性骨营养不良是慢性肾功能不全的一个严重而常见的并发症。骨营养不良包括骨骼囊性纤维化、骨软化症和骨质疏松症。其发生机制如下。

高血磷、低血钙和继发性甲状旁腺机能亢进，维生素 D 代谢出现障碍，肾组织严重破坏和高磷血症抑制肾小管 1,25-二羟维生素 D_3 合成，二者共同作用使血液中 1,25-二羟维生素 D_3 减少，1,25-二羟维生素 D_3 具有促进骨盐沉着及肠对钙的吸收的作用，故它的合成减少，肠道吸收钙减少，使骨盐沉着障碍而引起骨软化症。慢性肾功能不全常伴有代谢性酸中毒，血液酸度升高可促进骨盐溶解，抑制肾脏 1,25-二羟维生素 D_3 合成，干扰肠道对钙的吸收，从而促进肾性骨营养不良。

二、尿毒症

尿毒症是急性和慢性肾功能不全发展到最严重的阶段，代谢产物和毒性物质在体内潴留，水、电解质和酸碱平衡发生紊乱，以及某些内分泌功能失调所引起的全身性功能和代谢严重障碍并出现一系列自体中毒症状的综合病理过程。

1. 发病机理

(1) 毒性物质蓄积　一般认为尿毒症的发生与体内许多蛋白质的代谢产物和毒性物质蓄积有关。很多毒性物质（如尿素、肌酐、胺类和胍类化合物）升高可引起明显的尿毒症症状。

(2) 水、电解质和酸碱平衡紊乱　由于肾机能不全，常导致酸性产物排出障碍而发生酸中毒，而酸中毒可引起呼吸、心脏活动改变及昏迷症状。此外水潴留、低钠、低钾、低钙等均可对神经系统、心血管系统产生作用。

2. 机能和代谢变化

(1) 神经系统功能障碍

① 尿毒症性脑病　尿毒症时，血液中有毒物质蓄积过多，使中枢神经细胞能量代谢障碍，导致细胞膜 Na^+-K^+ 泵失灵，引起神经细胞水肿，有些毒素可直接损害中枢神经细胞，动物出现狂躁不安、嗜睡甚至昏迷。

② 外周神经病变　甲状旁腺激素和胍基琥珀酸可直接作用于外周神经，使外周神经髓鞘脱失和轴突变性，动物呈现肢体麻木和运动障碍。

(2) 消化道变化　动物表现厌食、呕吐和腹泻症状，死后剖检可见胃肠道黏膜呈现不同程度的充血、水肿、溃疡、出血和组织坏死。

(3) 心血管系统功能障碍　钠、水潴留，代谢性酸中毒，高钾血症和尿毒症毒素的蓄积，可导致心功能不全和心律紊乱。晚期尿毒症可出现无菌性心包炎，这种心包炎可能是由于尿毒症毒素（如尿酸、草酸盐等）刺激心包引起的。

(4) 呼吸系统功能障碍　机体酸中毒可使呼吸加深加快。呼出气体有氨味，这是由于尿素在消化道经尿素酶分解形成氨，氨又重新吸收入血，血氨浓度升高并经呼吸挥发所致。尿素刺激胸膜可引起纤维素性胸膜炎。

(5) 内分泌系统功能障碍　由于各种毒素蓄积和肾组织的破坏，肾脏的内分泌功能障碍，肾素、促红细胞生成素、1,25-二羟维生素D_3等分泌减少，甲状旁腺激素、生长激素分泌增加，同时肾脏因功能降低对各种内分泌激素的灭活能力降低，肾脏排泄减少，使各种激素在体内蓄积，从而导致严重的内分泌功能紊乱。

（6）皮肤变化　由于血液中含有高浓度的尿素，其可以经过汗液代偿性地排出。因此，患病宠物的皮肤表面常出现尿素的白色结晶，称为尿素霜。同时，在高浓度甲状旁腺激素等的作用下，动物往往表现有明显的皮肤瘙痒症状。

（7）免疫系统功能障碍　尿毒症患病宠物细胞免疫功能明显降低，而体液免疫功能正常或稍有减弱，尿毒症患病宠物嗜中性粒白细胞的吞噬和杀菌能力减弱，淋巴细胞数量减少，机体容易发生感染，感染后往往不易治愈而死亡。

（8）代谢紊乱

① 蛋白质代谢紊乱　蛋白质代谢障碍主要表现为明显的负氮平衡、动物消瘦和低蛋白血症。低蛋白血症是引起肾性水肿的主要原因之一。引起负氮平衡的因素有：消化道损伤使蛋白质摄入和吸收减少；尿毒症时在毒物的作用下，组织蛋白分解加强；尿液丢失和失血使蛋白质丢失增多。

② 糖代谢紊乱　由于尿毒症动物血液中存在胰岛素颉颃物质，使胰岛素的作用减弱，导致组织利用葡萄糖的能力降低，肝糖原合成酶活性降低，导致肝糖原合成障碍，所以血糖浓度升高，出现糖尿。

③ 脂肪代谢紊乱　尿毒症时，肝脏合成甘油三酯增多，清除减少，使血液中甘油三酯浓度升高，产生甘油三酯血症，这种高脂血症可促进动脉粥样硬化的发生发展。

第二节　生殖系统疾病

一、乳腺炎

1. 病因和类型

乳腺炎又称乳房炎，指动物的一个或多个乳区的炎症过程，是雌性动物常见的疾病，其特征是乳腺发生炎症，同时乳汁发生理化性状的改变。本病可见于各种动物。能引起乳腺炎的细菌种类很多，主要有链球菌、葡萄球菌、化脓棒状杆菌、大肠杆菌、副伤寒杆菌、绿脓杆菌、产气杆菌及变形杆菌等。据报道结核杆菌、放线菌、布氏菌及口蹄疫病毒也能引起乳腺炎。病原体可通过乳管性、淋巴源性、血源性三条途径侵入乳腺而引起乳腺炎。其中最主要的途径是乳管性感染。乳腺炎的分类较复杂，目前尚未完全统一。按发病过程、病变范围和病变性质分为急性弥漫性乳腺炎、慢性弥漫性乳腺炎、化脓性乳腺炎和特异性乳腺炎。

2. 病理变化

其中较重要的有急性弥漫性乳腺炎和慢性弥漫性乳腺炎两种。

（1）急性弥漫性乳腺炎　急性弥漫性乳腺炎是泌乳初期最常发生的乳腺炎。病原菌为葡萄球菌、大肠杆菌或由链球菌、葡萄球菌、大肠杆菌混合感染。此种炎症也称为非特异性弥漫性乳腺炎。

① 眼观　发炎的乳腺肿大、坚硬，易于切开。浆液性乳腺炎，切面湿润有光泽，乳腺小叶呈灰黄色，小叶间的间质及皮下结缔组织炎性水肿和血管扩张充血；卡他性乳腺炎，切面较湿润，因乳腺小叶肿大而呈淡黄色颗粒状，按压时，自切口流出浑浊脓样渗出物；出血性乳腺炎，切面平坦，呈暗红色或黑红色，按压时，自切口流出淡红色或血样稀薄液体，其中常混有絮状血凝块，输乳管和乳池黏膜常见出血点；纤维素性乳腺炎，切面干燥，质硬，呈白色或灰黄色；如果在乳池和输乳管内有灰白色脓液，黏膜糜烂或溃疡，则为化脓性乳腺炎。

② 镜检　浆液性乳腺炎，可见在腺泡腔内有均质但带有空泡（脂肪滴）的渗出物，其中混有少数脱落上皮和嗜中性粒白细胞，腺泡上皮细胞呈颗粒变性、脂肪变性和脱落，间质（小叶间及腺泡间）有明显的炎性水肿、血管充血和嗜中性粒白细胞浸润；卡他性乳腺炎，腺泡腔及导管内有多量脱落上皮细胞和白细胞浸润（嗜中性粒白细胞、单核细胞和淋巴细胞），间质水肿并有

细胞浸润；出血性乳腺炎，腺泡腔及导管内蓄积红细胞，上皮细胞变性和脱落，间质内亦有多数红细胞，血管充血，有时可见到血栓形成；纤维素性乳腺炎，腺泡腔内有纤维素网，同时上皮细胞变性脱落，以及少量的嗜中性粒白细胞和单核细胞浸润；化脓性乳腺炎，腺泡及导管系统的上皮细胞显著坏死脱落，并形成组织缺损，管腔内的渗出物中有大量坏死崩解组织、嗜中性粒白细胞，间质内亦有多数嗜中性粒白细胞浸润。

（2）慢性弥漫性乳腺炎　通常是由无乳链球菌和乳腺炎链球菌引起的，一般取慢性经过。

① 眼观　病变常发生于后侧乳叶，通常只侵害一个乳叶。初期的病变主要是以在导管系统内发生卡他性或化脓性炎症为特征。病变乳叶肿大、硬实、易切开。乳池和输乳管扩张，管腔内充满黄褐色或黄绿色乳样液，常混有血液，或为带乳块的浆液黏液性分泌物，乳池和输乳管黏膜显著充血，黏膜呈颗粒状，但不肥厚，间质充血和水肿。乳腺小叶呈灰黄色或灰红色，肿大并突出于切面，按压时流出浑浊的脓样液。到后期则转变为增生性炎症，表现为间质结缔组织显著增生，乳腺组织逐渐萎缩甚至消失。最后由于结缔组织纤维化萎缩，导致病变部乳腺显著缩小硬化。

② 镜检　初期在腺泡、输乳管和乳池的渗出物中含脂肪溶解后的细胞及混有脱落上皮和嗜中性粒白细胞。间质水肿及嗜中性粒白细胞和单核细胞浸润。以后，炎症细胞以淋巴细胞、浆细胞为主，并有成纤维细胞增生。输乳管及乳池黏膜因上述的细胞浸润及上皮细胞增生而肥厚，并形成皱襞或疣状突起。最后，增生的结缔组织纤维化和收缩，输乳管和乳池被牵引而显著扩张，上皮萎缩或转化为鳞状上皮。

二、子宫内膜炎

子宫内膜炎是雌性动物常发疾病之一，是由于子宫黏膜发生感染而引起的子宫黏膜的炎症。动物在分娩、流产后或其他情况下，细菌侵入子宫腔内所引起的。按病程可分为急性和慢性两种。

1. 病因和机理

引起子宫内膜炎的原因很多，常见的为理化因素和生物因素。前者如用过热或过浓的刺激性消毒药水冲洗子宫、产道，以及难产时使用器械或截胎后露出的胎儿骨端所造成的损伤而引起；后者主要是由细菌如化脓杆菌、葡萄球菌、链球菌、大肠杆菌、沙门菌和布氏杆菌等引起。病原体可经上行性（阴道感染）或下行性（血源性或淋巴源性）感染。动物分娩时和产后期间，生殖器官的生理和形态结构变化，有利于细菌入侵和繁殖。此外产道黏膜的损伤，产后子宫蓄积恶露等，为细菌的侵入和繁殖提供了有利条件。自阴道流出的恶露沾污阴门附近及尾根部的皮毛，同时产后阴门松弛，子宫黏膜外露遭污染及摇动尾巴时污物触及阴门等也是构成上行性感染的重要因素。此外，胎衣不下往往继发子宫内膜炎；全身性感染或局部炎症经血行感染子宫，也可引起子宫内膜炎。

2. 病理变化

急性子宫内膜炎表现为急性卡他性炎，慢性子宫内膜炎又分非化脓性和化脓性。

（1）急性卡他性子宫内膜炎　急性子宫内膜炎最初的症状出现于分娩后 12h 至 4d 内。病犬精神沉郁，厌食，体温升高达 39.5℃ 以上，有时呕吐，泌乳量下降或拒绝哺乳，有的伴发乳房炎。拱背、努责。阴道排出物稀薄、带有恶臭、呈红色或褐色。排出物中如有大量黏膜，则为中毒症状，往往出现抽搐、精神高度抑郁，并经常舔触阴唇。腹部触诊可感知松弛的子宫。继发腹膜炎时因疼痛而拒绝触诊。

① 眼观　可见子宫浆膜无明显异常，但切开后可见子宫腔内积有浑浊、黏稠而灰白色的渗出物，混有血液时呈褐红色（巧克力色）。子宫内膜充血和水肿，呈弥漫性或局灶性潮红肿胀，其中散在出血点或出血斑，子宫子叶及其周边出血尤为明显。有时由于内膜上皮细胞变性、坏死，与渗出的纤维素凝结在内膜表面形成假膜，假膜或呈半游离状态，或与内膜深部组织牢固结合不易剥离。炎症可以侵害一侧或两侧的子宫角及其他部分。

② 镜检　子宫内膜血管扩张充血，有时可见散在性出血和血栓形成。病变轻微时，内膜表层的子宫腺腺管周围有显著的水肿和炎性细胞浸润（嗜中性粒白细胞、巨噬细胞和淋巴细胞），

腺管内亦有同样的细胞浸润。内膜上皮细胞（包括浅层子宫腺上皮）变性、坏死和剥脱，以致在内膜表面附有含坏死脱落上皮细胞及白细胞的黏液。炎症变化严重时，内膜组织显著坏死，并混有纤维素和红细胞，子宫肌层甚至浆膜层也有细胞浸润和水肿，肌纤维常发生变性和坏死。

（2）慢性卡他性子宫内膜炎　慢性卡他性子宫内膜炎性周期正常，但屡配不孕，常见从阴门中流出浑浊絮状黏液，并常混有血液。阴道黏膜充血，子宫颈口开张。

此型子宫内膜炎的病理变化，依病程的长短和病原体的不同而有不同的表现。一般在发病初期呈轻微的急性卡他性子宫内膜炎变化，如内膜充血水肿和白细胞浸润，继之淋巴细胞、浆细胞浸润，并有成纤维细胞增生，内膜增厚。因腺管周围的细胞浸润和成纤维细胞增生显著，使内膜肥厚程度很不一致，显著肥厚部分呈息肉状隆起（慢性息肉性子宫内膜炎）。增生的结缔组织压迫子宫腺排泄管，其分泌物排出受阻而蓄积在腺管内，使腺管呈囊状扩张，眼观在内膜上出现大小不等的囊肿，呈半球状隆起，内含白色浑浊液，称之为慢性囊肿性子宫内膜炎。部分病例随着病变不断发展，黏液腺及增生的结缔组织萎缩，黏膜变薄，称为萎缩性子宫内膜炎。

（3）慢性化脓性子宫内膜炎　慢性化脓性子宫内膜炎性周期紊乱，从阴门中流出黏液脓性渗出物，并伴有血液。由于子宫腔内蓄积大量脓液（子宫积脓），使子宫腔扩张，触之有波动感。子宫腔内脓液的颜色，因感染的化脓菌种类不同而不同，可呈黄色、绿色或红褐色。脓液有时稀薄如水，有时浑浊浓稠，或呈干酪样。子宫内膜多覆盖坏死组织碎屑，形成糜烂或溃疡灶。镜检可见内膜有大量炎性细胞（嗜中性粒白细胞、淋巴细胞和浆细胞）浸润，继之浸润的细胞与内膜组织共同发生脓性溶解、坏死脱落，在坏死组织中可检出菌落。

三、卵巢囊肿

卵巢囊肿是指卵巢的卵泡或黄体内出现液性分泌物积聚，或由其他组织（如子宫内膜）异位性增生而在卵泡中形成的囊泡。根据发生部位和性质，卵巢囊肿分为以下三种类型。

1. 卵泡囊肿

卵泡囊肿是成熟卵泡不破裂或闭锁卵泡持续生长，使卵泡腔内液体蓄积形成的。囊肿呈单发或多发，可见于一侧或两侧卵巢，囊肿大小不等，从核桃大到拳头大，囊肿壁薄而致密，内含透明液体，其中含有少量白蛋白。卵泡囊肿的组织学变化因囊肿的大小不同而有差异，小囊肿可见退变的粒层细胞和卵泡膜细胞，大囊肿因积液膨胀而囊壁变薄，细胞变为扁平甚至消失，只残留一层纤维组织膜。

2. 黄体囊肿

正常黄体是囊状结构，若囊状黄体持续存在或生长，或黄体含血量较多，血液被吸收后，均可导致黄体囊肿。黄体囊肿多为单侧性，呈黄色，核桃大至拳头大，囊内容物为透明液体。镜检可见黄体囊肿的囊壁是由15～20层来自颗粒层的黄体细胞构成。黄体细胞大，呈圆形或多角形，内含大量脂质和黄色素。这些细胞构成一条宽的细胞带，外周围以结缔组织。当黄体囊肿为两侧性时，常表现为多发性小囊肿。

3. 黄体样囊肿

黄体样囊肿实质上是一种卵泡囊肿，是卵泡不破裂、不排卵，直接演变出来的一种囊肿，是在发情周期黄体生成素释放延迟或不足的基础上发展起来的。囊腔为圆形，囊壁光滑，在临近黄体化的卵泡膜细胞区衬有一层纤维组织。

四、睾丸炎

睾丸位于阴囊鞘膜内，其表面被覆厚而坚韧的白膜，可以阻止细菌和其他致病因素对睾丸的直接危害，因此睾丸炎的发生原因多是经血源扩散的细菌感染和病毒感染。尿生殖道有病原体感染时，亦可发生逆行感染，此时往往先引起附睾炎，然后波及睾丸。此外，各种外伤引起的阴囊鞘膜炎，也可继发睾丸炎。

睾丸炎是睾丸实质的炎症，常与附睾同时发病。根据睾丸炎的病程和病变，可将其分为急性睾丸炎、慢性睾丸炎和特异性睾丸炎三种类型。按病变分为非化脓性和化脓性。

1. 急性睾丸炎

急性睾丸炎由外伤或经血源、感染引起，或由尿道经输精管感染发病。急性睾丸炎局部有热痛和肿胀，睾丸质地坚实，可能出现全身不适、发热和食欲减退。病原菌有坏死杆菌、布氏杆菌等。急性睾丸炎往往引起睾丸充血，使睾丸变红肿胀，白膜紧张变硬。切面湿润隆突，常见有大小不等的坏死病灶。当炎症波及白膜时，可继发急性鞘膜炎，引起阴囊积液。急性睾丸炎的病原常是化脓性细菌，因此睾丸切面常分散有大小不等的灰黄色化脓灶。镜检可见细精管内及间质有炎性细胞浸润（嗜中性粒白细胞、淋巴细胞及浆细胞等），血管充血和炎性水肿，并见睾丸组织坏死。

2. 慢性睾丸炎

慢性睾丸炎多由急性炎症转化而来，以局灶性或弥漫性肉芽组织增生为特征。慢性睾丸炎睾丸肿大、坚实、无痛，一般无全身症状，睾丸与总鞘膜常发生粘连。慢性睾丸炎病程长，常表现为间质结缔组织增生和纤维化，睾丸体积变小，质地变硬，被膜增厚，切面干燥。伴有鞘膜炎时，因机化使鞘膜脏层和壁层粘连，以致睾丸被固定，不能移动。

3. 特异性睾丸炎

特异性睾丸炎是由特定病原菌（如结核分枝杆菌、布氏杆菌）引起的睾丸炎，病原多源于血源散播，病程多取慢性经过。

【本章小结】

本章重点论述了肾炎、乳腺炎、阴道炎、子宫内膜炎、卵巢炎和睾丸炎等泌尿生殖系统疾病的类型、原因及其病理变化。通过观察，识别各类泌尿生殖系统疾病的特征和病理变化。

【思考题】

1. 肾炎的类型、原因和病理变化怎样？
2. 肾病的原因和机理包括哪些？各类肾病的病理变化怎样？
3. 卵巢囊肿的类型有哪些？
4. 试述子宫内膜炎的类型及病变特征。
5. 乳腺炎是怎样发生的？试述其病变特征。
6. 病例分析

病例一：一只患急性肾小球肾炎的病犬，死亡后剖检可见肾脏外观变化不明显，表现肾脏轻度或中度肿大、充血，包膜紧张，表面光滑，色较红，肾脏表面及切面可见散在的小出血点。肾切面可见皮质变宽，纹理模糊，与髓质分界清楚。用本章学习病理知识分析病例的病理过程。

病例二：一只患急性卡他性子宫内膜炎的病犬，死亡后剖检未见子宫浆膜异常；切开后可见子宫腔内积有浑浊、黏稠呈灰白色的渗出物，混有血液时呈褐红色或巧克力色；子宫内膜充血和水肿，呈弥漫性或局灶性潮红肿胀，有散在出血点或出血斑，子宫子叶及其周边出血尤为明显。在个别部位内膜上皮细胞变性、坏死，并与渗出的纤维素凝结在内膜表面形成假膜，假膜或呈半游离状态，或与内膜深部组织牢固结合不易剥离。用本章学习病理知识分析病例的病理过程。

第十六章　神经、骨、肌肉病理

【知识目标】　了解脑炎、其他脑病、白肌病、猪应激性肌病、关节炎、关节痛风的常见原因和病理变化。

【技能目标】　认识化脓性和非化脓性脑脊髓炎、白肌病、猪应激性肌病、寄生虫性肌炎的病理变化，观察脑炎的病理反应。

【课前准备】　建议学生学习一些神经、骨、肌肉疾病的科普知识，增强对神经、骨、肌肉疾病病理的了解和认识。

第一节　神经系统病理

一、脑脊髓炎

脑脊髓炎是指脑脊髓实质的炎症过程。主要有化脓性脑脊髓炎和非化脓性脑脊髓炎两种。

1. 化脓性脑脊髓炎

化脓性脑脊髓炎的特点是脑脊髓组织有大量嗜中性粒白细胞渗出，并发生化脓性溶解，甚至形成脓肿，同时常伴有脑脊髓膜的化脓性炎症。

（1）病因　引起化脓性脑脊髓炎的病原主要是细菌，如葡萄球菌、链球菌、巴氏杆菌、大肠杆菌等，主要通过血源性感染或组织源性感染而引起。血源性感染常继发于其他部位的化脓性炎症及全身性脓毒血症，在脑内形成转移性化脓灶，如巴氏杆菌、葡萄球菌感染等所引起的化脓性脑脊髓炎。有一些病原菌可直接引起原发性化脓性脑膜脑炎，如新型隐球菌等。血源性感染可在脑组织的任何部位形成化脓灶，但在丘脑和灰白质交界处的大脑皮质最易发生。组织源性感染一般由于脑脊髓附近组织，如颅骨外伤合并感染，眼球炎症、中耳炎、鼻旁窦炎等感染进一步扩散到脑脊髓而引起的化脓性炎。

（2）病理变化

① 眼观　在脑脊髓组织有较多灰黄色或灰白色小化脓灶，大型化脓灶则少见。脓肿周围常有一薄层囊壁包围，内为脓汁。

② 镜检　血源性化脓性炎在小血管内常形成细菌性栓塞，呈蓝染的粉末状团块。在其周围有大量嗜中性粒白细胞渗出并崩解破碎，局部形成化脓性软化灶，在化脓灶周围有充血、水肿，且常伴有化脓性脑膜炎和化脓性室管膜炎。此外，在化脓性脑炎时也见有小胶质细胞和单核细胞的增生和浸润，血管周围嗜中性粒白细胞和淋巴细胞浸润形成管套。

（3）结局和对机体的影响　化脓性脑脊髓炎的结局，常与脓肿的数量及发生的部位有关。如果脑组织中有大量化脓灶时，动物在短时期内迅速死亡；而如果为孤立性脓肿灶时，动物可能存活较长时间。延脑发生脓肿时，其病程往往短暂，因为脓肿本身或脓肿所形成的水肿常可干扰重要的生命活动中枢，而导致动物死亡。下丘脑或大脑内的化脓灶可扩展至脑室，引起脑室积脓而使动物迅速死亡。脑内的脓肿可直接扩延至脑膜，进而引起化脓性脑膜炎。

2. 非化脓性脑脊髓炎

非化脓性脑脊髓炎是动物脑炎中最主要的一种，是指炎性渗出物中缺少嗜中性粒白细胞或虽有少量嗜中性粒白细胞，但却不引起脑组织的分解和破坏的病理过程。其病理特征是神经组织的变性坏死、血管反应以及胶质细胞增生等变化。

（1）病因　非化脓性脑炎多见于病毒感染，如犬瘟热病毒、狂犬病病毒、猫传染性腹膜炎病毒等；除此之外，也可因某些寄生虫（弓形虫）的幼虫移行进入脑组织，引起寄生虫性脑炎；以及外界毒物的摄入（如铅等）或体内脏器产生的毒素（尿毒症、急性肝炎等）引起的中毒性脑炎。

（2）病理变化

① 眼观　脑软膜充血，脑实质有轻微的水肿和小出血点。

② 镜检　本型脑脊髓炎的基本病变为神经细胞变性坏死，变性的神经细胞表现为肿胀和皱缩。肿胀的神经细胞体积增大，染色变淡，核肿大或消失。皱缩的神经细胞体积缩小，核固缩或核浆界限不清。变性细胞有时出现中央染色质或周边染色质溶解现象。如果损伤严重，变性的神经细胞可发生坏死，局部坏死的神经组织形成软化灶。血管反应的表现是中枢神经系统出现不同程度的充血和围管性细胞浸润，主要成分是淋巴细胞，同时也有数量不等的浆细胞和单核细胞等。浸润的细胞多见于小动脉和毛细血管周围，数量不等，可围成一层、几层或更多层，即管套形成。这些细胞主要来源于血液，也可由血管外膜细胞增生形成单核细胞或巨噬细胞。胶质细胞增生也是非化脓性脑炎的一种显著变化。增生的胶质细胞以小胶质细胞为主，可以呈现弥漫性和局灶性增生。增生的胶质细胞可形成卫星现象和胶质小结。在早期主要是小胶质细胞增生，以吞噬坏死的神经组织；在后期主要是星形胶质细胞增生来修复损伤组织。

二、脑炎

1. 嗜酸性粒细胞性脑炎

嗜酸性粒细胞性脑炎是由食盐中毒引起的以嗜酸性粒细胞渗出为主的脑炎。

（1）病因　犬的食盐中毒病例临床较为少见，中毒的主要原因是犬误食了含盐多的腌渍食品或添加鱼粉所致。猫食盐中毒主要是由采食过咸的食物或食咸鱼、咸肉而引起的。食盐中毒的发生与否和动物饮水量有着密切关系，当动物摄入多量食盐制品时，如充分地供给饮水，能促进食盐排出，因而不易引起中毒；如果饮水不足或是剧烈运动、天气炎热等原因致使机体缺水，则容易诱发中毒。

（2）病理变化

① 眼观　软脑膜充血，脑回变平，脑实质有小出血点，其他病变不明显。

② 镜检　脑组织、大脑软脑膜充血、水肿或出现小出血灶。在脑膜血管及其周围有不同程度的幼稚型嗜酸性粒细胞浸润，在脑沟深部更明显。大脑实质部分小静脉和毛细血管淤血，并形成透明血栓。血管内皮细胞增生，胞核肿大，胞浆增多，血管周围间隙常因积聚水肿液而增宽，其中有大量嗜酸性粒细胞浸润，形成嗜酸性粒细胞性管套，少则几层，多则十几层。同时脑膜充血，脑膜下及脑组织中有嗜酸性粒细胞浸润。小胶质细胞呈弥散性或局灶性增生，并可出现卫星现象和噬神经元现象，也可形成胶质小结。有时，在大脑灰质可见脑组织的板层状坏死和液化，形成泡沫状区带，这种变化在大脑灰质最明显，白质较轻微，延髓也可见到相似变化，而不见于间脑、中脑、小脑和脊髓。耐过本病的动物，浸润的嗜酸性粒细胞可逐渐减少，最后完全消失，坏死区由大量星形胶质细胞增生修复，有时可形成肉芽组织包裹。

2. 变应性脑炎

（1）病因　不同动物的神经组织具有共同抗原性，其刺激机体产生的抗体与被接种动物的神经组织结合，引起神经组织的变态反应性炎症。犬、猫临床上常见的是疫苗接种后脑炎。犬接种狂犬病疫苗后14～24d后一肢或多肢出现运动麻痹，并逐渐波及全身大部分组织，重症者通常在4～10d内死亡。

（2）病理变化　脑脊髓出现不同水平的切面上均有软化灶，并可见到出血点。脑组织的病变主要集中在白质，其特点是可见大量淋巴细胞、浆细胞和单核细胞浸润形成的管套，同时发生胶质细胞增生和髓鞘脱失现象。

三、脑软化

脑软化是指脑组织坏死后分解液化的过程。由于脑组织蛋白质含量少，不易凝固，磷脂和水分较多，易分解液化，因此其坏死后形成软化病灶。

1. 病因

一般而言，脑软化是非特异性的，凡是能引起神经细胞死亡的病因均可引起脑软化，如病毒、细菌的感染，脑动脉栓塞、脑血栓形成和动脉内膜炎等，致使动脉管腔狭窄或堵塞，局部缺血，发生液化性坏死。

但有一些特殊的病因作用于组织后，待动物生长到一定年龄或致病因素的作用达到一定的时间后，便突然发病，如临床上犬、猫的维生素 B_1 缺乏症时脑组织呈现有大小不一的坏死灶。维生素 B_1 是水溶性维生素，它广泛分布于青菜、大米外壳、谷粒、豆类等植物中，一般不容易发生缺乏，除非饲料不足或失去平衡或吸收不好时才发生。猫对维生素 B_1 需求量比犬高 5 倍，因此较犬更易发生维生素 B_1 缺乏症。

2. 病理变化

① 眼观 初期病变不易被肉眼所观察，仅见大脑回变宽、肿胀、湿润。较严重病例，可见大脑皮质变软，切面皮质带黄色，并有界限明显的坏死灶。经过较久时，则见脑组织萎缩，切面见皮质剥离，病变区可变成小囊肿。

② 镜检 脑血管扩张充血，血管周围空隙增宽，间隔破裂，其中偶有少量淋巴细胞和单核细胞，有时呈轻微的环状出血。尚未发生液化的坏死灶，该部的神经细胞呈皱缩状态，细胞收缩成多角形，胞浆嗜酸性着染，核也缩小。少部分神经细胞肿胀变圆，胞浆内有少数空泡是尼氏小体溶解，严重者整个胞浆内充满颗粒样物质，甚至细胞形态消失，仅留有痕迹，如坏死灶已发生液化时，病灶内充满多量液体，组织疏松，崩解为颗粒状物质，坏死灶周围缺少明显的炎性细胞反应。神经胶质细胞呈弥漫性增生，少数情况下有神经胶质结节。

3. 结局和对机体的影响

犬维生素 B_1 缺乏引起的脑软化时，表现出食欲不振、呕吐和神经紊乱，行动不稳，严重的可能因心脏衰竭而死亡。

第二节　骨、肌肉病理

一、关节炎

关节炎是指关节各部位的炎症过程。常发部位有肩关节、膝关节、跗关节、肘关节、腕关节等，多发生于单个关节。

1. 类型和病因

关节炎主要有创伤性关节炎和感染性关节炎两种类型。

创伤性关节炎是指剧烈运动等机械性原因造成的关节囊、关节韧带、关节部软组织，甚至关节内软骨和骨的创伤，常引起浆液性关节炎，表现为关节肿胀和明显的渗出，关节囊内充满浆液性或浆液-纤维素性渗出物，渗出液稀薄，无色或者淡黄色。关节囊滑膜层充血。如继发感染则转为感染性关节炎。

感染性关节炎主要指由各种微生物引起的关节部位的炎症过程。引起关节炎的最常见原因有支原体、衣原体、细菌、病毒等。感染性关节炎常伴发于全身性败血症或脓毒血症，即病原体通过血液侵入关节，引起关节炎。也可由于关节创伤、骨折、关节手术、关节囊内注射、抽液等直接感染。另外，相邻部位（骨髓、皮肤、肌肉）的炎症也可蔓延至关节，引起关节炎。

2. 病理变化

关节炎病变为关节肿胀，关节囊紧张，关节腔内积聚有浆液性、纤维素性或化脓性渗出物，滑膜充血、增厚。化脓性关节炎时，关节囊、关节韧带及关节周围软组织内常有大小不等的脓肿，进一步侵害关节软骨和骨骼则引起化脓性软骨炎和化脓性骨髓炎，关节软骨面粗糙、糜烂。在慢性关节炎时关节囊、韧带、关节骨膜、关节周围结缔组织呈慢性纤维性增生，进一步发展则关节骨膜、韧带及关节周围结缔组织发生骨化，关节明显粗大，活动性减小，最后两骨端被新生组织完全愈合在一起，导致关节变形和强硬。患关节炎的宠物临床表现为患部关节肿胀、发热、疼痛和跛行，通过治疗原发病，如消除感染等，关节功能一般可完全恢复正常，通常不遗留永久性病变。慢性关节炎则常导致关节变形、强硬。

二、代谢性骨病

在骨的发育过程中，成骨作用和溶骨作用处于动态平衡状态，当平衡状态紊乱时，就会引起代谢性骨病。

1. 类型和病因

代谢性骨病中佝偻病和骨软症在宠物中最为常见，都是由于钙、磷代谢障碍或维生素 D 缺乏所造成，以骨基质钙化不良为特征。幼龄动物骨基质钙化不良引起长骨软化、变形、弯曲、骨端膨大等症状，称为佝偻病。成年动物由于钙、磷代谢障碍，使已沉积在骨中的钙盐动员出来，以致钙盐被吸收，骨质变软，称为骨软症。佝偻病、骨软症的本质是骨组织内钙盐（碳酸钙、磷酸钙）的含量减少。

宠物发病主要是由于饲料中钙、磷不足或比例不当以及由维生素 D 缺乏或不足造成的，其中常见原因是维生素 D 缺乏。因为钙的吸收和利用都需要维生素 D 的参与。另外，肝、肾病变，消化机能紊乱以及阳光照射不足也是本病的发病原因。

2. 发病机理

维生素 D 属于胆固醇类，是脂溶性物质，最常见的有维生素 D_2 及维生素 D_3 两种。维生素 D_2 又称麦角钙化醇，维生素 D_3 又称胆钙化醇。维生素 D_3 主要存在于鱼肝油、哺乳动物肝脏、奶、蛋黄和鱼类中。人和动物体内能合成 7-脱氢胆固醇（维生素 D_3 原），7-脱氢胆固醇分布于皮下、胆汁、血液及许多组织中，经紫外线照射可转变为维生素 D_3。在肝脏中，维生素 D_3 在 25-羟化酶的作用下转化为 25-羟基维生素 D_3（25-OH-D_3），这一代谢产物是维生素 D_3 活化过程的初步产物，是其他活性维生素 D_3 形式的先驱。因此，肝脏疾病时维生素 D_3 的转化受到影响。25-羟基维生素 D_3 再运至肾脏，在 1-羟化酶的作用下转化为 1,25-二羟维生素 D_3，肾脏是 1,25-二羟维生素 D_3 形成的唯一场所。1,25-二羟维生素 D_3 是维生素 D_3 代谢的最后产物，是在体内发挥生理作用的活性最高的维生素 D_3，执行着维生素 D_3 的全部功能，调节着正常的钙代谢和骨骼发育，因此，肾脏疾病时 1,25-二羟维生素 D_3 形成减少。维生素 D 在体内通过 1,25-二羟维生素 D_3 发挥作用，其作用的靶器官是肠和骨。1,25-二羟维生素 D_3 作用于小肠，促进小肠对钙、磷的吸收，使血钙、血磷浓度增加。其机理是 1,25-二羟维生素 D_3 进入肠黏膜上皮细胞后和细胞核染色质结合，其结果是合成新的 mRNA，此 mRNA 指导钙结合蛋白的合成，钙结合蛋白起主动吸收钙的作用。1,25-二羟维生素 D_3 作用于骨可促进钙盐沉积，骨质钙化。骨组织中含有能抑制磷酸钙沉积的物质——焦磷酸盐，1,25-二羟维生素 D_3 可以激活焦磷酸酶，焦磷酸酶水解焦磷酸盐，使其浓度下降，磷酸钙得以沉积。另外，1,25-二羟维生素 D_3 也可促进肾小管对钙、磷的重吸收。

如果饲料中维生素 D 缺乏，则肠道吸收钙、磷受阻，骨基质中钙盐沉积受到抑制，肾小管对钙、磷重吸收减弱，导致血钙水平降低。血浆中 Ca^{2+} 浓度低于正常，则促进甲状旁腺分泌的甲状旁腺素增多，动员大量骨钙入血，导致骨组织中的钙盐过度溶解。未经钙化的骨组织称为骨样组织，骨样组织大量堆积则引起佝偻病和骨软症。当饲料中钙、磷含量不足或比例不合适时，同样引起钙、磷吸收不足，出现低血钙。低血钙促使甲状旁腺素分泌增加，于是发生溶骨作用，把骨中的钙动员出来维持血钙的正常恒定。动物在钙、磷缺乏时，其调节机能是宁可使骨的钙、磷含量不正常，也要维持血浆中钙、磷含量的恒定，因为这是生命攸关的问题，结果必然造成佝佝病或骨软症。

3. 病理变化

① 眼观　由于骨基质内钙盐沉积不足，未钙化的骨样组织增多，导致骨的硬度和坚韧性降低，骨骼的支持力明显降低，加上体重和肌肉张力的作用，骨骼易发生弯曲或变形，以四肢骨、肋骨、脊柱、颅骨、骨盆等变形明显。

四肢长管状骨弯曲变形，骨端膨大，关节相应膨大，骨骼硬度下降，容易切开。将长骨纵行切开或锯开，可见骨骺软骨异常增多而使骨端膨大，骨骺明显增宽，这是软骨骨化障碍造成的。由于膜内成骨时钙化不全，骨样组织堆积，使骨干皮质增厚且变软，用刀可以切开，骨髓腔变狭窄。肋骨和肋软骨结合部呈结节状或半球状隆起，左右两侧成串排列，状如串珠，称为串珠胸。这种病灶长期存在而不消退，在临床上具有诊断意义。由于肋骨含钙少，在呼吸时长期受牵引可引起胸廓狭小，脊柱弯曲，或向上弓起或向下凹陷。由于膜内化骨过程中钙盐不足而产生过量骨样组织，颅骨显著增厚、变形、软化，外观明显肿大。患病宠物出牙不规则，牙齿磨损迅速，排列紊乱。

② 镜检　主要表现为软骨细胞和骨样组织异常增多。骨骺软骨细胞大量堆积，使软骨细胞增生带加宽，软骨细胞肥大，排列紊乱，骨骺显著增宽且参差不齐，其中有增生的软骨细胞团块和增生的骨样组织，骨髓腔内骨内膜产生的骨样组织增多，使骨髓腔缩小，骨外膜产生的骨样组织增多，使骨切面增厚。骨小梁数量减少，中心部分多已钙化呈蓝色，而周围部分多是未钙化的骨样组织，呈淡红色。哈氏系统的哈氏管扩张，周围出现一圈骨样组织，同心圆状排列的骨板界限消失，变成均质的骨质。甲状旁腺往往肿大，弥漫性增生。

三、关节痛风

由于各种原因引起血液尿酸含量增高，并以尿酸盐形式于关节、肌腱、肝脏、肌肉、肾脏等组织中沉积，引起炎症和形成痛风石（痛风结节），称为痛风。

1. 类型和特征

痛风分为内脏痛风和关节痛风。关节痛风的特征是尿酸盐沉积在关节内和关节周围，引起疼痛性炎症反应和形成痛风石。痛风石是典型的痛风肉芽肿。

2. 病理变化

关节痛风的病理变化表现为关节肿大、变形，特别是腿部和脚趾关节。剖开关节可见关节腔内半液体状的尿酸盐沉着，关节软骨面、关节滑膜、关节周围组织由于尿酸盐沉积而呈白色。镜下可见局部组织坏死、肉芽组织增生及异物巨细胞反应，尿酸盐呈针状结晶或球状团块。病禽表现运动迟缓、跛行、站立困难等症状，进一步发展，病变区逐渐增大，关节遭到广泛破坏而变形。通过减少饲料中蛋白质含量，补充维生素 A、维生素 D，防止磺胺类药物的过量使用，保证充足、清洁饮水等措施，关节痛风可治愈。

四、纤维性骨营养不良

纤维性骨营养不良又称为骨髓纤维化，是指骨组织弥散性或局灶性消失并由纤维组织取代的病理过程，是一种营养代谢性疾病。

1. 特征和病因

该病特征是破骨过程增强，骨骼脱钙，同时纤维性结缔组织过度增生并取代原来骨组织，使骨骼体积变大，质地变软，骨骼弯曲、变形，易骨折，负重时产生疼痛感。

纤维性骨营养不良的直接原因是甲状旁腺功能亢进，甲状旁腺素（PTH）分泌增多。因此，凡引起甲状旁腺功能亢进的因素均能导致本病。甲状旁腺腺瘤引起原发性甲状旁腺功能亢进，甲状旁腺素分泌增多。饲料中缺钙或饲料中磷过量，维生素 D 缺乏等因素引起继发性甲状旁腺机能亢进，甲状旁腺增生，代偿性肥大，使甲状旁腺素分泌增多。另外，饲料中植酸、草酸、鞣酸、脂肪酸过多时可与钙结合成不溶性钙盐，镁、铁、锶、锰、铝离子等金属离子可与磷酸根结合形成不溶性磷酸盐复合物，两者均能影响钙、磷的吸收。钙、磷必须以可溶解状态在小肠吸收。纤维性骨营养不良也可继发于佝偻病或骨软症。

2. 发病机理

血清钙水平是非常恒定的，约为 10mg/dl。机体主要通过体液中的钙与骨中钙的交换调节钙离子浓度的恒定，甲状旁腺素、降钙素及 1,25-二羟维生素 D_3 起着调节作用。血清钙轻度下降就会引起甲状旁腺素分泌增加。甲状旁腺素作用的靶器官是骨骼、肾小管和肠黏膜上皮细胞。作用于骨骼，使破骨细胞的溶骨作用增强，骨质和骨样组织溶解，释放出钙、磷。骨细胞的溶骨作用迅速，在甲状旁腺素的作用下几分钟即发挥作用，破骨细胞的溶骨作用强烈而持久。这两种细胞均释放组织蛋白酶、胶质酶等水解酶，将骨基质中的胶原和黏多糖等水解。两种细胞的代谢改变，产生和释放柠檬酸和乳酸量增加，促进了骨盐的溶解。结果骨盐、骨基质都溶解消失。作用于肠，促进肠吸收钙的作用。作用于肾小管上皮细胞，增强钙的重吸收，抑制磷的重吸收。结果血钙升高，骨质溶解、脱钙，并伴有纤维组织增生，发生纤维性骨营养不良。

3. 病理变化

① 眼观 骨骼出现不同程度的疏松、肿胀、变形，但以头部肿大最明显。头骨中以上、下颌骨肿胀尤其明显，开始是下颌骨肿大，然后波及上颌骨、泪骨、鼻骨、额骨，使头颅明显肿大。上颌骨肿胀严重时鼻道狭窄，呼吸困难；下颌骨肿胀严重时，下颌间隙变窄，齿根松动、齿冠变短等。脊椎骨骨体肿大，脊柱弯曲，横突和棘突增厚。肋骨增厚、变软，呈波状弯曲，与肋软骨结合处呈串珠状隆起。四肢长骨骨体肿大，骨膜增厚、粗糙，断面松质骨间隙扩大，密质骨疏松多孔，骨髓完全被增生的结缔组织所代替，呈灰白色或红褐色。骨骼还变得极柔软，可以用刀切断。软化的骨骼重量减轻，关节软骨面常有深浅不一的缺陷，凸凹不平，关节囊结缔组织增厚。

② 镜检 骨髓腔内的骨组织被破坏吸收，几乎完全被新生的结缔组织所代替。纤维组织增多，纤维细胞疏松或比较密集，呈束状或旋涡状排列，其间有残留的骨小梁片段。骨外膜和骨内膜均有大量结缔组织增生，在骨质吸收和纤维化的同时也有新骨形成。新形成的骨小梁不发生骨化或部分骨化，小梁之间充满结缔组织，因此，骨骼体积肿大，骨质松软。新生骨小梁呈放射状从骨外膜形成。哈氏管扩张，有的为结缔组织所填充，管内血管充血、出血，管腔周围骨板脱钙，骨基质破坏溶解，并出现大量破骨细胞，可见破骨细胞对骨组织进行陷窝性吸收。另外，患病动物的甲状旁腺常见肿大，镜下可见细胞增生。

五、白肌病

宠物犬白肌病以骨骼肌和心肌变化为主，骨骼肌是白肌病常见的部位。躯体各处均可发生，臀部、股部、背部等病变多见明显，呈对称性分布。

1. 病因

白肌病一般认为是由于维生素 E、微量元素或含硫氨基酸缺乏以及动物摄入的不饱和脂肪酸过剩所引起的。

2. 病理变化

剥皮后皮下组织湿润有少量浆液，以腹下、四肢较明显，皮下脂肪沉着量少。骨骼肌发育不良，湿润色淡，松弛没有弹性，有水肿样光泽。全身淋巴结肿大，被膜紧张，呈灰黄色或灰白色，质地软，切面外翻，多汁，灰黄或灰白色，结构模糊。心包积液，无色。心肌弛缓，柔软，黄红色与黄白相间。心外膜湿润有水样光泽，左右心室壁均有黄红色或灰白色条纹病灶，形状不规则。肝脏稍肿大，呈黄褐色或淡褐色，质地较脆，呈浊肿和脂肪变性。胆囊膨满、扩张，切开后流出橙黄色稀薄胆汁。脾脏萎缩，质地硬实，被膜色淡，切面凹陷，小梁可见且增多，含血量少。肾脏稍肿大，呈淡褐色，被膜易剥离，质地脆弱，切面凸起，皮质髓质界限难辨，有灰白色斑块病灶。肠系膜淋巴结水肿，淡灰黄色或灰白色，切面外翻，多汁。

【本章小结】

本章重点论述了脑脊髓炎、脑软化、白肌病、关节炎、关节痛风等神经、骨、肌肉的常见疾病的病因和病理变化。从组织角度论述了化脓性和非化脓性脑脊髓炎的病理变化；脑炎的病理变化，白肌病、关节炎和痛风的病理变化，以及各类神经、骨、肌肉系统常见疾病的病理特征。

【思考题】

1. 非化脓性脑脊髓炎的病变特点是什么？

2. 脑软化是怎样发生的？试述其病变特征。

3. 简述佝偻病的发生原因及眼观病变特点。

4. 试述关节痛风的病变特征。

5. 病例分析

病例一：一只患脑软化的病犬，死亡后剖检可见大脑回变宽、肿胀、湿润；还可见大脑皮质局部变软，切面皮质带黄色，界限明显的坏死灶。用本章学习病理知识分析病例的病理过程。

病例二：一只痛风犬，表现为关节肿大、变形，特别是腿部和脚趾关节。剖开关节可见关节腔内半液体状的尿酸盐沉着，关节软骨面、关节滑膜、关节周围组织呈白色。运动迟缓、跛行、站立困难等症状，进一步发展，病变区逐渐增大，关节遭到广泛破坏而变形。用本章学习病理知识分析病例的病理过程。

第十七章 宠物疫病病理

【知识目标】 了解并掌握犬、猫共患传染病病理，犬的传染病病理，猫的传染病病理，常见寄生虫病病理的常见原因和病理变化。

【技能目标】 认识并掌握犬、猫共患传染病病理，犬的传染病病理，猫的传染病病理，常见寄生虫病病理的常见原因和病理变化。

【课前准备】 建议学生学习一些宠物传染病、宠物寄生虫病的科普知识，增强对宠物疫病病理的了解和认识。

第一节 犬、猫共患传染病病理

一、狂犬病

狂犬病俗称疯狗病，又名恐水症，是由狂犬病病毒引起的犬、猫、人及多种动物共患的一种急性接触性传染病。临床表现为极度兴奋、狂躁、流涎和意识丧失，最终因局部或全身麻痹而死亡。典型的病理变化为非化脓性脑炎、在神经细胞胞浆内可见内基氏小体。

世界大多数国家仍有本病不同程度的发生，目前，世界重点流行地区仍在亚洲，以东南亚国家为主，近年世界流行趋势还有上升，我国狂犬病的发病率逐年增高，严重地威胁人民健康和生命安全。

1. 病因

发病原因主要通过被患病宠物咬伤而感染狂犬病病毒；也可通过气溶胶经呼吸道感染；人误食患病宠物的肉或动物间相互蚕食经消化道感染。

野生啮齿动物如野鼠、松鼠、鼬鼠等对本病易感（带毒者），在一定条件下可成为本病的危险传染源而长期存在，当其被肉食兽吞食后则可能传播本病。蝙蝠是本病病毒的重要储存宿主之一，除了拉丁美洲的吸血蝙蝠外，欧美一些国家还发现多种食虫蝙蝠、食果蝙蝠和杂食蝙蝠等体内带有狂犬病病毒。我国的蝙蝠是否带毒尚无人进行调查研究。

2. 病理变化

尸体消瘦，皮肤有咬伤或裂伤。狂犬病的犬，胃空虚，存有毛发、石块等异物。胃黏膜肿胀、充血、出血、糜烂。肠道和呼吸道呈现急性卡他性炎症变化。脑软膜血管扩张充血，轻度水肿，脑灰质和白质小血管充血，并伴有点状出血。病理组织学检查可见非化脓性脑炎病变，在神经细胞的胞浆内可见包涵体。

3. 结局

狂犬病患宠多为狂暴型，攻击人畜，有明显的咬伤发病连锁反应，异食，最后呼吸麻痹死亡，脑病理切片可见神经细胞胞浆内有包涵体。

二、伪狂犬病

伪狂犬病又称阿氏病，是由伪狂犬病病毒引起的犬、猫和其他家畜及野生动物共患的一种急性传染病。以发热、奇痒、脑脊髓炎和神经炎为主要特征。人也可感染，但一般不发生死亡。

1. 病因

猪和鼠类是该病毒的主要宿主。犬、猫主要是由于误食了死于本病的鼠、猪的尸体，由消化道感染，也可经皮肤伤口感染。病犬可通过尿液以及擦破或咬破的皮肤渗出的血液污染饲料和饮水，造成该病的间接传播。

2. 病理变化

无特征病变，仅见局部损伤和因宠物搔抓造成的皮肤破溃，以面部、头部、肩部较为常见，皮下呈弥漫性出血，局部淋巴结肿胀、充血，肺水肿，有的病例脑膜充血，脑脊液增加。

组织学变化主要为中枢神经系统弥漫性非化脓性脑膜炎及神经节炎，有明显的血管套及弥散性局部胶质细胞反应，同时有广泛的神经节细胞和胶质细胞坏死。在神经细胞和胶质细胞及毛细血管内皮细胞内，可见核内包涵体。

3. 结局

犬感染后通常表现为烦躁不安，拒食，蜷缩，呕吐，对外界刺激反应强烈，有攻击性，狂叫不安，吞咽困难。后期大部分病犬头颈部肌肉和口唇部肌肉痉挛，呼吸困难，常于 24~36h 死亡。猫感染后表现为烦躁不安，乱搔乱咬，甚至咬伤舌头。搔抓头部，致使皮肤破损、发炎。偶尔病猫表现明显的神经症状，运动失调，昏迷，病程很短，一般在症状出现后 18h 内死亡。

三、破伤风

破伤风是由破伤风梭菌经伤口感染引起的一种急性中毒性人、畜共患病。以患病动物运动神经中枢应激性增高，肌肉持续痉挛收缩为特征。本病发生于世界各地。各种家畜对破伤风均有易感性，犬、猫亦可感染破伤风梭菌，但较其他家畜易感性低。

1. 病因

破伤风梭菌特别是芽孢广泛存在于自然界中，污染的土壤、圈舍、环境和垫料、尘土、粪便等。当动物有伤口并接触到病原，病原通过伤口途径侵入体内，并在适当的环境中繁殖，产生毒素，引起疾病。小而深的创伤或创口过早被血凝块、痂皮、粪便及土壤等覆盖，或创伤内组织发生坏死及与需氧菌混合感染的情况下，则更易产生大量毒素而发病。

2. 病理变化

破伤风病尸剖检一般无明显变化，仅见浆膜、黏膜及脊髓膜等处发现小出血点，四肢和躯干肌肉结缔组织发生浆液性浸润。因窒息死亡者，血液凝固不良，呈黑紫色。肺充血、水肿，有的可见异物性肺炎变化。

3. 结局

急性病例可在 2~3 天内死亡；若为全身性强直病例，由于患病动物饮食困难，常迅速衰竭，有的 3~10 天死亡，其他则缓慢康复；局部强直的病犬一般预后良好。

四、肉毒梭菌毒素中毒

肉毒梭菌毒素中毒病主要是因为摄食腐败动物尸体或饲粮中肉毒梭菌产生的神经毒素——肉毒梭菌毒素而发生的一种中毒性疾病。病的特征是运动中枢神经麻痹和延脑麻痹，死亡率很高。犬、猫时有发生，也是人类一种重要的食物中毒症，多种其他动物亦可发生。

1. 病因

肉毒梭菌毒素中毒主要因宠物摄食腐肉、腐败饲料和被毒素污染的饲料、饮水而经消化道感染发病。健康易感宠物与患病宠物直接接触亦不会受到传染，一般在宠物消化道内的肉毒梭菌及其芽孢对宠物并无危害。

2. 病理变化

肉毒梭菌毒素主要侵害神经—肌肉的结合点，宠物死后剖检一般无特征性病理变化，有时在胃内可发现木石、骨片等其他异物，说明生前可能发生异嗜症。咽喉、会厌部黏膜有出血点，并覆有一层灰黄色黏液性物质。胃肠黏膜有时有卡他性炎症和小出血点，心内外膜也有点状出血，有时肺充血、淤血、水肿。中枢和外周神经系统一般无肉眼可见病变。

3. 结局

宠物肉毒梭菌毒素中毒症状与其严重程度取决于摄入体内毒素量的多少及宠物的敏感性。一般症状出现越早，说明中毒越严重。发生肉毒梭菌毒素中毒的犬死亡率较高，若能恢复，一般也需较长时间。

五、大肠杆菌病

大肠杆菌病是由大肠杆菌的某些致病性菌株引起的人和温血动物的常见传染病，广泛存在于世界各地。本病的特征为严重腹泻和败血症，在犬主要侵害仔犬，且往往与犬瘟热、犬细小病毒感染等混合感染或继发感染，从而增加死亡率。

1. 病因

病犬与带菌犬从粪便排菌，广泛地污染了环境（犬舍、场地、用具和空气）、饲料、饮水和垫料，从而通过消化道、呼吸道传染，仔犬主要经污染的产房（室、窝）传染发病，且多呈窝发。

2. 病理变化

尸体消瘦，污秽不洁。实质器官主要表现出血性败血症变化，脾脏肿大、出血；肝脏充血、肿大，有的有出血点，呈出血性纤维素肺炎变化；特征性的病变是胃肠道卡他性炎症和出血性肠炎变化，尤以大肠段为重，肠管菲薄，膨满似红肠，肠内容物混有血液呈血水样，肠黏膜脱落，肠系膜淋巴结出血肿胀。

病理图片示例见 彩图 17-1 ～ 彩图 17-4 ❶。

3. 结局

幼犬感染症状明显，如治疗不及时或方法不得当，引起病死率较高，死前体温降至常温以下，有的在临死前出现神经症状。

六、沙门菌病

沙门菌病又称副伤寒，是由沙门菌属细菌引起的人和宠物共患性传染病，临床主要特征为肠炎和败血症。犬和猫沙门菌病不常见，但健康犬和猫却可以携带多种血清型的沙门菌。

1. 病因

圈养犬和猫往往因采食未彻底煮熟或生肉品而感染，散养犬和猫在自由觅食时，吃到腐肉或粪便而遭感染。而同窝新生仔犬、猫的感染源则多是带菌母犬、猫。

2. 病理变化

最急性死亡的病例可能见不到病变。病程稍长的可见到黏膜苍白，脱水，尸体消瘦。肠黏膜的变化由卡他性炎症到较大面积坏死脱落。病变明显的部位往往在小肠后段、盲肠和结肠。肠内容物含有黏液、脱落的肠黏膜，呈稀薄状，重的混有血液。胃肠黏膜出血、坏死，有大面积脱落。肠系膜及周围淋巴结肿大并出血，切面多汁。由于局部血栓形成和组织坏死，可在大多数组织器官（肝、脾、肾）出现密布的出血点（斑）和坏死灶。肺脏常有水肿及硬化。

严重感染及内毒素血症患犬和猫，可见非再生障碍性贫血，淋巴细胞、血小板和中性粒细胞减少。重症脓毒症患犬或患猫，可在白细胞内见到沙门菌菌体。感染局限于某一特定器官时，可见中性粒细胞增多。

病理图片示例见 彩图 17-5 ～ 彩图 17-10 。

---

❶ 为教学需要，本章彩图（王春璈主编）、《犬猫疾病诊疗图谱》（本书编译委员会）《犬猫疾病类症鉴别》（胡延春主编）。

3. 结局

患病犬、猫严重程度取决于年龄、营养状况、免疫状态和是否有应激因素作用等，感染细菌的数量、是否有并发症等也是影响症状明显与否的因素。

患病犬、猫仅有少部分在急性期死亡，大部分3～4周后恢复，少部分继续出现慢性或间歇性腹泻。康复和临床健康宠物往往可携带沙门菌6周以上。

七、布鲁菌病

布鲁菌病是由布鲁菌引起的人、兽共患传染病，以生殖器官及胎膜炎症、流产、不育和多种组织的局部病灶为特征。世界各地都存在，我国也有发生、流行。犬可感染布鲁菌病，但多呈隐性感染，少数可表现出临床症状，猫的病例不多见。

1. 病因

流产母犬从阴道分泌物、流产胎儿及胎盘组织等排菌，流产后的母犬可排菌达6周以上。菌也随乳汁排出，其排菌时间可持续1年半以上。患病及感染的公犬、猫，可自精液及尿液排菌，可成为布鲁菌病的传染来源，在发情季节非常危险，到处扩散传播。某些犬在感染后两年内仍可通过交配散播本病。

本病的病因主要通过摄食被病原体污染的饲料和饮水而感染。口腔黏膜、结膜和阴道黏膜为最常见的布鲁菌侵入门户。损伤的黏膜、皮肤亦可使病原侵入体内造成感染。

2. 病理变化

隐性感染病例一般无明显的肉眼及病理组织学变化，或仅见淋巴结炎。有临床症状的病例，剖检时可见关节炎、腱鞘炎、骨髓炎、乳腺炎、睾丸炎、淋巴结炎变化。

流产母犬和母猫及孕犬、孕猫可见到阴道炎及胎盘、胎儿部分溶解，并伴有脓性、纤维素性渗出物和坏死灶。发病的公犬和公猫可见到包皮炎性变化和睾丸、附睾丸炎性肿胀等病灶。

除定居于生殖道组织器官外，布鲁菌还可随血流到其他组织器官而引起相应的病变，如随血流达脊椎椎间盘部位而引起椎间盘炎；有时出现脑脊髓炎的变化等。

3. 结局

公犬和公猫感染后有的无明显症状，有的出现睾丸炎、附睾炎、前列腺炎及包皮炎等，也可导致不育。另外，患病犬和猫除发生生殖系统症状外，有的还发生关节炎、腱鞘炎，有时出现跛行。

八、结核菌病

结核菌病是由结核分枝杆菌引起的人、兽共患的慢性传染性疾病，偶尔也可能出现急性型，病程发展很快。疾病的特征是在机体多种组织器官形成肉芽肿和干酪样或钙化病灶。世界各地都存在，犬、猫也感染发病。

1. 病因

结核菌病的人、牛、犬、猫等可通过痰液排出大量结核杆菌，通过污染的尘埃、饲料和水经消化道、呼吸道传染给健康犬、猫。咳嗽形成的气溶胶或被这种痰液污染的尘埃成为主要的传播媒介。

2. 病理变化

剖检时可见患结核菌病的犬及猫极度消瘦，在许多器官出现多发性的灰白色至黄色有包囊的结节性病灶。

患犬常可在肺及气管、淋巴结见到原发性结核结节，内含灰白色乃至黄灰色物，外有包囊。犬的继发性病灶多分布于胸膜、心包膜、肝、心肌、肠壁和中枢神经系统。一般来说，继发性结核结节较小（1～3mm），但在许多器官中亦可见到较大的融合性病灶。有的结核菌病灶中心积有脓汁，外周由包囊围绕，包囊破溃后，脓汁排出，形成空洞。肝脏上的结核菌病灶淡黄色、中心凹陷，边缘呈晕状出血。肺结核时，常以渗出性炎症为主，初期表现为小叶性支气管炎，进一步发展则可使局部干酪化，多个病灶相互融合后则出现较大范围病变，这种病变组织切面常见灰黄与灰白色交错，形成斑纹状结构。随着病程进一步发展，干酪样坏死组织还能够进一步钙化。

患猫则常在回肠、盲肠淋巴结及肠系膜淋巴结见到原发性病灶，多呈针头大、圆形、灰白色瘤状。对于眼结核菌病例，在虹膜边缘有小扁豆大的干酪样结节，在结膜、角膜也可见到。猫的继发性病灶则常见于肠系膜淋巴结、脾脏和皮肤。

组织学检查，可见到结核菌病灶中央发生坏死，并被炎性浆细胞及巨噬细胞浸润。病灶周围常有组织细胞及成纤维细胞形成的包膜，有时中央部分发生钙化。在包囊组织的组织细胞及上皮样细胞内常可见到短链状或串珠状具抗酸染色特性的结核杆菌。

病理图片示例见 彩图 17-11 。

3. 结局

从公共卫生角度看，除非名贵品种的犬、猫病例在严格隔离条件下有治疗价值外，通常对患病和实验室检查阳性病例均采取扑杀，以防止细菌的散播。

九、巴氏杆菌病

巴氏杆菌病是由多杀性巴氏杆菌引起的一种哺乳动物和禽类共患传染病的总称。世界各地都存在，在犬、猫也有发生。

1. 病因

病犬及带菌犬、猫从分泌物、排泄物排菌污染环境、饲料和饮水等，病菌可以通过呼吸道和消化道感染健康宠物，也可由于争斗损伤、咬伤而由伤口传染。

2. 病理变化

气管黏膜充血、出血。肺呈暗红色，有实变，严重出血性变化呈大理石样。胸膜、心内外膜上有出血点，胸腔液增多并有渗出物。胃肠黏膜有卡他性炎症变化、弥漫性出血变化。肾脏充血变软，呈土黄色，皮质有出血点和灰白色小坏死灶。淋巴结肿胀出血，呈棕红色。肝脏肿大，有出血点。

病理图片示例见 彩图 17-12 ～ 彩图 17-14 。

3. 结局

本病一般多与犬瘟热、猫泛白细胞减少症等疾病混合发生或继发，幼犬病例症状明显，成单独发病的不多。有的病犬在后期出现似犬瘟热的神经症状，如痉挛、抽搐、后肢麻痹等。有的出现腹泻。急性病例在3～5天后死亡。

十、链球菌病

链球菌病是由一大类致病性、化脓性球菌引起的一种人、兽共患性疾病，在人和多种动物中能引起诸如败血症、乳房炎、关节炎、脓肿、脑膜炎等疾病。对犬主要危害仔犬，成年犬多为局部化脓性病灶。世界各地都存在，在我国也屡有发生。

1. 病因

成窝仔犬通过与哺乳母犬相互接触发病，病菌也可直接或经污染的空气、用具、饲料等间接地通过损伤的皮肤和呼吸道、消化道黏膜感染，仔犬经脐感染和吮乳感染的也较多见。

2. 病理变化

由于感染的链球菌的血清群和毒力不同，其病理变化也有一定差异。轻者肝肿大、质脆，肾肿大有出血点；严重者腹腔积液，肝脏有化脓性坏死灶，脾脏肿胀明显有出血斑，胃黏膜弥漫性出血，肠管出血，肾大面积出血，呈花斑状，胸腔积液有纤维素性沉着，心内膜有出血斑点，肺脏弥漫性出血。

病理图片示例见 彩图 17-15 ~ 彩图 17-18 。

3. 结局

仔幼犬的易感性最高，发病率和死亡率高，成年犬多发生皮炎、淋巴结炎、乳房炎和肺炎，母犬出现流产。

十一、钩端螺旋体病

钩端螺旋体病是多种动物（包括人）共患的自然疫源性传染病。临床上有多种表现形式，主要有发热、黄疸、血红蛋白尿、出血性素质、流产、皮肤黏膜坏死、水肿等。

本病为世界性分布，尤其热带、亚热带地区多发。我国也有发生、流行。犬钩端螺旋体病也较常见，根据血清学调查，有些地区 20%～80% 犬曾感染过钩端螺旋体病。犬的发病率比猫多。

1. 病因

钩端螺旋体主要通过动物的直接接触，经皮肤、黏膜和消化道传播。交配、咬伤、食入污染有钩端螺旋体的肉类等均可感染本病，有时亦可经胎盘垂直传播。直接方式只能引起个别发病。间接通过被污染的水感染可导致大批发病。某些吸血昆虫和其他非脊椎动物可作为传播媒介。

2. 病理变化

尸体可视黏膜、皮肤呈黄疸样变化，剖检还可见浆膜、黏膜和某些器官表现出血。口腔黏膜、舌可见局灶性溃疡，扁桃体常肿大；呼吸道水肿，肺呈充血、淤血及出血变化，胸膜面常见出血斑点。肝肿大，色暗，质脆；肾肿大，表现有灰白色坏死灶，有时可见出血点，慢性病例可见肾萎缩及发生纤维变性；心脏呈淡红色，心肌脆弱，切面横纹消失，有时夹杂灰黄色条纹；胃及肠黏膜有出血斑点，肠系膜淋巴结出血、肿胀。肺脏组织学变化包括微血管出血及纤维素性坏死等。

病理图片示例见 彩图 17-19 ~ 彩图 17-24 。

3. 结局

犬急性感染表现为出血症状，死亡率较高，可达到 60%～80%。有的犬则表现出明显的肝衰竭症状。有的病犬表现出尿毒症症状，严重者发生昏迷。有的病例发生溃疡性胃炎和出血性肠炎等。

猫能感染多种血清型钩端螺旋体，从血清中可检出相应的特异性抗体，在临床上仅可见到比较轻的肾炎、肝炎病症，几乎见不到急性病例。

十二、莱姆病

莱姆病是由伯氏疏螺旋体引起的多系统性疾病，也叫疏螺旋体病，是一种由蜱传播的自然疫源性人、畜共患病。莱姆病主要特征是动物关节肿胀、跛行、四肢运动障碍、皮肤病变和人游走性慢性红斑、儿童关节炎与慢性神经系统综合征。该病与犬、牛、马、猫及人类的多关节炎有关。

本病最早于 1974 年发生于美国康涅狄格州莱姆镇（Lyme）的一群主要呈现类似风湿性关节炎症状的儿童，因而命名为莱姆病。我国于 1986 年、1987 年在黑龙江省和吉林省相继发现莱姆病，至今已证实 18 个省、区存在莱姆病自然疫源地。

1. 病因

本病主要由宠物被带菌蜱等吸血昆虫通过叮咬吸血而传染。感染后动物可通过排泄物向外排菌，从而成本病新的传染源，有人证实直接接触也能发生感染。

2. 病理变化

病理变化主要表现为尸体消瘦，被毛脱落，皮肤坏死剥落，体表淋巴结肿大、出血；心肌功能障碍，表现为心肌坏死和赘疣状心内膜炎；出现肾小球肾炎和间质性肾炎病变；关节病变，如关节腔积液，有渗出物；有的胸腔、腹腔有积液和纤维蛋白附着。在流行区，犬常出现脑膜炎和脑炎，与伯氏疏螺旋体的确切关系还未完全证实。

3. 结局

犬莱姆病较明显的症状为经常发生间歇性非糜烂性关节炎。多数犬反复出现跛行并且多个关节受侵害，腕关节最常见。猫的症状与犬相似。感染宠物用抗生素治疗后很快见效。

十三、附红细胞体病

犬、猫附红细胞体病由附红细胞体引起的一种人、畜共患病，以贫血、黄疸、发热等为主要临诊症状。

最早于 1928 年由 Schilling 在啮齿动物中发现，随后国内外先后在猪、马、羊、牛、鸡、犬、猫、骆驼等多种动物及人体中也发现了附红细胞体病，但由于附红细胞体对人、畜感染的普遍性和临床发病的不显性，并没有引起人们的足够重视。近几年来随着人、畜由附红细胞体病的不断增多，本病逐渐引起了医学和畜牧兽医工作者的注意，已发现附红细胞体可以引起多种畜禽及人发病，在我国猪、犬等家畜中还有暴发流行的趋势。

1. 病因

本病的发生与流行与吸血节肢动物有关，蜱、虱、蚤、蚊等节肢动物是本病的主要传播媒介；注射器具和外科手术器械等消毒不严，又是本病广泛传播的重要原因；此外，母犬、猫还可经胎盘、子宫感染仔犬、猫。

2. 病理变化

特征性的肉眼病变是黄染和贫血。尸体黏膜、浆膜和脏器显著黄染，多数呈泛发性黄疸。血液稀薄呈水样，胸腔、腹腔积液，心包积液。淋巴结肿胀，多汁，发黄；肺脏水肿，心肌松弛；肝脏肿大，呈土黄色，明显黄染，胆囊充盈；肾肿大，有卡他性出血性肠炎病变；脾脏肿大质软。除继发感染病变外，其他组织器官均无明显眼观病变。

3. 结局

自然感染附红细胞体病例，病程多呈现隐性经过，即临床上表现为无明显或轻微症状，食欲与精神变化不大，不易被人发现。当患犬等宠物遭受某种应激因素（运输、疲劳、饥饿、风雨侵袭等）的刺激，机体抵抗力降低后，可呈现急性经过，表现明显症状，病程可拖至 1 个月或更长一些时间。有患犬则转入隐性经过，成为携带者。

发生本病，要及早治疗。治疗药物较多，诸如砷制剂、土霉素、贝尼尔和三氮脒等均有较好的效果。

十四、球孢子菌病

球孢子菌病又称为球孢子菌性肉芽肿。它是由粗球孢子菌引起的主要经灰尘传播的一种非接触性传染病。临床上以呼吸道症状和肺及淋巴结形成化脓性肉芽肿为特征，呈慢性经过。世界各地均有发生，我国也有患此病的报道。

1. 病因

本病为外源性感染，孢子被风吹到空中，污染空气和环境，人和宠物吸入后而感染发病；也可由菌污染的尘土、物品接触皮肤伤口引起感染。

2. 病理变化

病理变化主要局限于肺、纵隔和胸部淋巴结，会扩散至其他器官，主要表现为分散存在的大小不同的结节，切面坚实呈灰白色，类似于结核结节的病理变化，有些病灶中央有脓性或干酪样渗出物。

3. 结局

抗生素治疗，效果较好。

第二节　犬的传染病病理

一、犬瘟热

犬瘟热是由犬瘟热病毒引起的一种高度接触性传染病，发病率和死亡率较高，是犬易患的一种严重的病毒性疾病。临床上的病理变化及病理过程是以双相体温升高、急性鼻卡他及随后的支气管炎、卡他性肺炎、严重胃肠炎和神经损伤以及神经系统机能改变为特征。如患病动物在康复后还易留有麻痹、抽搐、癫痫样发作等后遗症。在自然条件下，犬瘟热可感染犬科（狗、澳洲野狗、狐狸）。犬瘟热是当前养犬业和犬科类动物危害最大的疫病之一，经常引起大批犬、貂、狐等动物发病。

1. 病因

病犬的各种分泌物、排泄物（鼻汁、唾液、泪液、心包液、胸水、腹水及尿液）以及血液、脑脊髓液、淋巴结、肝、脾、脊髓等脏器都含有大量病毒，并可随呼吸道分泌物及尿液向外界排毒。健康犬与病犬直接接触或通过污染的空气或食物而经呼吸道或消化道感染。除幼犬最易感染外，毛皮动物中的狐、水貂对犬瘟热也十分易感。

2. 临床表现

多数病例初期表现鼻炎和结膜炎、干咳症状，鼻流水样分泌物，并在1~2天内转变为黏液性、脓性，此后可有2~3天的缓解期，病犬体温趋于正常，精神食欲有所好转。此时如不及时治疗，就会很快发展为肺炎、肠炎、肾炎、膀胱炎和脑炎等，并出现湿咳、呼吸困难、呕吐、腹泻、里急后重、肠套叠等症状，最终因严重脱水和衰弱而导致死亡。

以呼吸道炎症为主的病犬，鼻镜干裂，排出脓性鼻液。眼睑肿胀，有脓性分泌物，后期可发生角膜溃疡。病犬咳嗽、打喷嚏，肺部听诊有啰音和捻发音，出现严重的肺炎症状、腹式呼吸、呼吸急促。

以消化道炎症为主的病犬，病初眼、鼻流水样分泌物，数天后转为脓性，食欲完全丧失，呕吐，尿黄，排带有黏液的稀便或干粪，严重时排高粱米汤样的血便，病犬迅速脱水、消瘦。与细小病毒病十分相似。

以神经症状为主的病犬，有的开始就出现神经症状，有的先表现呼吸道或消化道症状，7~10天后再呈现神经症状。病犬轻则口唇、眼睑局部抽搐，重则空嚼、转圈、冲撞或口吐白沫，牙关紧闭，倒地抽搐，呈癫痫样发作。这样的病犬多半预后不良。也有的病犬表现四肢、后躯麻痹，行走摇摆，共济失调，甚至癫痫状、惊厥和昏迷等神经症状，这样的病犬常留有麻痹后遗症。

以皮肤症状为主的病犬较为少见。在唇部、耳部、腹下和股内侧等处皮肤上出现小红点、水疱或脓性丘疹。有少数病犬的足垫肿胀、增生、角化，形成所谓的硬脚掌病。

犬瘟热的神经症状是影响预后和感染恢复的最重要因素。由于犬瘟热病毒侵害中枢神经系统的部位不同，临床症状有所差异。大脑受损表现癫痫、转圈和精神异常；中脑、小脑、前庭和延髓受损表现步态及站立姿势异常；脊髓受损表现共济失调和反射异常；脑膜受损表现感觉过敏和颈部强直。咀嚼肌群反复出现阵发性抽搐是犬瘟热的常见症状。

幼犬经胎盘感染可在28~42天产生神经症状。母犬表现为轻微或不显症状的感染。妊娠期间感染犬瘟热病毒可出现流产、死胎和仔犬成活率下降等症状。

幼犬在永久齿长出之前感染犬瘟热病毒可造成牙釉质的严重损伤，牙齿生长不规则，此乃病毒直接损伤了处于生长期的牙齿釉质层所致。

犬瘟热的眼睛损伤是由于犬瘟热病毒侵害眼神经和视网膜所致。眼神经炎以眼睛突然失明、胀大，瞳孔反射消失为特征。炎性渗出可导致视网膜分离。慢性非活动性基底损伤与视网膜萎缩和瘢痕形成有关。

3. 病理变化

犬瘟热是一种泛嗜性感染，病变分布广泛，发病犬大脑、小脑、延髓、肺、脾、心、膀胱、肠、肝、胰、肾上腺等组织细胞及血管内皮、支气管上皮细胞胞浆内均有可见抗原阳性反应，同时抗原阳性反应的组织、器官均可见不同程度的病理变化。

在尸体剖检中发现，病犬的全身各器官均有程度不同的退行性变化，剖检发现：病理变化随病程长短、临床病型和继发感染的种类与程度不同而异。

急性致死的犬，未见明显肉眼病变，早期尚未继发细菌感染的病犬，仅见胸腺萎缩与胶样浸润，脾脏、扁桃体等脏器中的淋巴细胞减少。

病程长的死亡犬外观多半消瘦，眼睑水肿，脓性卡他结膜炎。股内侧、腹部皮肤见水泡性皮肤炎。

鼻腔、喉头、气管、支气管内有脓性分泌物，呈黄色或黄绿色且极为黏稠。肺部分或大部分淤血实变、有的化脓，尖叶、心叶和膈叶前缘形成大小不等呈红褐色肺炎病灶。胸腔中有浆液性或脓性液体。小支气管及其相邻肺泡腔内积有大量的嗜中性白细胞、黏液和崩解的细胞碎片。在很多组织细胞中有嗜酸性的核内和胞浆内包涵体，呈圆形或椭圆形，直径 $1\sim2\mu m$。胞浆内包涵体主要见于泌尿道、呼吸系统、胆管、大小肠黏膜上皮细胞内及肾上腺髓质、淋巴结、扁桃体和脾脏的某些细胞中。核内包涵体主要见于膀胱细胞。

胃黏膜潮红，卡他性或出血性肠炎，大肠有多量液体，直肠黏膜皱襞出血，膀胱黏膜充血，常有点状或条状出血，心肌扩张，心外膜下有出血点。

肝肿大暗红，边缘钝圆。肠黏膜明显增厚。肾肿大。脑膜充血，脑膜下有少量水肿液浸润，脑室扩张及脑脊液增多等非特异性脑炎变化。全身淋巴结髓样肿胀。脾肿大、淤血。镜检：支气管黏膜被覆渗出物，细胞的胞浆内有嗜酸性均质红染的卵圆形包涵体。

表现神经症状的病犬，可见有脑血管袖套细胞，非化脓性软脑膜炎以及白质出现空泡，很多细胞变性以及小脑神经胶质瘤病。脑组织中小胶质细胞及星形胶质细胞增生，目前，人们已经从细胞病理学的角度，对犬瘟热的致病机理进行研究。通过对犬实验感染犬瘟热的研究发现，病犬全身淋巴系统均呈退行性病变，从损伤的程度看，淋巴系统各器官组织是犬瘟热首先侵犯的靶器官，胸腺 E 型和犬瘟热 4 型 T 淋巴细胞是急性感染早期犬瘟热侵犯的主要靶细胞。这与多数学者得出的研究结果相符，即犬瘟热病犬的组织学变化主要是表现为全身性淋巴组织衰竭。同时还发现，犬瘟热对多脏器组织可引起广泛性损伤，除淋巴组织外，呼吸系统、消化和神经系统的病变也较严重。病理图片示例见 彩图 17-25 ～ 彩图 17-29 。

4. 结局

犬瘟热的患犬死亡率高。如果能康复还易留有麻痹、抽搐、癫痫样发作等后遗症。

二、犬的细小病毒病

犬细小病毒感染是近年发现于由犬细小病毒引起的犬的一种烈性传染病。该病的临床表现以急性出血性肠炎和非化脓性心肌炎为特征，犬细小病毒肠炎是犬中最常见的高度传染病。本病传播速度快。一旦首次出现Ⅰ型临床感染，就会通过遗传变异产生新的病毒毒株。自然条件下，犬细小病毒病可感染犬科的其他动物，郊狼、丛林狼、食蟹狐等，犬感染后发病急，死亡率高，常呈暴发性流行。

1. 病因

犬细小病毒（Canine parvovirus，CPV）随病犬的粪便、尿液、呕吐物及唾液排出体外，污染食物、垫料、食具和其周围环境。康复后的动物粪便仍可能长期排毒，污染环境。自然感染主要经直接和间接接触或由污染有饲料、饮水通过消化道感染。一般断奶前后的幼犬对该病毒最易感，且以同窝暴发为特征。尤其纯种犬比杂种犬、土种犬易感性高。犬养殖场密度较集中的地区，常呈地方性流行。

CPV 一般由于易感犬接触污染的粪便通过口腔和鼻腔传染，当初次毒血症出现后，CPV 则局限于小肠上皮、舌部食道黏膜及骨髓、淋巴组织中。可从患病犬肺、脾、肝、肾和心肌实质器官中分离出病毒。该病的临床症状和实际被感染的组织相关。

2. 临床表现

犬细小病毒感染在临床上表现各异，但主要可见肠炎和心肌炎两种病型。有时某些肠炎型病例也伴有心肌炎变化。

（1）肠炎型　自然感染潜伏期 7～14 天，人工感染 3～4 天。病初 48h，病犬精神沉郁、厌食、发热（40～41℃）和呕吐，呕吐物清亮、胆汁样或带血。随后 6～12h 开始腹泻。起初粪便呈黄色或灰黄色，覆有多量黏液及伪膜，而后粪便呈番茄汁样，带有血液，发出特殊难闻的腥臭味。胃肠道症状出现后 24～48h 表现脱水和体重减轻等症状。粪便中含血量较少则表明病情较轻，恢复的可能性较大。病犬因水、电解质严重失调和酸中毒，常于 1～3 天内死亡。

肠炎型主要表现白细胞减少，小犬可低到 1.0×10^8～2.0×10^8 个/L，多数是 5.0×10^8～2×10^9 个/L；较老的犬只有轻微的降低。

（2）心肌炎型　多见于 24～28 日龄幼犬，常无先兆性症状，或只表现轻度腹泻，继而突然衰弱，呼吸困难，可视黏膜苍白，脉搏快而弱，心脏听诊出现杂音，心电图发生病理性改变，濒死前心电图 R 波降低，S-T 波升高。病犬短时间内死亡，致死率为 60% 以上。

3. 病理变化

CPV 感染在临床上主要见出血性肠炎型和非化脓性心肌炎型。

（1）出血性肠炎型　患犬多为断奶后至 3 月龄幼犬，病犬消瘦，腹部蜷缩，眼球下陷，可视黏膜苍白。肛门周围附有血样稀便或从肛门流出血便。小肠下段特别是空肠和回肠病变最为严重，内含酱油色恶臭的分泌物，常混有多量血液，肠壁增厚，黏膜严重剥脱，水肿，呈暗红色。黏膜呈弥漫性或局灶性充血，有的呈斑点状、条索状或为弥漫性出血。小肠及大肠内容物稀软，暗红色至酱油色，恶臭，果酱状，黏膜肿胀，表面散布针尖样出血点。结肠肠系膜淋巴结肿胀、充血或出血变为暗红色。肝肿大，色泽紫红，散在淡黄色病灶，切面流出大量暗紫色不凝血液。胆囊高度扩张，多量黄绿色胆汁充盈，黏膜光滑。肾脏一般不肿大，色泽灰黄。脾脏有的肿大，被膜下可见黑紫色出血性梗死灶。心包积液，心肌呈黄红色变性状态。肺呈局灶性肺水肿。咽背、下颌和纵隔淋巴结肿胀、充血。胸腺实质体积缩小，周围脂肪组织胶样萎缩。膈肌呈现斑点状出血。

镜检：肠上皮细胞内有核内包涵体。

病理图片示例见 彩图 17-30 和 彩图 17-31 。

（2）非化脓性心肌炎型　患病多为新生幼犬，表现肺脏水肿，局部充血、出血，呈现斑驳状。心脏扩张，左侧房室松弛，心肌和心内膜可见非化脓性坏死灶，心肌纤维严重损伤，常见出血性斑纹病变。

4. 结局

病毒污染食物、垫料和环境等造成犬传染，本病发病急，发病率 20%～100%，致死率 10%～50%，4 周龄以内患犬死亡率最高。若受 CPV 感染的犬没有发生败血症等继发感染，多可在发生肠炎一周后恢复与愈后良好。CPV 引起的幼犬心肌炎预后不良，甚至会引起死亡。

三、犬的传染性肝炎

犬的传染性肝炎是由犬腺病毒Ⅰ型引起的犬科动物的一种急性、高度接触性败血性传染病，俗称犬蓝眼病。临床上以体温升高、黄疸、贫血和角膜浑浊为特征；病理上以循环障碍、肝小叶中心坏死、肝实质细胞和内皮质细胞出现核内包涵体和出血时间延长为特征。本病主要发生在 1 岁以内的幼犬，尤其是 2～3 月龄的幼犬特别容易感染，成年犬很少发生。此病是近年来家犬尤其是宠物犬的常见多发病。狐狸则表现为脑炎。

1. 病因

犬腺病毒Ⅰ型在犬通过口鼻分泌物传染，特别是 1 岁以下幼犬更易感。当病毒在扁桃体、局部淋巴结及淋巴管中复制时,病毒症很快会出现。该病毒主要侵害肝脏和血管内皮细胞。在发病的急性阶段病毒分布于患犬的全身各组织,病犬的呕吐物、唾液、鼻液、粪便和尿液等排泄物和分泌物中都带有病毒;康复后的动物可获终生免疫,但病毒能在肾脏内生存,经尿长期排毒是造成其他犬感染的重要疫源。传播途径主要通过直接接触病犬(唾液、呼吸道分泌物、尿、粪)和接触污染的用具而传播,也可以经胎盘发生胎内感染致新生幼犬死亡。本病主要经消化道感染,也可以外寄生虫为媒介传播,但不能通过空气经呼吸道感染。

通常自然感染犬和狐狸,易感最高,发病尤以不满 1 岁的犬常见,刚断乳幼犬的感染率和死亡率最高,成年犬很少出现临床症状,也有山狗、狼、浣熊、黑熊等感染报道。人工接种可使水貂、郊狼、狼、浣熊和土拨鼠感染。此病毒与人的病毒性肝炎无关,但也可感染人,但不引起临床症状。

2. 临床表现

犬传染性肝炎自然感染潜伏期 6～9 天,人工接种潜伏期为 2～6 天。病程较犬瘟热短,大约在两周内恢复或死亡。根据临床症状和经过可分为 4 种病型。

(1)最急性型 多见于初生仔犬至 1 岁内的幼犬。病犬突然出现严重腹痛和体温明显升高,有时呕血或血性腹泻,发病后 12～24h 内死亡。临床病理呈重症肝炎变化。

(2)急性型(重症型) 此型病犬可出现本病的典型症状,多能耐过而康复。病初精神轻度抑郁,食欲减退,患犬怕冷,体温升高(39.4～41.1℃),持续 2～6 天体温曲线呈"马鞍形"的双相热形,在此期间血液检查可见白细胞减少,血糖降低。随后食欲废绝,渴欲增加,流水样鼻汁,羞明流泪、呕吐、腹泻,粪中带血,大多数病例表现为剑状软骨部位的腹痛;扁桃体和全身淋巴结急性发炎并肿大,心搏动增强,呼吸加快,很多病例出现蛋白尿,也有步态踉跄、过敏等神经症状,黄染较轻。病犬血凝时间延长,如有出血,往往流血不止,这些病例预后不良。

恢复期的病犬最常见单侧性间质性角膜炎和角膜水肿,甚至呈现蓝白色或角膜翳,有人称之为"蓝眼病"在 1～2 天内可迅速出现浑浊,持续 2～8 天后逐渐恢复。也有由于角膜损伤造成犬永久视力障碍的。病犬重症期持续 4～14 天后,大多在 2 周内很快治愈或死亡。幼犬患病时,常于 1～2 天内突然死亡,如耐过 48h,多能康复。成年犬多能耐过,产生坚强的免疫力。

(3)亚急性型(轻症型) 症状较轻微,表现咽炎和喉炎,可致扁桃体肿大;颈淋巴结发炎可致头颈部水肿,见患犬食欲不振,精神沉郁,水样鼻汁及流泪,体温约 39.0℃。有的病犬狂躁不安,边叫边跑,可持续 2～3 天。

(4)隐性型(无症状型) 无临床症状,但血清中有特异性抗体。

3. 病理变化

病毒侵入犬体后很快进入血液,发生体温升高等病毒血症,然后定位于特别嗜好的肝细胞和肝、眼等多种组织器官的血管内皮细胞,引起急性实质性肝炎、间质性肾炎、虹膜睫状体炎等。

病犬表现剧渴、食欲不振、循环障碍、黄疸和贫血。在实质器官、浆膜、黏膜上可见大小、数量不等的出血斑点。浅表淋巴结和颈部皮肤下组织水肿、出血,腹腔内充满清亮、浅红色液体,或污红色的腹水。有时腹腔积液,常混有血液和纤维蛋白,暴露空气后易凝固。腹腔脏器、浆膜、黏膜表面有纤维蛋白渗出物覆盖,有时胃、肠、胆囊和膈膜、肠系膜淋巴结肿胀出血。肝脏肿大,呈斑驳状,表面有纤维素附着,呈黑红色,或肝肿大的弥漫性出血现象,可见暗红色斑点,小叶界限明显,质脆易碎,切面外翻。胆囊壁增厚、水肿、出血,内容物至整个胆囊呈黑红色,胆囊浆膜被覆纤维性渗出物,胆囊的变化具有诊断意义。脾脏轻度充血、肿胀。肾出血,皮质区坏死。胃肠黏膜弥漫性出血,肠腔内积存柏油样黏粪。肠系膜淋巴结肿大,充血。中脑和脑干后部可见出血,常呈两侧对称性。

急性患犬会表现为结膜炎、畏光、眼睛分泌物明显增多。由于腺病毒Ⅰ型在虹膜睫状体内大量增殖,造成角膜水肿及浑浊,形成蓝眼症。

镜检:可见肝小叶呈不同程度变化和坏死,肝细胞及窦状隙内皮细胞等细胞中有嗜酸性核内包涵体。

病理图片示例见 彩图 17-32 ～ 彩图 17-36 。

4. 结局

各种年龄的犬发病以刚断乳的小犬最易患病，基死亡率高达 25％～40％。成年犬很少发生且多为隐性感染，即使发病也多能耐过。

四、犬的传染性支气管炎

犬的传染性支气管炎也称犬窝咳，又叫仔犬咳嗽，是犬瘟热以外的由多种病原体引起的犬传染性呼吸道疾病。临床特征是病犬干咳，咳后或有呕吐，同时咳嗽多伴随运动后或气温变化而加重，夜晚表现尤为明显。各种年龄的犬均易感染本病，以幼犬多发，病程急，传染快，分布广泛。

1. 病因

本病由多种细菌、病毒、支原体单一或为混合感染引起发病。目前可能的病原体有支气管败血波氏杆菌、犬副流感病毒、犬腺病毒Ⅱ型、犬瘟热病毒、犬疱疹病毒等，其中以犬腺病毒Ⅱ型、犬副流感病毒是仔犬咳嗽最主要的原因。发病犬通过呼吸道向外排毒，经空气和尘埃传播，健康犬吸入病原体污染的空气，引起呼吸道局限感染。各种年龄、性别、品种的犬均易感染本病，没有明显的季节性，以春、夏季节多发。当环境改变天气寒冷时，可增加犬的易感性。

2. 病理变化

犬传染性支气管炎是一种轻缓的自限性疾病，但也发展为严重的支气管肺炎。潜伏期5～10d，单发的轻症犬表现为阵发性干咳，咳后伴有干呕。咳嗽随运动或气温变化而加重。如继发细菌或混合感染时，病犬病情加重，体温升高，食欲不振，流脓性鼻汁。有些病犬表现为阵发性吸气性呼吸困难，疼痛性咳嗽，持续干呕或呕吐。

病变主要表现气管和肺部的卡他性炎症，无明显出血变化，支气管黏膜充血、变脆，重症者黏膜变厚，并有大量分泌物。其他脏器无明显变化。

病理图片示例见 彩图 17-37 。

3. 结局

病犬若不继发细菌感染，一般在咳嗽发生后3～7天康复。

五、犬冠状病毒病

犬冠状病毒（Channel catfish virus，CCV）是由犬冠状病毒引起的轻重程度不一的胃肠炎症状的一种急性传染病。特征有频繁呕吐、腹泻、沉郁、厌食等致死性水样腹泻症状或无明显临床特征。常与犬瘟热病毒、细小病毒、轮状病毒等病发生混合感染或继发感染，而引起严重临床症状，甚至死亡，是当前养犬业危害较大的一种传染病。

1. 病因

犬冠状病毒仅感染犬科动物，犬、貂、狐均有易感性。CCV可感染所有品种和各种年龄的犬，存在于感染犬的粪便、肠内容物和肠上皮细胞内，在肠系膜淋巴结及其他组织中可发现该病毒。感染尤其以幼犬受损害严重，其发病率和死亡率较高，临床症状消失后14～21天仍可复发。带毒病犬通过口涎、鼻液和粪便向外排毒，污染饲料、饮水、笼具、生活环境，直接接触和间接接触传播，感染途径是消化道、呼吸道，主要接触了病犬排出的粪便及污染物所致。病毒在粪便里存活6～9天，污染物在水中可保持数天的传染性，因而发病很难制止传播流行。当遇气候突变、卫生条件差、饲养密度大、长途运输、断乳、分窝等均可造成该病的诱发因素，提高其感染和临床发病的概率。

2. 病理变化

剖检死亡病犬表现为不同程度的胃肠炎变化。病犬严重脱水，腹部增大，腹壁松弛，肉眼可见肠壁很薄，胃和肠管扩张，胃内充满污红色液体，胃黏膜脱落出血充血，肠内充满白色或黄绿色液体，甚至紫红色或紫黑色液体，肠黏膜充血或出血，肠系膜淋巴结肿大，肠黏膜脱落是该病较典型的特征。肝脏肿大出血，胆囊肿大，病犬易发生肠套叠。

镜检：可见小肠绒毛萎缩短且发生融合，隐窝变深，黏膜固有层细胞成分增多，上皮细胞变平，呈短柱状，杯状细胞排空。其他脏器一般无明显病理变化。

病理图片示例见 彩图 17-38 ～ 彩图 17-41 。

3. 结局

体温一般无明显变化的多数病犬在 7～10 天内可以康复。但幼犬出现淡黄色或淡红色腹泻粪便时，常在 1～2 天内因脱水或酸碱平衡失调突然死亡，或在临床症状消失后 14～21 天仍可复发。成年犬死亡较少。

六、犬疱疹病毒感染

犬疱疹病毒感染主要是由疱疹病毒引起仔犬的一种急性、高度接触性、败血性传染病。犬疱疹病毒感染可引起多种病型新生幼犬多呈致死性感染；大于 21 日龄的犬主要表现上呼吸道症状；同时可造成母犬不育、流产和死胎以及公犬的阴茎炎和包皮炎。

本病于 1965 年由 Carmichaelt 和 Stewart 分别在美国和英国从患病仔犬中分离到病毒。此后，日本、澳大利亚、南非及欧洲的许多国家和地区的研究人员相继从不同症状的犬中分离到病毒。

1. 病因

犬疱疹病毒仅感染犬，小于 14 日龄幼犬的体温偏低，恰好处于疱疹病毒最适增殖温度，因此易感性最高，常可造成致死性感染。病犬或带毒犬可通过口腔、鼻腔、生殖道的分泌物和尿液中排除病毒，污染环境。仔犬可以通过呼吸道和产道感染，也可经胎盘垂直传播。此外，还病犬和带毒犬与健康仔犬通过口腔、咽相互传染。

2. 临床表现

自然感染潜伏期 4～6 天，人工感染 3～8 天，小于 21 日龄的新生幼犬可引起致死性感染。病程多为 4～7 天，有的仔犬取急性经过，外观健康活泼，1～2 天内突然死亡。

初期病犬精神沉郁，厌食，呕吐、流涎，软弱无力，有的流浆液性鼻汁，鼻黏膜表面广泛性斑点状出血、呼吸困难以及肺炎等呼吸系统症状，压迫腹部有痛感，腹泻，排黄绿色或绿色稀便，有时恶臭。病的后期粪便呈水样，停止吮乳后，1～3 天内发出持续的嘶叫声，随即死亡。皮肤病变以红色丘疹为特征，主要见于腹股沟、母犬的阴门和阴道以及公犬的包皮和口腔。病犬最终丧失知觉，角弓反张，癫痫。康复犬有的表现永久性神经症状，如运动失调、向一侧做圆圈运动或失明等。

21～35 日龄犬常呈轻度的鼻炎和咽炎的症状，主要表现流鼻涕、打喷嚏、干咳等上呼吸道症状，大约持续 14 天，症状较轻，可以自愈。如发生混合感染，则可引起致死性肺炎。

母犬的生殖道感染以阴道黏膜弥漫性小泡状病变为特征。母犬出现繁殖障碍，可造成流产、死胎、弱仔或屡配不孕，本身无明显症状。公犬可见阴茎炎和包皮炎，分泌物增多。

3. 病理变化

死亡仔犬的典型剖检变化为实质脏器表面散在多量粟粒大小的灰白色坏死灶和小出血点，以肾和肺的变化更为显著。胸腔、腹腔内可见浆液—黏液性渗出。肾脏被膜下以出血点和坏死灶为中心形成出血斑，肾脏断面的皮质与髓质交界处形成楔形出血灶，这是本病特征性肉眼变化。此外，肺充血、水肿，支气管内有黏性分泌物，肺门淋巴结肿大；脾充血、肿大；肠黏膜表面有点状出血。偶尔可见黄疸和非化脓性脑炎。

组织学变化，主要表现为肝、肾、脾、小肠和脑组织内有轻度细胞浸润，血管周围有散在坏死灶，上皮细胞损伤，变性。在肝和肾坏死区临近的细胞内可见嗜酸性核内包涵体。妊娠母犬体内胎儿表面和子宫内膜出现多发性坏死。少数病犬有化脓性脑膜脑炎变化，可见神经胶质细胞凝集。急性病例的坏死灶一般无炎性细胞浸润，病程长的组织有单核细胞浸润。

病理图片示例见 彩图 17-42 ～ 彩图 17-45 。

4. 结局

发病的仔犬一般很难治愈。可进行补液，使用广谱抗生素，以防止继发感染。同时，皮下或腹腔注射发病仔犬的母犬血清或犬 γ-球蛋白制剂，可减少死亡。

七、犬副流感病毒感染

犬副流感病毒（Canine para influenza virus，CPIV）感染是犬主要的呼吸道传染病，临床表现发热、流涕和咳嗽，病理变化以卡他性鼻炎和支气管炎为特征。近年来研究认为，CPIV 也可引起急性脑髓炎和脑内积水，临床表现后躯麻痹和运动失调等症状。

1967 年 Binn 等首次从患呼吸道病的犬中用犬肾细胞培养分离出副流感病毒 5 型，并一直认为仅局限于呼吸道感染。1980 年 Evermann 等从患后躯麻痹和运动失调犬的脑脊液中分离到本病毒。目前，世界所有养犬国家和地区几乎都有本病流行。

1. 病因

犬副流感病毒可感染各种年龄和品种的犬，但以幼犬较重。病犬通过呼吸道向外界排毒，病毒飘浮在空气尘埃中，通过呼吸感染健康犬，也可通过发病犬或带毒犬与健康犬直接接触相互传染。感染期间犬因抵抗力降低常继发其他细菌感染，造成疾病的严重性增强。

2. 病理变化

感染犬的肺脏有少量出血点。呼吸道及其周围淋巴结呈炎性变化，剖检可见鼻孔周围有黏性脓性分泌物、结膜炎、扁桃体炎，支气管、气管内可见游走的白细胞和细胞崩解物贮积及黏膜上皮细胞增厚和肺炎病变。荧光抗体检查证明，鼻黏膜、气管、支气管、毛细支气管及支气管周围的腺体有病毒存在。神经型主要表现为急性脑脊髓炎和脑内积水，整个中枢神经系统和脊髓均有病变，前叶灰质最为严重。

3. 结局

11～12 周龄犬死亡率较成年犬高，成年犬症状较轻，死亡率低。有些犬感染后表现运动障碍。

八、犬轮状病毒感染

轮状病毒感染是由轮状病毒引起幼犬的一种消化道机能紊乱的一种急性肠道传染病。临诊上以腹泻、脱水和酸碱平衡紊乱为特征，成年犬感染后一般取隐性经过。

本病广泛存在于世界各国，我国于 1981 年从患严重腹泻病犬的粪便中分离到犬轮状病毒。

1. 病因

病毒存在病犬和隐性带毒犬的肠道内，病毒随粪便排出体外，含毒粪便污染用具和周围环境，经消化道传播，而使健康犬发生感染。

2. 临床表现

临床表现为突然发生腹泻，病犬排黄绿色稀便，夹杂有中等量黏液，严重病例粪便中混有少量血液。病犬被毛粗乱，肛门周围皮肤被粪便污染，轻度脱水。因脱水和酸碱平衡失调，病犬心跳加快，皮温和体温降低。脱水严重者，常因衰竭而死亡。

从腹泻死亡仔犬中分离的轮状病毒，人工感染新生幼犬，20～24h 后发生中度腹泻，并可持续 6～7 天。采集 12～15h 之间的粪便能分离出病毒。还有一些无临床症状的健康犬粪便中，也可分离出轮状病毒。

3. 病理变化

人工感染后 12～18h 死亡，幼犬无明显异常。病程较长的死亡犬被毛粗乱，病变主要集中在小肠。特别是下 2/3 的空肠和回肠部。轻型病例，肠管轻度扩张，肠壁变薄，肠内容物中等、黄绿色；严重病例，小肠绒毛萎缩，柱状上皮细胞肿胀、坏死、脱落，使水分吸收障碍，引起腹泻，有的肠段弥漫性出血，肠内容物中混有血液。同时，脱水可使红细胞容积增高至50％以上，病后期血清尿素氮超过50mg/100ml。其他脏器无异常。

经间接免疫荧光试验证实，犬轮状病毒主要存在于小肠黏膜上皮细胞，在肠系膜淋巴结皮质和副皮质区的网状细胞内也可见到犬轮状病毒。电镜观察，犬轮状病毒在肠黏膜上皮细胞的胞浆中复制，通过胞浆内质网膜"出芽"成熟。犬轮状病毒主要侵害肠绒毛上1/3处的吸收细胞。

4. 结局

1周龄以内的仔犬常发，症状以腹泻为主，脱水严重的，引起衰竭死亡。

九、犬埃里希体病

犬埃里希体病是由犬埃里希体引起的一种犬败血性传染病。特征为发热、出血、消瘦、多数脏器浆细胞浸润、血液中血细胞和血小板减少。1935年Donatien等于阿尔及利亚首次发现本病，当时称为犬立克次氏体。1945年德国Moshkovski又重新将其命名为犬埃里希氏体病。以后，非洲南部和北部、叙利亚、印度和美国均报道此病。1999年我国军犬中出现该病并分离到病原。人也患此病，无证据证明犬能传染给人。

1. 病因

本病主要发生于热带和亚热带地区，犬埃里希体和扁平埃里希体主要靠血红扇头蜱作为传播媒介进行传播。通常情况下，蜱因摄食感染犬的白细胞而感染，尤其是在犬感染的头2~3周最易发生犬—蜱传播。埃里希体在感染蜱体内可持续155天以上，因此，越冬的蜱可在来年感染易感犬。这种蜱是本病年复一年传播的主要保存宿主。除家犬外，野犬、山犬、胡狼、狐等亦可感染该病。

2. 病理变化

剖检可见贫血变化，骨髓增生，肝脏、脾脏和淋巴结肿大，肺脏有淤血点；四肢水肿，有的见有黄疸；还可见肠道出血、溃疡，胸腔和腹腔积水，肺脏水肿。

组织学检查可见骨髓组织受损，表现为严重的巨核细胞发育不良和缺失，正常窦状隙结构消失；白细胞、红细胞、血小板、血色素减少。多数器官尤其在脑膜、肾和淋巴组织的血管周围有很多浆细胞浸润。

3. 结局

犬埃里希体感染的潜伏期为1~2周。根据犬的年龄、品种、免疫状况及病原不同有不同表现。疾病的发展一般经过3个阶段：急性期、亚临床期和慢性期。疾病发展及严重程度与感染菌株、犬的品种、年龄、免疫状态及是否并发感染有关。幼犬致死率一般较成年犬高。

第三节　猫的传染病病理

一、猫瘟热

猫瘟热，又称猫泛白细胞减少症，或猫传染性肠炎，是由猫细小病毒（Feline parvovirus，FPV）引起的猫及猫科动物的一种急性、高度接触性、致死性传染病。临床表现为患猫突发高热、呕吐、腹泻、脱水等，循环血液中白细胞数量减少为特征。猫瘟热主要发生于一岁以内的幼猫，在3~5月龄的幼猫感染发病率最高，是家猫最常见的一种非常危险的传染病。

1. 病因

除猫感染外，其他的猫科动物如虎、豹等鼬科和浣熊科动物（雪貂、浣熊猫、水貂）均能感染猫细小病毒。

猫感染后，在病猫的呕吐物，粪、尿排泄物，唾液、鼻和眼分泌物中含有大量病毒；甚至病猫康复后数周至一年以上仍能从粪、尿中排出病毒。该病毒在外界环境中非常稳定，在室温下可存活一年以上。这些排泄物和分泌物污染了饲料、饮水、用具或周围环境，就可把疾病扩大传播开。病毒的传染性极高，一般以直接接触传染或经消化道传染为主，也可经吸血昆虫如虱子、跳蚤、螨虫帮助传播本病。疫苗接种不全或未接种的猫易患病，尤以 3～5 月龄的幼猫最多。怀孕母猫感染，还能通过胎盘传染给胎儿会造成死胎、流产和初生小猫出现神经症状。

2. 临床表现

本病潜伏期 2～9 天，临床症状与年龄及病毒毒力有关。几个月的幼猫多呈急性发病，不显临床症状而立即倒毙，往往误认为中毒，24h 内死亡。6 个月以上的猫大多呈亚急性型，病程 7 天左右，第 1 次发热体温升高至 40℃ 以上，持续 24h 左右后常下降至正常体温，食欲减退以至废绝，但经 2～3 天后又可上升，呈明显的双相热。病猫倦怠，顽固性剧烈性呕吐是该病的主要特征，每天呕吐数十次。多数猫在 24～48h 内发生腹泻，后期粪便恶臭带血，呈咖啡色，严重脱水，体重迅速下降，此时病猫精神高度沉郁，对主人的呼唤和周围环境漠不关心，通常在体温第 2 次升高达高峰后不久就死亡，年龄较大的猫感染后，症状轻微，体温轻度上升，食欲不振，病猫眼球震颤，白细胞总数明显减少。当体温升到高峰时，白细胞可减少到降至 8×10^6 个/L 以下（正常时血液白细胞 $15 \times 10^6 \sim 20 \times 10^6$ 个/L），且以淋巴细胞和中性粒细胞减少为主，严重者血液涂片中很难找到白细胞，故称猫泛白细胞减少症。一般认为，血液白细胞减少程度标志着疾病的严重程度。血液白细胞数目降至 5×10^6 个/L 以下时表示重症，2×10^6 个/L 以下时往往预后不良。

妊娠母猫感染，可发生流产和产死胎。由于猫泛白细胞减少症病毒对处于分裂旺盛期细胞具有亲和性，可严重侵害胎猫脑组织，因此，所生胎儿可能小脑发育不全，呈小脑性共济失调征、旋转等症状。

3. 病理变化

剖检可见病猫消瘦、脱水（除最急性外），小肠有出血性炎症、黏膜肿胀。广泛出血，尤其是十二指肠和空肠最严重。胃肠道空虚，整个胃肠道的黏膜面均有程度不同的充血、出血、水肿及被纤维素性渗出物覆盖，肠壁严重的充血、出血及水肿，肠壁增厚似乳胶管样，肠腔内有灰红或黄绿色的纤维素性坏死性假膜或纤维素条索。肠系膜淋巴结肿胀出血，切面湿润，呈红白相间的大理石样花纹，或呈一致的鲜红或暗红色。肝肿大呈红褐色。胆囊内充满黏稠胆汁。脾脏出血，肺充血、出血和水肿。长骨红骨髓变成脂状，呈胶冻样，完全失去正常硬度。

组织学检查发现肠绒毛上皮细胞变性，其内可见有核内包涵体。肝细胞、肾小管上皮细胞变性，其内也见有核内包涵体。

病理图片示例见 彩图 17-46 ～ 彩图 17-48 。

4. 结局

各种年龄段的猫只都可感染，但主要发生于幼猫。根据我国的调查统计表明主要发生在 1 岁以下的幼猫，其发病率占 80% 以上；流行传速广泛，最急性型病猫无明显临床症状而突然死亡，往往误认为是中毒。患猫多呈急性经过，病程进展迅速，在精神沉郁后 24h 内发生昏迷或死亡，死亡率达 90% 以上，刚出生的猫，因其从母乳中获得母源抗体极少而发病，成年猫感染后常无明显症状。有全窝幼猫同时发病的病例较多见。临床同时配合对症治疗和加强护理也可降低病猫的死亡率。

二、猫传染性鼻气管炎

猫传染性鼻气管炎又叫猫病毒性鼻气管炎，是由猫疱疹病毒 1 型引起的猫的一种急性、高度接触性上呼吸道疾病，以发热，频频打喷嚏，精神沉郁和由鼻、眼流出分泌物为特征。病毒主要侵害仔猫，发病率可达 100%，死亡率约 50%。在我国的猫场、家猫及实验猫均有本病存在。

1. 病因

猫传染性鼻气管炎病毒主要通过接触传染，病毒经鼻、眼、咽的分泌物排出，易感猫通过鼻与鼻的直接接触及吸入含病毒的飞沫经呼吸道感染。据报道，在静止的空气中，即使距离1m远也能传播感染。

2. 临床表现

本病潜伏期为2～6天，仔猫较成年猫易感且症状严重。病初患猫体温升高，可达40℃以上，精神沉郁，食欲减退，体重下降，中性粒细胞减少；上呼吸道感染症状明显，表现为突然发作，阵发性喷嚏和咳嗽，羞明流泪，鼻腔分泌物增多，鼻液和泪液初期透明，后变为黏脓性；结膜炎，充血，水肿，角膜上血管呈树枝状充血。仔猫患病后可发生死亡，若继发细菌感染时，则死亡率会更高。

3. 病理变化

主要病变在上呼吸道。轻型病例，鼻腔、鼻甲骨、喉头和气管黏膜呈弥漫性充血。较严重病猫，鼻腔、鼻甲骨黏膜坏死，扁桃体肿大，眼结膜、会厌软骨、喉头、气管、支气管以及细支气管的部分黏膜上皮也发生局灶性坏死，坏死区上皮细胞中可见大量的嗜酸性核内包涵体，若继发细菌感染可见肺炎病变。对于全身性感染的仔猫，血管周围局部坏死区域的细胞也可见嗜酸性核内包涵体。慢性病例可见鼻窦炎。表现下呼吸道症状的病猫，可见间质性肺炎及支气管和细支气管周围组织坏死，有时可见气管炎及细支气管炎的病变，还有的猫鼻甲骨吸收，骨质溶解。

4. 结局

急性病例症状通常持续10～15天，成年猫感染后一般舌、硬腭、软腭发生溃疡，眼、鼻有典型的炎性反应，个别表现角膜炎甚至角膜溃疡，严重的造成失明。但成年猫死亡率较低，仔猫可达20％～30％。过病猫7天后症状逐渐缓和并痊愈。部分病猫则转为慢性，表现持续咳嗽、呼吸困难和鼻窦炎等症状。个别的病例有肺炎，肺、肝坏死及阴道炎的症状。

三、猫杯状病毒感染

猫杯状病毒感染又称猫传染性鼻—结膜炎或猫小RNA病毒感染，是由猫杯状病毒引起的猫上呼吸道病的一种发病率高、死亡率较低的疾病。临床上主要表现为上呼吸道症状、双相发热、结膜炎、浆液性和黏液性鼻漏、舌炎和轻度的支气管炎以及精神高度沉郁等症状。有的病猫听诊时有呼吸啰音。

1. 病因

病猫在急性期可随唾液、眼泪、尿液、鼻腔分泌物和排泄物排出大量病毒，病毒散播在外界环境中，污染笼具、垫料、猫床、地面和周围环境等，健康猫通过直接接触感染该病。

病毒可在扁桃体中持续存在。带毒猫一般是由急性病例转变而来，虽然没有明显的临床症状，但可以长期排出病毒，仍然是最重要和最危险的传染源。康复猫或成为持续感染的带毒猫，可在数月内不断排出病毒，特别是遇到应激或与其他疾病混合感染时，可在数月甚至数年后再排毒。常见在幼龄时受到感染的母猫同样又感染其仔猫的病例。

2. 病理变化

临床上表现为上呼吸道症状的猫，可见结膜炎、角膜炎、鼻炎、舌炎及气管炎，舌、腭部初为水疱，后期水疱破溃形成溃疡。

病理组织学观察可见溃疡的边缘及基底有大量中性白细胞浸润。表现下呼吸道症状的病猫肺部可见纤维素性肺炎及间质性肺炎，后者可见肺泡内蛋白性渗出物及肺泡巨噬细胞聚积，肺泡及其间隔可见单核细胞浸润。支气管及细支气管内常有大量蛋白性渗出物、单核细胞及脱落的上皮细胞。若继发细菌感染时，则可呈现典型的化脓性支气管肺炎的变化。表现全身症状的仔猫，其大脑和小脑的石蜡切片可见中等程度的局灶性神经胶质细胞增生及血管周围套出现。

3. 结局

本病如不继发感染时常自行耐过；当发生混合感染时，则呼吸道炎症更为严重，病死率提高。某些毒株仅能引起发热和肌肉疼痛而不见有呼吸道症状。

四、猫白血病

猫白血病是由猫白血病病毒引起的一种恶性淋巴瘤病，其主要特征是骨髓造血器官破坏性贫血，免疫系统极度抑制和全身淋巴系统恶性肿瘤。

本病毒是一种外源性 C 型反转录病毒，感染猫产生两类疾病，一类是白血病，表现为淋巴瘤、成红细胞性或成髓细胞性白血病。另一类主要是免疫缺陷疾病，这类疾病与前一类的细胞异常增殖相反，主要是以细胞损害和细胞发育障碍为主，表现为胸腺萎缩，淋巴细胞减少，中性粒细胞减少，骨髓红细胞系发育障碍而引起的贫血。后一类疾病免疫反应低下，易继发感染，近年来已将其与猫免疫缺陷病毒（Feline immunodeficiency virus, FIV）引起的疾病均称为猫获得性免疫缺陷综合征，即猫艾滋病（Feline acquired immunodeficiency syndrome, FAIDS）。

1964 年 Jarrett 等在美国首次发现本病，并从猫体内分离出病毒。目前，该病毒在世界许多国家的猫中发生感染，发病率和死亡率都很高，是猫的一种重要的传染病，引起各国的高度重视。

1. 病因

病毒通过消化道和呼吸道传播，通常认为，在自然条件下，消化道传播比呼吸道传播更易进行。在潜伏期感染的猫可通过唾液和尿液排出高滴度的病毒，每毫升唾液可含 $10^4 \sim 10^6$ 个病毒粒子。健康猫与病猫直接接触后，病毒在猫气管、鼻腔、口腔上皮细胞和唾液腺上皮细胞内复制。除水平传播外，也可垂直传播，有病的母猫经乳和子宫将病毒传染给胎儿和幼猫。病猫和带毒猫是本病的传染源，此类病毒存在于上呼吸道分泌物和唾液中，经污染环境和物品造成传播。此外，猫血液中含有病毒，所以吸血昆虫如猫蚤也可作为传播媒介。污染的食物、饮水、用具等也可能成为本病发生的原因。

2. 临床表现

潜伏期约 2 个月，本病属慢性消耗性疾患。通常表现为精神沉郁，食欲减退，体重下降，黏膜苍白等临床症状，其他临床症状随肿瘤存在部位不同而表现多种病型。

（1）消化器官型　本病型最为多发，约占全部病例的 30%，主要以消化道淋巴组织或肠系膜淋巴结出现 B 细胞性淋巴瘤为特征，腹部触诊时，可触摸到肠段、肠系膜淋巴结以及肝、肾等处的肿瘤块。临床上表现食欲减退，体重减轻，黏膜苍白，贫血，有时有呕吐或腹泻等症状。

（2）弥散型　本型病例约占全部病例的 20%，其主要症状是全身多处淋巴结肿大，身体浅表的病变淋巴结常可用手触摸到（颌下、肩前、腋下及腹股沟等）。病猫临床表现消瘦、精神沉郁等。

（3）胸型　该型常发生于青年猫。瘤细胞常具有 T 细胞的特征，严重者整个胸腺组织被肿瘤组织代替。有的波及纵膈前部和膈淋巴结，由于肿瘤形成，压迫胸腔形成胸水，进而压迫心脏及肺，常可引起严重呼吸和吞咽困难，心力也随之衰竭。

（4）白血病型　这种类型常具有典型症状，表现为初期骨髓细胞的异常增生。由于白细胞引起脾脏红髓扩张会导致恶性病变细胞的扩散及脾脏肿大，肝肿大，淋巴结轻度至中度肿胀。临床上出现间歇热，食欲下降，机体消瘦，黏膜苍白，黏膜和皮肤上出现出血点，血液学检验可见白细胞总数增多。

3. 病理变化

由于本病症状多种多样，病理变化也较复杂。猫白血病以淋巴结发生肿瘤为主，常可在病理切片中看到正常淋巴组织被大量含有核仁的淋巴细胞代替。病变波及骨髓、外周血液时，也可见到大量成淋巴细胞浸润。胸腺淋巴瘤时，由于胸腔渗出，剖检可见胸腔有大量积液，涂片检查，可见到大量未成熟淋巴细胞，肝、脾和淋巴结肿大，在相应脏器上可见到肿瘤。

4. 结局

本病目前尚无疫苗和有效的治疗方法，可用血清学疗法和放射疗法，抑制肿瘤的生长。同时可以尝试以抗生素防止二次细菌感染，输液供给营养及矫正脱水，投予抗病毒药物。有学者建议确诊后施行安乐死。

五、猫传染性腹膜炎

猫传染性腹膜炎又称猫冠状病毒病，是由猫传染性腹膜炎病毒引起的猫及猫科动物的一种慢性病毒性传染病，主要特征为腹膜炎、大量腹水聚积，腹膜膨胀和致死率较高。

1. 病因

猫的粪尿排出病毒，健康猫接触到病毒通过消化道感染，也可经媒介传播和胎盘垂直传播。其中昆虫也是该病发生的传播媒介。

2. 病理变化

湿性病例：病猫腹腔中大量积液，腹水清亮或浑浊，呈黄色或琥珀色，一旦与空气接触很快发生凝固，腹水量为25～700ml。胸腔、腹腔浆膜面无光泽，粗糙，覆有纤维蛋白样渗出物，在肝、脾、肾等器官表面也见有纤维蛋白附着。肝表面还可见直径1～3mm的小白色坏死灶，切面可见坏死深入肝实质中。少数病例还伴有胸水增加现象。

剖检干性病例：除可见眼部病变外，肝脏也可出现坏死，肾脏表面凹凸不平，有肉芽肿样变化，有时还有脑水肿的病变。

3. 结局

目前尚无有效的特异性治疗药物，一般抗生素无效。只能采用支持疗法，应用具有抑制免疫和抗炎作用的药物。一些猫在支持治疗下能存活数月至数年，但没有抗病毒药物，因此猫预后不良，一旦出现临床症状的猫多数是死亡。

六、猫肠道冠状病毒感染

猫肠道冠状病毒感染是由猫肠道冠状病毒引起的猫的一种新的肠道传染病，主要引起6～12周龄幼猫患肠炎。临床上主要以呕吐、腹泻和中性粒细胞减少为特征。

1. 病因

由于猫初乳中特异性抗体的作用，35日龄以下仔猫很少发病，6～12周龄猫最容易感染。发病的原因主要是：患猫、健康带毒猫可经粪便排出大量病毒，经消化道传染给健康猫。

2. 病理变化

本病与猪传染性胃肠炎病例的病变相似。尸体剖检常无明显损伤，自然感染的青年猫可见肠系膜淋巴结肿胀，肠壁水肿，粪便中有脱落的肠黏膜。除特别严重的病例外，几乎整个肠道损伤均可恢复。

3. 结局

无继发感染多能自愈，死亡率一般较低。

七、猫免疫缺陷病毒感染

猫免疫缺陷病毒感染是由猫免疫缺陷病毒引起的危害猫类的慢性接触性传染病，也称猫艾滋病（FAIDS）。临床表现以免疫功能缺陷、继发性和机会性感染、神经系统紊乱和发生恶性肿瘤为特征。

本病呈地方性流行，遍及美国和欧洲，在加拿大、日本、南非、新西兰、澳大利亚等国家也有流行。

1. 病因

猫免疫缺陷病毒主要经被咬伤的伤口而造成感染发病。散养猫由于活动自由，相互接触频繁，因此，较笼养猫的感染率要高。在猫两性间的互舐中，通过唾液也能传染本病。猫免疫缺陷病毒是否能通过精液传染尚未得到证实，母子间可相互传染。

2. 病理变化

根据临床症状表现不同，其病理变化也不相同。在盲肠和结肠可见肉芽肿，结肠可见亚急性多发性溃疡病灶，空肠可见浅表炎症。淋巴小结增生，发育异常呈不对称状，并渗入周围皮质区，副皮质区明显萎缩。脾脏红髓、肝窦、肺泡、肾及脑组织可见大量未成熟单核细胞浸润。在自然和人工感染猫的胸部，常有神经胶质瘤和神经胶质结节。

3. 结局

本病目前尚无特效治疗方法，应采取综合措施。对患病猫只采取对症治疗和营养疗法以延长生命。人类的重组性 α-干扰素也被广泛应用，以治疗免疫缺陷的猫，治疗费用不高而且有一定的效果，但是它们都不能使猫免疫缺陷病毒阳性转为阴性。

八、猫衣原体病

猫衣原体病又称猫肺炎，是由鹦鹉热衣原体引起的猫的一种高度接触性传染病。临床上主要以结膜炎、鼻炎和肺炎为特征。鹦鹉热衣原体可引起多种动物和人的多种疾病，已在我国许多地区发生。

1. 病因

易感猫主要通过接触具有感染性的眼分泌物或污物而发生水平传播，也可能通过鼻腔分泌物而发生气溶胶传播，但较少见，也可从眼及呼吸道分泌物大量排菌，扩散传播，污染的空气、尘埃、飞沫、饲料等经黏膜感染。

2. 病理变化

典型病变在眼、鼻、肺脏等器官。剖检可见结膜充血、肿胀，明显的中性粒细胞、淋巴细胞、组织细胞浸润性变性坏死，淋巴滤泡肿大。有的可见化脓性鼻炎，鼻腔内有脓汁，黏膜充血、出血、溃疡，肺脏间性肺炎病变。

3. 结局

由于衣原体是散布的，所以采用局部和系统同时治疗。应用四环素类和一些新的大环内酯类抗生素进行治疗，效果较好。

九、猫血巴尔通体病

猫血巴尔通体病又叫猫传染性贫血，是由一种在血液中增殖的微生物所引起猫的急性和慢性疾病。临床特征以贫血、脾肿大为主。于 1953 年首次发现于美国猫群，目前本病在世界很多国家存在。

1. 病因

本病的病因是经咬伤、抓伤，也可通过子宫垂直感染而发病。另外吸血的节肢动物（蚤、虱等）是重要的传播媒介，吸血节肢动物通过叮咬病母猫传递给新生子代。

2. 病理变化

感染的猫会发生长期的菌血症，初次感染往往造成一过性淋巴结病变和低热，一般菌血期持续时间不长。可视黏膜、浆膜黄染，血液稀薄，脾脏明显肿大，肠系膜淋巴结肿胀多汁，骨髓出现再生现象。

3. 结局

输血疗法最有效，对急性病猫更佳，但应选择在早期，即发现溶血现象或血细胞压积在

15%以下时，每隔2～3d输给30～80ml全血。这对于出现急性贫血症状的猫特别重要。使用抗生素也有一定的疗效。

但在治疗中约有1/3急性的病猫仍预后不良，即使临床治愈猫也可成为带菌者，呈隐性感染，在应激因素作用下仍有可能复发。

第四节　常见寄生虫病病理

一、犬球虫病

犬球虫病由艾美耳科等孢子球虫及二联等孢子球虫寄生于大肠和小肠黏膜上皮细胞内而引起的，一般致病力较弱，严重感染可引起肠炎，主要侵害幼犬。临床表现主要以血便、贫血、全身衰弱、脱水为特征。

本病广泛传播于犬群中，1～6月龄的幼犬对球虫病特别易感。在环境卫生不好和饲养密度大的犬场可严重流行。

1. 病因

本病各种品种、年龄、性别的犬均可感染，尤其幼犬对球虫病特别易感。病犬和带虫犬可通过粪便污染到食物、饮水、食槽以及周围环境。易感犬吞饮了被污染的食物和饮水，或吞食带球虫卵囊的苍蝇、鼠类均可发病。

2. 病理变化

球虫主要破坏肠黏膜上皮细胞，导致犬出血性肠炎和肠黏膜细胞脱落；回肠段黏膜肥厚，黏膜上皮剥蚀。慢性病理，小肠黏膜层内有白色结节，结节内充满球虫卵囊。

二、犬血液梨形虫病

犬梨形虫病是由犬巴贝斯焦虫和吉氏巴贝斯焦虫寄生与犬体内而引起的一种严重原虫病，临床表现为高度贫血，急性病例还有黄疸和血红蛋白尿和血红蛋白缺乏为主要特征。犬梨形虫病分布很广，世界各国都有。

1. 病因

梨形虫的媒介是蜱，蜱的成虫在带虫犬或病犬身上吸血时，把被犬梨形虫寄生的红细胞吸入肠内，在蜱肠道内大部分虫体被破坏，一部分虫体发生变态呈卷叶状，侵入肠的上皮细胞，进行多数分裂，出现很多细长的虫体，这些虫体侵入蜱体内的成熟卵内，在蜱卵内发育并在幼蜱的肠细胞中进一步大量分裂，最后在蜱的唾液腺内进行分裂，长成对犬有感染力的新虫体。当稚蜱或成蜱吸血时，虫体便随唾液接种入犬体。

2. 病理变化

除最急性不见病理变化外，其他可见内脏特别是肝、肾和骨髓充血；脾脏高度肿胀，脾髓呈暗蓝红色，坚实或中度软化；胃肠黏膜苍白，或者部分区域呈轻度潮红和水肿；胆囊含有多量浓缩的黑绿色略呈屑粒状的胆汁；膀胱常有含血红蛋白的尿液；各处淋巴结肿胀；心外膜和心内膜下常有点状出血；各组织均呈黄疸色。慢性病例除不见黄疸外，其他变化常更为显著，还有高度贫血的病变，体腔中聚有浆液。大脑焦虫病在脑切片中，寄生虫充满毛细血管和小动脉腔，几乎全呈细胞外游离状态。

病理图片示例见 彩图 17-49 。

三、弓形虫病

犬、猫弓形虫病属弓形虫科，弓形虫属的龚地弓形虫引起的一种原虫病。多数学者认为本属仅有1种，即龚地弓形虫，为人畜共患寄生虫，人也可感染，且致病性严重（图12-1）。多数为隐性感染，但也有出现症状甚至死亡的。

1. 病因

动物吃了猫粪中的感染性卵囊或含有弓形虫速殖子或包囊的中间宿主的肉、内脏、渗出物、排泄物和乳汁而被感染。速殖子还可通过皮肤、黏膜感染，也可通过胎盘感染胎儿。

猫之间的传染包括由受感染母猫的先天性垂直感染或在吞食受感染的卵囊后受传染。户外的猫在捕猎和吞食带有龚地弓形虫的中间宿主或机械性媒介物，如甲虫、蚯蚓和啮齿动物等时有受感染的危险。此外，幼猫吃生肉也可感染。

动物的营养不良、内分泌失调、怀孕泌乳甚至受寒等，都能造成易感因素。

2. 病理变化

病犬胃肠道黏膜出血，并有大量大小不一的溃疡灶，肠系膜淋巴结肿大、出血，表面及切面有大小不等的坏死区。肝脏轻度脂肪浸润，个别病例有不规则的坏死灶。肺脏有灰白色的结节，大小不一。心肌有小的坏死灶。在无继发细菌感染的病犬内脏病理变化不明显。

病猫肺脏有结节、水肿，肝脏肿胀，并有坏死灶；心肌出血、坏死；淋巴结不同程度肿胀、出血或坏死。急性病例胸腔和腹腔有大量淡黄色的液体。

病理图片示例见 彩图 17-50 和 彩图 17-51 。

四、蛔虫病

蛔虫病是幼年犬、猫常见寄生虫病，其病原主要为犬弓首蛔虫、猫弓首蛔虫和狮弓首蛔虫，寄生于小肠内，分布于世界各地。常引起幼犬和幼猫发育不良，生长缓慢，严重时可引起死亡，其中犬弓首蛔虫最为重要。成年犬多带有蛔虫，但一般不表现出症状，却可成为本病的常在感染源。一般情况下，对于成年犬的危害是不会致命的，但对于幼犬的危害是很大的。蛔虫病对仔犬、小犬危害明显，是幼犬肠套叠的主要因素之一，严重影响其生长发育和育肥，甚至可以引起死亡。

1. 病因

犬、猫蛔虫的感染性虫卵可被转运宿主摄入，在转运宿主体内形成含有第 3 期幼虫的包囊，动物捕食转运宿主后发生感染。犬弓首蛔虫的转运宿主为啮齿类动物；猫弓首蛔虫的转运宿主多为蚯蚓、蟑螂、一些鸟类和啮齿类动物。

2. 临床表现及病理变化

临床表现随动物年龄、体质及虫体所处的发育阶段和感染强度不同而有所差异。蛔虫在小肠内造成机械性刺激，夺取机体营养并分泌毒素。成年动物感染后一般症状不明显，仅表现为营养不良，渐进性消瘦，经常排出虫体。蛔虫在犬肠道内是比较粗大的寄生虫，寄生的数量不等。一例在一两个月的幼犬蛔虫性梗阻手术中一次由肠腔中取出 83 条蛔虫。蛔虫在狭窄的小肠中，对肠道机械性刺激最为严重，可引起卡他性肠炎、肠黏膜损伤、出血。特别是在饥饿、发热、饲喂食物改变及环境因素改变的情况下，虫体活动更为频繁，可窜入胃、胆管或胰管内，引起呕吐、腹痛、黄疸等症状。当虫体大量集结成团时可造成肠管阻塞，更易引起肠套叠，以致肠坏死及穿孔。虫体在小肠内寄生时向机体掠夺了大量的营养，可导致机体消瘦、贫血、营养不良症状。虫体在体内发育过程中，不断分泌毒素损害机体，可使造血器官和神经系统中毒，出现贫血及神经症状及过敏反应。

蛔虫幼虫在犬体内移行过程中，损伤肠壁、肺毛细血管及肺泡壁，幼虫移行可引起腹膜炎、败血症、肝脏的损害和蠕虫性肺炎，严重者可见咳嗽、呼吸频率加快和泡沫状鼻漏，多出现在肺脏移行期，重度病例可在出生后数天内死亡；狮弓蛔虫无气管移行。成虫寄生于小肠，可引起胃肠功能紊乱、生长缓慢、被毛粗乱、呕吐、腹泻、腹泻便秘交替出现、贫血、神经症状、腹部膨胀，有时可在呕吐物和粪便中见完整虫体。大量感染时可引起肠阻塞，进而引起肠破裂、腹膜炎。成虫异常移行而致胆管阻塞、胆囊炎。

本病主要见于幼犬。主要症状大致为患犬食欲不振，渐进性消瘦、发育迟缓；便秘或腹泻，腹痛，呕吐，腹围增大，呛乳时有一种特殊的呼吸音，伴有鼻排泄物；可视黏膜发白、营养不良、被毛粗乱无光、食欲不振、呕吐，偶见呕吐物中有虫体；异嗜，消化功能障碍，隔腹触压肠管，大量虫体寄生时可感到肠管套叠界线；有腹痛症状，患犬不时地叫唤。出现套叠或梗阻时，患犬全身情况恶化、不排便。虫体释放的毒素可引起患犬兴奋、痉挛、运动麻痹、癫痫等神经症状。

另外，虫体在肺移行中，出现咳嗽，重者可造成肺炎症状，体温升高。

五、绦虫病

绦虫病是犬常见的寄生虫病。绦虫的成虫对犬的健康危害很大，它们的幼虫期大多数以其他动物（或人）为中间宿主，严重危害动物和人体健康。

1. 病因

本病的病因是犬吞食了含有幼虫的中间宿主而感染发病。

2. 临床表现

重度感染时，可出现肠卡他、肠炎、出血性肠炎呕吐、症状。当肠管逆蠕动，虫体可进入胃中，呕吐时虫体可随胃内容物一同呕出。粪便可见到大量脱落的节片。患犬可见有异嗜、渐进性消瘦、营养不良、贫血、精神沉郁。有的可见有神经症状、抽搐、痉挛等症状。

3. 病理变化

当虫体在体内大量寄生时，虫体头部的小钩和吸盘叮附在小肠黏膜上，引起肠黏膜损伤和肠炎，虫体吸取机体大量的营养，给犬生长发育造成障碍；使机体营养不良、消瘦、贫血。虫体在代谢过程中不断分泌毒素，刺激机体，可出现神经症状，部分虫体在肠道中聚集成团，可造成肠阻塞、肠扭转、肠套叠及肠穿孔等症状。

六、犬恶心丝虫病

犬恶心丝虫病又称犬恶丝虫病，是由丝虫科、恶丝虫属的犬恶心丝虫寄生于犬右心室及肺动脉引起的一种寄生虫病。临床上以循环障碍、呼吸困难、贫血等为主要特征。犬恶心丝虫能感染犬、猫、狐、狼等多种动物。

1. 病因

犬恶心丝虫的中间宿主是蚊子，蚊子在吸血时，犬恶心丝虫的微丝蚴进入蚊体内，经过两次蜕皮变为感染性幼虫，并移行到蚊的口器内。中华按蚊、白纹伊蚊、淡色库蚊等多种蚊均为犬恶心丝虫的中间宿主。蚊除外，其微丝蚴也可在犬虱和猫虱体内发育，当感染性幼虫的蚊再次吸犬血时，将虫体带入犬体内，造成感染。

2. 病理变化

成虫寄生于犬的右心室及肺动脉中，由于虫体刺激心内膜，可引起心内膜发炎并继发心肥大和右心室扩张；虫体可寄生在肝动脉中，出现动脉内膜炎，并可继发静脉淤血引起腹水，肺内可有幼虫刺激肺细胞，造成上呼吸道感染症状，引起咳嗽、呼吸困难等症状。

病理图片示例见 彩图 17-52 。

【本章小结】

宠物疫病包括宠物传染病和宠物寄生虫病两个部分。本章分别从犬、猫共患传染病，犬的传染病，猫的传染病和宠物常见寄生虫病四个方面详细阐述了宠物疫病发病所表现的病理变化，对于临床中发生频率较高的疫病，进行了重点叙述。在宠物传染病部分，对每一个传染病的最后结局进行了分析描述，有助于判断疫病的预后。

【思考题】

1. 犬瘟热的病理变化有哪些？

2. 犬细小病毒病的病理变化有哪些？

3. 犬传染性肝炎的病理变化有哪些？

4. 猫瘟热的病理变化有哪些？

5. 宠物弓形虫病的病理变化有哪些？

6. 病例：2013年3月初，养犬户王某先后从农户家和市场购入28只断乳幼犬，放入自建的养犬场，分三个犬舍饲养。20天后有一犬舍中的幼犬出现高热、精神沉郁、食欲不振或拒食现象，该栏舍共圈养了9只幼犬，先后发病的2只病犬死亡，剩下的7只都出现相似症状。解剖死亡的2只病犬，观察到病犬可视黏膜黄染，有出血斑点。肝、脾增大，局部呈灶性坏死，有出血点，胆囊充血肿大，包膜增厚，不易分离，膀胱黏膜水肿，有出血点。肠系膜淋巴结出血肿大，小肠黏膜水肿，弥散性出血。心包膜增厚，有出血点。经询问该养犬户没有进行任何疫苗的注射。根据症状、病理变化和流行病学可初步诊断为什么病？该病发生时还可能出现哪些病理变化？

微信扫码立领

- 读课件 助通关
- 查彩图 辨细节
- 养宠物 多交流

第十八章 宠物尸体剖检技术

【知识目标】 掌握尸体剖检准备、注意事项，各种宠物尸体剖检的方法。

【技能目标】 能够运用剖检方法剖检宠物尸体，观察识别动物死后尸体的变化和常见的病理变化，并能掌握各种病理材料的采取、包装、保存和运送。

【课前准备】 了解尸体剖检准备、注意事项，各种宠物尸体剖检的方法，以及各种病理材料的采取、包装、保存和运送。

第一节 尸体剖检前的准备工作

宠物尸体剖检是为了阐明尸体的所有病理变化而确定其死亡原因，也是研究宠物疾病的最为宝贵的材料。尸体剖检要全面、完整地检查尸体，最后得出宠物疾病诊断的可靠方法。剖检前，必须对宠物尸体的来源、临床表现、已采取的治疗措施等进行充分的调查和了解，确立宠物尸体剖检的可行性，做好宠物尸体剖检前的准备工作，才能使尸体剖检顺利进行。剖检时，必须对病死尸体的病理变化做到全面观察，客观描述，详细记录，进行科学分析和推理判断，做出客观的病理解剖诊断。

一、尸体剖检前的准备工作

1. 剖检场地的选择

宠物尸体剖检，一般在宠物医院剖检室内进行，剖检前要对宠物医院剖检室进行彻底检查，上下水是否正常畅通，剖检台的位置、高低是否合理。清理剖检室内其他与剖检无关的物品，以免剖检过程中受到污染。如果条件不许可而在室外剖检时，应选择地势较高、环境较干燥，远离水源、道路、房舍的地点进行。

2. 尸体剖检常用的器械和药品

根据死前症状或尸体特点准备解剖器械，一般应有解剖刀、剥皮刀、脏器刀、外科刀、外科剪、肠剪、骨剪、骨钳、镊子、骨锯、双刃锯、斧头、骨凿、阔唇虎头钳、探针、量尺、量杯、注射器、针头、天平、磨刀棒或磨刀石等。如没有专用解剖器材，也可用其他合适的刀、剪代替。准备装检验样品的灭菌平皿、镊子和固定组织用的盛有 10% 福尔马林或 95% 酒精的广口瓶。常用消毒液，如 3%～5% 来苏水、石炭酸、0.2% 高锰酸钾、70% 酒精、3%～5% 碘酒等。此外，还应准备凡士林、滑石粉、肥皂、棉花和纱布等。

3. 剖检人员的防护

剖检人员，特别是在剖检传染病尸体时，应穿工作服，外罩胶皮或塑料围裙，戴胶手套、线手套、工作帽，穿胶鞋。必要时还要戴上口罩和眼镜。在剖检中不慎切破皮肤时应立即消毒和包扎。在剖检过程中，应保持清洁，注意消毒。常用清水或消毒液洗去剖检人员手上和刀剪等器械上的血液、脓液和各种排出物。剖检后，双手先用肥皂洗涤，再用消毒液冲洗。为了消除粪便和尸腐臭味，可先用 0.2% 高锰酸钾溶液浸洗，再用 2%～3% 草酸溶液洗涤，退去棕褐色后，再用清水冲洗。

二、尸体剖检的注意事项

1. 尸体剖检的时间

犬、猫、鸽等宠物死亡后，受体内酶和细菌作用，以及外界环境的影响，逐渐发生一系列的死后变化。如尸冷、尸僵、尸斑、血液凝固、尸体自溶与腐败。

（1）尸冷　动物死后，由于动物体内产热过程停止，尸体温度逐渐降至外界环境温度。

（2）尸僵　动物死亡后尸体的肌肉发生僵硬，称尸僵。一般在动物死后1～6h开始发生，经24～48h开始缓解，即解僵。

（3）尸斑　是动物死后，由于血液受重力作用而沉降到尸体下部而出现的色斑。

（4）血液凝固　是指血液在血管内的凝集。死亡时间较慢时，血凝块分为两层，上层呈黄色的鸡油样血浆层，下层是暗红色红细胞层；死亡时间较快时，血凝块呈一致的暗红色；死于败血症或窒息、缺氧的动物，血液凝固不良或不凝固。

（5）尸体的自溶和腐败

① 尸体的自溶　是指体组织受到自身蛋白酶的作用而引起的自体消化过程，表现最明显的是胃和胰腺，如胃黏膜脱落。

② 尸体腐败　是指尸体组织蛋白由于细菌作用而发生腐败分解的现象。死于败血症过程或有大面积化脓的动物尸体极易腐败。

因此，宠物死后，尸体剖检越早越好。尸体放久后，会出现自溶、腐败分解，而影响对原有病变的观察和诊断。一般死后超过24h的尸体，就失去了剖检意义。如果在夜间死亡，可根据体温可判断宠物死亡时间，一般体温每下降1℃死亡1h，剖检最好在白天进行，这样能够清晰观察黄疸、变性等病变的颜色。

2. 剖检的对象

犬、猫等宠物尸体作为剖检对象时，根据尸僵、尸冷等尸体变化，判断死亡时间，仍具有剖检意义后再进行剖检。对于鸽等群体宠物尸体作为剖检对象时，挑选具有典型症状的尸体进行剖检。原因不明的病鸽，应适当增加被剖检病鸽的数量，因为鸽的任何疾病都受年龄的大小、感染迟早、病程长短、感染类型等多种因素影响，典型的病变不一定在每一只鸽中明显、真实地反映出来，而往往需要剖检一定的数量才能得出可靠的结果。

3. 剖检前的其他工作

（1）剖检前尸体调查　对尸体来源、病史、发病经过、治疗用药及死亡情况等，进行现场了解或向送检人询问情况，注意询问内容与疾病可能有关的一般性及特殊性。

（2）剖检前的体表检查　尸体剖检前，先对被检宠物外表作详细的检查，如对可视黏膜、被毛、皮肤等，检查有无伤口、充血、淤血、出血、化脓、肿块、结节等，被毛内有无体外寄生虫，生前营养状况等。

（3）剖前的病料采取　细菌和病毒分离培养的病料要先无菌采取，最后再取病料做组织病理学检查。

4. 剖检过程中的注意事项

（1）剖检人员的自我防护　剖检人员要做好个人防护。应准备3％碘酊、2％硼酸水、70％酒精、棉花、纱布等用品。为做好个人防护，剖检时要穿防护工作服，戴橡胶手套，穿胶鞋，戴眼镜以防污水溅入眼内（如血液或其他渗出液喷入眼内时，应用2％硼酸水洗眼），必要时戴口罩等。对人畜共患病的宠物尸体，应严防病原体传染给检验人员及在场的人。剖检过程若不慎划破皮肤，应立即停止操作，立即涂上碘酊，妥善包扎。

（2）病变的切取　剖检过程中随时用水冲洗器械上的脓、血、粪便。认真地检查病变，客观描述。未经检查的脏器，不要用水冲洗，以免改变其原来的状态。切脏器的刀、剪应锋利，切开脏器时，要由前向后，一刀切开，不要由上向下挤压或拉锯式切开。切开未经固定的脑和脊髓时，应先使刀口浸湿，然后下刀，否则切面粗糙。

5. 尸检后处理

剖检完毕，先妥善处理宠物尸体、剖检器材、场地和剖检者的衣物。避免造成再生传染源。

（1）衣物和器材　剖检中所用衣物和器材最好直接放入煮锅或手提高压锅内，经灭菌后，方可清洗和处理；解剖器械也可直接放入消毒液内浸泡消毒后，再清洗处理。橡胶手套消毒后，用清水洗净，擦干，撒上滑石粉。金属器械消毒清洁后擦干，涂抹凡士林，以免生锈。

（2）尸体　为了不使尸体和解剖时的污染物成为传染源，剖检后的尸体最好是焚化或深埋。特殊情况如人兽共患病或烈性病尸体要先用消毒药处理，然后再焚烧。室外剖检时，尸体要就地深埋，深埋之前在尸体上洒消毒液，尤其要选择具有强烈刺激异味的消毒药如甲醛等，以免尸体被意外挖出。

（3）场地　剖检结束后剖检室要进行彻底消毒，以防污染周围环境。如遇烈性传染病，检验工作在现场进行时，当撤离检验工作点时，要做终末消毒，以保证使用者的安全。

第二节　宠物尸体剖检程序

一、宠物尸体检查

为了全面系统地检查尸体所呈现的病理变化，应考虑到犬、猫、鸽等宠物解剖结构的特点，器官和系统之间的生理解剖学关系，疾病的性质以及术式的简便和效果等。剖检必须按照一定的方法和顺序进行，但对于所有的宠物而言，一般剖检先由体表开始，然后是体内，体内的剖检顺序，通常从腹腔开始，之后胸腔，再后则其他。

1. 外部检查

在剥皮之前检查尸体的外表状态。外部检查的内容主要包括以下几方面。

（1）皮肤和被毛的检查　犬、猫剥皮前应仔细检查尸检外部变化，主要检查天然孔有无异常分泌物，注意被毛的光泽度，皮肤的厚度、硬度及弹性，有无脱毛、污染、褥疮、溃疡、脓肿、创伤、出血、水肿、化脓、炎症、色泽等异常变化以及营养状况。分析上述犬皮肤的损伤、体表异常出现的原因、性质和发生的时间有助于下一步诊断，如犬瘟热时犬鼻孔可见附着淡黄色痂皮或分泌物，猫耳炎或耳疥癣时其外耳道有痂皮。

（2）可视黏膜的检查　注意检查眼结膜、鼻腔、口腔、肛门和生殖道可视黏膜颜色，黏膜的状态通常反映机体贫血、黄疸、缺氧等病理过程。可视黏膜的变化可反映出某些病理过程的表在体征。检查各天然孔的开闭状态，有无分泌物、排泄物及其性状、数量、颜色、气味和浓度等。

（3）尸体变化的检查　犬、猫等宠物死亡后，舌尖伸出于卧侧口角外，由此可以确定死亡时的位置。检查尸冷、尸僵、尸斑、血液凝固及尸体腐败等尸体变化，有助于判定死亡发生的时间，有利于区别死后尸体变化。

2. 内部检查

内部检查包括剥皮、皮下检查、体腔的剖开及内脏的采出和检查等。

（1）剥皮和皮下检查　为了检查皮下病理变化并利用皮革的经济价值，在剖开体腔以前应先剥皮。在剥皮过程中，注意检查皮下有无充血、出血、水肿、脱水、炎症和脓肿等病变，并观察皮下脂肪组织的多少、颜色、性状及病理变化的性质等。剥皮后，应对肌肉和生殖器官做一大概的检查。

（2）暴露腹腔，视检腹腔脏器　按不同的切线将腹壁掀开，露出腹腔内的脏器，并立即进行视检。检查的内容包括：腹腔液的数量和性状，腹腔内有无异常内容物，腹膜的性状，腹腔脏器的位置和外形，横膈膜的紧张程度，有无破裂等。

（3）胸腔的剖开和胸腔脏器的视检　剖开胸腔，注意检查胸腔液的数量和性状，胸腔内有无异常内容物，胸膜的性状，肺脏，胸腺，心脏等。

（4）腹腔脏器的采出　腹腔脏器的采出与检查可以同时进行，也可以先采出后检查。腹腔脏器的采出包括胃、肠、肝、脾、胰、肾和肾上腺等的采出。

（5）胸腔脏器的采出　为使咽、喉头、气管、食道和肺联系起来，以观察其病变的互相联系，可把口腔、颈部器官和肺脏一同采出。但在大宠物一般都采用口腔、颈部器官、胸腔器官分别采出。

（6）口腔和颈部器官的采出　先检查颈部动静脉、甲状腺、唾液腺及其导管，颌下和颈部淋巴结有无病变，然后采出口腔和颈部的器官。

（7）颈部、胸腔和腹腔器官的检查　脏器的检查最好在采出的当时进行，因为此时脏器还保持着原有的湿润度和色泽。主要检查心、肝、脾、肺、肾、胃、肠、气管等各个脏器的被膜、体积、颜色、质地等变化以及切面的颜色、湿润度、凸凹度、有无渗出液等变化。

（8）骨盆腔脏器的采出和检查　在未采出骨盆腔脏器前，先检查各器官的位置和概貌。可在保持各器官的生理联系下一同采出。雄性宠物先分离直肠并进行检查，然后检查包皮、龟头、尿道黏膜、膀胱、睾丸、附睾、输精管、精囊及尿道球腺等；雌性宠物检查直肠、膀胱、尿道、阴道、子宫、输卵管和卵巢的状态。如剖检妊娠子宫，要注意检查胎儿、羊水、胎膜和脐带等。

（9）脑的采出和检查　剖开颅腔采出脑后，先观察脑膜有无充血、出血和淤血。再检查脑回和脑沟的状态（禽除外），然后切开大脑，检查脉络丛的性状和脑室有无积水。最后横切脑组织，检查有无出血及溶解性坏死等变化。

（10）鼻腔的剖开和检查　用骨锯（大、中宠物）或骨剪（小宠物和鸟）纵行把头骨分成两半，其中的一半带有鼻中隔，或剪开鼻腔，检查鼻中隔、鼻道黏膜、额窦、鼻甲窦、眶下窦等。

（11）脊椎管的剖开、脊髓的采出和检查　剖开脊柱取出脊髓，检查软脊膜、脊髓液、脊髓表面和内部。

（12）肌肉、关节的检查　肌肉的检查通常只是对肉眼上有明显变化的部分进行，注意其色泽、硬度，有无出血、水肿、变性、坏死、炎症等病变；关节的检查通常只对有关节炎的关节进行，看关节部是否肿大，可以切开关节囊，检查关节液的含量、性质和关节软骨表面的状态。

（13）骨和骨髓的检查　主要对骨组织发生疾病的病例进行，先进行肉眼观察，检验其硬度及其断面的形象。骨髓的检查对于与造血系统有关的各种疾病极为重要。检查骨干和骨端的状态，红骨髓、黄骨髓的性质、分布等。

二、病理剖检的术式方法

1. 犬、猫尸体剖检术式

犬、猫的尸检，一般检查顺序为：外部检查→剥皮与皮下组织→腹腔的剖开与检查→胸腔剖开与检查→其他组织器官的检查。

（1）外部检查　查看犬、猫尸体的天然孔有无异常以及分泌物性质、被毛和皮肤有无损伤和异常。

（2）剥皮与皮下组织检查　取仰卧式，腹部向上，置于剖检台上，四足分开固定，腹部用消毒液消毒。沿腹中线上起下颌部，下至耻骨缝处切开皮肤，再沿中线切口向腿部切开，然后分离皮肤，检查皮下结缔组织和肌肉有无出血、黄染等异常变化。

（3）腹腔的剖开与检查　从剑状软骨处沿腹白线至耻骨前缘作为第一切口，然后在剑状软骨处垂直于第一切口，沿最后一肋骨后缘切开两侧腹壁止于腰肌，除去大网膜后整个腹腔充分暴露出来，观察腹腔渗出液的有无、性状，腹膜有无炎症、增厚或粘连，腹腔器官有无扭转、套叠、膈疝等异常。如果发现肠套叠时，应区别病理性肠套叠和濒死时引起的肠套叠。胃扭转时，可见幽门位于左侧，局部呈绳索状，贲门及其上部食道扭转，闭塞，紧张，同时胃扩张，胃大小弯和脾移至右侧。

视诊检完腹腔后，摘出和分离腹腔器官，依次检查肝、胆囊、胃、脾、肠、胰、肠系膜及其淋巴结、肾脏、膀胱和生殖器官等有无异常。

（4）胸腔的剖开与检查　在肋骨上缘，用骨剪剪断胸骨与肋骨交界处。提起胸壁，使胸腔暴露后，检查胸腔和心包的液体数量及性状，胸膜和心包膜有无炎症、增厚或粘连等变化，然后摘出胸腺，并将心、肺、气管、食管及喉头一同摘出，依次检查各器官有无病理变化。

（5）其他组织器官的检查　检查完内脏器官之后，必要时打开颅腔进行检查。打开口腔时，从颊部做纵行切口，然后将一侧下颌支剪断，向外侧翻转，然后舌、口腔全部暴露出来。颅腔剖开时，首先在枕骨与第一颈椎的关节处切断，将头与躯体分离，放于剖检盘内，在两眼后缘横劈额骨，然后将两侧颞骨及枕骨劈开，即可掀开颅顶骨，暴露颅腔。检查脑膜有无充血、出血。必要时取材送检。

2. 鸽尸体剖检术式

（1）外部检查　病死鸽在剖开体腔前，应先检查尸体的外部变化。主要包括鸽的营养状况、羽毛状态、色泽和分布情况、皮肤、脚上鳞片、趾爪、体态、体表清洁度、天然孔及尸僵情况等进行检查。

（2）剖检前处理　术者戴上医用手套，将死鸽放入盆中的消毒液里进行体表消毒，并注意防止鸽身上可能被污染的羽毛飘动向外散布病原。未死鸽可用拇指和食指紧压枕骨和寰椎骨之间，使两骨断离致死；或用拇指和食指用力捏紧喉头气管处，使其窒息死亡；也可用注射器向心脏注入 10～25ml 空气，致死后浸透消毒液。

（3）皮下组织和肌肉的检查　将鸽从消毒液中取出，并使其两脚向术者仰卧于解剖盘上，术者一手捏起死鸽腹股沟处的皮肤，另一手持外科剪剪开腹股沟部一侧的皮肤，同样方法剪开另一侧腹股沟的皮肤，然后再用手捏起胸骨后缘、剑状软骨末端与肛门之间的皮肤并横向剪开，使前后三个剪口在此会合。接着，一手将此皮朝前躯方向掀起，另一手继续用剪进行皮肤分离至嗉囊部位，至此暴露出整个胸腹肌及其皮下组织和两腿内侧肌肉。观察皮下、肌肉有无苍白、淤血、充血、出血、结节、渗出物、肿胀等异常情况。随后反折腰股部，使两髋关节脱臼，以免鸽尸仰卧放置时发生摆动。

（4）体腔的剖开和视检　以外科剪的尾尖在剑状软骨端的上述剪口会合处刺穿腹膜，扩大创口，由任一边腹侧向前，沿硬软肋骨交接处剪至肩关节，在肩关节缝处剪开，使其脱节，再向前剪断锁骨。用相同方法，剪开另一侧胸腹壁。这样，两侧胸腹壁被完全剪开。再于嗉囊后缘横向剪断，剥离整块胸腹壁，至此已全部打开了胸腔和腹腔。此时可以原位观察气囊和体腔内各脏器有无异常变化和异味。

（5）内脏器官分离与检查　以一手持外科镊，一手持外科剪，在心脏前部的连接处捏起并剪断。用镊子夹紧已剪断的食道并朝鸽后躯的方向拉动，另一手持剪随时分离与之相连的气囊和肾脏，最后把胃肠道往后拉，在直肠处剪断，取下整个胃肠道、肝和脾。

① 胃肠　剪开腺胃，注意有无寄生虫，腺胃黏膜分泌物的多少、颜色、状态；腺胃乳头、乳头周围、腺胃与食管、腺胃与肌胃交界处有无出血、溃烂。再剪开肌胃，剥离角质膜，注意有无出血点等。然后将肠道纵行剪开，检查内容物及黏膜状态，有无寄生虫和出血、溃烂，肠壁上有无肿瘤、结节。注意盲肠是否肿大及盲肠硬度、黏膜状态及内容物的性状。注意泄殖腔有无变化。

② 脾脏　注意脾脏大小、形状、表面、质地、颜色、切面的变化。

③ 肝脏和胆囊　注意肝脏色泽、大小、质地，有无肿瘤、出血、坏死灶；注意胆囊的大小、色泽。

④ 肾脏　贴附在腰椎两侧肾窝内，质脆不易采出，可在原位检查。重点检查肾脏体积、颜色，有无出血、坏死，切面有无血液流出，有无白色尿酸盐沉积。

⑤ 卵巢与输卵管　左侧卵巢发达，右侧成年已退化。注意卵巢和输卵管的形状和颜色的变化。输卵管做纵向切开，检查管腔有无寄生虫，黏膜有无炎症、肿胀或增生物。

⑥ 睾丸　睾丸位于体腔肾前叶腹侧，色淡黄白色。注意其形状、大小、颜色、表面、切面

和质地。

⑦ 心、肺　心脏重点检查心冠、心内外膜、心肌有无出血点，心包内容物的多少、状态，心腔有无积血及积血颜色、黏稠度。分别将两叶肺从肋骨翻向外侧，并检查肺脏有无炎症、水肿、气肿、结节和其他异常变化。

（6）颈部器官检查　将头部朝向剖检者，剪开嘴角打开口腔，将舌、食管、嗉囊剪开，注意嗉囊内容物的颜色、状态、气味，食管黏膜性状。然后剪开喉头、气管、支气管，注意气管内有无渗出物及渗出物的多少、颜色、状态等。

（7）脑和外周神经的检查　颈的中部横向剪断颈皮，并向头的方向掀拉，用剪将其与头骨分离至嘴的基部，观察颅骨，再用剪分别于颅骨后部、眼眶后缘、上缘及颅骨中线剪开，剔离颅骨，检查脑、脑膜有无充血、出血、水肿、异常颜色及坏死等变化。

检查位于肋骨前的臂神经丛及肾脏背侧部的坐骨神经丛和坐骨神经（位于两大腿内侧后第二块肌肉，即坐骨肌下），观察有无水肿、粗细不均及色泽异常。

三、各器官的常见病理变化

1. 淋巴结

要特别注意颌下淋巴结、颈浅淋巴结、髂下淋巴结、肠系膜淋巴结、肺门淋巴结等的检查。注意检查其大小、颜色、硬度，与其周围组织的关系及横切面的变化。

2. 肺脏

首先注意其大小、色泽、重量、质度、弹性、有无病灶及表面附着物等。然后用剪刀将支气管剪开，注意检查支气管黏膜的色泽、表面附着物的数量、黏稠度。最后将整个肺脏纵横切割数刀，观察切面有无病变，切面流出物的数量、色泽变化等。

3. 心脏

先检查心脏纵沟、冠状沟的脂肪量和性状，有无出血。然后检查心脏的外形、大小、色泽及心外膜的性状。最后切开心脏检查心腔。沿左侧纵沟切开右心室及肺动脉，同样再切开左心室及主动脉。检查心腔内血液的性状，心内膜、心瓣膜是否光滑，有无变形、增厚，心肌的色泽、质度，心壁的厚薄等。

4. 脾脏

脾脏摘出后，注意其形态、大小、质度；然后纵行切开，检查脾小梁、脾髓的颜色，红、白髓的比例，脾髓是否容易刮脱。

5. 肝脏

先检查肝门部的动脉、静脉、胆管和淋巴结。然后检查肝脏的形态、大小、色泽、包膜性状、有无出血、结节、坏死等。最后切开肝组织，观察切面的色泽、质度和含血量等情况。注意切面是否隆突，肝小叶结构是否清晰，有无脓肿、寄生虫性结节和坏死等。

6. 肾脏

先检查肾脏的形态、大小、色泽和质度，然后由肾的外侧面向肾门部将肾脏纵切为相等的两半（鸟类除外），检查包膜是否容易剥离，肾表面是否光滑，皮质和髓质的颜色、质度、比例、结构，肾盂黏膜及肾盂内有无结石等。

7. 胃的检查

检查胃的大小、质度，浆膜的色泽，有无粘连，胃壁有无破裂和穿孔等，然后沿胃大弯剖开胃，检查胃内容物的性状、黏膜的变化等。

8. 肠管的检查

从十二指肠、空肠、回肠、大肠、直肠分段进行检查。在检查时，先检查肠管浆膜面的情况，然后沿肠系膜附着处剪开肠腔，检查肠内容物及黏膜情况。

9. 骨盆腔器官的检查

雄性宠物生殖系统的检查，从腹侧剪开膀胱、尿管、阴茎，检查输尿管开口及膀胱、尿道黏膜，尿道中有无结石，包皮、龟头有无异常分泌物；切开睾丸及副性腺检查有无异常。雌性宠物生殖系统的检查，沿腹侧剪开膀胱，沿背侧剪开子宫及阴道，检查黏膜、内腔有无异常；检查卵巢形状，卵泡、黄体的发育情况，输卵管是否扩张等。

第三节　剖检记录、报告的编写格式和内容

宠物剖检过程中要对剖检所见病变进行全面、客观、准确的记录，如遇到特殊情况，无法用文字表达出来，可以进行绘图说明或用照相机拍照保存下来，以便剖检后对此进行观察和分析。剖检记录、报告主要包括主诉、发病经过、主要症状及体征、临床诊断、治疗经过、各种化验室检查结果、死亡前的表现及临床死亡原因等。

一、病理剖检报告的内容

在原始记录的基础上，结束病理检验后，应整理或对外出具剖检报告。报告的形式常用表格式，其优点是明了、简便，缺点是填写内容受到格式所限。因此，必要时要另纸补上。剖检报告的内容主要有以下几个方面。

1. 发病概况

① 宠物主人信息　姓名、地址、单位。

② 宠物信息　种类、品种、性别、年龄、外貌特征。

③ 发病经过　开始发病的时间、症状、治疗以及死亡情况，有无传染性，以及周围同种或其他宠物是否发生同样的疾病等。

2. 病理学检验

① 体表检查所见。

② 剖检病变所见。

③ 病理组织学检查。

3. 病理学诊断结果

4. 剖检地点、编号、日期、检验人员签名

二、病理剖检记录格式

病理剖检记录　　　　　　编号 ....

宠物主人姓名		住　　址		电　　话	
宠物种别		品　　种		年　　龄	
剖检地点		死亡时间		剖检时间	
临床病历概要(发病日期、临床症状、治疗情况、死亡情况等)					
(一)外部检查 (二)内部检查 (三)病理学诊断 [根据各器官的病理变化进行综合分析，做出病理学诊断，写出病变名称，从中找出主要病变(写在前面)和次要病变(写在后面)]					
结论(分析各种病变之间的关系，结合临床症状、化验结果进行综合分析，提出诊断的病名或初步诊断结论)					
剖检者签字：　　　　　　　　　　年　月　日					

第四节　病理材料采取、保存与送检

在宠物疾病诊断过程中，需要从宠物体内采取各种病料进行实验室检验，以达到最终确诊的目的，其中病料的采集、运输与保存是影响宠物疾病诊断的一个重要环节。根据不同的检验目的，病料的采取、包装、保存、运输的方法也有所不同。

一、病料的采取

由于所采病料组织的不同及检验目的的差异，所用的器械、用具、采取的方法也有很大差异。

1. 微生物检验病料的采取

采取病料时，要求采取病料所用器械和采集过程不受污染，因此对容器和刀剪、注射器、镊子等用具根据条件进行高压灭菌、干热灭菌或煮沸消毒，或临时用火焰灼烧灭菌。

采取病料的种类应根据疾病的种类而定，对急性败血性疾病，应采取心脏、脾脏、肝脏和淋巴结等；其他慢性或局部性病变，主要采取病变部分材料。采取活体动物的脓汁、鼻液和阴道分泌物常用消毒棉签蘸取；采取未破溃脓肿的脓汁可直接用注射器抽取脓汁或切开脓肿后用注射器吸取，将采取的液体病料放入灭菌容器内。采取粪便时，应选取刚排出的新鲜粪便并除去表层，挑取深层未受污染的粪便 1～10g 放入灭菌瓶中。采取乳汁，应先将乳房清洗干净，用消毒药水消毒后，挤出最初部分乳汁弃去，再将乳汁直接挤入灭菌瓶内。采取死亡宠物的病料时，先用 2%～3% 来苏水溶液做体表消毒后，打开体腔，对被污染的器官，用火焰或烧红的刀片在器官表面烧灼约半秒钟，再用灭菌刀剪去表面烧灼过的部分，从深层采取病料，实质器官病料应选择具有典型病变的部位，连同一部分正常组织一同切下，放入预先消毒好的容器内。

2. 显微镜直接检查病料的采取

可无菌操作直接制成涂片、组织触片或压片。涂片、压片等玻片材料干燥后，使两涂面彼此相对，在两玻片之间用火柴棍等隔开后以线缠住，用纸包裹，每份病料制片应不少于 2 张。

3. 病理组织学检验病料的采取

对病情不明的尸体采样，应全面系统地采取，分开固定，贴上标签。采取病料的工具如刀剪要锐利，切割要迅速而准确，严禁采用拉锯似的切割方法，也不能挤压病料。采取病料时应将病变组织及其附近眼观正常的部分组织一同切下，而且应保持器官的重要结构部分，采取的病料以 2～3cm 为宜，不宜过大过厚。每个病料附上铅笔写好并经过油浸的标签后，分别用纱布包好，立即放入 10% 甲醛溶液或 95% 酒精中固定。

4. 中毒检验病料的采取

一般采取胃肠的内容物、引起中毒的可疑剩余饲料，以及血液、尿液、肝组织、肾组织等样本材料。将采取的中毒检验材料分别装入清洁的容器内，并且注意勿与任何化学药剂接触混合，密封后在冷藏条件下保存。

二、病料的保存

无论液体病料还是固体病料，如果短时间内（夏季 20h，冬季 2d）不能进行检验或送检的，均应进行合理保存，以防止病料发生变化影响诊断。

1. 供病理组织学检验病料的保存

投入 10% 甲醛溶液或 95% 酒精中固定的病理材料，在固定 24～48h 后取出，用浸渍固定液的脱脂棉包裹，装入广口瓶或塑料袋内，再将袋口或瓶口密封保存。

2. 供细菌学检验病料的保存

如病料为组织块，则保存于饱和盐水或 50% 甘油生理盐水中，容器加塞密封；如是液体病料，可装在毛细玻璃管或试管内密封后放进有冰块的保温瓶或冰箱中保存。

3. 供病毒检验病料的保存

将采取的脏器组织块，保存于 50% 甘油缓冲盐水溶液或鸡蛋生理盐水中，容器加塞密封。

液体病料可保存在 pH7.2～7.4 的灭菌肉汤或磷酸盐缓冲液盐水中。

三、病料的送检

病料运送之前，应在盛装病料的容器上编号，注明病料名称、保存方法、采取日期及地点，附上送检单、病历表和剖检记录等，提出检验目的和要求。病料采取后应尽快送检，并保证病料不污染、不腐败，包装要坚固，不易破碎。供微生物检查的病料，为防止因送检时间过长而造成微生物死亡，可将病料接种实验动物体内后送检。

四、注意事项

1. 采取病料的时间
应保证新鲜，应争取在死后半小时内采取完毕，最迟不超过 6h。

2. 病理检验病料
采取的组织块力求小而薄，不要受挤压，要保持病料清洁，以免影响以后的观察和检查。

3. 微生物学检验材料
采取时应严格进行无菌操作，避免病料、容器、人员被病原微生物污染或感染，所用器具不能重复使用，同时注意个人防护。

4. 中毒检验病料
要用专用容器盛装，病料中不能放入防腐消毒剂，以免化学药品发生反应而妨碍检验。

5. 病料的包装
不同病料不能混在一起，盛装病料的容器或试管应先标明宠物编号和病料名称。

6. 病料保存
应严格按照病料保存条件进行。

7. 病料运输
病料包装要密封，要避免挤压、碰撞、高温等条件的影响，以最快的速度送到目的地。空运时，病料应放在增压仓内，以防压力改变，病料受损。

【本章小结】

　　本章主要论述了尸体剖检前的准备工作；尸体剖检术式及病理观察的方法；如何写尸体剖检记录；剖检报告的编写格式、内容；各种病理材料的采取、包装、保存、运输的方法和注意事项。还讲述了病理组织学检验材料、微生物学检验材料和毒物检验材料进行正确采取、保存和送检的方法。

【思考题】

1. 宠物尸体剖检前应做哪些准备工作？
2. 宠物尸体剖检应注意哪些事项？
3. 如何进行犬、猫和鸽的尸体剖检？
4. 如何书写宠物病理剖检记录和报告？
5. 如何采集病理组织学检验材料，应注意哪些事项？

微信扫码立领

- 读课件　助通关
- 查彩图　辨细节
- 养宠物　多交流

实训操作项目

项目一　局部血液循环障碍

【实训目的】

通过对局部血液循环障碍大体解剖学标本和组织学标本的观察，能够识别充血、淤血、出血、血栓、栓塞、梗死等组织器官的病变部位，分析其病理变化，加深对病理过程的理解。

【实训材料】

相关大体标本、组织切片、幻灯片、CAI课件、挂图、光学显微镜、幻灯机、显微图像投影和分析系统等。

【实训内容】

1. 肝淤血

（1）材料　急性肝淤血、水肿患病宠物的肝脏（急性肝淤血）和心瓣膜病、心包疾病、慢性阻塞性肺部疾病患病宠物的肝脏（慢性肝淤血）标本与病理切片。

（2）眼观　急性淤血时，肝体积略增大，边缘钝圆，呈暗紫红色，质脆易碎，切开时流出暗红色的血液，切面上，小静脉扩张，肝小叶中央部呈暗红色圆斑（肝小叶中央静脉扩张）。慢性淤血时，淤血的中央静脉及邻近肝窦区域呈暗红色，肝小叶周边的肝实质发生脂肪变性呈黄色，因而肝切面呈红黄相互交错的斑纹，形似槟榔切面的花纹样外观，这种变化的淤血肝脏称为"槟榔肝"。

（3）镜检　轻度淤血时，肝小叶的中央静脉和靠近中央静脉的窦状隙均扩张，充满红细胞；严重淤血时，中央静脉及窦状隙高度充盈血液，其管壁已难以确认，肝细胞索排列紊乱，不同程度萎缩甚至消失，小叶周边部的肝细胞肿胀，胞浆内出现大小不等的轮廓清晰的空泡（脂肪变性）；慢性淤血的肝脏，小叶中央部肝细胞消失后，网状纤维胶原化，可见红染的胶原纤维向小叶外周伸展，成为淤血性肝硬化。

2. 肺淤血

（1）材料　急性感染、中毒引起患病宠物的肺脏标本与病理切片。

（2）眼观　肺脏膨隆，暗红色至黑红色，手感沉重，致密。切开时，流出大量黑红色较稠的血液，可能还混有泡沫。肺小叶间隔增宽且呈胶冻样。

（3）镜检　肺泡壁毛细血管及小静脉高度扩张，充满红细胞；肺泡腔内、小叶间隔以及支气管腔内含有红染的均质物（漏出的血浆）和少许红细胞、巨噬细胞。

3. 出血

（1）材料　各种宠物败血症、中毒时不同部位各种形式出血以及各种宠物非传染性疾病和机械性伤害时各种形式出血的标本与病理切片。

（2）眼观　皮肤、黏膜及浆膜呈鲜红色或有红色斑点状。大斑点称为淤斑，小斑点称为淤点。皮肤、黏膜上的淤斑带紫色者称紫癜。在皮下、腹膜下、肾包膜下、肌间、脏器内，甚至脑组织内等部位形成血肿，可见分界清楚、暗红色或黑红色的全血凝块。较大的血肿，剖面常呈轮层状，还可能有未凝固的血液。时间稍久的血肿块颜色渐退，其外围带有纤维组织包囊。各种浆膜腔和体腔如胸腔、心包腔、腹腔、鞘膜腔、脑室、肾盂等腔体均可发生积血，血量多少不等，常混有凝血块。时间较长者因出现机化而在浆膜面上生长出绒毛状的灰白色纤维组织，后者甚至造成腔内器官粘连或腔室闭锁。犬肠黏膜表面发生出血，成线状，称线状出血或条纹状出血。

（3）镜检　可见组织间隙有数量不等的红细胞。

4. 动脉血栓

（1）材料　犬的动脉血栓标本与病理切片。

（2）眼观　动脉的病变部增大，呈球形、纺锤形或圆筒形等。病变部动脉壁明显增厚，其内膜上附着大小不等的血栓。血栓呈黄白色、黄褐色，表层的血栓可以剥脱。

（3）镜检　病变早期，病损处动脉内膜缺损，附着小的白色血栓块。红染丝网状纤维素形成珊瑚状梁架，其空隙中充满白细胞、血小板及其碎片。血栓内可见虫体。后期，血栓内有肉芽组织长入，逐渐被机化。

5. 肾栓塞

（1）材料　犬溃疡性心内膜炎时的肾脏和家兔实验性肾脂肪栓塞的肾脏标本与病理切片。

（2）眼观　无明显变化。

（3）镜检　肾栓塞多见于肾小球和皮质部间质的小血管内。栓塞的肾小球大部分毛细血管网扩张，管腔中充满栓子。心内膜炎继发的栓塞，栓子为内含蓝染颗粒状菌块的血栓物质。脂肪栓塞时，在苏木素-伊红染色中血管内的脂肪栓子被溶去而只留下空泡；在脂肪染色的切片中，可清晰看见染成特定颜色的圆形和椭圆形脂肪栓子堵塞着血管。

6. 脾出血性梗死

（1）材料　急性犬瘟热病犬的脾脏梗死标本与病理切片。

（2）眼观　脾脏体积正常或稍增大，其边缘或表面有暗红色单个或多个、大小不等的隆起的或略高于周围组织的梗死灶，分界清楚，质度硬实。梗死灶多时，可互相融合。切面上见梗死灶呈结节状或圆锥状。圆锥状的梗死灶底部位于表面，尖端指向脾脏中心。梗死灶黑红色，但中央色稍淡，较干燥，无光泽，脾结构轮廓尚能辨别。梗死灶周围有暗红色的出血性浸润带。

（3）镜检　梗死区内小梁尚可分辨。病变初期，脾小梁轮廓尚存，后期则淋巴细胞和网状细胞崩解，甚至所有组织呈均质红染的无结构物，其间混杂核碎片和数量不等的红细胞。梗死灶的外围有严重的出血及大量含铁血黄素沉着，偶见橙黄色的针形血质聚集。梗死灶内及梗死区附近的白髓中央动脉及其分支血管的内皮细胞肿胀，管壁均质红染增厚，致血管内腔狭小或闭塞。后期梗死灶内及其外周部血管外膜以及小梁的纤维结缔组织增生。

【实训方法】

1. 教师指导

（1）对照典型的病理大体标本，指导学生观察和识别各类组织器官的眼观病理变化。

（2）对照典型病理组织切片的图片，指导学生观察和识别各类组织器官的光镜下病理变化。

2. 学生分组观察

（1）学生对相关标本进行分组观察，描述所看病理大体标本眼观病理变化。

（2）学生对相关标本进行分组观察，描述所看病理组织切片光镜下病理变化。

3. 讨论和总结

【实训报告】

1. 观察充血、淤血、出血、梗死等器官或组织的大体标本，并叙述它们的发生原因和机理。

2. 绘出肺淤血、肝淤血、肾梗死显微图并指出病理特征。

项目二 水 肿

【实训目的】

通过实训能够识别皮下水肿、胃肠道水肿、肺水肿、肝水肿的眼观和镜检病理变化，分析病理过程，为临床病理学诊断提供依据。

【实训材料】

大体标本、组织切片、幻灯片、CAI课件、挂图、光学显微镜、幻灯机、显微图像投影和分析系统等。

【实训内容】

1. 皮下水肿

(1) 材料　犬传染性肝炎感染病犬的皮下水肿标本及病理切片，牛栎树叶中毒的皮下水肿标本和病理切片。

(2) 眼观　水肿处呈界限不清的肿胀，皮肤弹性减退，在较薄皮肤处指压后留下压痕，如生面团。切开皮肤时，流出浅黄色清亮液体，皮下疏松结缔组织富含液体，多呈透明胶冻状。

(3) 镜检　皮下结缔组织很疏松，胶原纤维束松散，部分胶原纤维肿胀，分离成许多散开细丝状原纤维，有的崩裂溶解。表皮的基底层细胞多呈空泡变性；皮下组织的纤维细胞以及皮脂腺和汗腺的上皮细胞亦不同程度变性与坏死。

2. 肺水肿

(1) 材料　犬埃里希体病肺水肿标本和切片，心力衰竭、低蛋白血症患病宠物的肺水肿标本和切片，某些中毒性疾病或变态反应性疾病患病宠物肺水肿标本和切片。

(2) 眼观　肺体积增大，重量增加，质地变实。表面富有光泽，肺小叶间隔增宽。切面上有带泡沫的液体流出。

(3) 镜检　肺泡壁毛细管扩张充血，肺泡腔内充满均质红染的水肿液，水肿液中有脱落的上皮细胞。肺小叶间隔、细支气管周围和小血管周围的间质因水肿液蓄积而增宽且变得疏松。

3. 腹腔积液

(1) 材料　心瓣膜病、慢性心包炎、心包积水、心丝虫病、慢性肺泡气肿等心肺疾病，低蛋白血症、肝实质障碍引起犬腹水，或由传染病、中毒病、营养因素等引起的鸽腹水症的图片和标本。

(2) 眼观　鸽腹腔内蓄积大量淡黄色液体。

(3) 镜检　无意义。

【实训方法】

1. 教师指导

(1) 对照典型的病理大体标本，指导学生观察和识别各类组织器官的眼观病理变化。

(2) 对照典型病理组织切片的图片，指导学生观察和识别各类组织器官的光镜下病理变化。

2. 学生分组观察

(1) 学生对相关标本进行分组观察，描述所看病理大体标本眼观病理变化。

(2) 学生对相关标本进行分组观察，描述所看病理组织切片光镜下病理变化。

3. 讨论和总结

【实训报告】

1. 叙述水肿时组织器官的形态变化以及水肿的发生机理。
2. 绘制皮下水肿、胃肠壁水肿、肺水肿显微图并指出病理特征。

项目三 脱   水

【实训目的】

通过不同浓度食盐溶液引起红细胞形态变化实验，推理说明机体脱水时对细胞的影响，进一步理解脱水发生机制。

【实训材料】

抗凝血，显微镜，带凹载玻片，滴管，10%、0.9%、0.1%的氯化钠溶液。

【实训内容】

1. 将三种浓度氯化钠溶液分别滴入3块玻片的凹内，数滴即可，勿太多，以防溢出。
2. 分别向各玻片凹内不同浓度的氯化钠溶液中滴入抗凝血1滴。
3. 片刻后，轮流将载玻片置于低倍镜下，观察细胞状态，直至出现变化为止，然后在高倍镜下观察红细胞的变化。

【实训方法】

1. 在教师的指导下，学生分组操作。
2. 讨论和总结。

【实训报告】

记录不同浓度氯化钠溶液引起红细胞变化的结果，并分析其原因。

项目四 组织细胞的损伤

【实训目的】

通过实训能够识别萎缩、细胞肿胀、脂肪变性、坏死等的眼观及镜检变化。加深对理论知识的理解，为病理诊断提供线索。

【实训材料】

大体标本、组织切片、幻灯片、CAI课件、挂图、光学显微镜、幻灯机、显微图像投影和分析系统等。

【实训内容】

1. 鼻甲骨萎缩

（1）材料 外伤或萎缩性鼻炎病犬的鼻腔大体标本。

（2）眼观 萎缩性鼻炎病犬患病早期，鼻黏膜有卡他性炎症，表现黏膜肿胀、充血、水肿，鼻腔中有浆液性、黏液性或脓性渗出物，常混有血液。疾病中期典型者，黏膜坏死脱落，鼻甲骨退化。鼻甲骨上下卷曲极度萎缩时，两侧鼻腔中的上、中、下鼻道融合在一起，变成两个大腔洞。疾病后期，鼻中隔发生弯曲或厚薄不匀。常见鼻筒歪斜，上翘和鼻梁皮肤皱褶。

2. 肾颗粒变性

（1）材料　发热、急性传染病或急性中毒宠物的肾脏标本与病理切片。

（2）眼观　肾脏稍肿大，形状不变，边缘较钝圆。颜色变淡，灰黄色，好像用开水烫过。质脆易碎。剖开时被膜外翻，且易剥离。切面稍隆起，无光泽，皮质部与髓质部分界欠清晰，组织纹理模糊。

（3）镜检　肾小管尤其是近曲小管的上皮细胞分界不清，突入管腔内，使管腔腔隙变狭小且不规则。高倍镜下，肾小管上皮细胞胞浆内有数量不等、红染的细小颗粒。变性上皮细胞的胞核一般仍清晰可见。肾间质显得狭窄，其间毛细血管稀少。

3. 肝颗粒变性

（1）材料　发热、急性传染病或急性中毒宠物的肝脏标本与病理切片。

（2）眼观　肝肿大，边缘钝圆，被膜紧张，呈灰黄色或土黄色，严重者如同开水烫过一样；质脆易碎，切面隆起，边缘外翻，结构模糊不清，肝小叶间隔变窄。肝脏颗粒变性很少单独发生，常同时存在淤血和脂肪变性，因而其形态表现复杂，后者甚至掩盖前者。

（3）镜检　肝细胞索普遍肿大，肝静脉窦狭窄难以辨认。肝细胞着色不匀，有很多细小颗粒。细胞核无明显改变。

4. 肝脂肪变性

（1）材料　急性败血性传染病、急性中毒（有机磷中毒、霉玉米中毒、黄曲霉中毒等）和营养缺乏病（饲粮中蛋白质、蛋氨酸、硒缺乏等）宠物的肝脏标本与病理切片。

（2）眼观　肝肿大，包膜紧张，边缘钝圆，色微黄或土黄色，质地变软，切面上肝组织纹理模糊，肝小叶间隔不明显。触之有油腻感。若脂变的肝脏同时伴有淤血，其切面呈红黄相间的槟榔样。

（3）镜检　肝细胞胞浆内出现大小不等的圆形脂肪空泡，这是因为脂肪滴在制片过程中被有机溶剂溶解后留下的空隙。严重时，小的脂肪滴互相融合成较大脂肪滴，整个胞浆部位被一个大空泡占据，胞核被挤于细胞一侧。有时脂肪滴较小但数量很多，使细胞呈网状，位于中央，但变小，甚至皱缩或溶解。肝细胞索不均匀地增粗，肝静脉窦狭窄。严重时，肝窦排列紊乱，肝窦边缘可见内皮细胞和星状细胞，小叶分界模糊，与一般脂肪组织相似，故称为脂肪肝。

5. 心肌脂肪变性

（1）材料　败血性传染病、中毒或恶性口蹄疫宠物的心脏标本与病理切片。

（2）眼观　心弥漫性脂肪变性时，轻者难以确定，重者心肌呈灰黄色或土黄色，质地稍软，切面干燥，组织纹理较模糊。有时在心外膜下和心室乳头肌及肉柱部分的小静脉周围，可见土黄色斑点或条纹，分布于色泽正常的心肌之间，呈红黄相间的虎皮样斑纹，称为虎斑心。

（3）镜检　通常小静脉周围的心肌纤维脂变严重，可见脂肪小滴呈串珠状排列在心肌纤维之间。细胞核形态正常，位于细胞中央。心肌纤维的分界清晰。

6. 鸽皮肤水泡变性与透明变性

（1）材料　皮肤型鸡痘病鸽的标本。

（2）眼观　冠、眼睑的肉髯上出现单个灰白色或融合性结节。疣状结节表面粗糙，有一层灰色或暗褐色糠麸痂覆盖。

（3）镜检　表皮棘细胞层显著增生、肿大，胞浆空泡状，有些细胞胞浆溶解，互相融合成较大的水泡。在许多肿胀的上皮细胞胞浆中有包涵体（即波灵格小体），它呈圆形或椭圆形，红染，有时很大，甚至几乎完全占据整个细胞。

7. 皮肤干性坏疽

（1）材料　宠物冻伤的耳壳、尾尖大体标本或外伤后感染皮肤标本。

（2）眼观　坏死部与正常皮肤分界清楚，分界处常见脓样物和充血。坏死的皮肤皱缩，呈棕褐色或黑色，硬如皮革。末梢部位干性坏疽可完全分离脱落。躯体部位的皮肤坏疽则因皮下结缔组织增生而牢固附着，若强力撕脱则形成易出血的肉芽面。

8. 肝坏死

（1）材料　鸽巴杆菌病肝脏标本。

（2）眼观　肝肿大，暗红色或灰红色，质脆。在肝被膜下和切面上，遍布大小比较一致的坏死点和出血点。坏死点约针尖大到帽针头大，灰白色或灰黄色。

（3）镜检　中央静脉和静脉窦淤血，肝细胞普遍发生颗粒变性和脂肪变性；肝小叶内有许多坏死灶，坏死灶中肝细胞坏死，有纤维素沉着和白细胞浸润，这些成分崩解为无结构的红染物，其中混杂核碎片。

【实训方法】

1. 教师指导

（1）对照典型的病理大体标本，指导学生观察和识别各类组织器官的眼观病理变化。

（2）对照典型病理组织切片的图片，指导学生观察和识别各类组织器官的光镜下病理变化。

2. 学生分组观察

（1）学生对相关标本进行分组观察，描述所看病理大体标本眼观病理变化。

（2）学生对相关标本进行分组观察，描述所看病理组织切片光镜下病理变化。

3. 讨论和总结

【实训报告】

1. 简述坏疽的分类及各自具有的特点。

2. 画出肝颗粒变性、心肌脂肪变性的显微图并指出病理特征。

项目五　组织细胞的修复

【实训目的】

通过实训能够识别增生、肥大、肉芽组织、瘢痕组织、包囊形成、钙化等标本的眼观和镜检变化，分析病理过程，为病理诊断提供依据。

【实训材料】

大体标本、组织切片、幻灯片、CAI课件、挂图、光学显微镜、幻灯片机、显微图像投影和分析系统等。

【实训内容】

1. 心肌肥大

（1）材料　心瓣膜病或肺循环血压过高患病宠物的心脏标本与病理切片。

（2）眼观　心室肥大时心脏的心界扩大，心尖钝圆，右心室肥大明显时，可见双心尖外观，甚至整个心尖层都由右心室占据。心腔扩张或正常或变小，腔内可能积血，乳头肌、肉柱和瓣膜相应变粗。心室壁和室中隔均增厚。

（3）镜检　心肌纤维普遍地增粗，肌细胞核相应增大，肌浆丰富，肌原纤维数量多，有时见心肌纤维粗细不一致。间质相对减少，血管增粗。

2. 皮肤上皮再生

（1）材料　皮肤外科切口第一期愈合标本与病理切片。

（2）眼观　第一期愈合的外科切口为灰白色线状疤痕，表面有薄层褐色干痂覆盖。

（3）镜检　由切口两侧表皮新生上皮组织呈薄层覆盖着愈合切口，其下为肉芽组织。真皮切口由富含成纤维细胞的肉芽组织填充，缺乏毛囊、皮脂腺和汗腺。愈合的皮肤切口，在新生的表皮上有血凝块和组织碎屑形成的痂覆盖。

3. 肉芽组织

（1）材料　有肉芽组织的创伤、溃疡标本与病理切片。

（2）眼观　肉芽组织表面覆盖以少量黄红色较黏稠的分泌物或黄白色的纤维膜片，其下的肉芽色泽鲜红、呈颗粒状、湿润，触之易出血。

（3）镜检　肉芽组织为幼嫩的纤维结缔组织，其组成和变化分层有所不同。表层为红染无结构的坏死物质，混杂有不少浓缩的炎症细胞核和核碎片，在坏死物和其下面的肉芽组织交界处，有大量嗜中性粒白细胞和其他炎症细胞浸润，可见到出血。中层为丰富的毛细血管。在接近表层的毛细血管大多垂直地向创面生长，并呈祥状弯曲，互相吻合。毛细血管内空虚或有一些红细胞。成纤维细胞胞浆较大，椭圆形、长圆形或胞浆分支而呈星形，胞浆丰富，微嗜碱性；胞核多呈椭圆形泡沫状；淡染，常见到核仁。有较多的嗜中性粒白细胞与巨噬细胞，还有红细胞和浆液。深层胶质纤维增多。成纤维细胞变为纤维细胞（细胞伸长、胞浆少、胞核深染、呈长椭圆形或长条状，核仁消失），数量减少。毛细血管明显减少，嗜中性粒白细胞减少或消失。

4. 瘢痕组织

（1）材料　皮肤创伤愈合后形成的瘢痕标本与病理切片。

（2）眼观　瘢痕部位不平，其表面光滑，无毛、灰白色、质硬。剖面呈灰白色，组织结构致密。

（3）镜检　瘢痕为成熟的纤维组织，有大量胶原纤维。纤维呈丝网状，常按同一方向排列成束，嗜伊红性较强。其间的纤维细胞核细长。纤维和细胞间可能散在少量淋巴细胞，血管很少。无毛囊、皮脂腺和汗腺。瘢痕表面的皮肤表层较正常，皮肤薄，且不均匀。

5. 钙化

（1）材料　犬结核病肺脏钙化灶及寄生虫虫卵、幼虫结节肝脏大体标本和病理切片。

（2）眼观　结核病病灶发生钙化后，在黄白色干酪样坏死物中可见白色石灰样的颗粒、斑点、条纹。钙化后，整个坏死病灶呈粗糙的灰白色石灰样硬块。难以切开，用金属轻刮切面有沙砾感并发出沙沙声。肝内寄生虫幼虫和虫卵钙化灶呈小球状，坚硬、乳白色，似嵌入肝内的砂粒（砂粒肝），用刀可割出。钙化小球表面有珍珠光泽，需用力才能切开，剖面常呈灰白色轮状，中心为黄白色虫体残骸。

（3）镜检　钙化灶内大量钙盐沉着，呈现蓝色粉末、颗粒或斑块状。

6. 包囊形成

（1）材料　犬肝脏带有厚包囊的成熟脓肿和寄生虫部位形成的包囊大体标本和病理切片。

（2）眼观　包囊厚薄不等，薄者如膜，厚者可达 1cm 以上。包囊内有脓液、寄生虫或其他病理产物，还可能有出血和钙盐沉着。包囊与周围组织分界明确，如脓肿，包囊内表面有脓液黏附。包囊切面为致密组织，刚形成呈灰红色，以后渐变为灰白色，质硬。

（3）镜检　包囊表层由新生结缔组织组成，中心含有病理产物或异物。

【实训方法】

1. 教师指导

（1）对照典型的病理大体标本，指导学生观察和识别各类组织器官的眼观病理变化。

（2）对照典型病理组织切片的图片，指导学生观察和识别各类组织器官的光镜下病理变化。

2. 学生分组观察

（1）学生对相关标本进行分组观察，描述所看病理大体标本眼观病理变化。

（2）学生对相关标本进行分组观察，描述所看病理组织切片光镜下病理变化。

3. 讨论和总结

【实训报告】

1. 简述心肌肥大的病理变化。
2. 绘制包囊形成、肉芽组织的显微图并指出病理特征。

项目六　炎　　症

【实训目的】

通过实训能够识别各种炎性细胞及各类型炎症的眼观和镜检病理变化，进一步分析观察结果，掌握病理特征及其辨别意义。

【实训材料】

大体标本、CAI课件、幻灯片、幻灯机、组织切片、光学显微镜等。

【实训内容】

1. 各种炎性细胞

（1）嗜中性粒白细胞　胞核一般都分成2～5叶，幼稚型嗜中性粒白细胞的胞核呈弯曲的带状、杆状或锯齿状而不分叶。胞体圆形，胞质淡红色，内有淡紫色的细小颗粒。禽类的称为嗜异性粒细胞，胞质中含有红色的椭圆形粗大颗粒。

（2）嗜酸性粒细胞　细胞核一般分为两叶，各自成卵圆形，胞浆丰富，内含粗大的强嗜酸性染色反应的红色颗粒。

（3）单核细胞和巨噬细胞　细胞体积较大，圆形或椭圆形，常有钝圆的伪足样突起，核呈卵圆形或马蹄形，染色质细粒状，胞浆丰富，内含许多溶酶体及少数空泡，空泡中常含有一些消化中的吞噬物。

（4）上皮样细胞和多核巨细胞　上皮样细胞外形与巨噬细胞相似，呈梭形或多角形，胞浆丰富，胞膜不清晰，内含大量内质网和许多溶酶体；胞核呈圆形、卵圆形或两端粗细不等的杆状，核内染色质较少，着色淡，此类细胞的形态与复层扁平细胞中的棘细胞相似，故称上皮样细胞。多核巨细胞是由多个巨噬细胞融合而成，细胞体积巨大。它的胞浆丰富，在一个细胞体内含有许多个大小相似的胞核。胞核的排列有三种不同形式：细胞的核沿着细胞体的外周排列，呈马蹄状，这种细胞又称为朗罕细胞；细胞核聚集在细胞体的一端或两极；胞核散布在整个巨细胞的胞浆中。

（5）淋巴细胞　血液中的淋巴细胞大小不一，有大、中、小型之分。大多数是小型的成熟的淋巴细胞，胞核为圆形或卵圆形，常见在核的一侧有小缺痕；核染色质较致密，染色深；胞浆很少，嗜碱性。大淋巴细胞数量较少，是未成熟的，胞浆较多。

（6）浆细胞　细胞呈圆形，较淋巴细胞略大，胞浆丰富，轻度嗜碱性，细胞核圆形，位于一端，染色质致密呈粗块状，多位于核膜的周边呈辐射状排列，致使细胞核染色后呈车轮状。

2. 变质性肝炎

（1）材料　中毒引起犬的变质性肝炎、犬传染性肝炎病理标本和切片，幻灯片，图片。

（2）眼观　肝脏不同程度肿胀，包膜紧张，呈暗红和土黄色相间的斑驳色彩，并有出血斑、出血灶和坏死灶。

（3）镜检　肝细胞普遍肿大，肝细胞索排列紊乱，肝细胞部分发生脂肪变性或坏死变化；坏死区大小和数量不一，坏死区周围有嗜中性粒白细胞或淋巴细胞浸润。中央静脉、肝窦、汇管区血管扩张充血或出血，嗜中性粒白细胞或淋巴细胞浸润。

3. 浆液性肺炎

（1）材料　犬副流感病毒感染的浆液性肺炎病理标本和切片，幻灯片，课件图片。

（2）眼观　肺脏肿胀，暗红色，表面湿润，间质增宽，质地变实，切面流出多量泡沫样液体，支气管内充满浆液。

（3）镜检　肺间质血管和肺泡壁毛细血管扩张充血，肺泡腔及支气管腔内有粉红色浆液充盈，其中有嗜中性粒白细胞、单核细胞、脱落的上皮细胞分布，间质因炎性水肿而增宽。

4. 化脓性炎

（1）材料　腐败菌感染的肝脓肿、肾脓肿病理标本和病理切片，幻灯片，课件图片。

（2）眼观　肝、肾表面的化脓灶为黄白色，周围有红色炎症反应；肝、肾脓肿为突出的包囊，新鲜标本压之有波动感。

（3）镜检　肝、肾化脓灶部初期血管充血，大量嗜中性粒白细胞积聚，然后大量嗜中性粒白细胞变性、坏死，成为脓细胞，局部组织坏死或溶解，化脓灶周围组织充血、水肿；病程较长时，肉芽组织增生。

5. 出血性淋巴结炎

（1）材料　犬淋巴结附近组织创伤出血的淋巴结炎标本与病理切片，幻灯片，课件图片。

（2）眼观　淋巴结肿大，暗红色或黑红色。切面呈弥漫性暗红色或有出血性斑点。猪出血性淋巴结炎症可呈现暗红色出血斑和灰白色淋巴组织相间的大理石样花纹。

（3）镜检　镜检时可见淋巴滤泡大小不等，髓索肿大，淋巴窦扩张及内皮细胞肿胀脱落。淋巴组织和淋巴窦内有大量的红细胞积聚。

【实训方法】

1. 教师指导

（1）对照典型的病理大体标本，指导学生观察和识别各类组织器官的眼观病理变化。

（2）对照典型病理组织切片的图片，指导学生观察和识别各类组织器官的光镜下病理变化。

2. 学生分组观察

（1）学生对相关标本进行分组观察，描述所看病理大体标本眼观病理变化。

（2）学生对相关标本进行分组观察，描述所看病理组织切片光镜下病理变化。

3. 讨论和总结

【实训报告】

1. 简述炎症的类型及其病理特征。
2. 绘出纤维素性肺炎的显微图并指出病理特征。

项目七　肿　　瘤

【实训目的】

通过实训能够识别良性肿瘤与恶性肿瘤的眼观和镜检标本的病理变化；熟悉宠物常见肿瘤的主要病理特征。

【实训材料】

CAI课件、幻灯片、大体标本、组织切片、光学显微镜、幻灯机、显微图像投影和分析系统等。

【实训内容】

1. 纤维肉瘤

（1）材料　犬、猫和家禽的纤维肉瘤标本与病理切片。

（2）眼观　纤维肉瘤的大小不一，有些可能很大，肿瘤外形为不规则结节状，境界不清楚，无包膜，质地坚实或为鱼肉状。当肿瘤侵蚀皮肤及黏膜，表面常形成溃疡和继发感染。肿瘤切面上为分叶状、均质和无光泽，呈淡红白色，可能显现条纹，常见红褐色的出血区和黄色的坏死区。

（3）镜检　纤维肉瘤是由交织的不成熟的成纤维细胞索和数量不等的胶原纤维所构成。瘤细胞通常为梭形，但也可能为卵圆形或星形。未分化肉瘤含有多核瘤巨细胞和具有异形核的瘤细胞。胞核长圆形或卵圆形，染色深，核仁明显，2～5个，常见核分裂相。胞浆含量有差异，胞浆边界有时很难与基质辨别。纤维肉瘤是高度血管性的，但血管形成不良，所以常见出血。

2. 乳头状瘤

（1）材料　犬乳头状瘤病的皮肤肿瘤标本与病理切片。

（2）眼观　乳头状瘤的大小不一，突起皮肤表面，肿瘤的外形如花菜状，表面粗糙和有许多细小裂隙，有蒂柄或宽广的基部与皮肤相连。

（3）镜检　可见乳头状瘤是由极度增厚的表皮组织所构成，中心为增生的真皮组织。真皮组织呈长圆形，表面覆盖角化过度的鳞状上皮。在棘细胞层中，可见胞浆呈空泡状的单核细胞的细胞群。颗粒层中有大量变性的细胞，胞浆发生空泡化，覆盖在真皮乳头顶部的表皮组织极度增生。

3. 鳞状细胞癌

（1）材料　有鳞状细胞癌的皮肤和皮下组织标本与病理切片。

（2）眼观　鳞状细胞癌的外观形态可能呈生长型或糜烂型。生长型的肿瘤呈大小不一的乳头状生长，形成花椰菜状的突起，表面常发生炎症而形成溃疡，容易引起出血。有的肿瘤向深部组织发展，就形成浸润性硬结。糜烂型的鳞状细胞癌初起时为表面结痂的溃疡，以后溃疡向深部发展，外观呈火山口状。肿瘤的切面呈白色，质地柔软，形成均匀的结节形组织，结节之间有纤维组织分隔。

（3）镜检　鳞状细胞癌表现的分化程度差异很大，当上皮组织发生恶变时，其棘细胞层出现进行性的不典型增生，细胞形体增大，胞核含染色质少，核仁增大和出现很多核分裂相。在癌组织尚未穿破基膜仍局限在上皮层内时，称为原位癌或上皮内癌。癌细胞的侵蚀性表现在能够穿过上皮层基膜，向下层结缔组织生长浸润。在深层组织中，癌组织呈树根状分枝，镜检中即可见到癌细胞构成的团块状和圆柱状的癌细胞巢，也就是内陷生长的上皮组织。癌细胞巢的界限清楚，团索之间有结缔组织的间质分隔开。分化较好的鳞状细胞癌，可见癌巢具有鳞状上皮的结构层次。癌巢的中心常有"癌珠"即角化珠形成。癌珠呈同心层状排列，深染红色，外观如透明蛋白，厚薄不等，系由癌巢中央（相当于鳞状上皮的表层）的癌细胞角化形成。癌珠外周环绕着色淡的棘细胞层，细胞之间有时可见到细胞间桥。最外层相当于基底细胞层。分化程度差的鳞状细胞癌的癌巢结构的异型性大，很少见到角化的癌珠和细胞间桥，而癌细胞的核分裂相则很多，并出现不典型的核分裂相。

4. 肾母细胞瘤

（1）材料　犬肾脏肾母细胞瘤标本与病理切片。

（2）眼观　瘤外观呈白色，分叶状，外面有一层厚的包膜，瘤块多连着皮质部，压迫实质。有时生长在肾脏里面，切开时才看到瘤块，瘤的切面结构均匀，柔软，灰白色如肉瘤状。大的肿瘤的切面上常见有出血坏死区域。

（3）镜检　可见肿瘤含有多种组织的混合物，包括结缔组织和上皮性成分。从包膜发出的结缔组织束伸入瘤的实质，把实质分隔成各种大小形状的团块。有些区域的实质呈肉瘤状，而另一些区域则呈腺瘤状结构。肉瘤状区域的细胞为圆形、卵圆或梭形，如成纤维细胞。腺瘤状区域的细胞形成腺泡和不规则、分支的盲管，偶然也形成肾小球样的结构物。形成腺泡和盲管的细胞呈立方状或柱状；形成肾小球的细胞为扁平或立方状。这种以腺样上皮结构为主的肿瘤，有时也称作肾腺瘤。除此之外，肿瘤组织中还可见到一种充满血液或玻璃样物质的窦或隐窝。上皮细胞常见核分裂相。

5. 淋巴肉瘤

（1）材料　犬淋巴肉瘤的淋巴结和转移其他器官如脾、肾、肝、肠等的标本与病理切片。

（2）眼观　淋巴结呈灰白色，质地柔软或坚实，切面鱼肉状，有时伴有出血或坏死。肿瘤早期有包膜，互相粘连或融合在一起。内脏器官（如脾、肝、肾等）的淋巴肉瘤有两种形式：结节型和浸润型。结节型为器官内形成大小不一的肿瘤结节，灰白色，与周围正常组织之间的分界清楚，切面上可见无结构的、均质的肿瘤组织，外观如淋巴组织。浸润型肿瘤组织呈弥漫性浸润在正常组织之间，外观仅见器官（如肝脏）显著肿大或增厚，而不见肿瘤结节。

（3）镜检　器官组织的正常结构破坏消失，被大量分化不成熟的瘤细胞所代替。可分成不同的类型。淋巴细胞型淋巴肉瘤是一种分化比较好的类型，瘤细胞比较接近成熟的淋巴细胞，分化不良的瘤细胞形态大小不一致，常有分叶现象，一般不见核分裂。淋巴母细胞型淋巴肉瘤的瘤细胞较不成熟，为一致的淋巴母细胞，胞浆嗜碱性，紧包在核外，细胞核大，染色增深，有明显的核仁。网状细胞型（组织细胞型）淋巴肉瘤的瘤细胞分化更不成熟，大小及形态如网状细胞，细胞的外形不清晰，含有多量胞浆，核泡状，淡染，呈肾形，有时几乎呈三角形，常见核分裂相，细胞常为多形态，有些细胞的胞浆内含有嗜伊红染色的细条（网状蛋白、胶原）。干细胞型淋巴肉瘤的瘤细胞最不成熟，如最原始的造血组织细胞，细胞大，圆形或卵圆形，胞浆含得很少，轮廓规则，染色性不一，有的嗜伊红，有的略嗜碱性，有的介于二者之间，核很大，含染色质少，核分裂多，且不典型。

6. 马立克病

（1）材料　马立克病病鸟的内脏器官、皮肤肌肉、外周神经丛标本与病理切片。

（2）眼观　各种类型有着不同的病理特征。

① 神经型　马立克病在眼观标本上最常见的病变为一处或多处外周神经和脊神经及脊神经节的损害。其中最常发生病变的是腹腔神经丛、臀神经丛、坐骨神经丛以及内脏大神经等部位，病变的神经粗大，呈灰白色或黄色，水肿。病变的神经多数为一侧性，所以容易与对侧变化轻微的神经相对比。

② 内脏型　马立克病最常见，为一种器官或多种器官（性腺、脾、心、肾、肝、肺、胰腺、腺胃、肠道、肾上腺、骨骼肌等）发生淋巴瘤性病灶。增生的淋巴瘤组织呈结节状肿块或弥漫性浸润在器官的实质内。结节性马立克病在器官表面或实质内可见到灰白色的肿瘤结节，大小和数量不一，结节的切面平滑。弥漫性的病变为器官弥漫增大，可以比正常增大数倍以至数十倍，器官色泽变淡。母鸡的卵巢和公鸡的睾丸最为常见。法氏囊常发生萎缩，不见形成肿瘤。

③ 皮肤型　皮肤上形成小结节，主要在毛囊部分。在严重病例，皮肤病灶外面如疥癣状，表面有结痂形成，遍布皮肤各处。有时皮肤上也可见到较大的肿瘤结节或硬结。

④ 眼型　虹膜发生环状或斑点状褪色，以至变弥漫性的灰白色、浑浊不透明。瞳孔先是边缘不整齐，严重病例见瞳孔变成小的针孔状。

（3）镜检　以血管周围多形态细胞（包括淋巴细胞、浆细胞、成淋巴细胞、网状细胞以及少量巨噬细胞）的增生浸润为基本特征。

① 神经型　外周神经的病变包括轻度至重度的炎性细胞浸润，病变区的浸润细胞常为多种细胞的混合物，包括小淋巴细胞、中淋巴细胞、浆细胞及成淋巴细胞。有时伴有水肿、髓鞘变性和神经膜细胞增生。

② 内脏型　内脏各个器官的肿瘤病灶外观形态上虽有差异，但它们的增生细胞成分都是基本相同的，即大小不等的淋巴细胞、浆细胞。器官的实质成分严重破坏消失，而被增生的瘤细胞替代。法氏囊皮质和髓质发生萎缩、坏死，形成囊肿，滤泡间淋巴样细胞浸润。

③ 皮肤型　皮肤型的病变，除了毛囊周围有多量淋巴细胞浸润外，血管周围有致密的淋巴细胞增生性浸润。大的增生性病灶可以引起表皮损坏以至形成溃疡。

【实训方法】

1. 教师指导
(1) 对照典型的病理大体标本，指导学生观察和识别各类组织器官的眼观病理变化。
(2) 对照典型病理组织切片的图片，指导学生观察和识别各类组织器官的光镜下病理变化。

2. 学生分组观察
(1) 学生对相关标本进行分组观察，描述所看病理大体标本眼观病理变化。
(2) 学生对相关标本进行分组观察，描述所看病理组织切片光镜下病理变化。

3. 讨论和总结

【实训报告】

1. 简述良性肿瘤与恶性肿瘤的鉴别要点。
2. 绘出淋巴肉瘤的显微图并指出病理特征。

项目八　免疫病理

【实训目的】

通过实训能够识别淋巴结炎和脾炎标本的眼观和镜检的病理变化，分析病理过程解决实际问题。

【实训材料】

大体标本、组织切片、幻灯片、CAI课件、挂图、光学显微镜、幻灯机、显微图像投影和分析系统等。

【实训内容】

1. 急性浆液性淋巴结炎
(1) 材料　急性败血性疾病时的淋巴结或器官、组织急性感染性炎症时的局部淋巴结标本与病理切片。
(2) 眼观　淋巴结肿大，潮红或紫红色，稍软，切面湿润多汁，淋巴小结明显。
(3) 镜检　淋巴组织内血管扩张充血，淋巴窦扩张，内含多量浆液，并混有多量的单核细胞、淋巴细胞、嗜中性粒白细胞和数量不等的红细胞，随着炎症的发展，淋巴小结的生发中心明显增大，其外周淋巴细胞密集。

2. 出血性淋巴结炎
(1) 材料　犬埃里希体病、犬疱疹病毒病等败血性传染病的颌下淋巴结和腹股沟淋巴结大体标本和病理切片。
(2) 眼观　淋巴结肿胀变圆，呈暗红色，切面见周边出血，与灰白色的淋巴组织相间呈大理石样外观。
(3) 镜检　淋巴组织中可见充血和散在的红细胞或灶状出血，淋巴窦内及淋巴组织周围有大量的红细胞。

3. 增生性淋巴结炎

（1）材料　犬慢性肠炎时的肠系膜淋巴结增生性炎的标本与病理切片。

（2）眼观　体积明显增大，可增大 3～10 倍不等，灰白色，质地较硬实。切面也呈灰白色，湿润，边缘有轻度充血。

（3）镜检　淋巴小结生发中心增大，成淋巴细胞和网状细胞高度增生，许多淋巴细胞处于有丝分裂状态。增生的淋巴细胞呈弥漫性分布或形成新的淋巴小结。淋巴小结生发中心数量增多，淋巴小结外周仅有一薄层的小淋巴细胞。淋巴窦扩张，其中充满多量淋巴细胞和渗出液。

4. 急性炎性脾肿

（1）材料　犬埃里希体病的脾脏标本与病理切片。

（2）眼观　脾脏体积肿大，呈樱桃红色，边缘钝圆，被膜高度紧张；切面隆突；脾小梁和白髓模糊不清。

（3）镜检　脾髓高度充血、出血。嗜中性粒白细胞浸润；白髓不明显，小梁显示稀少。

5. 增生性脾炎

（1）材料　犬慢性寄生虫病的脾脏标本与病理切片。

（2）眼观　脾脏稍增大或明显增大，边缘钝圆，深红色，质地坚韧，被膜增厚。切面上，脾小体体积增大，甚至呈颗粒状突出，呈灰白色或灰黄色，副伤寒时，切面上有散在黄色小坏死灶和副伤寒结节。

（3）镜检　低倍镜下，可见粉红色半透明的淀粉样变稀疏地散在，脾组织可见巨噬细胞、淋巴细胞、红细胞、成纤维细胞和脾小梁的痕迹，在生发中心部位可见到大、中淋巴细胞的大量增生。

【实训方法】

1. 教师指导

（1）对照典型的病理大体标本，指导学生观察和识别各类组织器官的眼观病理变化。

（2）对照典型病理组织切片的图片，指导学生观察和识别各类组织器官的光镜下病理变化。

2. 学生分组观察

（1）学生对相关标本进行分组观察，描述所看病理大体标本眼观病理变化。

（2）学生对相关标本进行分组观察，描述所看病理组织切片光镜下病理变化。

3. 讨论和总结

【实训报告】

1. 简述急性淋巴结炎的眼观和镜检病理变化。
2. 绘出急性炎性脾肿的显微图并指出病理特征。

项目九　消化病理

【实训目的】

通过实训能够识别胃炎和肠炎标本的眼观和镜检的病理变化，分析胃肠常见疾病的病理形态特征，为胃肠疾病病理学诊断提供依据。

【实训材料】

大体标本、组织切片、CAI课件、幻灯片、普通光学显微镜、幻灯机、显微图像投影等。

【实训内容】

1. 急性卡他性肠炎

（1）材料　变质饲料、毒物中毒性肠炎和犬瘟热、犬细小病毒、犬冠状病毒所致肠炎标本与病理切片。

（2）眼观　肠黏膜潮红、肿胀，表面被覆灰白色黏稠的黏脓状液体。

（3）镜检　黏膜上皮细胞变性，部分脱落，杯状细胞增多。固有层毛细血管充血、出血、水肿，有多量炎性细胞浸润。

2. 急性卡他性胃炎

（1）材料　变质饲料、毒物中毒性胃炎和犬冠状病毒病的胃炎标本与病理切片。

（2）眼观　胃黏膜充血发红，肿胀增厚，以胃底部严重，黏膜表面黏液增多，并常有出血点或糜烂。

（3）镜检　黏膜上皮细胞变性脱落，固有层及黏膜下层充血，并有轻度出血水肿和白细胞浸润。

3. 慢性卡他性肠炎

（1）材料　长期饲喂粗硬劣质饲料所致的宠物原发性慢性肠炎和慢性传染病、肠道寄生虫病所致的宠物继发性肠炎的肠道标本与病理切片。

（2）眼观　肠黏膜增厚，形成皱襞，甚至表面呈脑回状，或表面粗糙呈颗粒状。黏膜表面常覆盖大量黏液。肠壁增厚，质硬。

（3）镜检　肠黏膜上皮细胞变性、坏死、脱落，黏膜面有大量黏液块和坏死脱落的细胞。固有层和黏膜下层纤维组织明显增生，并有炎性细胞浸润。

4. 纤维素性肠炎

（1）材料　鸽新城疫的肠炎标本与病理切片。

（2）眼观　黏膜表面形成灰白色或灰黄色纤维素假膜，呈管状或片状脱落，黏膜表面充血、出血、水肿和糜烂。

（3）镜检　黏膜表面被覆有不同程度的丝网状纤维素，黏膜上皮细胞坏死脱落，固有层和黏膜下层充血、出血、水肿和炎性细胞浸润。

【实训方法】

1. 教师指导

（1）对照典型的病理大体标本，指导学生观察和识别各类组织器官的眼观病理变化。

（2）对照典型病理组织切片的图片，指导学生观察和识别各类组织器官的光镜下病理变化。

2. 学生分组观察

（1）学生对相关标本进行分组观察，描述所看病理大体标本眼观病理变化。

（2）学生对相关标本进行分组观察，描述所看病理组织切片光镜下病理变化。

3. 讨论和总结

【实训报告】

1. 简述肠炎的类型及其病理变化。

2. 绘出卡他性胃炎和纤维素性肠炎的显微图并指出病理特征。

项目十　呼吸病理

【实训目的】

通过实训能够识别各类型肺炎标本的眼观和镜检病理变化，分析支气管性肺炎、纤维素性肺炎、肺气肿和肺萎陷的病理形态特征，为常见呼吸系统疾病病理学诊断打下基础。

【实训材料】

大体标本、组织切片、幻灯片、CAI 课件、挂图、光学显微镜、幻灯机、显微图像投影和分析系统等。

【实训内容】

1. 支气管性肺炎

（1）材料　犬受寒感冒继发、饲养管理失调、物理化学因素的刺激等造成抵抗力低时引起的各种细菌如巴氏杆菌、肺炎球菌、链球菌、葡萄球菌等感染肺脏标本与病理切片。

（2）眼观　病变部肺组织致密，色暗红或灰红，质地硬实，称实变或胰变。病灶形状不规则，呈分界较清楚的斑状或岛屿状，散布在肺的各叶。

（3）镜检　肺泡壁毛细血管扩张充血，肺泡腔及支气管腔内有炎性渗出物充盈，间质因炎性水肿而增宽。

2. 纤维素性肺炎

（1）材料　犬瘟热、传染性气管支气管炎、腺病毒、疱疹病毒、肺炎双球菌、链球菌、葡萄球菌、巴氏杆菌等病原引起的犬、猫纤维素性肺炎标本与病理切片。

（2）眼观　病变肺叶增大，呈暗红或灰红色，切面可见肺间质增宽，淋巴管扩张，肺质地变实，呈大理石样外观。

（3）镜检　肺泡壁毛细血管充血，肺泡腔内有多量的网织纤维素和红细胞、少量白细胞及脱落的上皮细胞，肺间质增宽，有多量渗出物蓄积。

3. 间质性肺炎

（1）材料　犬副流感病毒感染或犬、猫肺吸虫病的肺炎标本与病理切片。

（2）眼观　肺组织呈灰白色，较致密、硬实。病程久的，因有大量纤维组织增生而质地坚硬，切面组织致密，有纤维束纹理。

（3）镜检　肺间质的纤维组织大量增生，使肺结构遭受破坏，肺泡上皮细胞增大为立方状，肺泡腔内有脱落的上皮细胞、淋巴细胞和巨噬细胞。

4. 结核性肺炎

（1）材料　犬结核病的肺炎标本与病理切片。

（2）眼观　结核性肺炎常表现为小叶性或小叶融合体，有时为大叶性干酪性肺炎。病变部充血、水肿，色灰红或灰白，质地硬实。切面上，肺组织有灰黄色干酪样坏死物充满，可挤出浑浊的浆液和黏稠的脓样渗出物。

（3）镜检　病变为小叶性、小叶融合性甚至大叶性，肺泡腔内有浆液、纤维素和炎性细胞（主要为淋巴细胞、巨噬细胞，混有少量嗜中性粒白细胞）；肺组织和渗出物及增生成分一起发生干酪样坏死，变成均匀红染的无结构干酪样坏死物；病灶周围肺组织表现充血、水肿和炎性细胞浸润；病程稍久者，病变部周围可见上皮样细胞和朗罕巨细胞。

5. 肺泡性肺气肿

（1）材料　各种原因引起的犬、猫弥漫性或局部性肺泡性肺气肿标本与病理切片。

（2）眼观　肺脏气肿部膨大，颜色苍白，肺泡因过度充气而呈大小不一的小气泡凸出于肺表面，指压留有压痕，并有捻发音，切面呈海绵体。

（3）镜检　肺泡腔极度扩张，肺泡壁变薄或破裂消失，互相融合为大泡腔。

6. 肺萎陷

（1）材料　犬慢性支气管炎或其他原因所致肺萎陷的肺脏标本与病理切片。

（2）眼观　肺病变部体积缩小，表面下陷，呈暗红色或紫红色，质地较柔韧，缺乏弹性，切面平滑。

（3）镜检　肺泡隔明显增厚，毛细血管充血。肺泡腔狭窄或仅呈裂隙状，肺泡腔内有少许脱落的肺泡上皮细胞。

【实训方法】

1. 教师指导

（1）对照典型的病理大体标本，指导学生观察和识别各类组织器官的眼观病理变化。

（2）对照典型病理组织切片的图片，指导学生观察和识别各类组织器官的光镜下病理变化。

2. 学生分组观察

（1）学生对相关标本进行分组观察，描述所看病理大体标本眼观病理变化。

（2）学生对相关标本进行分组观察，描述所看病理组织切片光镜下病理变化。

3. 讨论和总结

【实训报告】

1. 简述肺炎的类型及其病理变化。
2. 绘出肺泡性肺气肿、支气管性肺炎的显微图并指出病变特征。

项目十一　泌尿生殖病理

【实训目的】

通过实训能够识别各类型肾炎标本和生殖器官标本的眼观和镜检病理变化，分析常见泌尿生殖系统疾病各器官的病理形态特征，为病理学诊断打下基础。

【实训材料】

大体标本、组织切片、CAI课件、幻灯片、普通光学显微镜、幻灯机、显微图像投影和分析系统等。

【实训内容】

1. 急性肾小球肾炎

（1）材料　犬传染性肝炎、犬细小病毒病、结核病、钩端螺旋体等传染病，免疫反应和中毒等引起急性肾小球肾炎标本与病理切片。

（2）眼观　肾脏稍肿胀，呈苍白色，被膜紧张，容易剥离，表面和切面密布针尖大至粟粒大的出血点。

（3）镜检　肾小球肿大，毛细血管丛几乎充满整个肾小囊，内皮细胞和系膜细胞肿胀、增生，使肾小球呈现明显的细胞增多，肾小囊内可见渗出的白细胞和红细胞，肾小管上皮细胞肿胀、变性，使管腔变狭窄。

2. 亚急性肾小球肾炎

（1）材料　患急性肾小球肾炎未愈而转变为亚急性时，或在同样疾病中肾小球肾炎病势较缓和而呈亚急性经过时的肾脏标本与病理切片。

（2）眼观　肾脏体积肿大，边缘较钝圆，呈黄白色，被膜不易剥离，切面上皮质部显著增宽，固有纹理不清。

（3）镜检　肾小囊上皮细胞增生，囊壁增厚，形成上皮性"新月体"或"半月体"，肾小球毛细血管丛坏死、塌陷，肾小管上皮细胞变性、坏死，管腔内有管型物。

3. 慢性肾小球肾炎

（1）材料　急性或亚急性肾小球肾炎迁延为慢性型时，或起病缓慢、病程较长的肾小球肾炎患病宠物的肾脏标本与病理切片。

（2）眼观　肾脏体积缩小，表面凹凸不平呈颗粒状。肾表面和切面颜色变淡，灰白色或淡黄色。质地硬实，被膜增厚，与肾表层组织牢固粘连，不能剥离。切面上见皮质部变薄、致密，组织纹理杂乱，皮质部和髓质部分界不清。

（3）镜检　肾小球多数已纤维化，部分肾小体由于肾小囊壁层细胞增生形成新月体和环状体。肾小囊外面有大量纤维组织增生，使肾小囊环状增厚。肾小管萎缩，肾间质纤维组织明显增生，并有淋巴细胞浸润。

4. 化脓性肾炎

（1）材料　犬或猫脓毒败血症时的肾脏和化脓性肾盂肾炎的肾脏标本与病理切片。

（2）眼观　肾脏稍肿大，颜色较深，被膜易剥离。肾表面有多量稍隆起的粟粒大的灰黄色或乳白色圆形小脓灶，脓灶周围有红色炎性反应带。切面上小脓灶较均匀地散布于皮质部。

（3）镜检　可见肾小球内有细菌团块形成的栓塞，其周围有大量嗜中性粒白细胞浸润，局部组织坏死和化脓性溶解，脓灶周围有充血、出血和炎性水肿。

5. 肾病

（1）材料　砷、汞中毒犬或猫的肾脏标本与病理切片。

（2）眼观　肾呈轻度到中度肿胀，灰白色或灰红色，质地柔软易碎，甚至软化，肾被膜易剥离。切面皮质部增宽，组织纹理模糊，皮质部与髓质部界限不明显。

（3）镜检　肾小管上皮细胞呈不同程度变性、坏死甚至脱落，致使肾小管管腔狭窄或闭塞。肾间质水肿，并有炎性细胞浸润。

6. 卵巢囊肿

（1）材料　犬、猫患卵泡性卵巢囊肿的卵巢标本和病理切片。

（2）眼观　囊肿发生于一侧或两侧卵巢。囊肿一个或数个，其大小不一，囊肿的卵泡比正常的大，壁较厚而紧张，其内充满清亮的液体。在鸡，囊肿常为多发，球形或卵圆形，囊壁薄，许多囊肿各以蒂柄系着，状似葡萄。

（3）镜检　囊内一般没有卵子，颗粒层因受压而萎缩，细胞扁平，甚至消失。当颗粒层消失时，囊肿壁则为纤维组织膜。

7. 急性卡他性子宫内膜炎

（1）材料　犬、猫的卡他性子宫内膜炎的子宫标本和病理切片。

（2）眼观　子宫黏膜肿胀、粗糙，散布大小不等的出血点，表面被覆浆液或黏液性渗出物，有时黏膜形成糜烂。

（3）镜检　子宫黏膜固有层毛细血管、小静脉扩张、充血，甚至有小灶出血，有浆液和细胞浸润，表层尤其明显。浸润的细胞主要是嗜中性粒白细胞；黏膜上皮变性、坏死，部分剥脱。腺上皮增生，分泌亢进。黏膜面覆盖物由浆液、黏液、嗜中性粒白细胞、剥脱的上皮细胞等组成，有时可见少量红细胞。

8. 卡他性乳腺炎

（1）材料　犬、猫卡他性乳腺炎的乳腺标本和病理切片。

（2）眼观　病变的乳腺区明显肿胀，质地硬脆，易于切割。切面上，在炎症的早期为湿润，部分乳腺小叶呈灰红色，小叶间质增宽、水肿。

（3）镜检　卡他性乳腺炎时，腺泡腔内有许多脱落上皮和白细胞（嗜中性粒白细胞、单核细胞和淋巴细胞），间质炎性水肿。

【实训方法】

1. 教师指导

（1）对照典型的病理大体标本，指导学生观察和识别各类组织器官的眼观病理变化。

（2）对照典型病理组织切片的图片，指导学生观察和识别各类组织器官的光镜下病理变化。

2. 学生分组观察

（1）学生对相关标本进行分组观察，描述所看病理大体标本眼观病理变化。

（2）学生对相关标本进行分组观察，描述所看病理组织切片光镜下病理变化。

3. 讨论和总结

【实训报告】

1. 简述肾炎的类型及其病理变化。

2. 绘出急性肾小球肾炎、亚急性肾小球肾炎的病理显微图并指出病理特征。

项目十二　神经肌肉病理

【实训目的】

通过实训能够识别脑炎和肌肉病理标本的眼观和镜检病理变化，分析常见神经肌肉疾病病理特征，为病理学诊断打下基础。

【实训材料】

大体标本、组织切片、CAI课件、幻灯片、幻灯机、挂图、光学显微镜、显微图像投影和分析系统等。

【实训内容】

1. 非化脓性脑炎

（1）材料　犬瘟热、狂犬病、犬副流感病毒病、急性鸡新城疫等病毒性疾病的脑标本和病理切片。

（2）眼观　蛛网膜、软脑膜充血，有时有点状出血，脑膜水肿和脑室积液。

（3）镜检　多数神经细胞呈现浓缩、溶解或胞浆内有空泡出现，核界限不清或消失。脑实质内血管周围间隙水肿，有淋巴细胞、单核细胞增生浸润形成"袖套现象"。神经胶质细胞增生，在变性的神经细胞周围有胶质细胞包围（卫星现象），并出现噬神经元现象。

2. 食盐中毒性脑炎

（1）材料　鹦鹉食盐中毒的脑标本和病理切片。

（2）眼观　软脑膜充血，脑回变平，脑实质有小出血点，其他病变不明显。

（3）镜检　大脑软脑膜充血、水肿，有时出血，脑膜及灰质内血管周围有嗜酸性粒细胞构成的血管套，脑实质毛细血管内常形成微血栓，周围可见嗜酸性粒细胞，大脑灰质发生急性层状或假层状坏死与液化，有时可见微细海绵状空腔化区域。

3. 雏鸽维生素 E 缺乏性脑软化

（1）材料　鸽维生素 E 缺乏所致脑软化的脑标本和病理切片。

（2）眼观　最常发生病变的部位是小脑，其后顺序为纹状体、大脑半球、延脑、中脑。小脑柔软、肿胀，脑膜水肿。小脑表面经常有散在的小出血点。脑回沟展平。小的病变，肉眼不能辨认；大的坏死区可达小脑的 4/5 体积，呈淡灰黄色或淡绿色。纹状体坏死灶湿润而苍白，在早期与周围正常组织分界清楚。

（3）镜检　脑膜、大脑、小脑血管充血、水肿，甚至由于毛细血管血栓形成而引起坏死，神经细胞变性，以浦金野细胞和大运动核里的神经元最为明显，细胞浓缩并深染，核呈典型的三角形，周边染色质溶解。

4. 白肌病

（1）材料　硒缺乏症宠物的骨骼肌标本和病理切片。

（2）眼观　轻症者，病变肌肉出现灰白色条纹或斑块；严重者，整个肌肉呈灰红或灰白色，失去光泽，干燥。病变部分常发生钙化，呈白垩斑块。

（3）镜检　病变部肌纤维肿胀，横纹消失，肌浆呈颗粒状（变性）或均质红染，肌细胞核消失（蜡样坏死，肌肉凝固性坏死）。有些部位肌纤维断裂，肌浆淡染或溶解，只留下肌纤维膜。肌束间间质组织疏松，毛细血管充血，有少量巨噬细胞、淋巴细胞和嗜中性粒白细胞浸润。陈旧病灶，坏死肌纤维钙化，肌细胞再生，血管壁和间质纤维组织增生。

【实训方法】

1. 教师指导

（1）对照典型的病理大体标本，指导学生观察和识别各类组织器官的眼观病理变化。

（2）对照典型病理组织切片的图片，指导学生观察和识别各类组织器官的光镜下病理变化。

2. 学生分组观察

（1）学生对相关标本进行分组观察，描述所看病理大体标本眼观病理变化。

（2）学生对相关标本进行分组观察，描述所看病理组织切片光镜下病理变化。

3. 讨论和总结

【实训报告】

1. 简述脑炎的类型及其病理变化。

2. 绘出非化脓性脑炎的显微图并指出病变特征。

项目十三　犬、猫、鸽的尸体剖检

【实训目的】

了解并掌握宠物尸体剖检方法，包括剖检的准备工作、常见宠物的剖检术式、各器官及其病理变化的检查方法、病理材料的采集和保存方法、病理剖检记录和剖检报告的方法等；培养综合分析病理变化的能力，为临床应用打好基础。

【实训材料】

（1）宠物　选择犬、猫、鸽等两种以上病死宠物。

（2）器械　剥皮刀、解剖刀、手术刀、肠剪、骨钳、板锯（弓锯）、骨斧、镊子、手术剪、卷尺、磨刀石（棒）、注射器、针头、瓷盘（盆或缸）等。

（3）药品　0.1％新洁尔灭溶液、3％来苏水溶液、3％碘酊、70％～75％酒精、10％福尔马林溶液或95％酒精、药棉、纱布等。

【实训内容】

① 犬或猫的尸体剖检术。

② 鸽的尸体剖检术。

【实训方法】

1. 先由教师示教，再让学生分组进行操作。操作按本书第十七章所规定的内容和方法进行。

2. 讨论和总结。

【实训报告】

做尸体剖检记录一份。

微信扫码立领

• 读课件　助通关

• 查彩图　辨细节

• 养宠物　多交流

参 考 文 献

[1] 王振勇，李玉冰. 宠物病理. 北京：中国农业科学技术出版社，2008.
[2] 陈宏智. 动物病理. 北京：化学工业出版社，2009.
[3] 陆桂平. 动物病理. 北京：中国农业出版社，2001.
[4] 周铁忠，陆桂平. 动物病理. 第2版. 北京：中国农业出版社，2006.
[5] 周铁忠. 动物病理. 第2版. 北京：中国农业出版社，2008.
[6] 陈万芳. 家畜病理生理学. 北京：中国农业出版社，1999.
[7] 高丰，贺文琦. 动物病理解剖学. 北京：科学出版社，2008.
[8] 侯加法. 小动物疾病学. 北京：中国农业出版社，2006.
[9] 李广兴，刘思国，任晓峰. 动物病理解剖学. 哈尔滨：黑龙江科技出版社，2006.
[10] 林曦. 家畜病理学. 北京：中国农业出版社，1997.
[11] 刘继周. 病理学. 第2版. 北京：人民卫生出版社，1988.
[12] 罗贻逊. 家畜病理学. 第2版. 成都：四川科学技术出版社，2000.
[13] 王春璈. 宠物疾病诊断与防治. 北京：化学工业出版社，2009.
[14] 王水琴，梁宏德，金成汉. 家畜病理生理学. 长春：吉林科学技术出版社，1999.
[15] 杨宝栓. 畜禽病理学. 郑州：河南科学技术出版社，2007.
[16] 杨文. 动物病理学. 重庆：重庆大学出版社，2008.
[17] 苑丽霞. 细胞程序性死亡机制研究. 山西农业科学，2008，08.
[18] 张旭静. 动物病理学检验彩色图谱. 北京：中国农业出版社，2003.
[19] 赵德明. 兽医病理学. 北京：中国农业大学出版社，2002.
[20] 朱坤熹. 兽医病理解剖学. 第2版. 北京：中国农业出版社，2000.
[21] 朱玉良. 家畜病理学. 第2版. 北京：中国农业出版社，2000.
[22] 王春璈. 简明宠物疾病诊断与防治原色图谱. 北京：化学工业出版社，2009.
[23] 本书编译委员会. 犬猫疾病诊疗图谱. 沈阳：辽宁科学技术出版社，2011.
[24] 胡延春. 犬猫疾病类症鉴别诊疗彩色图谱. 北京：中国农业出版社，2010.